火力发电工人实用技术问答丛书

锅炉设备运行技术问答

技术问答

第二版

本书编委会　编著

中国电力出版社
CHINA ELECTRIC POWER PRESS

内 容 提 要

本书为《火力发电工人实用技术问答丛书》之一，全书以问答形式，简明扼要地介绍了锅炉的有关基本知识。主要内容有：燃料、燃烧、热平衡，锅炉结构与工作原理，锅炉主要辅机的结构分类、经济运行，锅炉运行技术和事故处理、新机组试运行及除尘除灰设备运行等。

本书从锅炉设备运行的实际出发，突出理论重点，注重实践技能。全书以实际运用为主，可供火力发电厂从事锅炉运行工作的技术人员、运行人员学习参考以及为考试、现场考问等提供题目；也可供相关专业的大、中专学校的师生参考阅读。

图书在版编目(CIP)数据

锅炉设备运行技术问答/《锅炉设备运行技术问答》编委会编著. —2 版. —北京：中国电力出版社，2016.7
（2021.8 重印）

（火力发电工人实用技术问答丛书）

ISBN 978-7-5123-7086-9

I. ①锅… II. ①锅… III. ①火电厂-锅炉运行-问题解答 IV. ①TM621.2-44

中国版本图书馆 CIP 数据核字(2015)第 009333 号

中国电力出版社出版、发行
（北京市东城区北京站西街 19 号　100005　http://www.cepp.sgcc.com.cn）
北京雁林吉兆印刷有限公司印刷
各地新华书店经售

*

2004 年 7 月第一版
2016 年 7 月第二版　　2021 年 8 月北京第十四次印刷
787 毫米×1092 毫米　16 开本　27.5 印张　609 千字
印数 32001—33500 册　定价 **118.00** 元

前　言

　　为了提高电力生产运行、检修人员和技术管理人员的技术素质和管理水平，适应现场岗位培训的需要，特别是为了能够使企业在电力系统实行"厂网分开，竞价上网"的市场竞争中立于不败之地编写了此套丛书。

　　丛书结合近年来电力工业发展的新技术及地方电厂现状，根据《中华人民共和国职业技能鉴定规范（电力行业）》及《职业技能鉴定指导书》，本着紧密联系生产实际的原则编写而成。丛书采用问答形式，内容以操作技能为主，基本训练为重点，着重强调了基本操作技能的通用性和规范化。

　　本书为丛书之一。为了尽量反映新技术、新设备、新工艺、新材料、新经验和新方法，《锅炉设备运行技术问答》在第一版的基础上进行了修订。本书以600MW机组及其辅机为主，兼顾300MW和1000MW机组及其辅机的内容。全书内容丰富、覆盖面广，文字通俗易懂，是一套针对性较强的，有相当先进性和普遍适用性的工人技术培训参考书。

　　本书分三篇，共八章。第一章由山西兴能发电有限责任公司裴智慧修编，第二、五、六、八章由山西兴能发电有限责任公司闫小谨修编；第三、四章由山西兴能发电有限责任公司曹占世、吴作明修编；第七章由山西兴能发电有限责任公司杨多强修编。全书由山西兴能发电有限责任公司副总工程师王国清统稿、主审。在此书出版之际，谨向在本书编写过程中提供过宝贵意见及帮助的专家致以衷心的感谢。

　　本书在编写过程中，由于时间仓促和编著者的水平有限，书中难免有缺点和不妥之处，恳请读者批评指正。

编　者

2016 年 5 月

目 录

前言

第一篇 初 级 工

8

第二篇 中 级 工

第三章 锅炉辅机 …………………………………………………………… 129

24

第三篇 高级工

41

火力发电工人
实用技术

问 答
丛书

锅炉设备运行
技术问答

锅炉设备运行
技术问答

锅炉设备运行
技术问答

初 级 工

第一篇

第一章

锅 炉 辅 机

▶ 第一节 磨 煤 机

1. 磨煤机的工作原理是什么?

答: 磨煤机通常是靠撞击、挤压或者碾压的作用将煤磨成煤粉的。每种磨煤机往往同时有上述两种作用甚至三种作用,但以一种作用为主。

2. 磨煤机按转速一般分为哪几种类型?

答: 磨煤机按转速一般分为以下三种类型:

(1) 低速磨煤机。常用的有筒形钢球磨煤机,其转速为 16~25r/min。

(2) 中速磨煤机。常用的有中速平盘磨、中速钢球磨、E 型磨、中速碗式磨(包括 RP 型和 HP 型)及改进的碗式磨(包括 MPS 型磨及 MBF型磨),其转速为 50~300r/min。

(3) 高速磨煤机。主要指风扇磨煤机和锤击式磨煤机,其转速为 500~1500r/min。

3. 简述筒形钢球磨煤机的结构。

答: 筒形钢球磨煤机剖面图如图 1-1 所示。筒形钢球磨煤机的主体是一个直径为 2~4m、长 3~8m 的大圆筒,圆筒自内到外共有五层:锰钢制成的波浪形护板、绝热石棉层垫、钢板制成的筒身、隔声毛毡层和薄钢板制成的护面层。圆筒的两端各有一个端盖,端盖上有空心轴径,轴径放在

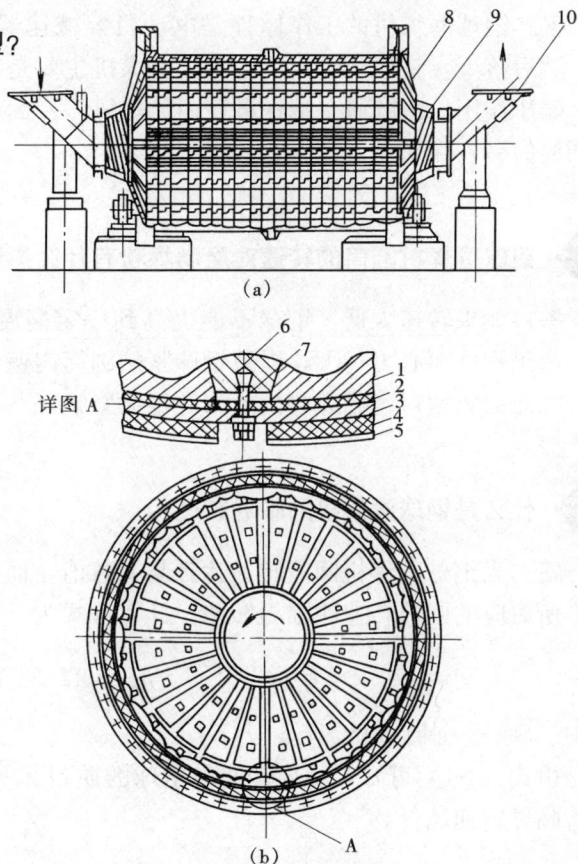

图 1-1 筒形钢球磨煤机剖面图

(a) 纵剖面 ;(b) 横剖面

1—波浪形护板;2—绝热石棉垫层;3—筒身;4—隔声毛毡层;

5—钢板外壳;6—压紧用的楔形块;7—螺栓;8—封头;

9—空心轴颈;10—短管

大轴承上。两空心轴径的端部各连接着一个倾斜 45°的短管，其中一个是热风与原煤的进口，另一个是气粉混合物的出口。

4. 筒形钢球磨煤机波浪形护板的作用是什么？

答：筒形钢球磨煤机波浪形护板的作用是增强抗磨性，并把钢球带到一定高度。

5. 筒形钢球磨煤机空心轴径内壁螺旋形槽的作用是什么？

答：筒形钢球磨煤机空心轴径内壁螺旋形槽的作用是在运行中，当有钢球或者煤落到上面时，能沿着槽回到筒内。

6. 钢球磨煤机的工作原理是什么？

答：钢球磨煤机的工作原理是电动机经减速器带动圆筒转动，钢球则被提升到一定高度，然后落下，将煤击碎，所以钢球磨煤机主要是靠撞击作用将煤制成煤粉的，同时也有挤压、碾压作用。由圆筒一端送进筒内的热风，一面对煤和煤粉进行干燥，一面将制成的煤粉由圆筒的另一端送出。

7. 钢球磨煤机圆筒的转速对磨制煤粉有什么影响？

答：如果转速太低，钢球不能提高到一定高度，影响对原煤的击碎作用；如果转速太高，由于钢球离心力过大，以致钢球紧贴圆筒内壁不落下，起不到磨煤作用。因此，钢球磨煤机圆筒的转速对磨制煤粉的效率有很大影响。

8. 什么是钢球磨煤机的临界转速？

答：当钢球磨煤机圆筒转速达到某一数值，而使作用在钢球上的离心力等于钢球的重力时，所对应的圆筒转速叫临界转速。计算公式为

$$n_{lj} = 42.3/\sqrt{D} \tag{1-1}$$

式中　D——圆筒直径。

由式（1-1）可知，临界转速与钢球的质量无关，只与圆筒的直径有关。圆筒的直径越大，临界转速越低。

9. 什么是钢球磨煤机的最佳工作转速？

答：要得到最大的磨煤出力，钢球磨煤机应有一个低于其临界转速的最佳工作转速，此转速应能使钢球带到适当的高度，脱离筒壁落下，跌落高度最大，磨煤能力最强。理论推导

钢球磨煤机圆筒的最佳工作转速为

$$n_{zj} = 32/\sqrt{D} \qquad\qquad (1-2)$$

式中　D——圆筒直径。

◆ 10. **钢球充满系数对磨煤机出力有什么影响？**

答：一般钢球装载量越大，钢球磨煤机出力越大。但钢球装载量达到一定程度后，由于钢球充满系数的增大，使钢球落下的有效工作高度减小，撞击作用减弱，反而使磨煤机出力下降。所以，钢球磨煤机内钢球装载量有一个最佳值。

◆ 11. **筒形钢球磨煤机有什么优缺点？**

答：筒形钢球磨煤机能磨各种煤，而且能磨很硬的煤，工作可靠，可以长期连续运行，因而在电厂使用较广泛。但是，钢球磨煤机设备笨重，金属消耗量大，占地面积大，噪声大，煤粉均匀性指数比较小，耗电量大，特别是低负荷时，单位制粉电耗更高。

◆ 12. **锥形钢球磨煤机在结构上有什么特点？**

答：锥形钢球磨煤机的结构特点是除中间部分仍保持一段圆柱形外，两端都是锥形的，特别是出口侧有较长的一段锥形。锥形钢球磨煤机内钢球的分布比较合理：入口处因有回粉进入，所以有一段较短的锥形体；在煤多而粗的圆柱体部分，钢球数量多；出口侧煤粉多而细，相应地做成较长的锥形体，其中钢球量较少。在磨煤过程中，大小不同的钢球也能合理分布：大的钢球在中间圆柱体内磨大颗粒的煤，小的钢球在两侧锥形体内磨小颗粒的煤。此外，锥形结构使钢球和煤在筒内沿轴向也有一定的扰动作用，这些都使磨煤效果得到改善；但由于其制造工艺较复杂，目前采用不多。

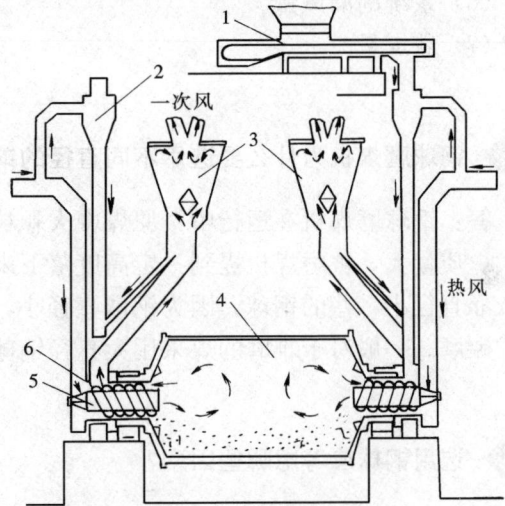

图 1-2　双进双出筒形钢球磨煤机工作示意
1—给煤机；2—混料箱；3—粗粉分离器；
4—筒体；5—空心圆管；6—螺旋片

◆ 13. **什么是双进双出筒形钢球磨煤机？**

答：一般筒形钢球磨煤机的一端是原煤与干燥剂的进口，另一端是气粉混合物的出口。而双进双出筒形钢球磨煤机的两侧同时既是入口又是出口，即一台磨煤机有两个对称的研磨回路。其工作示意如图 1-2 所示。

14. **双进双出筒形钢球磨煤机有什么特点？**

答：双进双出筒形钢球磨煤机的特点为：

（1）磨煤机进口装有螺旋输送装置，避免了因燃料水分高而引起的进口堵煤现象，运行安全、可靠。

（2）由于双进双出的效果，原煤中的一些细粉不经过研磨即可送出，故使磨煤机出力提高，磨煤机功率消耗下降。

（3）煤在筒体内的轴向运动距离小，使煤粉的均匀性指数有所提高。

（4）可获得稳定的煤粉细度及较小的风粉比，通常风粉比约为1.5，而中速磨煤机的风粉比为1.7～1.8。由于煤粉浓度高，有利于燃料着火。

（5）一台磨煤机需要配备两台给煤机及两个粗粉分离器。

15. **钢球磨煤机出力大小与哪些因素有关？**

答：钢球磨煤机出力大小与下列因素有关：

（1）磨煤机转速。

（2）磨煤机内钢球量及钢球尺寸。

（3）给煤量。

（4）煤质的好坏，以及原煤的可磨性系数大小、粒度大小。

（5）磨煤机通风量和干燥剂通风量。

（6）系统的漏风量。

（7）载煤量。

16. **钢球磨煤机为什么要选用不同直径的钢球？**

答：钢球磨煤机在运行中，原煤中大颗粒、坚硬的煤主要依靠大钢球砸碎，因为钢球直径大，质量大，被磨煤机提到一定高度落下来的撞击能力大。而将粗粉制成合格的细粉，主要依靠直径小一些的钢球，因为钢球直径小，数量多，相互接触面积大，相互撞击次数多，便于碾磨。一般对于难磨的煤采用大直径钢球，易磨的煤采用小直径的钢球。

17. **选用钢球应考虑哪些因素？**

答：（1）钢球的硬度和韧性。应适合被磨煤种要求，既要减小钢球的破碎率，又要有耐磨性。

（2）钢球的大小。对硬度不大的煤，宜用直径较小的球，不宜采用大钢球，大钢球的磨煤出力低，而且对衬板也有害；对硬度较大的煤，钢球直径可选大些，因为大钢球冲击力大，砸碎能力强，能保证一定的磨煤出力。

（3）钢球的硬度。应与衬板硬度相匹配，一般钢球硬度为衬板硬度的0.85～0.9倍。

18. 钢球磨煤机内的细小钢球及杂物有哪些危害？

答：当磨煤机长时间运行时，由于随原煤一起带入的杂物及金属的磨损，使磨煤机内积累了细小钢球及杂物，这些细小钢球及杂物便成为吸收钢球撞击能力的缓冲物，降低了钢球的做功能力。另外，细小钢球和杂物积累多了，就会占去一定的容积，使磨煤机内的载球量减小，使磨煤机出力下降，增加了制粉电耗。因此，磨煤机运行一段时间后，应剔除细小钢球和杂物。

19. 磨煤机的最佳装球量是如何确定的？

答：在一定范围内，钢球的装载量越多，磨煤机的出力越大。但是，当钢球量超过一定限度时，钢球在圆筒内所占的容积增加，增加了通风阻力，降低了钢球落下的有效高度和空气携带煤粉的能力，使磨煤机出力降低。因此，对于给定的燃煤和钢球，存在着一个钢球最佳装载量，一般用最佳钢球充满系数 φ 表示。计算公式为

$$\varphi = \frac{G}{\gamma V} \tag{1-3}$$

式中　G——钢球装载量，t；

　　　γ——钢球堆积密度，取 $4.9 \mathrm{t/m^3}$；

　　　V——筒体体积，$\mathrm{m^3}$。

最佳钢球充满系数一般在 0.1～0.25，也可以由试验确定。

20. 中速磨煤机有什么优缺点？

答：中速磨煤机结构紧凑，占地面积小，金属用量少，投资费用少。磨煤电耗低，低负荷运行时，单位耗电量增加不多，有良好的变负荷运行的经济性；适用于直吹式制粉系统。但是，中速磨煤机的元件易磨损，对煤的要求高，不宜磨硬煤和灰分、水分较大的煤，对进入磨煤机内的铁块、木块等杂物较敏感，易引起振动。

21. 简述碗式磨煤机的结构。

答：图 1-3 所示为 RP-1043XS 型碗式磨煤机，磨辊为液压加压式。图 1-4 所示为 RPS 型碗式磨煤机，磨辊为弹簧加压式。磨辊和磨盘是主要的工作部件。磨盘为碗形，四周是倾斜的工作面，其上装有一层耐磨的衬板，可以更换。三个磨辊相互呈 120°布置。磨盘由其下部的减速器经电动机带动转动。磨煤机工作时，磨盘和上面的煤层一起带动磨辊转动，煤在磨辊与磨盘之间被碾碎。所以，这种磨煤机是依靠碾压作用来磨煤的，碾压煤的压力一部分是靠磨辊自重，更主要的是靠液压系统的压力或者弹簧产生的压力。

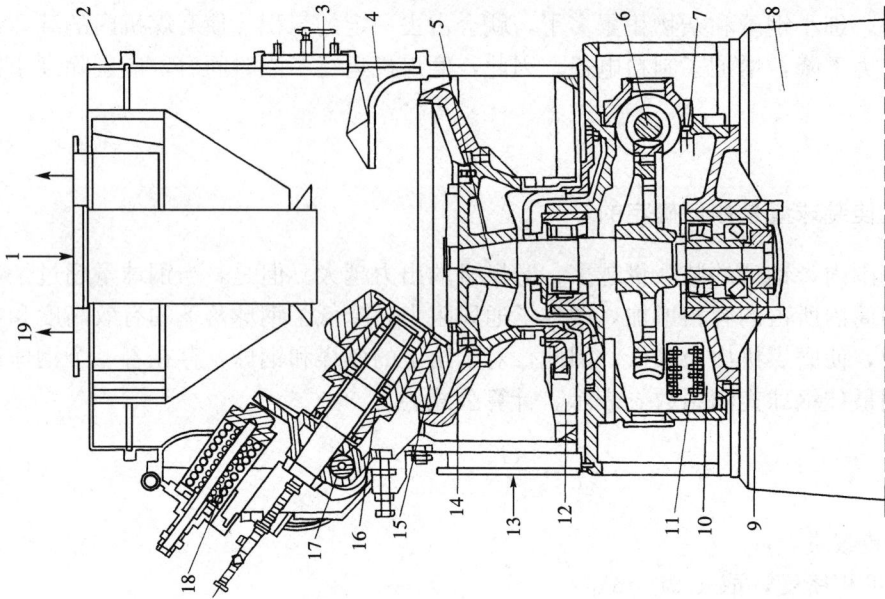

图 1-4 RPS 型碗式磨煤机

1—进煤口；2—分离器；3—检查门；4—导流罩；5—主轴；6—蜗杆；7—蜗杆；
传动装置；8—基座；9—油泵；10—油槽；11—油冷却器；12—刮板；13—热风
进口；14—浅沿钢碗；15—辊套；16—磨辊；17—减振机构；18—弹簧；19—出粉口

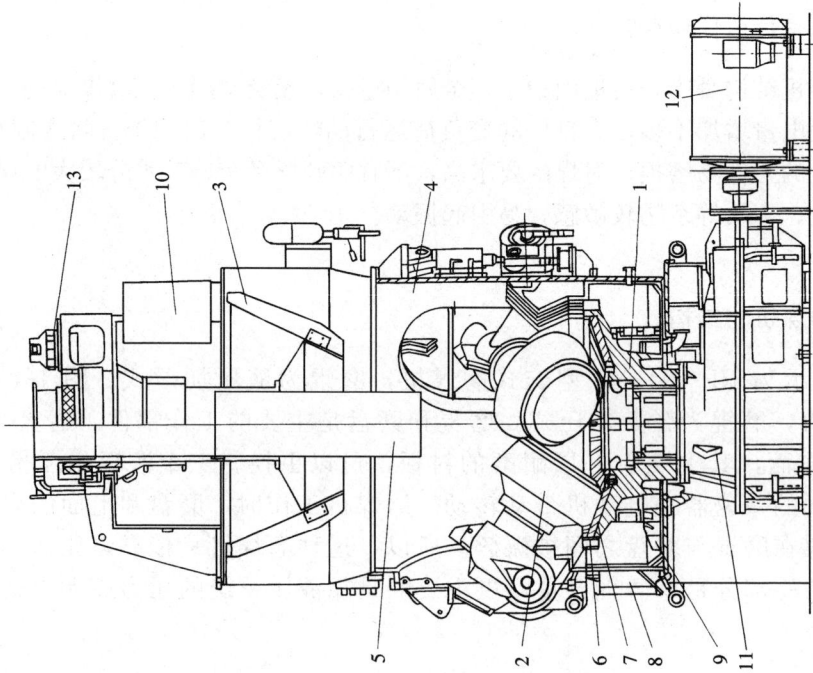

图 1-3 RP-1043XS 型碗式磨煤机

1—磨盘；2—磨辊；3—旋转分离器；4—磨室；5—下煤管；6—风环；
7—磨盘衬板；8—进风口；9—矸石刮板；10—磨煤机出口；
11—减速器；12—电动机；13—液压电动机

22. 中速磨煤机的工作原理是什么？

答： 原煤由落煤管送至磨盘中部，依靠磨盘转动产生的离心力，使煤连续不断地向倾斜的磨盘边缘移动，在通过磨辊（球）下面时被碾碎。磨盘与磨辊不接触，保持 5～10mm 的间隙。由于磨盘边缘有一圈挡环，可以防止煤从磨盘边缘直接滑落出去，并使磨盘上保持一定的煤层厚度，从而提高了磨煤机的效率。热风从风道引入风室后，通过磨盘周围的风环进入磨盘的上部，由气流的卷吸作用将磨盘上碾磨过的煤粉带入磨煤机上部的分离器中，经分离器分离，合格的煤粉引出磨煤机。不合格的煤粉回落到磨煤机磨盘上重新碾磨。

23. 碗式磨煤机常见的磨辊加压方式有哪几种？

答： 碗式磨煤机常见的磨辊加压方式有三种，即液压加压法、弹簧加压法、弹簧—液压加压法。对于采用液压加压法的磨煤机，有单液压缸加压结构，也有双液压缸加压结构。采用单液压缸加压结构的液压缸设置在磨辊上部，采用双液压缸加压结构的液压缸为垂直布置。

24. 简述碗式磨煤机磨辊的结构。

答： 碗式磨煤机磨辊结构示意如图 1-5 所示。它主要由主轴、中心部件、防磨套、端盖、支持轴承、滚动轴承和润滑油系统等组成。防磨套由耐磨材料制成。磨辊的磨损量很

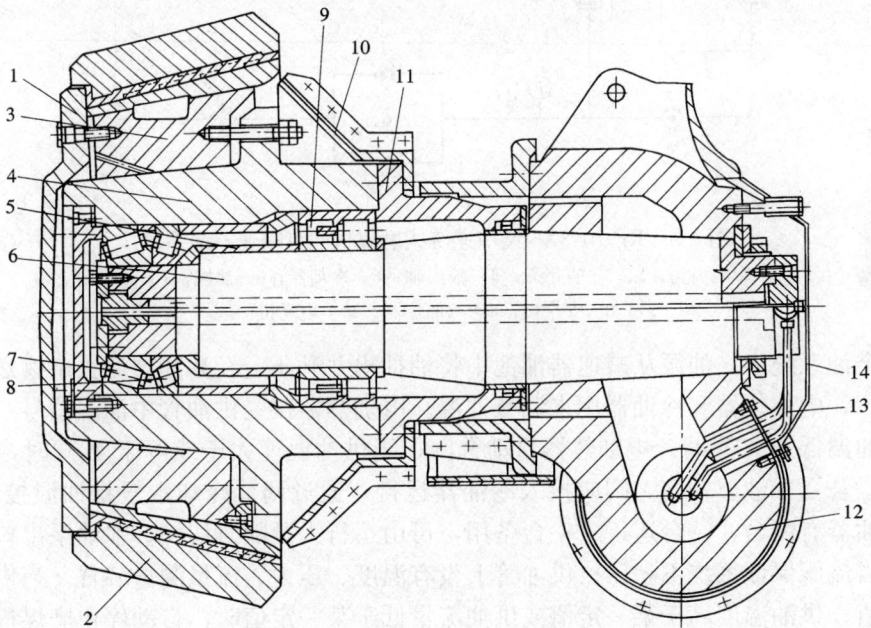

图 1-5　RP-1043XS 型碗式磨煤机的磨辊结构示意

1—端盖；2—防磨套；3—中心部分；4—轴承壳；5—轴套；6—轴；7、8、9—滚动轴承；
10—防护套；11—轴承盖；12—支持轴承；13—润滑油管；14—密封罩

大，磨损到一定程度就会严重影响到磨煤机的出力，故防磨套需要定期更换。磨辊中通有密封风，以防止煤粉经机械密封装置进入润滑油中。一旦润滑油中进入煤粉，将会使磨辊转动不灵活，甚至卡死，大大影响磨煤机的正常工作，造成设备振动，出力严重下降。

25. 碗式磨煤机对进风温度和风速有什么要求？

答：为了保证转动部件的润滑，碗式磨煤机的进风温度一般应小于 400℃。热风通过风环时，风速一般在 35m/s 以上，以便能将磨盘边缘落下的煤托住。

26. 简述 RP-1043XS 型中速碗式磨煤机磨盘减速器油系统的组成及运行。

答：RP-1043XS 型中速碗式磨煤机磨盘减速器油系统主要由螺杆油泵、滤油器、冷油器、电加热器、溢流阀，以及压力、温度、流量等测量装置组成，如图 1-6 所示。

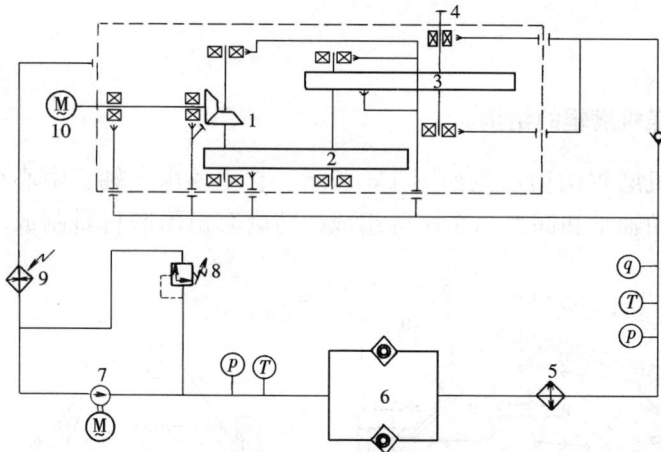

图 1-6   RP-1043XS 型中速碗式磨煤机磨盘减速器油系统
1—伞型齿轮；2、3—直齿轮；4—输出轴；5—冷却器；6—滤网；7—油泵；
8—安全门；9——加热器；10—电动机

在这个油系统中，油泵从减速器油池中将油抽出并升压，经滤油器滤去杂物送往各齿轮和各个轴承，电加热器和冷油器用来调节油温。电加热器接受供油管中油温信号，自动控制油温。当油温低于 30℃时，电加热器自动合闸；当供油温度大于或等于 40℃时，电加热器自动停止。若夏季油温较高，则应投入冷油器运行，通过调节冷却水量将油温控制在 30～40℃。滤器有两台，一台运行、一台备用，可由运行人员随时切换。在油泵出口压力过高时，打开溢流阀保证系统不超压。供油管上设有温度、压力、流量测量装置。当供油压力低于某一定值、供油温度高于某一定值或供油流量低于某一定值时，自动停止磨煤机运行。磨盘减速器主推力轴瓦上还设有三个温度测点，可以测量该瓦的温度。当该区温度升高到某一定值时，报警；当温度升高到第二定值时，联动磨煤机跳闸。

27. 简述 **RP-1043XS** 型中速碗式磨煤机磨辊加压油系统的组成及各部件的功能。

答： RP-1043XS 型中速碗式磨煤机磨辊加压油系统如图 1-7 所示。该系统主要由高压油泵、油箱、三位四通换向阀、蓄能器、溢流阀、顺序阀、减压阀、液压缸、滤油器等液压元件及温度、压力等热工测量和控制装置组成。

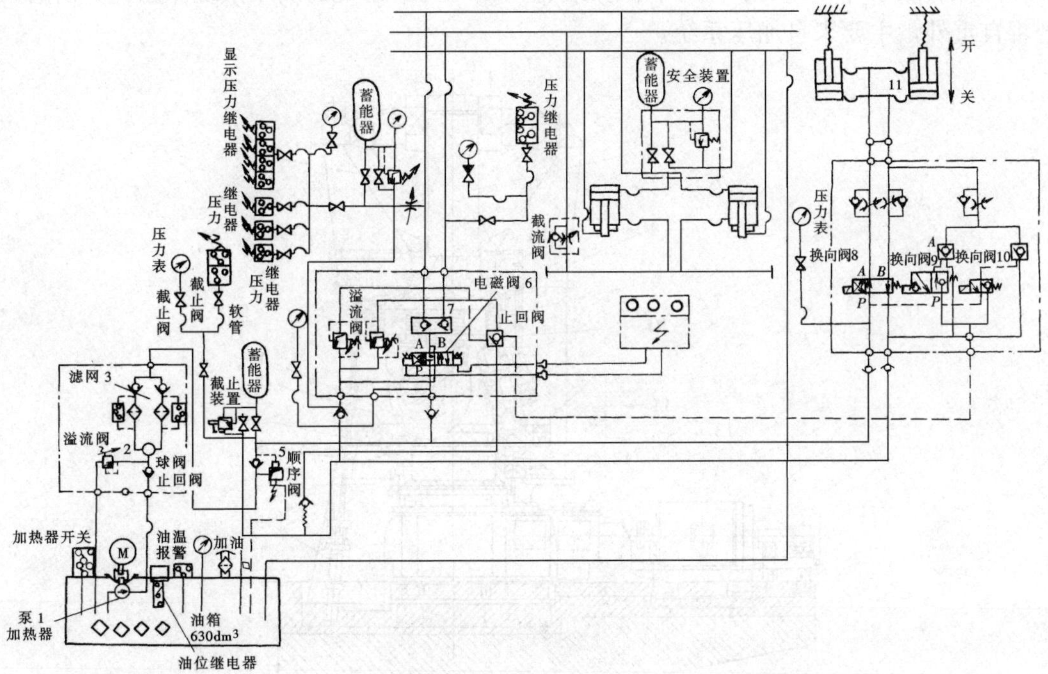

图 1-7 RP-1043XS 型中速碗式磨煤机磨辊加压油系统

油泵出口管上装有溢流阀，可用来控制油泵出口最大压力不超过规定值。

油泵出口装有止回阀，防止油泵停止后油向油泵倒流，引起对泵的冲击和使油系统泄压。

油系统中设有两台可以手动切换的滤油器，一台运行，一台备用。当运行中发现堵塞时，可以切换到备用位置，拆下滤芯清洗或者更换。滤油器设有出、入口压差报警装置。

蓄能器的作用是使油系统储备一定的压力能；均衡油泵负荷，降低功率消耗，保持恒定压力。在液压缸不动时，保持系统压力，补偿泄压，使液压泵卸荷，吸收脉冲压力和冲击压力，避免压力的突增或者突降，增加油系统弹性，以保证在油泵跳闸后还能使磨煤机入口的快关挡板关闭。

三位四通换向阀为一电磁控制的机动换向阀，通过电磁铁的带电和失电来使油管路接通，控制磨辊的抬和压。

顺序阀的作用是当蓄能器油压达到或者超过某一定值时，顺序阀开启，将过滤器后的油输送回油箱中，使供油系统形成低压循环；当蓄能器压力下降到规定值时，该顺序阀关闭，油泵向蓄能器中充油升压。

28. 简述 MPS 型磨煤机的结构。

答: MPS 型磨煤机是一种较新型的中速磨煤机，其结构如图 1-8 所示。它的研磨部件是磨辊和磨环。它有三个磨辊，尺寸较大，外形近似车轮，且相互呈 120°布置在磨盘上。磨环由多块耐磨铸造材料组成，常采用镍硬铸铁，呈圆环形，固定在磨盘上，其外围是一圈喷嘴环。弹簧压紧环、弹簧、压环和拉紧装置构成对三个磨辊的加压系统。因此，研磨压力除磨辊自重外，主要来自加压系统。

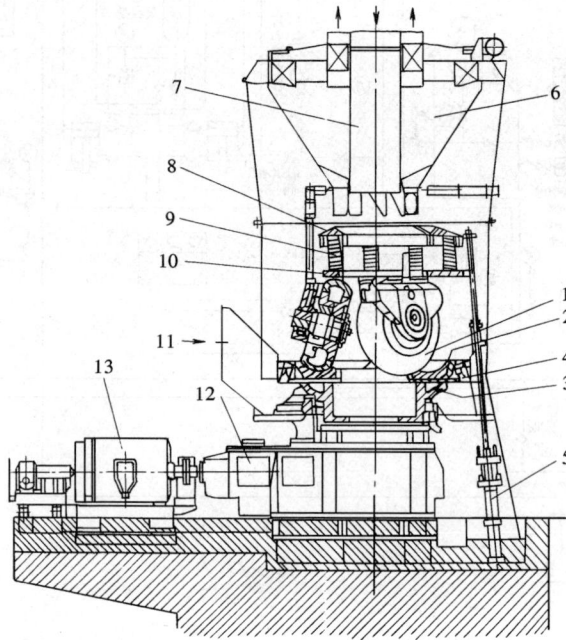

图 1-8　MPS-235 型磨煤机结构示意

1—磨辊；2—磨环；3—磨盘；4—喷嘴环；5—拉紧装置；6—分离器；
7—下煤管；8—弹簧压紧环；9—弹簧；10—压环；11—一次风进口；
12—减速器；13—电动机

29. MPS 型磨煤机有什么特点？

答: 磨辊与磨环直接接触无间隙。当磨煤机启动时，减速器带动磨盘转动，同时磨盘带动磨辊在磨环上滚动，煤通过辊子下面时被碾碎。其工作原理与碗式磨煤机相同。由于这种磨煤机磨辊与磨盘间无间隙，所以启动前要先启动给煤机，少量给煤后再启动磨煤机，这样可以减小磨煤机的振动。

热风进口设在磨环下部，热风通过喷嘴环进入磨室，带着煤粉经分离器，再将合格的煤粉带出磨煤机。密封风用于磨盘和磨辊的密封。磨制挥发分较大的煤时，往往在一次风进口、磨室及分离器等处通以消防蒸汽。

30. **MPS 型磨煤机磨辊有什么特点?**

答: MPS 型磨煤机磨辊结构示意如图 1-9 所示。磨辊的辊轴上装有两个滚动轴承,都浸在润滑油中。使用的润滑油能够承受运行中产生的高温。磨辊套由耐磨材料制成,是耐磨工作面。磨辊套装在辊座上,辊套在磨损到一定程度时应更换新的备件。通入磨辊的密封风可以进一步增加机械密封的效果。

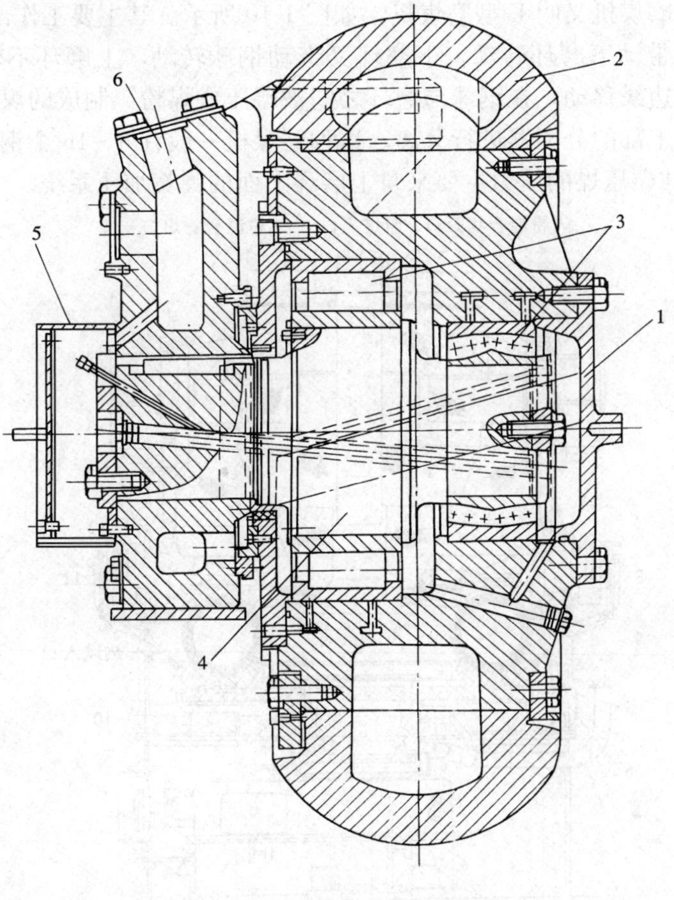

图 1-9　MPS 型磨煤机磨辊结构示意

1—端盖;2—防磨套;3—轴承;4—主轴;5—密封端盖;6—密封风进口

31. **MPS 型磨煤机有什么优点?**

答: 这种磨煤机运行非常平稳,振动小,噪声低,具有较好的运行安全性和经济性,广泛用于大容量锅炉的制粉设备中。

32. **简述 MBF 型磨煤机的结构及特点。**

答: MBF 型磨煤机是一种与 MPS 型磨煤机结构相近的新型磨煤机。其磨辊与 MPS 型磨煤机的基本相同，但加压方式采取的是碗式磨煤机加压系统。其磨环也与 MPS 型磨煤机的相近，特点是采用低速而巨大的碾磨部件，运行转速低而平稳，碾磨效率高，出力大，煤粉细度稳定。MBF 型磨煤机除适用于烟煤外，对硬度较大的煤和煤矸石也适用。

33. 简述中速钢球磨煤机的工作原理。

答：中速钢球磨煤机又叫 E 型磨煤机，如图 1-10 所示。其主要工作部件为钢球和磨环。电动机通过减速器带动下磨环转动，下磨环又带动钢球转动，上磨环不转，煤从中部落入后，依靠离心力向边缘移动，在钢球与磨环之间被碾压成煤粉，制成的煤粉由环形风道进入的空气带走，进入上部的分离器进行分离。这种磨煤机一般有 6～16 个钢球，钢球的直径为 200～500mm，钢球碾压煤的压力主要来自上磨环上面的弹簧加压系统。

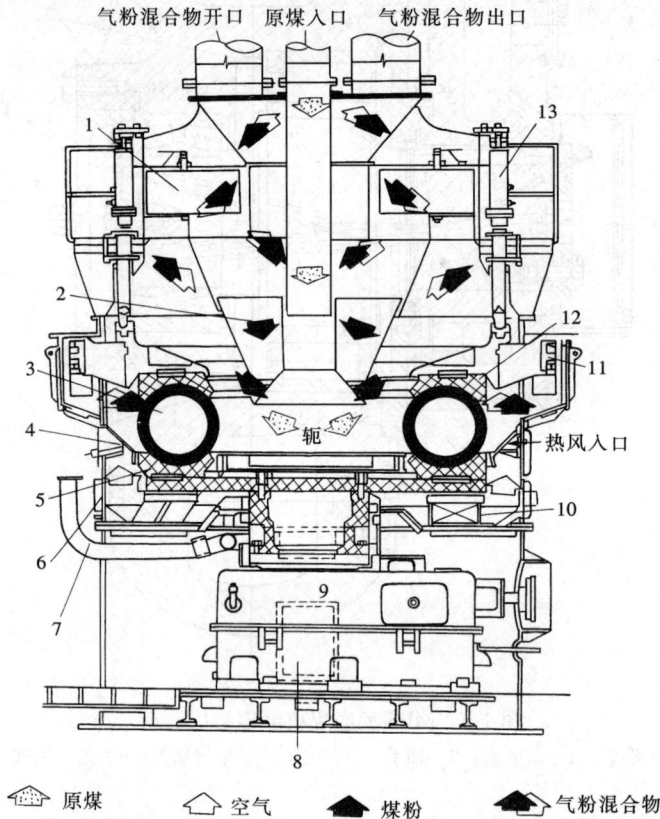

图 1-10　E 型磨煤机

1—分离器可调切向叶片；2—粗粉回粉斗；3—空心钢球；4—安全门；
5—旋转的下磨环；6—活门；7—密封气连接管；8—废料室；9—齿轮箱；
10—犁式刮刀；11—导杆；12—上磨环；13—加压缸

34. 简述中速平盘磨煤机的结构。

答：中速平盘磨煤机的结构如图 1-11 所示。其主要工作部件是磨盘和磨辊，在平盘上

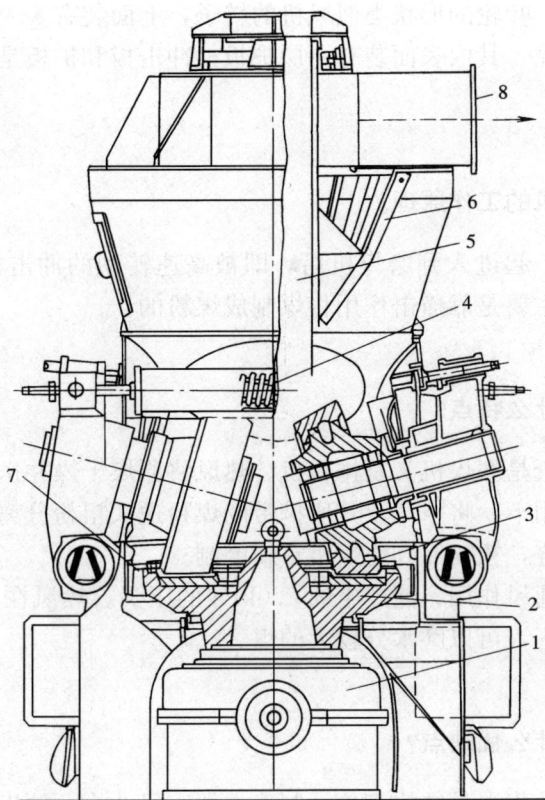

图 1-11 中速平盘磨煤机

1—减速器；2—磨盘；3—磨辊；4—加压弹簧；5—下煤管；6—分离器；

7—风环；8—气粉混合物出口管

一般装有 2～3 个辊子，辊子与平盘间有一定间隙，约为 1.25mm，以避免空转时磨损。磨盘由电动机通过减速器带动旋转，并带动磨辊在原地转动。

35. **简述风扇式磨煤机的结构。**

答：风扇式磨煤机是最常用的高速磨煤机，其结构如图 1-12 所示。它主要由叶轮、外

图 1-12 风扇式磨煤机

1—外壳；2—冲击板；3—叶轮；4—风、煤进口；5—煤粉、

空气混合物出口；6—轴；7—轴承箱；8—联轴器

壳、轴及轴承箱等组成。叶轮的形状类似风机的转子，上面装有8～12个冲击板（即叶板）。外壳的形状也像风机外壳，其内表面装有一层护板，冲击板和护板是主要的工作部件，都是由耐磨材料制成的。

36. 简述风扇式磨煤机的工作原理。

答： 原煤随着热风一起进入到磨煤机后，即被高速转动的冲击板击碎或抛到护板上撞碎，所以风扇式磨煤机主要是靠撞击作用将煤制成煤粉的。

37. 风扇式磨煤机有什么特点？

答： 风扇式磨煤机既是磨煤机又是排粉机。热风将原煤干燥并送入磨内进行磨制。在叶轮旋转所造成的压力作用下，将空气及其所携带的煤粉送入粗粉分离器进行分离。分离后的细粉由空气带入炉膛燃烧，粗粉回到磨煤机重新磨制。

风扇本身有较强的通风作用，能产生约2.0kPa的压头。热风在入口管道内可以对煤预热，所以煤的干燥条件好，可以磨水分较大的煤。

38. 风扇式磨煤机有什么优缺点？

答： 风扇式磨煤机的优点是结构简单，制造方便，尺寸小，储煤量小，适应负荷变化较快。其缺点是磨损严重，连续运行时间短，而且磨损越严重时风压越低；另外，该磨煤机磨出的煤粉均匀性差。

39. 锤击式磨煤机有哪几种形式？

答： 锤击式磨煤机有单列式、多列式和竖井式三种。它们都是靠撞击作用来磨制煤粉的。

40. 简述多列式锤击磨煤机的结构和特点。

答： 多列式锤击磨煤机的结构如图1-13所示。它的锤子可以固定在转子上，也可以活动地安装在销子上。活动的锤子在停运时是下垂的，运行时则靠离心力朝径向伸出。若遇到金属块等阻碍物，锤子可以转开而不致损坏机体。其磨制出的煤粉，被气流带向上部的分离器，分离出来的粗煤粉落下来重新磨。

此种磨煤机适用于褐煤和挥发分高、

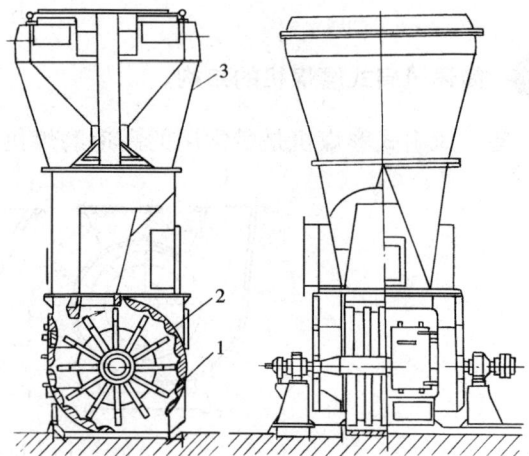

图1-13　多列式锤击磨煤机
1—锤子；2—护板；3—粗粉分离器

可磨性指数大的烟煤。

41. 简述竖井式磨煤机的结构及工作原理。

答：竖井式磨煤机的机体由外壳和转子组成，在转子上装有一排排的锤子。燃料进入竖井后，靠高速旋转的锤子将燃料击碎。燃料对外壳的撞击也起着破碎作用。热风从磨煤机两端进入，对原煤进行干燥。已经干燥和磨碎的煤粉，被转子抛向竖井。细煤粉被热风带走，进入燃烧器和炉膛；而粗煤粉所受重力大于浮力，故落回磨煤机重新研磨。因此，竖井起到了分离的作用。

42. 竖井式磨煤机有什么优缺点？

答：竖井式磨煤机的优点是结构简单，制造方便，投资费用和金属耗量较小，单位耗电量低（尤其是在低负荷运行时，其单位耗电量增加不显著）。其缺点是不适合磨制较硬的煤，锤子磨损严重，需要经常更换。它适合磨制褐煤和可磨性系数大于1.2及挥发分大于30%的烟煤。

43. 在中速碗式磨煤机启动前，应进行哪些检查和准备？

答：中速碗式磨煤机启动前应进行下列检查和准备：

（1）磨煤机本体设备检查。检查各人孔、检查孔关闭严密，地脚螺栓齐全、拧紧，分离器挡板开度正常，各润滑油管、液压油管、密封风管、热风管道及消防管道完好。

（2）油系统的检查。检查各油箱油位在规定范围内，油质良好。启动油泵后检查油压、油温度等参数正常，系统不应有泄漏。

（3）排矸机的检查和启动。检查排矸机内无杂物，传动系统防护罩完好。若排矸机注水时溢流，应适当调整补水量。启动排矸机后，检查刮板完好，链条紧度适当，运行平稳。

（4）电动机的检查。各地脚螺栓齐全、拧紧，接线盒封闭严密，电缆不应有破损，电动机防护罩完好，外壳接地线完好。

44. 简述RP-1043XS型中速碗式磨煤机制粉系统的启动步骤。

答：RP-1043XS型磨煤机制粉系统如图1-14所示。具体启动步骤如下：

（1）投入磨煤机消防蒸汽，母管蒸汽压力达到0.3MPa上，检查磨煤机消防蒸汽门应在关闭位置。

（2）通知值班人员启动排矸机。

（3）启动减速器润滑油泵、磨辊加压油泵及磨辊润滑油泵。

（4）开启密封风调节挡板，使密封风量适当（一般达到6000m³/h）。

（5）检查冷、热风挡板关闭至零位，开启磨煤机进口的快速关闭挡板。

（6）全开冷风挡板，吹扫磨煤机5min。

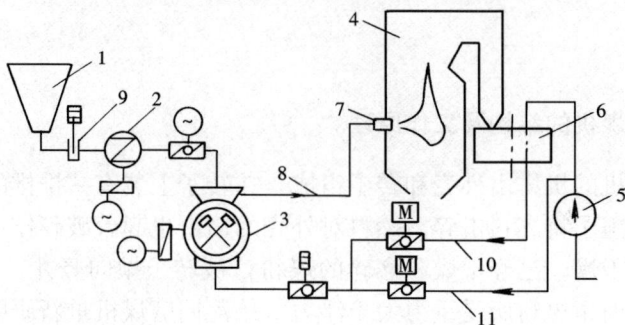

图 1-14   RP-1043XS 型磨煤机及制粉系统
1—原煤斗；2—给煤机；3—碗式磨煤机；4—锅炉；5—一次风机；6—空气预热器；
7—煤燃烧器；8——次风管；9—煤仓拉杆门；10—热风管；11—冷风管

（7）调整冷、热风挡板，控制磨煤机通风量在 50% 以上，磨煤机入口风温在 180～220℃，对磨煤机进行通风加热，使磨煤机出口温度达到 90℃。

（8）关闭磨辊润滑油旁路门，使润滑油全部进入磨辊内。抬起磨辊，启动磨煤机。待电流恢复正常后，放下辊子。

（9）检查密封风与一次风压差应大于 3.5kPa，密封风流量达到 6000m³/h。启动给煤机，检查电流正常。

（10）开启煤仓拉杆门（或称煤仓下煤插板）。

（11）开启磨煤机对应的燃煤二次风挡板。

45. **简述中速碗式磨煤机的停止步骤。**

答：（1）关闭煤仓拉杆门将给煤机的转速减到最小，停止给煤机的运行，关闭给煤机下煤挡板。

（2）待磨煤机内部的煤粉全部磨完，即观察到磨煤机电动机电流降至空载电流时，抬起磨辊，停止磨煤机运行，将磨煤机及一次风管内的煤粉全部吹尽。

（3）在磨煤机内煤粉逐渐减少的同时，应调整冷、热风挡板开度，保持磨煤机出口温度不超过 150℃。

（4）关闭磨煤机对应的燃烧器二次风挡板。

（5）关闭磨煤机入口热风、冷风挡板，关闭磨煤机的密封风挡板。

（6）停止磨辊加压油泵和润滑油泵运行。磨煤机减速器油系统应在磨煤机停止 2h 后停运，以防止磨煤机内部高温传递到轴承箱内而引起轴承超温。

46. **在 MPS 型磨煤机启动前，应进行哪些检查？**

答：（1）对于检修后要启动的磨煤机，检查检修工作全部结束，工具杂物应清理干净，各人孔门、检查孔关闭严密。

（2）检查磨盘减速器与电动机的联轴器应完好，防护罩完好，各地脚螺栓齐全、拧紧。

（3）液压排矸挡板动作灵活，保证磨煤机运行中排矸正常。启动前进行一次排矸。关闭二次风门，开启一次风门。

（4）消防蒸汽手动门应开启，电动门应关闭，系统无漏汽现象。

（5）确认磨盘减速器油位正常，油质良好。油泵启动后，检查油压、油温正常。

（6）分离器挡板开度调整到合理位置，满足煤粉细度要求。

（7）检查密封风机良好。

47. **在 MPS 型磨煤机运行过程中，应进行哪些监视和检查？**

答：（1）检查减速器润滑油泵运转正常，减速器油位正常，油质良好，冷油器后供油油压、油温正常，冷却水充足。

（2）润滑油系统滤网应定期清理，滤网前、后压差不应超出规定值。压差大时，应及时清理滤网。

（3）密封风机滤网应定期清理，保证有足够的密封风量。

（4）发现风、水、油、煤粉泄漏时，应及时通知有关人员处理。

（5）发现下列情况时，应停止磨煤机运行：磨煤机发生强烈振动或内部有强烈撞击声；润滑油压力过低、温度过高，且达到紧急停运条件；电动机有异常声音或着火。

（6）每小时排矸石一次。当煤质不好或其他原因使排矸量大时，应增加排矸次数。

48. **简述 MPS 型磨煤机的启动步骤。**

答：以如图 1-15 所示的 MPS-235 型磨煤机制粉系统为例，说明启动步骤。

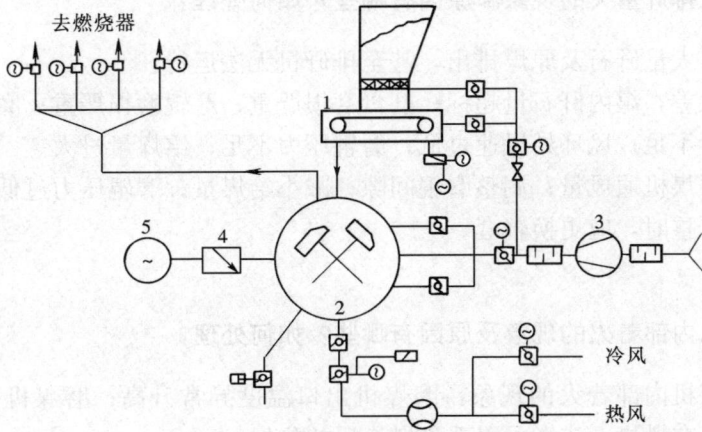

图 1-15　MPS-235 型磨煤机制粉系统
1—给煤机；2—磨煤机；3—密封风机；4—减速器；5—电动机

（1）启动减速器的润滑油泵，投入电加热设备。油泵出口油压达到规定值，冷油器后油压达到规定值。

（2）启动磨煤机密封风机，出口压力达到规定值。开启去给煤机的密封风挡板，使给煤机轴承有足够密封风。

（3）开启煤仓到给煤机的两个插板，使原煤进入给煤机。

（4）为防止磨煤机内残留的煤粉发生自燃，暖磨时加剧自燃甚至爆炸，磨煤机启动前可以开启消防电动门5min左右，将自燃现象彻底消除。

（5）开启磨煤机出口（分配器后）一次风管上的电动挡板。

（6）磨煤机入口冷、热风挡板在关闭位置，开启磨煤机入口快关挡板。

（7）开启磨煤机入口冷风门，按规定风量对磨煤机进行吹扫，然后关小冷风门，开大热风门，对磨煤机暖磨，使磨煤机出口温度升至80℃。

（8）开启磨煤机对应的燃烧器二次风挡板。

（9）当磨煤机出口温度达到80℃时，启动给煤机，约5s后启动磨煤机主电动机。

（10）磨煤机和给煤机启动后，磨煤机出口温度会下降，应及时调整冷、热风量，维持磨煤机出口温度。

49. 中速磨煤机磨辊及磨盘振动大的现象和原因有哪些？如何处理？

答：中速磨煤机磨辊及磨盘振动大的现象：磨煤机内部发出异常振动声；磨煤机电流摆动大；磨辊不正常地跳动；当振动较大时，将引起磨煤机本体强烈振动。

原因：磨煤机内进入石块、铁块或木块等异物；磨煤机导流板、磨辊端盖或其他机械部件损坏，并落入磨盘。

处理：停止磨煤机运行，检查并取出异物；对于损坏的设备，应在修复后再启动；如果出现强烈振动并危及设备安全，应立即按下事故按钮来停止磨煤机运行。

50. 中速磨煤机排矸量大的现象和原因有哪些？如何处理？

答：现象：有大量矸石及原煤排出，甚至排矸机无法运行。

原因：煤质太差，煤内矸石量超标；磨盘磨损严重；磨辊磨损严重；磨盘与磨辊间隙过大；磨煤机通风量不足；风环处风速过低；磨辊压力不足；给煤量过大。

处理：增加磨煤机通风量；调整磨辊间隙；减小给煤量；磨辊压力过低时，应调整磨辊压力；磨辊磨损严重时，应更换辊套。

51. 中速磨煤机内部着火的现象及原因有哪些？如何处理？

答：中速磨煤机内部着火的现象：磨煤机出口温度异常升高；磨煤机壳体温度异常升高；排出的矸石正在燃烧，或者可以看见燃烧后的焦炭。

原因：磨煤机出口温度过高；原煤仓内的煤自燃，或自燃的煤进入磨煤机；矸石煤箱内充满可能引燃的黄铁矿及纤维质等可燃物质，且未及时排出；停磨时，残留的煤粉未吹尽，造成自燃。

处理：开大冷风，降低磨煤机内部和出口温度；停止给煤机运行，对磨煤机进行低温通风吹扫，排尽燃烧的矸石；情况严重时，立即停止给煤机和磨煤机运行，关闭磨煤机进口冷、热风挡板，打开消防蒸汽灭火；待检查磨煤机内部火已熄灭，方可重新启动。

52. 如何处理中速磨煤机油系统的故障?

答:磨煤机磨盘减速器油泵跳闸,或者供油压力低于极限值时,会立即威胁到主推力轴承、各级齿轮和各处轴承的安全运行,若低油压保护未动作,应立即停止磨煤机运行。磨盘主推力瓦装有温度测量装置,当其温度值达到或者超过最高允许值时,若轴承温度高保护未动作,应立即停止磨煤机运行。磨盘减速器润滑油供油温度超过最高允许值时,若油温高保护未动作,应立即停止磨煤机运行。磨辊润滑油中断且短时间内无法恢复时,应立即停止磨煤机运行。磨辊为液压系统加压的磨煤机,加压油泵跳闸或者加压系统压力过低时,应停止给煤机运行,待排除故障后再重新启动。

53. 如何处理中速磨煤机排矸系统的故障?

答:发生排矸机过载销子损坏、排矸机无法排出矸石、排矸机故障停止、排矸闸板打不开或清扫器损坏等故障,而使磨煤机无法正常排出矸石时,应尽早停止磨煤机运行。

54. 如何处理中速磨煤机分离器的故障?

答:对于带有旋转式分离器的中速磨煤机,当分离器不转或转速严重偏低时,应停止给煤机运行,以防止过粗的煤粉进入炉膛。

55. 在筒形钢球磨煤机启动前,应进行哪些检查?

答:(1)检查筒体端盖法兰、出(入)口大瓦及地脚的螺栓齐全、拧紧,筒体外壳钢板完好;大、小牙轮的防护罩完好,牙轮齿润滑脂润滑充分。

(2)检查减速器油位达到规定刻度,油质良好。

(3)检查联轴器螺栓无松脱,防护罩完好。

(4)投入轴承冷却水,调整冷却水量适当。

(5)检查润滑油箱的油位正常,油质良好,油泵及油泵电动机良好。开启磨煤机出、入口轴承供油门,启动油泵,调整好出、入口轴承油流量。

(6)检查磨煤机出、入口密封装置的毛毡、压环及弹簧等无损坏,磨煤机出、入口防爆门完好。

(7)电动机检查正常。

56. 在筒形钢球磨煤机运行过程中,应进行哪些监视和检查?

答:现场的监视和检查:

(1)检查磨煤机各轴承温度正常,冷却水量和润滑油量正常。

(2)检查磨煤机出、入口大瓦冷却水应连续供给,保证冷却水量和冷却水温在正常范围。

(3)倾听筒体内部不应有异常的冲击振动声,检查筒体不应有漏粉。

（4）检查减速器内部齿轮运转声音正常，油位正常，齿轮工作面润滑良好，减速器各轴承温度不超过 60℃。

（5）联轴器螺栓无松动，防护罩完好。

（6）大、小牙轮运转平稳，小牙轮轴承温度及振动不超过规定值。

（7）出、入口密封完好，且不漏粉。

（8）磨煤机电流无异常波动。

主控制室的监视和调整：

（1）磨煤机电流在规定范围内，无异常波动。

（2）调节磨煤机冷、热风挡板开度，控制磨煤机出口温度在规定范围内。

（3）磨煤机出、入口压差应在规定范围内。压差过小，说明断煤或给煤量减少；压差过大，说明给煤量大。当压差过大时，应防止磨煤机内满煤。

（4）保持一定的磨煤机通风量。通风量过小时，容易造成磨煤机满煤堵塞；通风量过大时，一次风管中煤粉浓度低，影响煤粉的燃烧。

（5）磨煤机轴承温度应在允许范围，一般最高不允许超过 60℃。当轴承温度超过最高允许值时，若轴承温度保护未动作，应立即手动停止磨煤机运行。

57. 简述筒形钢球磨煤机启动的主要操作步骤。

答：下面以图 1-16 所示的制粉系统为例，说明筒形钢球磨煤机的启动步骤。

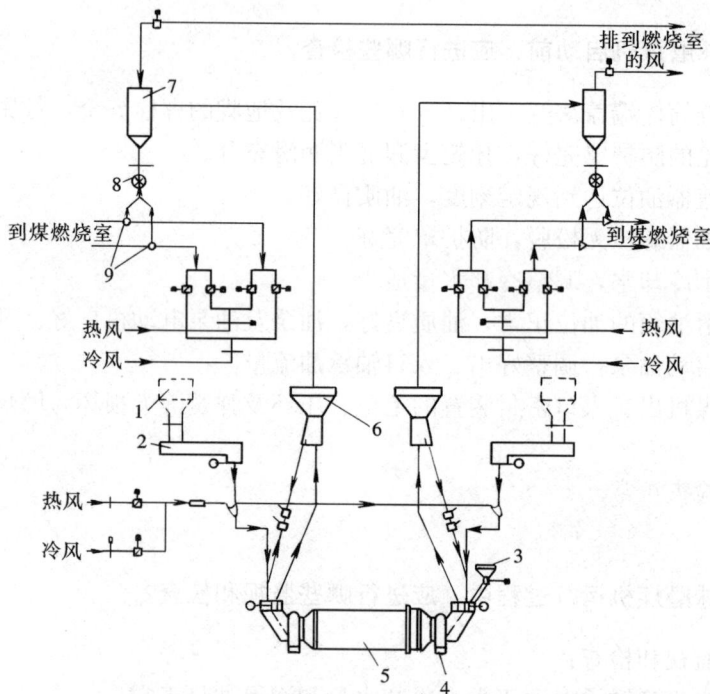

图 1-16　钢球磨煤机半直吹热风送粉制粉系统

1—原煤斗；2—给煤机；3—装球斗；4—驱动器；5—钢球磨煤机；6—粗粉分离器；

7—旋风分离器；8—旋转锁气器；9—分配器

（1）启动润滑油泵，调整好各轴承油量和油压，保证磨煤机出、入口轴承（大瓦）的供油。

（2）启动密封风机，调整风压至正常值。开启待启动的磨煤机入口密封风门，保持正常的密封风的压力和流量。

（3）开启磨煤机进口冷风挡板，对磨煤机内进行吹扫。

（4）开启磨煤机进口热风挡板进行暖磨，将磨煤机出口温度升到规定值（约100℃）。

（5）启动磨煤机主电动机。

（6）启动给煤机。

58. 简述筒形钢球磨煤机停运的主要操作步骤。

答：（1）将给煤机的给煤量减到零，停止给煤机运行。

（2）吹扫磨煤机及其管内余粉，维持磨煤机出口温度。

（3）待磨煤机内煤粉吹扫干净后，停止磨煤机运行。

（4）逐步关闭磨煤机入口冷、热风挡板，将磨煤机通风量减到零。

（5）关闭磨煤机出口一次风管各挡板，关闭磨煤机密封风挡板。

（6）停止润滑油泵。

59. 简述筒形钢球磨煤机发生断煤的现象及处理方法。

答：现象：

（1）磨煤机出口温度升高。

（2）磨煤机出、入口压差减小。

（3）磨煤机内噪声明显增大。

（4）磨煤机电流减小。

处理方法：

（1）调整冷、热风挡板开度，控制磨煤机出口温度不超限。

（2）如果是落煤管堵塞或者煤仓不下煤，应设法疏通；如果是煤仓无煤，则应联系燃运人员迅速上煤。

（3）如果是给煤机故障，应联系检修人员迅速消除；若短时间内不能消除，则应停止磨煤机运行。

60. 简述筒形钢球磨煤机堵煤的现象及处理方法。

答：现象：

（1）磨煤机出、入口压差增大，入口风压升高，一次风量减小。

（2）磨煤机出口温度下降。

（3）磨煤机出、入口密封处可能向外冒粉。

（4）磨煤机电动机电流明显增大。

（5）就地筒体内噪声降低。

处理方法：

（1）停止给煤机运行，增加磨煤机通风量，密切监视磨煤机出、入口压差。若出、入口压差恢复正常，应启动给煤机，逐步增加磨煤机通风量。

（2）如果堵塞严重，且上述处理无效时，应停止磨煤机运行，然后打开磨煤机出、入口人孔门处理。

61. 磨煤机轴承温度高的原因有哪些？如何处理？

答：原因：①缺油；②冷却水量小；③油质变坏。

处理：①缺油时，应及时加油；②如果是冷却水量小，则应开大冷却水；③油质差时，应更换新油；④如果发现轴承温度高到规定极限值时，应停止磨煤机运行。

62. 在风扇式磨煤机启动前，应进行哪些检查？

答：（1）检查磨煤机各检查孔关闭严密。

（2）如磨煤机为检修后启动，应注意检查各一次风管的隔绝挡板和磨煤机入口的隔绝挡板处于开启位置。

（3）将分离器和煤粉分配器挡板调整到适当位置。

（4）打开相应的抽炉烟的闸板门。

（5）投入冷却水系统，调整冷却水量。

（6）检查油箱油位达到规定范围刻度，启动冷却油泵，检查油压达到规定值。

63. 简述风扇式磨煤机的启动步骤。

答：以如图 1-17 所示的制粉系统为例，风扇式磨煤机的启动步骤如下：

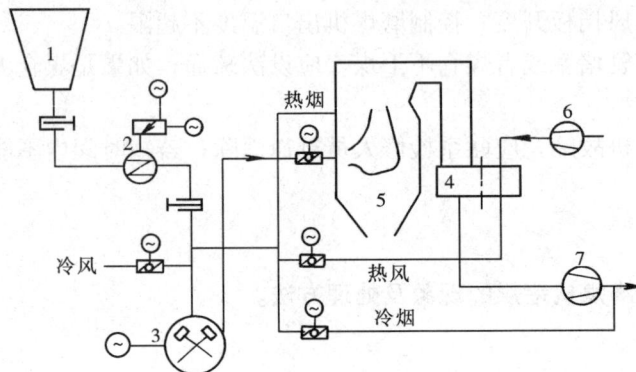

图 1-17　风扇式磨煤机制粉系统

1—煤斗；2—给煤机；3—磨煤机；4—空气预热器；5—炉膛；6—送风机；7—引风机

（1）开启原煤斗下煤插板和给煤机的隔绝挡板。

（2）启动润滑油泵。

（3）开启磨煤机对应的一次风挡板。

（4）启动磨煤机主电动机。

（5）开启冷、热风挡板，使磨煤机出口温度达到120℃。

（6）启动给煤机，开启对应的二次风挡板。

（7）投入磨煤机出口温度控制自动，投入二次风调节挡板。

64. 在风扇式磨煤机运行过程中，应进行哪些监视和检查？

答：（1）通过窥视孔或者流量计，检查风轮轴承和电动机轴承润滑油量达到规定值，油压不低于正常值。

（2）检查各轴承温度在正常范围，轴承无异常振动。

（3）冷却水量应充分，水中不应带油。

（4）磨煤机内部不应有不正常的撞击声及异常振动。

（5）磨煤机主电动机电流稳定，不应有异常增大、减小或大幅度波动。

（6）磨煤机出口温度一般应维持在100～140℃（根据煤质情况确定）。

65. 简述风扇式磨煤机的停止步骤。

答：（1）将给煤机给煤量减到最小值。

（2）停止给煤机运行，关闭对应燃烧器二次风挡板。开启冷风挡板，对磨煤机进行吹扫。保持磨煤机出口温度不超过允许最高值。

（3）停止磨煤机运行，关闭磨煤机进口各风、烟挡板，关闭磨煤机出口一次风挡板。

（4）如果磨煤机要检修，应将密封风挡板及给煤机到磨煤机的手动闸板门关闭。

（5）润滑油泵应继续运行1～2h，待主轴承温度降下来后再停运。

66. 简述风扇式磨煤机内部着火的现象及处理方法。

答：主要现象：

（1）磨煤机出口温度急剧升高。

（2）检查孔处出现火星，或者燃烧处机壳被烧红。

（3）如因自燃而爆炸，则应有爆炸声，且从系统不严密处向外冒烟，防爆门动作。

（4）磨煤机风压剧烈波动，炉膛负压也有较大波动，严重时锅炉可能灭火。

处理方法：

（1）发生自燃或者燃烧时，应立即投入灭火装置，然后停止磨煤机运行，关闭磨煤机各出、入口挡板，启动备用磨煤机。

（2）待磨煤机内灭火后，开启冷风挡板，对磨煤机内部彻底通风吹扫，将残留的煤粉吹尽后再启动。

（3）若磨煤机内部发生爆炸，应紧急停止磨煤机运行，投入灭火装置，关闭所有进风挡板，对设备进行全面检查。若设备无严重损坏，恢复启动前要进行彻底检查。

67. 简述风扇式磨煤机内部发生撞击时的原因、现象及处理方法。

答：原因：当风扇式磨煤机内部进入铁块、大石块，或者磨煤机的护甲、冲击板断裂落下时，便会在磨煤机内部发生严重撞击。

主要现象：

（1）磨煤机受意外冲击荷载，引起电流异常摆动或者异常增大。

（2）磨煤机内部发出异常撞击声。

处理方法：

（1）磨煤机电动机电流摆动在规定范围内时，撞击较小，说明是由于小铁块或石块引起的，可以适当减小给煤量和通风量，使异物尽快落入磨煤机下部的存铁箱内。

（2）若撞击声和振动较大，电流超限可能损坏设备时，应紧急停止磨煤机运行，由检修人员打开磨煤机取出异物，并对设备检查。

68. 简述风扇式磨煤机发生堵塞时的原因、现象及处理方法。

答：原因：当磨煤机内水分过高，给煤量过大，磨煤机通风量过小或者进口热风挡板突然关闭等原因，都有可能造成磨煤机堵塞。

主要现象：

（1）磨煤机出口温度下降。

（2）磨煤机入口负压下降，出口风压下降。

（3）磨煤机电动机电流增加。

（4）磨煤机轴封处冒粉。

（5）由于进入炉内的煤粉量减少，使锅炉燃烧不稳定，甚至引起锅炉灭火，主蒸汽的流量、压力下降。

处理方法：

（1）减小给煤量，或者停止给煤机。

（2）增大磨煤机通风量，将粗粉分离器挡板适当开大，以减少煤粉回粉量。

（3）处理过程中，要注意监视磨煤机电流、出口温度及风压，并保持主蒸汽温度及燃烧的稳定。

（4）当磨煤机电流超过极限值且处理无效时，应紧急停止磨煤机运行，进行内部清理检查。

69. 制粉系统的任务是什么？

答：（1）磨制出一定数量的合格煤粉。

（2）对煤粉进行干燥。

（3）用一定的风量将合格的煤粉带走。

（4）储存有一定数量的煤粉，以满足锅炉变动负荷的需要。

70. 什么是直吹式制粉系统？它有什么特点？

答：直吹式制粉系统是指经过磨煤机磨制的煤粉，全部直接吹入炉膛进行燃烧的制粉系统。

它的特点是磨煤机磨制的煤粉量始终等于锅炉的燃煤量，也就是磨煤机的出力是随锅炉负荷的变化而变化的。

71. 什么是中间储仓式制粉系统？它有什么特点？

答：中间储仓式制粉系统是指将磨好的煤粉先存在煤粉仓中，然后根据锅炉的需要，由煤粉仓经给粉机送入炉膛的制粉系统。

它的特点是磨煤机的出力不受锅炉负荷的限制，并可以始终保持在本身的经济出力下工作。

72. 直吹式制粉系统有哪两种形式？它们各有什么优缺点？

答：按排粉机设置位置的不同，直吹式制粉系统可分为正压式系统和负压式系统。排粉机装在磨煤机之后，整个系统处于负压下工作，称为负压直吹系统。如图 1-18（a）所示。排粉机装在磨煤机之前，整个系统处于正压下工作，称为正压直吹系统，如图 1-18（b）所示。

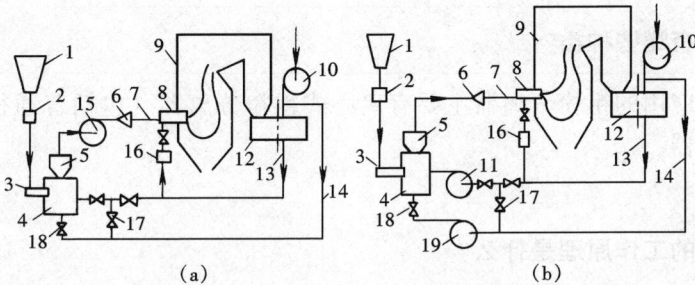

图 1-18　中速磨煤机直吹式制粉系统

(a) 负压直吹系统；(b) 正压直吹系统（带高温风机）

1—原煤仓；2—自动磅秤；3—给煤机；4—磨煤机；5—粗粉分离器；6——次风箱；
7—去燃烧器的煤粉管道；8—燃烧器；9—锅炉；10—送风机；11—高温一次风机（排风机）；
12—空气预热器；13—热风管道；14—冷风管道；15—排粉机；16—二次风箱；
17—冷风门；18—磨煤机密封风门；19—密封风机

在负压直吹系统中，由于燃烧所需要的全部煤粉均经过排粉机，因而风机叶片容易磨损，降低了风机的效率，增加了通风电耗，使系统可靠性降低，维修工作量增加。它的优点是磨煤机处于负压状态，不易向外冒粉，工作环境比较干净。在正压直吹系统中，通过排粉机的是洁净空气，不存在风机叶片磨损的问题，冷空气也不会漏入系统，因此运行可靠性与经济性都比负压直吹系统高。但是，磨煤机需要采取密封措施，否则向外漏粉，污染环境，并有引起煤粉自燃爆炸的危险。另外，若风机装在空气预热器后的热风管道上，由于输送的是高温介质，因此对风机结构有特殊要求，运行可靠性较差，风机效率降低。

73. 与直吹式制粉系统相比较，中间储仓式制粉系统有哪些优缺点？

答：优点：

（1）磨煤机出力不受锅炉负荷限制，可以保持在经济负荷下运行。

（2）磨煤机工作对锅炉本身影响小，各煤粉仓之间或者各锅炉之间可以用输粉机相互联系，以提高供粉可靠性，有利于锅炉安全运行。

（3）锅炉所需要的大部分煤粉经给粉机送到炉膛，排粉机工作条件大为改善。

缺点：

（1）由于在较高的负压下工作，漏风量大，因而输粉电耗大。为了保证最佳过量空气系数，锅炉送风量将减少，致使锅炉损失增大、效率降低。

（2）系统的组成部件多，投资大，占地面积大，设备维护量大，爆炸的危险性也大。

74. 粗粉分离器的作用是什么？

答：粗粉分离器的作用主要是将不合格的煤粉分离出来，送回磨煤机重新磨制。它的另一个作用是可以调节煤粉的细度，以便在煤种变化或干燥剂变化时，保证一定的煤粉细度。

75. 粗粉分离器有哪些种类？

答：目前广泛应用的粗粉分离器主要有离心式粗粉分离器（包括普通径向型和轴向型）和回转式粗粉分离器。

76. 粗粉分离器的工作原理是什么？

答：粗粉分离器是利用离心、惯性和重力分离的原理，将不合格的煤粉从风粉混合物中分离出来。

77. 细粉分离器有什么作用？

答：细粉分离器的作用是将风粉混合物中的煤粉分离出来，储存于煤粉仓中。

78. 排粉机有什么作用？

答：排粉机是制粉系统中气粉混合物流动的动力来源，靠它克服流动过程中的阻力，完成煤粉的气力输送。在直吹式制粉系统、中间储仓式送粉系统中，排粉机还起一次风机作用，靠它产生的压头将煤粉气流吹送到炉膛。

第二节　给　煤　机

1. 给煤机的作用是什么？

答：给煤机的作用是按要求的数量均匀地将原煤送入磨煤机中，磨煤机的出力由给煤机来控制。

2. 常用的给煤机有哪几种形式？

答：常用的给煤机有圆盘式、电磁振动式、皮带式和刮板式四种形式。

3. 简述圆盘式给煤机的构成及其工作原理。

答：圆盘式给煤机如图 1-19 所示。它由进煤管、调节套筒、调节套筒的操纵杆、圆盘、调节刮板、刮板位置调整杆及出煤管等组成。其工作原理是原煤经过进煤管落到旋转圆盘的中部，并以其自然倾角向四周散开，刮板把煤自圆盘刮下，落入通往磨煤机的出煤管中。

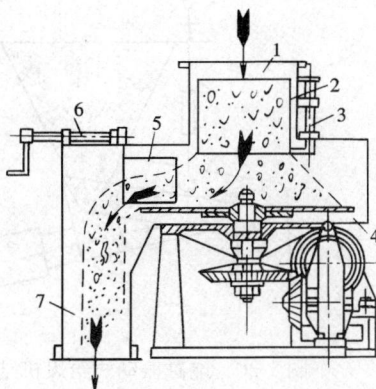

图 1-19　圆盘式给煤机

1—进煤管；2—调节套筒；3—调节套筒的操纵杆；
4—圆盘；5—调节刮板；6—刮板位置调整杆；
7—出煤管

4. 圆盘式给煤机调节给煤量的方法有哪些？

答：共有三种调节方法，分别如下：

（1）用调整刮板位置来调节给煤量。当刮板向圆盘中心移动时，给煤量增加；当刮板向圆盘边缘移动时，给煤量减少。

（2）用调节套筒位置来调节给煤量。如果刮板位置不变，若将套筒升起，则煤堆的厚度增加，给煤量增多；若将套筒位置降低，则煤堆的厚度减小，给煤量减小。

（3）用调节圆盘转速来调节给煤量。通过直流变速电动机或用无级变速装置，可以达到改变转速的目的。转速增加，给煤量增加；转速减小，给煤量减小。

5. 圆盘式给煤机有什么优缺点？

答：圆盘式给煤机的优点是结构紧凑、严密。其缺点是煤湿时易堵塞，易因杂物卡住而不下煤。

6. 简述电磁振动式给煤机的构成及工作原理。

答：电磁振动式给煤机结构示意如图 1-20 所示。它主要由煤斗、给煤槽和电磁振动器组成。其工作原理是煤由煤斗落入给煤槽，在振动器的作用下，给煤槽以 50Hz 的频率振动，由于振动器与给煤槽平面之间有一个夹角 α，因此给煤槽上的煤就以 α 角的方向被抛起，并沿抛物线轨迹向前跳动，均匀地落入落煤管中。

7. 简述电磁振动器的工作原理。

答： 电磁振动器工作原理示意如图 1-21 所示。在电磁振动器中有一个电磁线圈，通过电磁线圈的电流是经过半波整流的脉冲电流。在正半波时，电流通过，电磁铁有吸力，吸引振动板靠近；在负半波时，无电流通过，电磁铁吸力消失，由于弹簧的作用，振动板又回到原来的位置，而给煤槽又是与振动板连在一起的，这样在电磁振动器的作用下，给煤槽就不断地振动起来。

图 1-20 电磁振动式给煤机结构示意
1—煤斗；2—给煤槽；3—电磁振动器

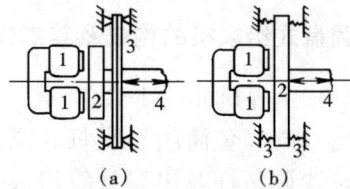

图 1-21 电磁振动器工作原理示意
(a) 弹簧板式振动器；(b) 弹簧式振动器
1—马蹄形电磁铁；2—振动板；3—弹簧；
4—振动板与给煤槽的连接杆

8. 如何调整电磁振动式给煤机的给煤量？

答： 通过改变电压和电流的大小，可以调节这种给煤机的煤量。此外，调节给煤闸板的位置也可以调节给煤量。

9. 电磁振动式给煤机的优缺点是什么？

答： 电磁振动式给煤机的优点是无转动部分，维护简单，检修方便；给煤均匀，耗电量小；体积小，质量轻。其缺点是煤过于湿的时候容易造成堵煤和板结。

10. 简述刮板式给煤机的构成及工作原理。

答： 刮板式给煤机主要由前、后链轮和挂在链轮上的两条平行的链条组成，其结构示意如图 1-22 所示。

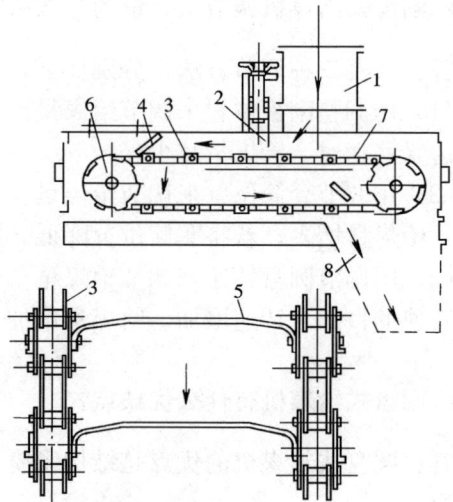

图 1-22 刮板式给煤机结构示意
1—进煤管；2—煤层厚度调节挡板；3—链条；
4—导向板；5—刮板；6—链轮；7—上台板；
8—出煤管

其工作原理是电动机通过减速器及辅助传动链条带动左侧的链轮转动，链轮带动链条逆时针方向转动。两条链条之间的刮板推着煤随链条一起移动。紧贴着上行刮板的下边缘是上台板，上台板的左边留有落煤通道；紧贴着下行刮板的下边缘为下台板，下台板的右侧尽头为出煤管。煤从进煤管首先落到上台板上面，移动的刮板将煤带到左边，再落到下台板上面，下行的刮板又将煤带到右边，最后经出煤管送往磨煤机。

11. 如何对刮板式给煤机的煤量进行调节？

答：对于刮板式给煤机，可以用煤层厚度调节挡板来调节给煤量，也可以用改变链轮转速的方法来调节给煤量。

12. 刮板式给煤机有什么特点？

答：刮板式给煤机的前轮为主动链轮。电动机经调速器和减速器来带动主动链轮转动，主动链轮的转速通常是 $1.5\sim6.0\text{r/min}$。从动链轮上带有链条紧度调节装置，可对链条施加一定的紧力。该拉紧装置上设有弹簧，以增加链条工作的弹性。对于正压运行的给煤机，为防止煤粉进入，以保护轴承，还设有通往链轮轴承的密封风。

13. 刮板式给煤机的调速方式有哪几种？

答：刮板式给煤机的调速方式有变速电动机调节、变速皮带轮调节和通过变频器改变电动机转速调节等方法。

14. 变速皮带轮式调速器的调速原理是什么？

答：如图 1-23 所示，主动皮带轮和从动皮带轮都由两个斜面轮组成，两斜面轮的轴向相对距离是可以改变的。当两斜面轮向中心相互靠近时，相当于皮带轮的直径增大；当两斜面轮相对分开时，相当于皮带轮直径减小（皮带的位置向轮中心位置移动）。当主动轮沿两轮轴向靠近，并且从动轮沿两轮轴向分离方向移动时，主动皮带轮的有效工作直径增大，从

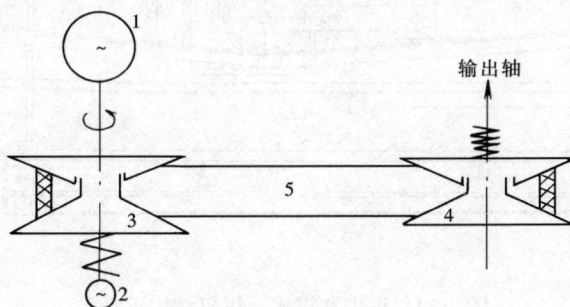

图 1-23　皮带轮式无级调速工作原理示意

1—主驱动电动机；2—调速电动机；3—主动皮带轮；4—从动皮带轮；5—传动皮带

动皮带轮的有效工作直径减小，调速装置输出的转速增加；反之，调速装置减速。

15. 给煤机主驱动轮上的过载保护销子的作用是什么？

答：在给煤机运行中，当有异物卡住刮板或链条时，过载保护销子首先切断，以保护刮板和链条不变形或断开。

16. 刮板式给煤机在运行一段时间后为什么要紧链条？

答：刮板式给煤机链条的紧度在给煤机检修时已经调好，经过一段时间的运行，由于链环之间的磨损会使其变长而过松，这时就应对链条的紧度及时调整，以保证给煤机的安全运行。

17. 如何调整皮带式给煤机的给煤量？

答：皮带式给煤机就是小型的胶带输送机。通过皮带上面的闸门开度改变煤层厚度，或者通过改变皮带行走速度，都可以调整给煤量。

18. 简述皮带称重式给煤机的构成。

答：皮带称重式给煤机结构示意如图 1-24 所示。它主要由皮带、皮带轮、称重机构、清扫皮带及给煤机外壳等组成。皮带由主驱动轮带动运转，将原煤由进煤口送到给煤机出

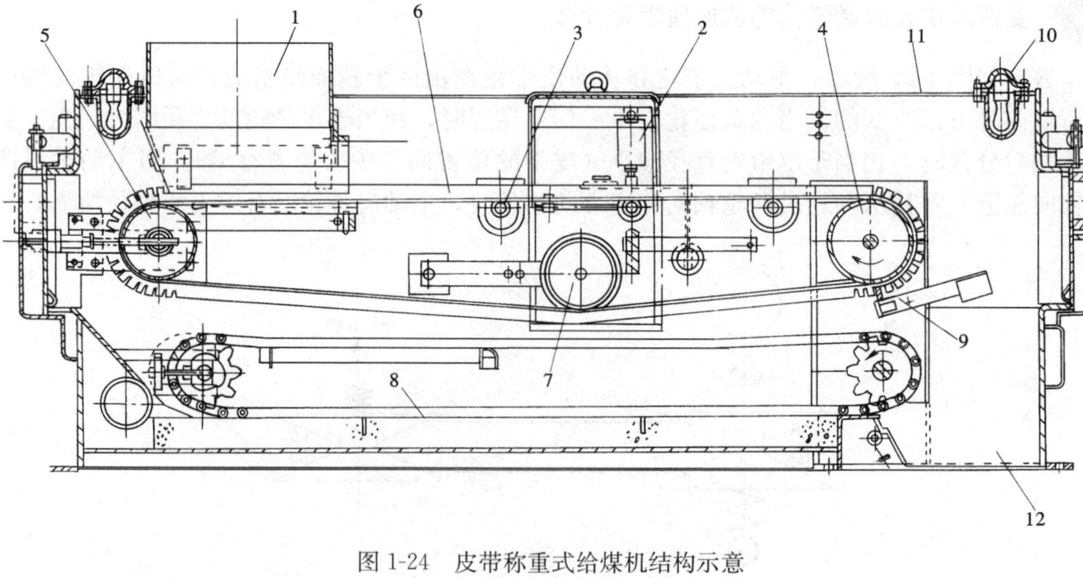

图 1-24　皮带称重式给煤机结构示意

1—进煤口；2—称重装置；3—称重段辊子；4—主驱动轮；5—从动轮；6—主皮带；7—张紧轮；
8—清扫皮带；9—皮带刮板；10—照明灯；11—给煤机外壳；12—煤进口

口。给煤机出力的变化由调速装置通过改变主驱动轮的转速来实现。皮带紧度可以通过改变张紧轮重量来调节。皮带刮板起清扫皮带作用，可阻止皮带将黏结的原煤带到给煤机皮带下面。

19. 皮带称重式给煤机中清扫皮带的作用是什么？

答：皮带称重式给煤机中清扫皮带的作用是将上部主皮带散落或者带下来的少量煤及时送走，防止原煤堵积在给煤机中。

20. 简述皮带称重式给煤机称重机构的构成及测量给煤量的方法。

答：称重机构包括称重段辊子和称重测量设备两部分。

通过测量两个称重辊子之间某一点皮带垂直向下的位移量，计算出该段上原煤的质量；通过原煤质量和皮带行走速度得出给煤率；通过热工仪表既能直观地指示锅炉某一瞬时的耗煤量，又能通过计算器计算出一天所消耗的煤量。有了以上数据，燃烧系统投入自动控制后，给煤机就可以按照自动系统的要求来自动调节给煤量了。

21. 皮带称重式给煤机有什么优点？

答：皮带称重式给煤机的外壳具有较好的密封性，便于在正压下工作；在其内部还装有照明灯，运行值班人员可以隔着监视窗的玻璃观察给煤机内部皮带的运行状况。

22. 简述刮板式给煤机启动前应进行的检查项目及启动过程。

答：（1）给煤机启动前，应检查各检查孔、人孔门关闭严密，煤层厚度挡板调整到适当位置，减速器和电动机的地脚螺栓齐全、拧紧。

（2）减速器油位在规定范围，油质良好。

（3）联轴器、传动链条防护罩完好，联轴器螺栓拧紧。

（4）检查电动机完好。

（5）原煤仓内存有一定数量的原煤。

（6）给煤机转速调节装置减到零。

（7）启动给煤机，待电动机电流恢复正常后，开启给煤机煤仓插板门（或称液压拉杆门），对给煤机进行全面检查。

23. 怎样维护、检查刮板式给煤机？

答：（1）用听针倾听运转中的给煤机内部情况，不应有异常摩擦声或碰撞声。

（2）用听针倾听减速器内部运转情况，应无异常摩擦声和振动声。

（3）减速器各轴承温度应低于60℃，油位、油质正常，无漏油现象，减速器齿轮带油充分。

（4）给煤机不漏粉，密封风管不漏风。

（5）检查电动机运转情况。

（6）若有窥视孔，则应检查下煤状况及皮带运行位置。

（7）对于链条驱动的给煤机，应定期调整链条紧度，防止脱链。

24. 简述给煤机主驱动轮过载保护销子切断时的现象、原因及处理方法。

答：现象：

（1）给煤机电动机电流突然下降（可能降到低于其空载状态时的电流值），增大给煤机转速时电流不增加。

（2）磨煤机断煤。

（3）就地检查电动机和减速器仍在转动，但给煤机主驱动轴不转动。

（4）带有断煤报警装置的给煤机发出断煤报警信号。

原因：

（1）给煤机内部进入木棒、铁棒或大石头等杂物，使刮板受阻过载。

（2）链条太松，链条与链轮啮合错位。

（3）启动给煤机时，给煤机转速还在最大位置或者未将转速减到最小，使给煤机带较大负荷启动。

处理方法：

（1）停止给煤机和磨煤机运行。

（2）检查链条紧度，将链条紧度调至正常。

（3）打开检查孔，取出异物。

（4）更换新的主驱动轮过载保护销子。

25. 简述刮板式给煤机链条断裂的现象、原因及处理方法。

答：现象：刮板式给煤机链条断裂时，给煤机内部有不正常的撞击声；下煤量减小或者不下煤；若故障发现不及时，则会引起主驱动轮的过载保护销子切断。

原因：给煤机内部进入木棒、铁棒或石块等杂物；链环长期运行磨损。

处理方法：及时停止给煤机运行，防止引起设备的更大损坏。

第三节　锅　炉　风　机

1. 锅炉常用的风机类型有哪些？各有什么特点？

答：锅炉常用的风机均属叶片式，分为两大类，即离心式和轴流式。

离心式风机的特点是产生的压头较大，但流量小；轴流式风机的特点是产生的压头较小，但流量大。

2. 离心式风机的构造如何？

答：离心式风机的构造可以分为动、静两部分。转动部分由叶轮和转轴所组成；静止部分由风壳、轴承、支架、导流器、集流器及扩散器等组成。

3. 离心式风机的叶轮分为哪几种？

答：离心式风机的叶轮有封闭式和开启式两种。开启式叶轮在电厂风机中很少见，常用的是封闭式叶轮。

4. 离心式风机封闭式叶轮有哪几种？其构造如何？

答：离心式风机封闭式叶轮分为单吸式和双吸式两种。离心式风机封闭式叶轮由叶片、前盘、后盘及轮毂组成，如图 1-25 所示。

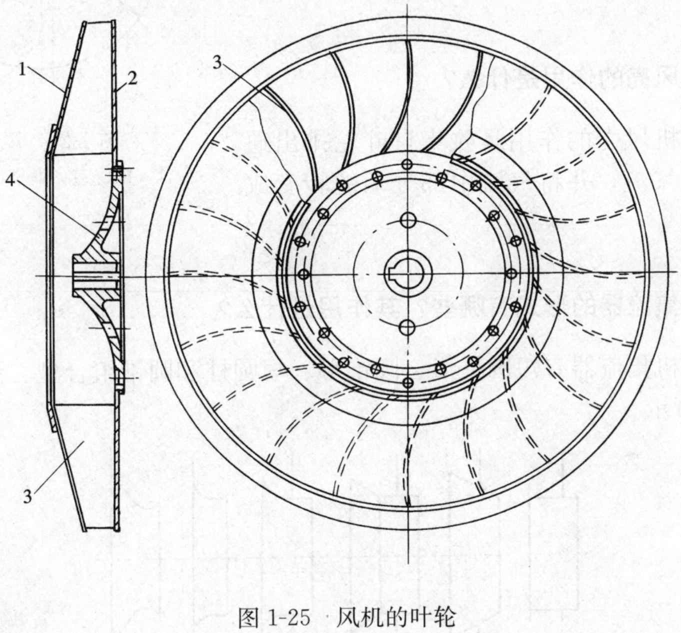

图 1-25　风机的叶轮
1—前盘；2—后盘；3—叶片；4—轮毂

5. 离心式风机封闭式叶轮的叶片按形状分为哪几种？各有什么特点？

答：叶片按形状基本上可分为后弯叶片、径向叶片、前弯叶片和机翼形空心叶片四种。径向叶片虽然加工简单，但效率低、噪声大；前弯叶片可以获得较高的压力；后弯叶片效率较高，噪声也不大；机翼形空心叶片使叶片线形更适应气体的流动性要求，使效率得以提高，具有机翼形空心叶片的风机称为高效风机。

6. **离心式风机叶轮的作用是什么?**

答: 离心式风机叶轮的作用是使吸入叶片间的气体强迫转动,产生离心力而从叶轮中排出去,并使其具有一定的压力和流速。

7. **离心式风机主轴的作用是什么?**

答: 离心式风机主轴的作用是传递机械能。它的尺寸是根据传递最大扭矩时产生的剪应力来进行计算的。

8. **离心式风机的外壳是如何组成的?**

答: 离心式风机的外壳由螺旋室、风舌及扩散器组成,如图 1-26 所示。

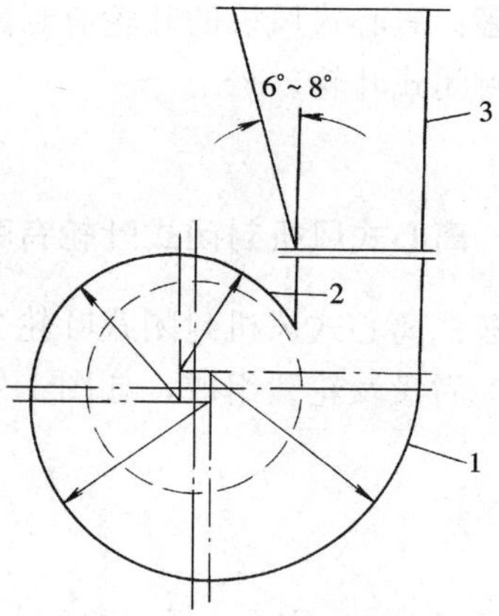

9. **离心式风机风壳的作用是什么?**

答: 离心式风机风壳的作用是收集自叶轮排出通向风机出口断面的气流,并将气流中部分动能转变成压力能。

图 1-26 风机的外壳
1—螺旋室;2—风舌;3—扩散器

10. **离心式风机集流器的形式有哪些? 其作用是什么?**

答: 离心式风机集流器有短圆柱形、圆锥形、短圆柱和圆锥组合型、流线型及缩放体形五种,如图 1-27 所示。

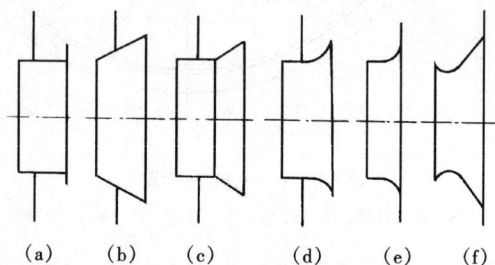

(a) (b) (c) (d) (e) (f)

图 1-27 集流器的形式

(a) 短圆柱形;(b) 圆锥形;(c) 短圆柱和圆锥组合型;(d)、(e) 流线型;(f) 缩放体形

其作用在于保证气流能均匀地充满叶轮的进口断面,并且使风机进口处的阻力尽量减小。

11. **离心式风机导流器的作用是什么? 它一般装在何处?**

答: 离心式风机的导流器又称为入口挡板。它的作用是调节风机的负荷;风机启动时关闭，可避免电动机带负荷启动而被烧坏。

它一般安装在离心式风机集流器之前。

12. **简述离心式风机轴向导流器的结构。**

答： 离心式风机轴向导流器如图1-28所示。在圆周上安装有12片径向布置的导叶，在每片导叶上安装有转轴，转轴外缘端头上装有转动臂，执行器通过转盘带动转动臂转动。改变叶片的旋转角度，可以调节风机负荷的大小。通过导流器的空气是旋转的，并且旋转方向与风机叶轮旋转方向一致。

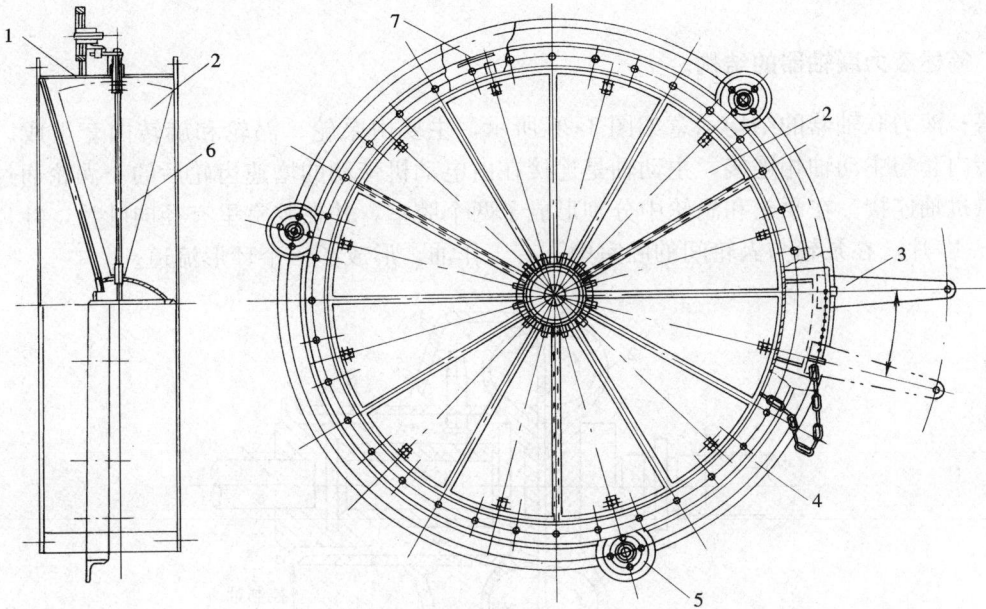

图 1-28 离心式风机轴向导流器
1—外壳；2—叶片；3—把手；4—转盘；5—滑轮；6—转轴；7—转动臂

13. **离心式风机的工作原理是什么？**

答： 离心式风机是利用离心力来工作的。当叶轮转动时，充满在叶片间的气体随同叶轮一起旋转。旋转的气体因其自身的质量产生了离心力，而从叶轮中甩出去，并使叶轮外缘处的空气压力升高，利用此压力将气体压向风机出口。与此同时，在叶轮中心位置，气体压力下降，形成一定的真空或者负压，使入口风道的气体自动补充到叶轮中心。

14. **离心式风机产生的压头的高低与哪些因素有关？**

答： 离心式风机产生的压头的高低主要与叶轮的直径和转速有关。叶轮直径越大，转速越快，气体在风机中获得的离心力就越大，因而产生压头也就越高。除此之外，还与流体的密度（或相对密度）有关，流体的密度越大，能够产生的压头也就越高。

15. **离心式风机负荷调节的方法有哪些？**

答：（1）变角调节。这种调节方法是用改变性能曲线的方法来改变工作点位置的，在离心式风机中应用较普遍，通常称为导流器调节。利用导流器叶片角度的变化，可以进行流量的调节。

（2）变速调节。由于大功率三相交流电动机难以达到变速调节，故多采用液力联轴器对风机实现变速调节。这种调节没有附加阻力，是一种比较理想的调节方法。

16. **简述液力联轴器的结构。**

答：液力联轴器的结构示意如图 1-29 所示，主要由泵轮、涡轮和旋转内套组成。泵轮和旋转内套与主动轴相连接，主动轴是连接在由电动机带动的增速齿轮后的。涡轮通过从动轴与风机轴连接。在泵轮和涡轮中分别形成了两个腔室，并在腔室里有径向叶片，叶片一般为 20～40 片。在泵轮与涡轮间的腔室中，有工作油，形成了一个环形流道。

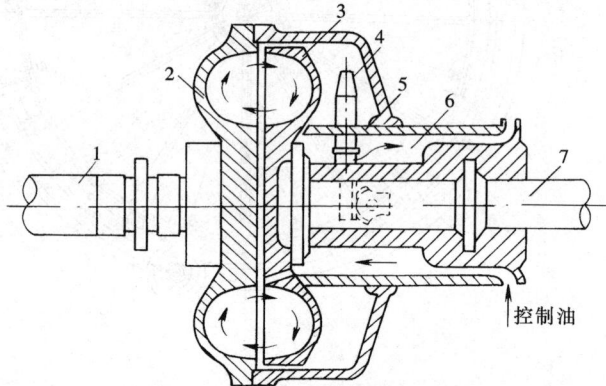

图 1-29　液力联轴器结构示意

1—主动轴；2—泵轮；3—涡轮；4—勺管；5—旋转内套；6—回油通道；7—从动轴

17. **液力联轴器泵轮与涡轮的作用是什么？**

答：泵轮由主驱动轴带动高速旋转，将电动机的轴功率传给泵轮内的工作油，使泵轮内的工作油随泵轮一起高速旋转。泵轮内的工作油高速旋转时，在离心力的作用下，冲入涡轮内将能量传给涡轮，使涡轮随泵轮转动。冲动涡轮后的工作油又返回泵轮内重新获得能量，这样在泵轮与涡轮的油腔内形成工作油的循环，使泵轮的能量通过液体不断地传递给涡轮。

18. **液力联轴器是如何调节转速的？**

答：液力联轴器是靠泵轮与涡轮的叶轮腔室内工作油量的多少来调节转速的。泵轮以固定转速旋转，工作油量越多，传递的转矩越大。反过来，如果主动轴的转矩不变，那么工作油量越多，涡轮的转速也越大。因此可以用改变腔室内工作油量的多少来调节涡轮的转速，以适应负荷的需要。油量的多少可由勺管来控制。勺管升高，回油量增多，腔室内油量减小，涡轮转速下降；反之，涡轮转速升高。所以，液力联轴器是在电动机转速不变的情况下改变其输出轴转速的。

◆ 19. 液力联轴器有什么优点？

答：液力联轴器具有很高的传动效率（0.95～0.98），运转平稳；能有效地控制原动机的过载；能吸收振动，消除冲击性荷载的影响；易于调节和实现自动化，能实现无级调速；使电动机启动转矩大大减小，这样就可以大大降低电动机的容量。

◆ 20. 简述液力联轴器的用途和特点。

答：液力联轴器是一种动力传递装置，它连接于电动机与风机或泵之间，用以传递动力。它具有如下特点：

（1）实现无级变速。在主轴转速不变的情况下，只要改变勺管的位置，就可以改变转速，从而实现无级变速调节。风机或泵工作灵活性大大增加，特别适合于机组启、停或调峰工况。

（2）空载启动、离合方便。液力联轴器在充油时，即可传递扭矩，把油排空即可脱离。因而利用充油、排油就可以实现离合作用，并且易于遥控。如果充油量从零开始而逐步增加，则可以达到无载启动。

（3）防止动力过载。因耦合器是柔性传动、工作中有较小的滑差，故当从动轴阻力扭矩突然增大时，虽然耦合器的滑差增大，甚至使从动轴制动，但电动机仍然可以运转而不损坏。

（4）工作平衡、机械寿命长。耦合器的泵轴与涡轮之间没有机械联系，扭矩是通过液体来传递的，属于柔性连接，原动机械或工作机械的振动和冲击被吸收，所以工作平稳。工作中泵轮与涡轮不直接接触，无磨损，所以寿命长。

（5）节约能量。在调速过程中，耦合器的效率将下降，但对离心泵和风机一类负载，在转速下降后扭矩也随之大幅度下降，相对于节流调节，可以节约能量。

（6）调速性能较差。耦合器调速是通过操作勺管、改变油量来实现的，故在调节时有一个过程，不如直接调节挡板、阀门来得快。另外，勺管调节开度与转速偏离值大，故调节难度大，尤其在事故状态下大幅度调整比较困难。

◆ 21. 简述轴流式风机的构造和原理。

答：轴流式风机是由叶轮、转轴、风壳及导流叶片（也称导叶）等组成。在轴流式风机中，气体受叶片的推挤作用而获得能量并提高压力，然后经导流叶片由轴向压出。轴流式风机是按叶栅理论中升力原理来工作的。图1-30为动叶调节的轴流式风机结构示意。

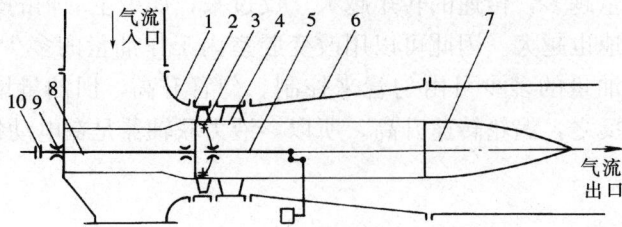

图 1-30 动叶调节的轴流式风机结构示意

1—进气室；2—外壳；3—动叶片；4—导叶；5—动叶调节机构；6—扩压器；

7—导流器；8—轴；9—轴承；10—联轴器

22. **轴流式风机的叶片分为哪两种形式？**

答：轴流式风机的叶片分为固定式和动叶调节式两种形式。

23. **简述轴流式风机动叶片的组成及特点。**

答：动叶片主要由叶片、轮毂、叶柄、轴承、曲柄及平衡块等组成。动叶调节式叶片沿径向宽度逐渐缩小并扭曲，这样既可以减小叶片旋转时产生的离心力，不使叶柄及推力轴承受力过大，又不影响叶片的强度。扭曲叶片能减少气流的分离损失，提高风机的效率。运行中改变叶片角度，可调节风机的出力。

24. **简述轴流式风机导叶的结构及作用。**

答：导叶是静止的叶片，装在动叶的后面，从动叶中流出的气流是沿轴向运动的旋转气流，旋转气流的圆周分速度必然会引起能量损失。为了提高风机效率，在动叶后面装置了扭曲形的导叶。导叶的进口角正对准气流从叶片中流出的方向，导叶的出口角与轴向一致，所以气体从导叶中流出后又变为轴向的。

25. **轴流式风机进气室的作用是什么？**

答：轴流式风机进气室的作用主要是保证气流在损失最小的情况下，能平顺地充满整个流道并进入叶轮。

26. **轴流式风机扩压器的作用是什么？**

答：经导叶流出的气体具有一定的压力及较大的动能，为了使动能部分地转变为压力能，以提高流动效率及适应锅炉工作需要，在导叶后设有渐扩形的风道，称为扩压器。在扩压器中，气流速度逐渐下降，压力逐渐上升，即达到了动能部分转变成压力能的目的。但扩压器的扩散角度不能太大，否则局部损失太大，噪声也大。扩散角一般以 5°～6°为宜。

27. **轴流式风机负荷调节有哪几种方式？**

答：轴流式风机常采用改变动叶片角度和改变导流器叶片角度的方法进行负荷调节。

28. **风机启动前需要做哪些检查？**

答：风机启动前需做的检查为：

（1）检修后的风机在启动前，应将检修用的脚手架全部拆除，通道和平台保持畅通、平整，检修现场已全部清理，保温已恢复，各人孔门、检查孔门已关闭。

（2）主电动机、各轴承、风机本体的地脚螺栓及风机的风壳法兰接合面螺栓全部拧紧。

（3）联轴器的固定螺栓齐全、牢固，防护罩完好、牢固。

（4）风机的入口挡板、动叶可调风机的动叶角度及带有液力联轴器的勺管开度应关闭到零。检查执行器及传动部分的连接良好，执行器置于远动位置。

（5）对于强制油循环润滑的风机，应检查油箱的油质、油位和油温达到启动要求。检查就地油压表应投入运行，开启油泵的出口门。对于带有油冷却器的风机，应根据温度情况投入冷却器，并调好冷却水的流量。冬季启动时，对于有油箱电加热器的风机，应投入电加热器自动温度控制。

（6）对于强制油循环的油系统，可提前启动油泵，并在油泵启动后对油系统的油压、油温、油流量、回油量及油泵运转情况进行全面检查。

（7）对于油环润滑的轴承，应检查轴承油位表油位指示达到规定值。

（8）电动机的电源线、地线接线盒完好。

（9）带有轴承冷却风机的风机，应启动冷却风机，并对运转的冷却风机进行检查。

（10）风机启动前，不允许有明显的反转。

（11）风机主电动机事故按钮应完好，并处于释放位置。

29. **风机特性的基本参数有哪些？**

答：风机特性的基本参数有流量、风压、功率和效率。

30. **锅炉通风有哪两种？**

答：锅炉通风有自然通风和强制通风两种。

31. **锅炉强制通风有哪几种方式？**

答：锅炉强制通风有负压通风、平衡通风和正压通风三种方式。

32. 什么是风机的出力?

答：风机出力是指烟气或空气在单位时间内通过风机的流量。

33. 什么是风机的轴功率?

答：风机的轴功率是指电动机通过联轴器传至风机轴上的功率。

34. 风机风量调节方法有哪几种?

答：风机风量调节的基本方法有三种，即节流调节、变速调节和轴向导流器调节。

35. 后弯叶片风机有哪些特点?

答：后弯叶片分为直线形和曲线形两种。空气在这种叶片中可获得较高的风压和效率，噪声也较小，目前使用最多。

36. 径向叶片风机有哪些特点?

答：径向叶片可分为直线形和曲线形两种。这种叶片加工简单，但效率低、噪声大。

37. 前弯叶片风机有哪些特点?

答：前弯叶片多为曲线形。这种叶型风机的效率稍低于后弯型叶片风机，在叶轮中获得的动压占全压的比例较大。当基本参数相同时，这种叶型风机的体积比其他叶型风机要小很多。

38. 风量的节流调节是如何实现的?

答：在通风管路上装设节流挡板或转动挡板，风量的减小是靠关小节流挡板的开度以增加管道阻力来实现的。节流挡板装在风机入口处。

39. 什么是风量的变速调节?

答：用改变风机转速的方法来调节风量就叫变速调节。

40. 什么是风量的导流器调节?

答：在风机入口装有轴向导流器，用改变导流器叶片的角度来调节风量，故此称为导流器调节。

41. 风机转子不平衡引起振动的消除方法有哪些？

答：（1）更换坏的叶片或叶轮，再找平衡。

（2）清扫和擦净叶片上的附着物。

（3）清扫进风管道灰尘，调整挡板，使两侧进风风压相等。

42. 风机运行中应进行哪些监视和检查？

答：（1）用听针检查各轴承、液力联轴器、电动机及风轮的运转声，以便及时发现异常的摩擦声、撞击声和气流噪声。

（2）检查各轴承的振动情况，确定风机轴承振动的大小。如果振动较大，应及时汇报，并联系检修人员处理。

（3）检查各轴承的温度，如果轴承瓦座上装有温度表，则以表计监视为主，并可以手摸来监视表计指示的正确性；没有温度表的可用手摸，粗略判断温度的高低。如果发现温度不正常升高但仍在允许范围内，可以用温度测量表计测量准确值，并迅速查明原因，开大冷却水量或增加润滑油；如果温度急剧上升并超过允许值甚至冒烟，应立即停止风机运行。

（4）轴承油位应在规定范围内，无异常的下降或者渗漏，油质良好。对于油环润滑的轴承，应检查油环带油正常。

（5）对于强制油循环的轴承润滑油系统，应检查油箱的油位、油质和油温在正常范围，油泵运转无异声，油压、油流量及供油温度等参数正常，油系统管道应严密不漏。

（6）冷却水量应根据油温和轴承温度进行合理的调节。

（7）对于带有冷却风的风机，应检查冷却风机的运转声和振动情况。

43. 简述风机的启动步骤。

答：（1）启动轴承润滑油油泵。对于带有轴承冷却风机的风机，则应启动轴承冷却风机。对于带有液力联轴器的风机，应启动辅助润滑油泵，以对各级齿轮和轴承进行供油。

（2）对于动叶调节的轴流式风机，应将动叶角度关到零位。对于带有液力联轴器的风机，应将勺管位置关到零位。关闭风机入口调节挡板，关闭风机出口挡板，使风机在空载下启动。

（3）启动风机主电动机，待电流恢复到正常值时，开启风机出、入口挡板，增加风机负荷。

（4）风机启动后，应对风机运转状况做一次全面检查。

44. 简述风机的停运步骤。

答：（1）对于采用入口调节挡板的风机，应关闭入口挡板。对于采用液力联轴器的风机，应将转速（勺管位置）减至最小。对于采用动叶调节的风机，应将动叶关小到零位。

（2）停止风机主电动机运行，关闭风机出、入口挡板。

（3）对于带液力联轴器的风机，在主电动机停止时，注意检查辅助润滑油泵应联动启动，并在继续运转一段时间后自动停止。

（4）停止冷却风机运行，停止辅助润滑油泵运行。

45. 风机振动大的原因有哪些？如何处理？

答：风机振动大的主要原因如下：

（1）对于转子动、静部分不平衡引起的振动，除了与制造、安装和检修的质量有关外，还与运行中发生不对称腐蚀和磨损、叶片上积灰不均匀、转轴弯曲、转子原平衡块移动或脱落及双侧进风风机两侧风量不均衡等因素有关。

（2）风机、电动机联轴器找中心不准或者联轴器销子松动，造成电动机与风机轴不在一条中心线上。

（3）转子的紧固件松动或者活动部分间隙过大，轴与轴瓦间隙过大，滚动轴承固定螺母松动等。

（4）基础不牢固或者机座刚度不够，例如基础浇筑质量不良，地脚螺栓或垫铁松动，机座连接不牢或连接螺母松动，以及机座结构刚度太差等。

处理方法：发现风机振动大时，应加强运行监视，适当减小振动风机的负荷。当振动超过最高允许值或危及设备和人身安全时，应立即停止风机运行。

46. 风机轴承温度高的原因有哪些？如何处理？

答：风机轴承温度高的主要原因如下：

（1）润滑油脂质量不良。对于油环润滑的轴承，因油位太低会带油不足，因油环损坏会影响正常带油。对于强制油循环的系统，供油压力太低或者供油流量太小，会使动、静部分金属直接摩擦发热。对于油脂润滑的轴承，油脂太少会造成缺油等。

（2）滚动轴承装配质量不良，例如内套与轴的紧力不够，外套与轴承座间隙过大或者过小。

（3）滚动轴承轴瓦表面损伤或过量磨损；轴瓦刮研质量不良，乌金接触不好或者脱胎；滚动轴承滚动表面有裂纹、破裂或剥落等，破坏了油膜的稳定性与均匀性。

（4）轴承振动过大时受冲击负荷，会严重影响润滑油油膜的稳定性。

（5）润滑油牌号选择不合理，油的物理性能不能满足轴承的要求。

（6）轴承冷却水量不足或者中断，轴承产生的热量不能被带走。

处理方法：

（1）当风机轴承温度偏高时，应检查冷却水量是否过小或中断，如是此种原因，则调整冷却水量以使轴承温度恢复正常。检查油环带油状况和油质。对于强制油循环的系统，应检查轴承供油压力、供油流量、供油温度、回油温度及轴承振动情况。用听针检查轴承内部的运转声。通过检查、分析，确定风机是否可以继续运行，以及应采取哪些安全措施。

（2）当供油压力不足或者供油流量不足，使供油温度偏高时，应及时采取调整手段，使这些参数恢复正常。如果属于用油牌号不合适，但风机仍可继续运行，则应选择合适的机会停机更换。

（3）当轴承温度达到或者超过运行最高允许值时，应立即停止风机运行。

47. 风机在什么情况下需要紧急停运？

答：风机在下列情况下需要紧急停运：

（1）风机内部强烈振动，威胁设备和人身安全。

（2）风机轴承振动大，达到现场规程规定的紧停数值。

（3）风机轴承温度达到或者超过规程规定的最高允许值。

（4）风机轴承冒烟。

（5）风机主电动机冒烟。

（6）润滑油泵停止运行或者润滑油压低于最低允许值，风机未跳闸。

48. 什么是风机的全风压？

答：风机的全风压是指风机的动压和静压之和。

49. 轴流式风机有什么优点？

答：（1）适用于低压头、大流量工况，体积小、占地少。

（2）额定工况下的效率比其他形式风机高。

（3）采用可调动叶时，在不同流量下均可以有较高效率。

50. 什么是离心式风机的工作点？

答：离心式风机的工作点是指管路特性曲线与风机流量—风压（Qp）特性曲线的交点。

51. 什么是喘振？

答：喘振是指风机在不稳定区工作时所产生的压力和流量的脉动现象。

52. 风机喘振有什么危害？

答：当风机发生喘振时，风机的流量和压力周期性地反复变化，有时变化很大，出现零值甚至负值。风机的流量和压力的正负剧烈波动，会造成气流的猛烈撞击，使风机本身产生剧烈振动，同时风机工作的噪声加大。对于大容量、高压头风机，若发生喘振，则可能导致设备和轴承的损坏，造成事故，直接影响锅炉的安全运行。

53. 如何防止风机喘振？

答： 防止风机喘振的措施如下：

（1）保持风机在稳定区域工作。

（2）采用再循环，使一部分排出的气体再引回到风机入口，不使风机流量过小而进入不稳定区域工作。

（3）加装放气阀。当输送流量小于或接近喘振流量时，开启放气阀，放掉一部分气体，降低管道压力，避免喘振出现。

（4）采用适当的调节方法，改变风机本身的流量。如采用改变转速、叶片的安装角等办法，避免风机的工作点落入喘振区。

第四节　空气预热器和锅水循环泵

1. 空气预热器的作用是什么？

答： 空气预热器是利用排烟余热加热空气的热交换器。空气预热器使燃烧和制粉需要的空气的温度得到提高，同时可以进一步降低排烟温度，减少排烟热损失。

2. 空气预热器有哪些类型？

答： 空气预热器的种类很多，按传热方式不同，可将空气预热器分为传热式和蓄热式两大类。在传热式空气预热器中，烟气连续地通过传热面并将热量传给空气，烟气和空气各有自己的通路。常见的传热式空气预热器有板式和管式两种。蓄热式空气预热器也称为回转式预热器，有受热面回转式和风罩回转式两种。

3. 受热面回转式空气预热器由哪几部分组成？

答： 如图 1-31 所示，受热面回转式空气预热器主要由四部分组成，即转子、外壳、传动装置和密封装置。

4. 简述受热面回转式空气预热器转子的结构。

答： 转子由主轴、中心筒、外圆筒、仓格板、传热元件等组成。轴的中间段常做成空心轴，且直径较大，便于固定受热面，两端是实心轴。空心轴外套着中心筒，或者就用中心筒做空心轴，两端接上实心轴。转子的最外层是外圆筒。中心筒与外圆筒之间有很多径向的隔板，把整个转子均匀地分成若干个扇形仓格。仓格中还有几块环向的隔板，再把每个仓格分成几个小仓格。这样，轴、中心筒、外圆筒、仓格板及隔板就组成一个有很多小仓格的转子

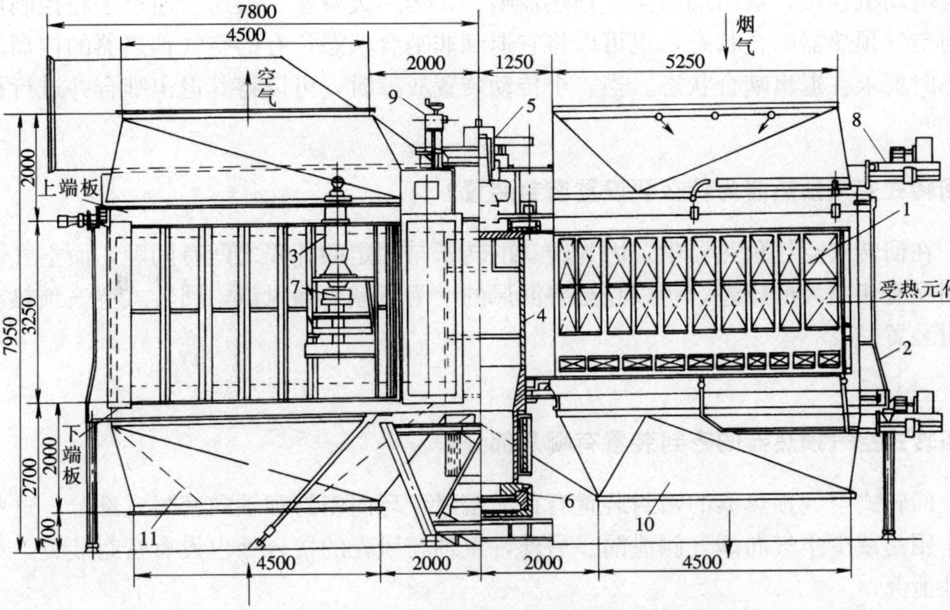

图 1-31　受热面回转式空气预热器

1—转子；2—外壳；3—电动机；4—主轴；5—上轴承箱；6—下轴承箱；7—传动装置；
8—吹灰器；9—手动盘车装置；10—烟道接头；11—风道接头

整体。

5. 对受热面回转式空气预热器转子的传热元件和受热元件有什么要求？

答：传热元件是用厚度为 0.5～1.25mm 钢板制成的波形板。受热元件分成上、下两组，上面是高温段，下面是低温段，高温段和低温段的板形不同。

6. 简述受热面回转式空气预热器外壳的组成。

答：外壳由外壳圆筒、上（下）端板、上（下）扇形板和上（下）风烟道短管组成。上（下）端板与上（下）风烟道短管相连接，中间装有上（下）扇形板的密封区，即风区、烟区和密封区。一般烟气流通截面约占 50%，空气流通截面占 30%～40%，其余是密封区。

7. 受热面回转式空气预热器的传动装置是如何工作的？

答：电动机通过减速器带动小齿轮，小齿轮同装在转子外圆圆周上的围带销啮合，并带动转子转动。整个传动装置都固定在外壳上，在齿轮与围带销的啮合处有罩壳与外界隔绝。

8. 简述受热面回转式空气预热器减速器传动装置的结构及运行。

答：受热面回转式空气预热器减速器传动装置是一个由电动机驱动的齿轮减速器，它的输入端与电动机连接，输出端与空气预热器啮合，为三级减速。减速器通过手轮控制可以使它进到与空气预热器啮合状态，也可以将它退到非啮合状态；有的空气预热器的传动装置在备用状态时要求在退出啮合状态。当一个传动装置故障时，可以将其退出啮合并进行检修。

9. **回转式空气预热器为什么要设置密封装置？**

答：在回转式空气预热器中，因为转动的转子与固定的外壳之间有间隙，而空气侧与烟气侧之间又有相当大的压差，所以总是要漏风的。为了减少漏风量，回转式空气预热器装有各种密封装置。

10. **回转式空气预热器的密封装置有哪几部分？**

答：回转式空气预热器的密封装置有径向密封、环向密封和轴向密封三部分。这些密封装置的作用是减少空气向烟气侧泄漏。另外，主轴与风壳的接合处也设有密封装置，可防止空气向外泄漏。

11. **回转式空气预热器径向密封有什么作用？它是如何密封的？**

答：回转式空气预热器径向密封的作用是防止空气从空气通道穿过转子与扇形板之间的密封区而漏入烟气通道。密封的方法是在每块仓格板的上、下端都设置带密封头或不带密封头的弹簧钢片，任一块仓格板经过密封区时，弹簧钢片就与外壳上的扇形板构成密封。弹簧钢片与扇形板不直接接触，留有很小的间隙。

12. **回转式空气预热器环向密封有什么作用？**

答：环向密封分外环向密封和内环向密封。外环向密封的作用是防止空气通过转子外圆筒的上、下端面漏入外圆筒与外壳圆筒之间的空隙，再沿这个空隙漏入烟气侧。内环向密封的作用是防止空气通过中心筒的上、下端面漏入烟气侧。

13. **回转式空气预热器轴向密封有什么作用？**

答：轴向密封的作用是当外环向密封不严时，防止空气通过转子与外壳间的空隙漏入烟气。轴向密封是沿着一圈空隙在外壳上装置很多轴向的折角板，折角板的端部与转子外圆筒接触。

14. **简述受热面回转式空气预热器上、下轴承的功用及特点。**

答：上轴承为滚柱向心轴承，主要用于对轴水平方向的固定，整个轴承浸泡在润滑油中。下轴承为一推力向心圆锥滚子轴承，主要承受轴向荷载的转子质量，它也浸泡在润滑油中。

15. 简述受热面回转式空气预热器的工作过程。

答： 电动机通过传动装置带动转子以 1.6～2.4r/min 的速度转动，转子中布置有很多受热元件（或传热元件）。空气通道在转轴的一侧，空气自下而上通过预热器；烟气通道在转轴的另一侧，烟气自上而下通过预热器。当转子上的受热元件转过烟气侧时，被烟气加热而本身温度升高，接着转过空气侧时，又将热量传给空气而本身温度降低。转子不停地转动，就把烟气的热量不断地传递给空气。

16. 简述风罩回转式空气预热器的组成。

答： 风罩回转式空气预热器是由定子、上风罩、下风罩、传动装置、密封装置和固定的风道、烟道组成。

17. 简述风罩回转式空气预热器的工作过程。

答： 空气从下向上经固定风道进入下风罩，再由"8"字形风口之间的受热面仓格进入"8"字形风罩外面的受热面仓格，最后由下烟道引出。风罩不停地转动，受热面交替有空气和烟气通过，空气在风罩外吸取烟气热量，烟气在风罩内向空气放热。风罩每转动一周，受热面换热两次，因而风罩转速较低（0.8～1.2r/min）。

18. 风罩回转式空气预热器的传动装置是如何传动的？

答： 电动机通过减速器带动一个小齿轮，小齿轮与下风罩外圈上装的环形齿带相啮合，从而使风罩转动。

19. 怎样检查和启动回转式空气预热器？

答：（1）检查各人孔门、检查孔门应关闭严密。

（2）上、下轴承油箱油位达到规定值，油质良好，油箱严密不漏。对于装有润滑油泵的系统，应启动一台油泵，并检查油压和油流量达到正常值，且系统无渗漏。投入上、下轴承冷却水。

（3）将要运行的传动装置推到工作位置，备用的传动装置退到备用位置，用销钉固定。检查减速器的油位在规定高度，且油质良好。对传动装置的电动机进行检查。

（4）检查空气预热器消防水应在关闭位置，冲洗水系统各截门在关闭位置。

（5）启动空气预热器，进行全面检查。

20. 如何检查和监视回转式空气预热器？

答：（1）预热器运行时，转子应运转平稳，无异常摩擦声或撞击声，电流无大幅度摆动。

（2）上、下轴承运转无异常声音。轴承箱油位达到规定刻度，油质良好。轴封处不应有明显漏风。轴承冷却水量充足，轴承温度应低于60℃，一般最高不允许超过70℃。

（3）传动装置运转无异常振动或异常声音。减速器油位正常，油质良好。传动装置密封良好。减速器各轴承温度和润滑油温度不得超过70℃，驱动电动机运转良好。

（4）各人孔门、检查孔门密封良好，无明显泄漏。风道、伸缩节不漏风，保温完好。

（5）减速器传动装置应定期切换，保证备用驱动装置处于良好状态。

（6）一般应保持每天吹灰一次，以提高其传热效果。当吹灰效果不佳时，可以采用水冲洗的办法来清洁传热元件。

（7）锅炉冬季启动及运行中应投入暖风器，提高进入空气预热器的冷风温度，提高空气预热器冷段的金属温度，减少低温腐蚀。在启动过程中，还可以使用热风再循环来提高冷段金属温度。

21. 在什么情况下可停运回转式空气预热器？

答：（1）锅炉停炉后，当空气预热器出口烟气温度下降到80℃以下时，才可以停止其运行。若在高温状态停运，将会引起受热面变形。空气预热器停运后，关闭冷却水门，停止油泵运行。

（2）如果预热器在锅炉运行状态下因故障停运而无法恢复运行，应立即关闭风、烟侧挡板，手动盘车使其继续转动。

22. 如何进行回转式空气预热器的水冲洗工作？

答：冲洗前，将被冲洗的空气预热器烟气侧和空气侧的底部放水装置打开，而后降低锅炉负荷，把烟气入口挡板关闭。增加另一侧送风机的负荷，减小对应送风机的负荷，并在带负荷冲洗过程中维持该空气预热器出口温度不低于150℃。如低于150℃，则停止该风机运行，并将空气预热器出口风挡板关闭。

冲洗时，如果备用驱动装置为气动，应将空气预热器由电动驱动改为空气驱动，待冲洗工作结束后再改为电动驱动。启动蒸汽空气加热器（暖风器），维持送风机在较低负荷下运行，并对空气预热器进行干燥。在空气预热器没有完全干燥前，不准开启烟气入口挡板。

空气预热器的冲洗工作可在锅炉低负荷运行中进行，也可在停炉后进行。

23. 回转式空气预热器驱动电动机电流摆动或增大的原因有哪些？如何处理？

答：原因：

（1）动、静部分摩擦。

（2）轴承损坏。

（3）电动机绕组故障。

（4）传动装置故障。

（5）异物卡涩。

处理方法：

（1）电流摆动或增大在允许范围内时，可维持正常运行，查明原因。

（2）当电流超过额定电流 10％，最长运行时间不超过 8h。

（3）当电动机电流长期摆动较大时，应停止回转式空气预热器运行，立即降负荷，停止相对应侧的引风机、送风机运行，关闭空气预热器的进、出口风、烟气挡板，手动盘车至顺畅后，重新启动。

（4）若是机械损坏，应尽快停止空气预热器运行，进行处理。

24. 简述回转式空预器内部着火的现象、原因及处理方法。

答：现象：

（1）"空气预热器着火"报警信号发出。

（2）排烟温度不正常升高。

（3）热风温度不正常升高。

（4）炉膛负压波动大。回转式空气预热器烟、风压力波动大。

（5）回转式空气预热器外壳温度高，甚至可能烧红，人孔门等处可能有火星。

原因：

（1）油枪雾化不好，造成未燃尽的油积存在传热面上。

（2）燃烧调整不好，风量过小或煤粉过粗，使可燃物沉积在传热面上。

（3）锅炉灭火后，未及时切断燃烧，点火前未彻底通风吹扫。

（4）锅炉启动初期或低负荷运行时，可燃物沉积到传热面上。

处理方法：

（1）投入空气预热器蒸汽吹灰装置。

（2）就地检查并分析参数，确认空气预热器着火。

（3）停炉。停止引风机、送风机、一次风机，关闭所有风、烟气挡板，严禁通风。

（4）保持空气预热器运行。

（5）投入空气预热器消防水系统，直到火焰完全熄灭，转子冷却。

25. 简述回转式空预器停转的现象、原因和处理。

答：现象：

（1）转子停转报警。

（2）驱动电动机电流到零，相对应侧的引风机、送风机跳闸。

（3）事故喇叭响，光字牌报警。

原因：

（1）电源故障。

（2）电动机损坏或过载。

（3）传动装置损坏。

（4）导向轴承或推力轴承损坏。

（5）回转式空气预热器内有异物卡住（此时，电动机电流先增大后至零）。

（6）回转式空气预热器内部着火，严重变形。

（7）漏风控制系统过行程，导致转子卡涩。

处理方法：

（1）若跳闸前无异常信号且电流正常，则可对跳闸电动机强行合闸一次。

（2）若强行合闸不成功，应确认相对应侧的引风机、送风机已经停止运行，关闭跳闸空气预热器的进、出口风、烟气挡板，提起漏风控制系统的密封板。锅炉减负荷，降低烟气温度，对空气预热器进行手动盘车。

（3）联系检修人员处理，迅速消除缺陷，恢复空气预热器运行；若不能恢复，应申请停炉处理。

26. **回转式空气预热器轴承温度异常升高的原因是什么？如何处理？**

答：原因：

（1）冷却水不足或中断。

（2）中心筒密封装置漏风。

（3）润滑油不足或太多，油质变差。

（4）润滑油站故障。

（5）轴承损坏、着火。

（6）油密封圈损坏。

处理方法：

（1）轴承温度高报警，应检查原因，并联系检修人员处理。

（2）轴承温度已超过最高允许温度时，应停止空气预热器运行。

27. **什么是热管空气预热器？简述其工作原理。**

答：以热管为传热元件组成的空气预热器，称为热管空气预热器，如图1-32（a）所示。

如图1-32（b）所示，烟气从热管的蒸发段流过，把热量传递给管内工质并使其汽化，汽化后的蒸汽流向凝结段；空气流过热管的凝结段时吸收热量，使管内蒸汽凝结为液体，并沿管壁流回蒸发段。上述过程不断重复，进行传热。

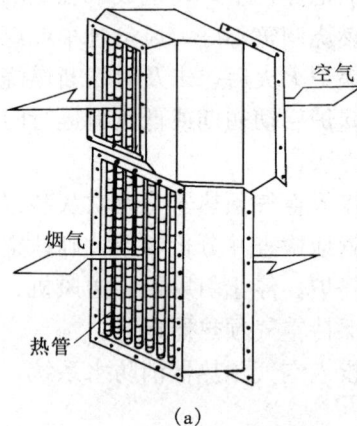

（a）

（b）

图1-32　热管空气预热器

（a）热管空气预热器示意；（b）热管工作原理示意

1—壳体；2—液体；3—蒸汽；4—吸液芯；5—充液封口管

28. 热管空气预热器有什么特点？

答：热管空气预热器的特点是可以小温差或等温传热，传热效率高；结构紧凑，流动阻力小；密封性好，漏风系数接近于零；壁温较高，低温腐蚀轻。

29. 锅水循环泵在结构上有哪些特点？

答：以 300MW 发电机组亚临界低倍率循环锅炉所使用的锅水循环泵（见图 1-33）为例，介绍其结构特点如下：

（1）耐高静压。水泵与电动机外壳连成一体，电动机的转子、定子和外壳都要承受锅炉的工作压力。

（2）防水。电动机的定子和转子都浸在水中，定子绕组应具有良好的防水性能和绝缘性能，三相接头采用自密封结构，保证良好的密封性能。

（3）隔热。由于泵的定子绕组允许最高温度为 60~80℃，所以隔热是十分重要的。为此，可在结构上采取如下措施：①在水泵与电动机之间装隔热栅，在隔热栅中有冷却水通过，阻止热量直接传导到电动机；②电动机和轴颈做成细长形结构，且不加保温，以利散热。

（4）冷却。在电动机上有外置式表面冷却器，用低压冷却水对电动机内的工质进行冷却。在推力轴承盘上开有几条径向槽，成为一个简单的泵轮。利用它产生的压头对泵内工质强制循环，增加冷却器的工质流量，加快电动机内热量的外传。

（5）防止杂质。电动机内部间隙很小，轴承都是依靠水来润滑的，这就要求电动机内部的水十分干净，不得含有杂质。为此，在电动机底部的高压冷却水进口处装有过滤器。

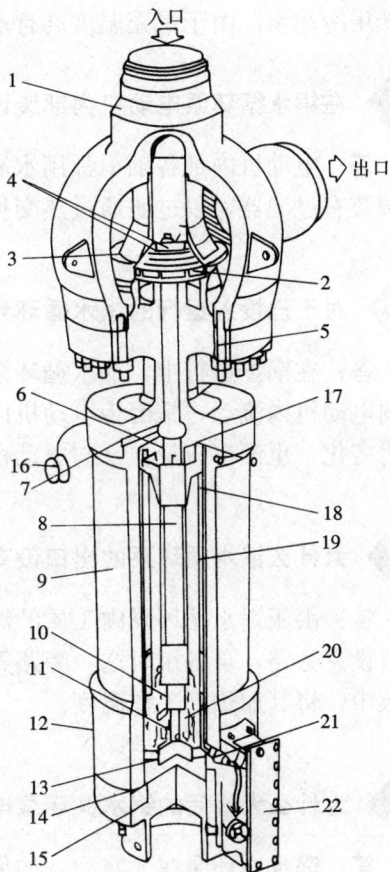

图 1-33 锅水循环泵

1—泵壳；2—叶轮；3—吸水套；4—防磨环；
5—主螺栓；6—轴颈轴承；7—热交换器入口管；
8—转子；9—电动机外壳；10—轴承座；11—推
力盘和辅助叶轮；12—热交换器出口管；
13—滤网；14—密封圈；15—注（放）水管；
16—温度指示和报警装置；17—轴承座；
18—定子绕组；19—定子压层；20—推力轴承；
21—接线密封套；22—接线盒

30. 为什么锅水循环泵电动机要设置热交换冷却系统？

答：锅炉运行中锅水循环泵的工作温度约为 330℃，而电动机的工作温度仅为 45℃左右（最高不允许超过 60℃），所以要设置热交换冷却系统来降低其温度，保证电动机的安全运行。

31. 锅水循环泵电动机热交换冷却系统是如何循环的？

答：电动机运转时，电动机内部的水是循环流动的。电动机与外置冷却器形成一个循环冷却系统，由设在电动机转子下端推力轴承上的辅助叶轮来推动电动机中的水不断流动。外置冷却器是个表面式换热器。水在电动机中吸收了热量，再在换热器中将电动机内的热量传给低压冷却水。由于泵壳温度高且不断向电动机侧传导热量，因此低压冷却水绝不可中断。

32. 在锅水循环泵电动机内部装设过滤器的作用是什么？

答：电动机内部各轴承都用水润滑，对水的温度和杂质含量的要求较高，所以在电动机内部装有过滤器，以过滤通过热交换器后进入电动机的冷却水。

33. 对于已投入运行的锅水循环泵，泵中热水为什么不会流到电动机内？

答：在锅炉运行中，锅水循环泵壳中水的压力和电动机中的压力相等，但是泵中热水不会向电动机内流动，是因为电动机内是充满水并封闭死的，电动机运行中水的压力随泵中水压力变化，也没有流量在泵与电动机之间产生。

34. 为什么锅水循环泵的出口设有旁路？

答：由于锅水循环泵内工质的温度较高，备用泵必须处于热备用状态。因此，每台泵的出口设有旁路，泵备用时这一旁路管上的阀门必须打开，使运行泵的热水经旁路管倒流入备用泵中，将其加热到工作温度。

35. 为什么大修后的锅水循环泵电动机必须充满水？

答：锅水循环泵在大修后，如果在电动机里留有空气，将影响轴承润滑，甚至最终导致轴承损坏。如果空气残留在定子里，将影响在绕组里产生的热量的消散，引起局部过热和绝缘材料老化，并最终导致绕组损坏。另外，电动机里的通路复杂，注水时需要非常缓慢，以排尽电动机内部所有空气。

36. 如何向锅水循环泵电动机内注水？

答：从电动机下部注水阀向电动机注水，一般是通过软管与注水阀连接。首先应将来水管路冲洗干净。注水时，充水速率应不超过 2.27L/min，以排尽内部空气。充水速率可以由注水手动阀的开度来控制。在注水过程中，当发现电动机外壳上部出水口有排水时，应对排水品质进行化验。如果不合格，则继续注水并进行冲洗，直到进、出口水的电导率达到 $0.2\mu S/cm$ 为止。电动机冲洗合格后，应将电动机上部出水口封闭，然后继续向电动机注水，直至水从泵壳出口管放水阀流出为止。

37. 锅水循环泵在启动前应进行哪些检查？

答：（1）用 $1000M\Omega$ 绝缘电阻表检查绕组对地电阻值应大于 $5M\Omega$。

（2）关闭泵的出、入口阀，开启备用泵的出口旁路阀。

（3）将电动机下部的注水阀关闭，并将管口焊死，以防误开。

（4）关闭泵的出口管放水阀。

（5）检查电动机接线盒封闭严密。

（6）检查事故按钮动作良好，并将其置于释放位置。

（7）开启低压冷却水，使冷却水流量达到 $23m^3/h$。

（8）开启泵入口阀，使水进入泵中。

（9）检查汽水分离器中水位应达到 5m 以上。

38. **如何启动锅水循环泵？**

答：（1）手动开启锅水循环泵入口阀。

（2）程控启动时，程序将自动开启出口阀。当出口阀全开时，泵自动启动。

（3）手动启动时，应先开启出口阀，然后启动锅水循环泵。

（4）待电流恢复到正常值后，检查泵出、入口压差和泵出口流量应在正常范围。

39. **对运行中的锅水循环泵应进行哪些检查与监视？**

答：（1）检查锅水循环泵无异常振动和异声，泵壳法兰接合面、电动机法兰接合面应无渗漏。

（2）电动机高压冷却水温度应低于 45℃，低压冷却水量充足，手摸电动机外壳温度应低于 45℃。

（3）泵的出、入口压差表指示正常。

（4）备用泵的出口旁路阀在开启位置，备用泵处于热备用状态。

（5）泵的自由膨胀良好，有充足的自由膨胀空间。

（6）电动机接线盒密封良好，无水、汽侵蚀。

40. **如何对检修后的锅水循环泵进行暖泵和升压？**

答：（1）开启锅水循环泵入口空气阀，缓慢打开泵出口旁路阀（这时，泵内无水、无压，出、入口阀在关闭状态）。

（2）观察并记录泵壳的温度上升速度，调整出口旁路阀的开度，控制泵壳升温速度低于 1.5℃/min。

（3）当泵壳温度与泵出口阀后水的温度之差小于 56℃ 时，关闭入口空气阀，全开出口旁路阀，使泵内压力上升到工作压力。

（4）开启泵出、入口电动阀，使该泵内处于热备用状态。

41. **简述锅水循环泵汽化的现象、原因及处理方法。**

答：现象：泵入口温度达到饱和温度，泵出、入口压差迅速下降，泵出口流量迅速下降，泵壳内发出异常的振动声音，泵的出、入口压差保护动作使泵停止运行。

原因：给水中断，蒸发系统压力急剧下降，汽包（汽水分离器）水位太低。

处理办法：

（1）均衡锅炉给水，防止给水流量的大幅度增减或者中断。

（2）锅炉灭火时，汽轮机的调速汽阀应迅速关闭，防止蒸发系统压力迅速下降。

（3）严密监视并严格控制汽包（汽水分离器）水位，防止水位大幅度降低。

（4）密切监视锅水循环泵入口温度，始终保持入口水温度低于对应压力下饱和温度5℃以上。

（5）发现锅水循环泵入口水温度上升时，应加大给水流量，使泵入口水温下降。

（6）发现锅水循环泵汽化时，应立即停止泵的运行，以防设备损坏。

42. 简述锅水循环泵电动机温度高的现象、原因及处理方法。

答：现象：

（1）电动机高压冷却水温度高报警，甚至温度保护动作，使锅水循环泵停止。

（2）就地手摸电动机外壳温度高。

原因：

（1）电动机低压冷却水量减少甚至中断，使高压冷却水的热量无法带走。

（2）电动机注水阀、冷却器或者电动机端部法兰接合面泄漏，使泵壳内的高温炉水窜入电动机。

处理方法：如果是电动机低压冷却水量小，应立即调大冷却水量，并密切监视电动机温度直至恢复正常。如果是电动机的高压冷却水侧泄漏，应立即停止锅水循环泵运行，关闭其出、入口阀，使泵逐步降温、降压，防止因大量高温锅水进入锅水循环泵电动机而造成泵彻底损坏。

第五节　吹灰装置与空气压缩机

1. 锅炉结渣和积灰有什么危害？

答：锅炉内燃烧过程是一种极复杂的物理化学过程，燃煤特性、受热面的结构、温度水平及空气动力工况等因素，都影响着受热面结焦、结渣和积灰程度。水冷壁结渣，会影响水冷壁吸热，使锅炉蒸发量降低，而且会使过热器、再热器的蒸汽温度升高，影响其安全运行。对流受热面积灰和堵灰，不但会降低传热效果，增加通风阻力，而且由于烟气温度升高还会影响后部受热面的安全。对于塔式结构的锅炉，若其对流受热面的积灰不能被及时清除，会出现大面积的塌灰现象，严重影响燃烧，有时甚至会造成锅炉灭火。

2. 为什么要对锅炉进行吹灰？

答：锅炉结渣和积灰是直接影响锅炉经济与安全运行的重要问题。仅仅依靠锅炉本体设计和运行调整减轻积灰和结渣是不够的，还应及时进行受热面的吹扫，即安装足够数量的吹灰器，定期清除受热面上的积灰和结渣，提高机组的效率和安全。

3. 按结构和原理的不同，吹灰器可分为哪几类？

答：按结构和原理的不同，吹灰器可分为四大类：

（1）旋转伸缩式吹灰器。这种吹灰器有长、短两种形式，长式用于吹扫锅炉内悬吊式受热面（如屏式过热器和对流式过热器）；短式用于水冷壁和辐射式过热器的吹扫。

（2）固定喷嘴式排污水吹灰器。这种吹灰器常用于炉膛出口凝渣管和下部冷灰斗斜坡等局部地区，这些地方往往结渣速度很快。

（3）振动式除灰装置。这种吹灰器用于小容量锅炉过热器受热面的吹灰。

（4）声波吹灰器。其原理是利用吹灰器产生的超声波使受热面发生振动，从而使受热面上的积灰脱离。

4. 吹灰器常用的介质有哪几种？

答：吹灰器常用的介质有蒸汽、空气和水。

5. 简述旋转伸缩式吹灰器的组成。

答：旋转伸缩式吹灰器的主要部件有吹管、滑座、供汽管、提升阀、齿条、电动机及延伸电缆。

吹灰枪为套管结构，由吹管和供汽管组成。吹管套在供汽管外面，吹管在推进的同时旋转。供汽管和吹管之间设有密封装置，防止蒸汽泄漏。吹管端部是喷嘴头，喷嘴头上有两个方向相反的喷嘴，可以减小蒸汽喷出时引起的振动。吹管上还设有两个开关，前限位开关的作用是使吹灰器达到最大行程时反向旋转并开始退回；后限位开关的作用是在吹灰器退到一定位置时关闭进汽阀停止吹扫，以及在推进时打开进汽阀。滑座上设有手动操作吹管推进的方口螺杆，用专用的单向扳手可以手动操作其进退，供检修和电动驱动装置发生故障时退出吹管用。

6. 简述旋转伸缩式吹灰器的工作过程。

答：吹灰器电动机带动滑座由齿条和小齿轮驱动吹灰器向前运动，将吹管伸入炉内。当喷嘴进入炉内离开炉墙一定距离时，滑座的移动使限位开关动作并打开进汽阀，开始吹扫。滑座继续旋转，使吹管伸入炉内，直到最大行程时前限位开始动作，使吹管反向旋转退出。当吹管退到距墙适当距离时，后限位开关动作并将进汽阀关闭，吹灰器继续退到备用位置停止，完成一个吹扫过程。

7. 为什么要在吹灰枪喷头上设两个反方向的喷口？

答：吹灰枪喷头上设两个反方向喷口的作用是抵消吹灰时汽流对吹灰枪的反作用力，从而消除振动。

8. 使用吹灰器前应进行哪些检查?

答:(1) 吹灰器滑座齿轮箱油位正常。

(2) 齿条上有润滑脂充分润滑,并且无积灰。

(3) 电动机电缆完好,无烧坏现象,电动机接线完好。

(4) 吹管无明显变形。

(5) 前支架滚轮没有损坏、脱落现象。

9. 操作吹灰器时有哪些注意事项?

答:(1) 吹灰时,先将吹灰蒸汽联箱投入运行,检查联箱汽压达到规定值,并且压力控制阀工作正常。

(2) 对吹灰蒸汽管道进行暖管,打开疏水阀,将凝结水排走,使供汽温度达到规定值。

(3) 每个吹灰器投入前都应就地检查。注意吹灰器的吹管在进入工作区时进汽阀能自动打开,退出工作区时能自动关闭;吹管无明显变形,供汽充足,前支架的支撑轮转动应灵活。

(4) 若发现进汽阀不能按时开启,应及时停止该吹灰器运行并及时退出。

(5) 若吹灰过程中吹管卡在炉内,当电动无法退出时,应立即改用手动退出。在吹灰退出工作区前,不可以停止供汽,以防止烧坏吹灰器。

(6) 吹灰时,应沿烟气流动方向吹扫,即先吹烟气先经过的地方,以提高吹灰的效果。

10. 压缩空气在火力发电厂中主要有哪些用途?

答:压缩空气是由空气压缩机产生的。火力发电厂中各种类型的气动挡板和气动阀门都是由压缩空气来驱动的。有的油枪是依靠压缩空气来驱动的,有的油枪点火器采用压缩空气控制进退。炉膛火焰监视器也常采用压缩空气来冷却和吹扫。另外,压缩空气还用于热工控制烟、风压力采样管的疏通吹扫及锅炉受热面吹灰等。

11. 空气压缩机主要由哪些部件组成?其工作过程是怎样的?

答:空气压缩机是由压缩机、冷却系统、润滑系统、安全阀、贮气罐、电动机及其控制设备等组成。

其工作过程是电动机通过联轴器直接驱动曲轴,带动连杆、十字头与活塞杆,使活塞在汽缸内往复运动,完成吸入、压缩和排出等过程。

12. 根据用处不同,电厂用压缩空气可分为哪几类?

答:根据用处不同,电厂用压缩空气可分为两大类:

（1）控制压缩空气。用于控制系统，对压缩空气质量要求较高。

（2）杂用压缩空气。用于设备吹扫、锅炉吹灰等对质量要求不高的场合。

13. 空气压缩机的工作原理是什么？

答：图 1-34 所示为双缸双作用式空气压缩机工作原理示意。左边为一级缸，右边为二级缸。一、二级缸的上部和下部各有两个反向布置的单向气阀。其中一个是进气阀，另一个是排气阀。当活塞向上运动时，上部的进气阀关闭，活塞上部气体被压缩，压力升高。当气体压力升到一定值时，上部的排气阀克服弹簧力打开并向外排气；同时活塞下部的气缸内形成真空，下部的进气阀克服弹簧力打开，空气自吸气口引入气缸。当活塞向下运动时，下部的进气阀关闭，活塞下的气体被压缩并升高压力。当压力升高到一定值时，下部的排气阀克服弹簧力打开将压缩空气排出；同时活塞上部形成真空，上部的进气阀

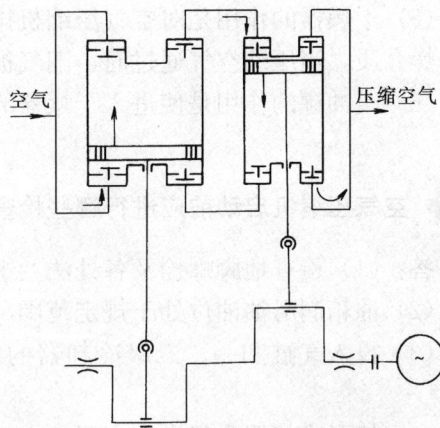

图 1-34　双缸双作用式空气压缩机工作原理示意

打开，空气自吸入口被引入气缸。这样反复运动，使活塞无论向上或向下运动，都有压缩空气排出。

14. 为什么气缸的冷却在空气压缩机的运行过程中十分重要？

答：活塞上下运动时与气缸壁摩擦会产生部分热量，同时气体压缩时温度急剧升高，因此气缸的冷却十分重要。冷却水量过小或中断，都会使气缸和活塞温度升高，烧坏密封件，甚至导致气缸过热而损坏。所以，空气压缩机运行中气缸的冷却十分重要，应保持一定的冷却水量，维持气缸温度在允许范围。

15. 简述 2Z-6/8-2 型空气压缩机的工作过程。

答：从室外吸气管引入的空气，首先经过滤器除去杂质，并经消声器减小噪声，经一级缸压缩升压同时升温，经一级冷却器冷却和一级气水分离器脱水，再进入二级缸进一步升压，经二级冷却器冷却和二级气水分离器脱水，然后送入贮气罐。

16. 简述 2Z-6/8-2 型空气压缩机系统中主要部件的作用。

答：（1）在一、二级缸出口装有弹簧式安全阀各一个，主要是防止一、二级排气超压。

（2）冷却水系统主要对气缸、一级冷却器、二级冷却器进行冷却，其中对气缸的冷却尤为重要。

（3）减荷阀由贮气罐压力控制。当贮气罐压力高时，控制入口减荷阀关闭，空气压缩机空负荷运行。待贮气罐压力正常后，开启入口减荷阀，空气压缩机进入带负荷状态。

（4）在二级缸排气管上设有一排空管，用于空气压缩机的启动。当几台空气压缩机同时运行且贮气罐压力正常时，如果再启动一台，为避免启动负荷过大，应开启出口排空阀，使空气压缩机在背压为零的状态下启动，减小气缸和电动机的损害。

（5）干燥器的作用是对空气压缩机排出的压缩空气进一步脱水。干燥器中装有可以吸潮的干燥介质，当压缩空气通过时，潮气被干燥介质吸收。

（6）缓冲罐的作用是使进入干燥器的压缩空气压力稳定。

17. 空气压缩机启动前应进行哪些检查？

答：（1）检查地脚螺栓及各处法兰螺栓齐全、拧紧。

（2）油箱润滑油油位处于规定范围，油质良好。

（3）投入气缸和一、二级冷却器的冷却水，冷却水压不应低于 0.1MPa（或设备规定值）。

（4）打开冷却器和气水分离器放水阀，放尽积水，然后关严放水阀。

（5）开启空气压缩机出口排空阀，关闭空气压缩机出口阀。

（6）如果是并列运行的第一台空气压缩机启动，即贮气罐在停止状态，则应对贮气罐进行检查。检查时注意安全阀应完好，罐内积水应排尽，然后关闭放水阀，开启贮气罐的出、入口阀。

（7）检查电动机。

（8）启动空气压缩机，待电动机电流恢复到空载电流时，开启出口阀，关闭出口排空阀，空气压缩机逐步带满负荷。

（9）对已带满负荷的空气压缩机进行一次全面检查。

18. 运行中应对空气压缩机进行哪些检查？

答：（1）检查贮气罐的工作压力应保持在额定值（一般为 0.7～0.8MPa）。压力太低时，应及时启动备用的空气压缩机；压力太高时，可以停止一台空气压缩机的运行。

（2）检查空气压缩机电动机电流应在规定范围，且无大幅度波动。

（3）检查一、二级缸排气压力达到规定值范围。通常一级缸排气压力为 0.2～0.4MPa，二级缸排气压力为 0.6～0.8 MPa。

（4）冷却水量充足，冷却水压力正常。一、二级缸排气温度不超过 50℃。

（5）检查润滑油压应在规定范围，油箱油位正常，油质良好，曲轴、连杠转动部分润滑良好。

（6）用听针倾听气缸内运转应无异常摩擦声和撞击声。

（7）电动机运转正常。

（8）定期排放冷却器和气水分离器的积水，贮气罐也应定期放水。

（9）干燥器投入运行时，应对干燥器进行检查。

19. 在什么情况下应紧急停运空气压缩机？

答：（1）冷却水中断，气缸失去冷却。

（2）润滑油中断。

（3）气压表损坏，无法监视气压。

（4）油压表损坏，或者油压低于最低运行值。

（5）发生剧烈振动。

（6）一、二级缸排气压力大幅度波动。

（7）电动机电流突然增大并超过额定值，或电气设备着火。

（8）一、二级缸排气中任一个压力达到安全阀动作值而安全阀拒动。

20. 空气压缩机润滑油压力下降的原因是什么？

答：（1）油泵出口溢流阀弹簧损坏，使溢流油量增加。

（2）油位过低，泵吸入空气或吸不上油。

（3）吸油管漏气。

（4）吸入口油过滤器滤网堵塞。

21. 空气压缩机排气量下降的原因是什么？

答：（1）气缸活塞密封环损坏。

（2）气阀漏气，失去单向作用。

22. 空气压缩机排出气体带油的原因是什么？

答：（1）刮油环损坏。

（2）挡油环损坏。

23. 空气压缩机活塞与缸颈发生接触或碰撞的原因是什么？

答：（1）支承环损坏。

（2）活塞杆与十字头或活塞的连接松动。

24. 空气压缩机安全阀负荷调节阀失灵的原因是什么？

答：（1）锈蚀。

（2）取样管漏气或堵塞。

25. 空气压缩机排气参数异常的原因是什么？

答：（1）排气温度太高。气阀漏气；活塞环损坏，造成活塞上、下气体串通。

（2）一级缸排气压力高。二级缸进气阀漏气或损坏。

（3）一级缸排气压力低。一级缸排气阀漏气或损坏。

（4）二级缸排气压力低。二级缸排气阀漏气或损坏。

26. **空气压缩机轴瓦温度高的原因是什么？**

答：（1）轴与轴瓦间隙太小。

（2）润滑油变质，或杂质太多。

（3）装配不良。

（4）润滑油供给不足或中断。

27. **空气压缩机响声异常的原因是什么？**

答：（1）气缸与活塞间有异物。

（2）活塞杆与十字头连接松动。

（3）连杆大小头轴承间隙太大。

（4）吸、排气阀松动。

第六节 阀 门

1. **阀门总体上如何分类？**

答：阀门总体上分为以下两大类：

（1）自动阀门。指靠介质本身状态而动作的阀门，如止回阀、减压阀、疏水器等。

（2）驱动阀门。指依靠人力、电力、液力和气力来驱动的阀门，如手动截止阀、电动闸阀等。

2. **阀门的作用有哪些？**

答：（1）用闸阀、截止阀、止回阀接通或切断管道中各段的介质。

（2）用节流阀、调节阀等调节管路中介质的流量和压力。

（3）用分配阀、三通旋塞和换向阀等改变介质的流向。

（4）用阻汽排水阀（即疏水器）在蒸汽管道上既疏水又防止蒸汽通过。

3. **阀门按用途可分为哪几种？各有什么作用？**

答：（1）截止阀。起接通的作用。

（2）调节阀。起流量或压力调节的作用。

（3）止回阀。起允许流体单方向流通的作用。

（4）安全阀。起限压和保护设备不被损伤的作用。

（5）减压阀。起限压和降压的作用。

◆ 4. **阀门由哪些部件组成？**

答：阀门是由阀体、阀盖、阀杆、阀杆螺母、关闭件（阀瓣或闸板）、密封面、填料密封及传动装置等组成。

◆ 5. **阀体和阀盖的连接方式有哪几种？**

答：阀体和阀盖的连接方式有四种，即螺纹连接、法兰连接、夹箍连接和内压自紧密封连接。

◆ 6. **阀杆与阀杆螺母的作用是什么？它们之间有几种连接方式？**

答：阀杆与阀杆螺母是用来开启或者关闭阀门的。

它们之间的连接方式可按阀杆的运动方式分为三类：①阀杆运动时既有旋转运动又有往复动作；②阀杆运动时只有往复运动而无旋转；③阀杆运动时只旋转而无往复运动。

◆ 7. **阀门的密封面有哪几种形式？**

答：密封面的形式有平面密封、锥面密封、球面密封和刀形密封等。

◆ 8. **阀门填料密封结构有什么作用？由哪些部件组成？它有哪几种形式？**

答：阀门填料密封结构的作用是防止介质通过阀杆与阀盖之间的间隙渗漏出来。

填料密封结构又叫填料函，一般是由填料压盖、填料和填料垫等零件组成。

填料密封常有压紧螺母式、压盖式和波纹管式等几种形式。

◆ 9. **阀门关闭件与密封面有什么关系？**

答：阀门关闭件包括阀瓣（截止阀）与闸板（闸阀）两种。关闭件的一端与阀杆相连且随阀杆运动，另一端与阀座组成密封面。密封面的结构是阀门工作可靠性的关键。阀门的严密性是依靠关闭件与阀座上经过精密加工研磨的两个密封面的紧密接触来保证的。

◆ 10. **截止阀有什么优缺点？**

答：截止阀的密封面较小，研磨较容易，运行、检修都较方便，但水阻力较大，因此只用在管道直径小于 100mm 的高压管道上。对截止阀的要求是高度严密性，工作可靠，对阻力大小的要求不高。

11. 闸阀有什么优缺点？

答：闸阀的优点是开启、关闭省力，水阻力小，允许流体向两个方向流动，开启后流体与阀瓣密封面不接触。其缺点是开闭行程大，开启、关闭时密封面有摩擦，易泄漏。

12. 为什么大闸阀适用于大直径管道？

答：原因是大直径管道要求阀门水阻力小。闸阀开启时，要求闸板两端压差不能太大，否则难以开启，且阀杆承受的力矩也太大。当闸板两端压差较大时，应装小口径旁路阀。

13. 什么是调节阀？

答：调节阀是用来调节流体流量的阀门。调节阀开度与流量有一定的关系，开度越大则流量越大。性能好的阀门，其开度与流量成正比关系。

14. 常用的调节阀分哪几种？

答：常用的调节阀分一般调节阀和窗形调节阀两种。

15. 什么是窗形调节阀？

答：窗形调节阀常用作给水调节阀。这种调节阀的阀瓣和阀座都是圆筒形的，在圆筒上各开有一个小窗。当小窗重合时，调节阀的开度为最大；两个小窗错得越多，开度就越小；完全错开时开度则为零。调节是由调节柄带动阀杆旋转来实现，而调节柄又是由执行器带动的。

16. 什么是一般调节阀？

答：一般调节阀的阀瓣与阀座的结构类似于截止阀，阀门开度的大小由阀杆的垂直位移量决定。

17. 闸阀与截止阀各有什么优缺点？

答：闸阀的优点是流体阻力小，开启、关闭力小，介质可以正、反向流动。其缺点是结构复杂，尺寸较大，密封面易磨损；大口径管道上的闸阀，其阀门前后有压差，阀门开启较困难。

截止阀的优点是结构简单，密封性较好，制造和维护也较方便。其缺点是流体阻力大，开启、关闭力也较大。

18. 减压阀的作用是什么？

答：减压阀的作用是降低介质的压力。

19. 止回阀的作用是什么？

答：止回阀的作用是用来防止管道中介质的逆向流动。

20. 安全阀的作用是什么？

答：安全阀的作用是当蒸汽压力超过规定值时，能自动开启，将蒸汽排出，使压力恢复正常，以确保锅炉承压部件和汽轮机工作的安全。

21. 常用的安全阀分为哪几种？

答：常用的安全阀分为重锤式、弹簧式和脉冲式三种。

22. 阀门按结构特点可分为几种？

答：阀门按结构特点主要分为闸阀和球阀。
（1）闸阀。闸阀的阀芯（即闸门）移动方向与介质的流动方向垂直。
（2）球阀。又称截止阀，球阀的阀芯沿阀座中心线移动。

23. 为什么闸阀不宜节流运行？

答：在主蒸汽和主给水管道上，要求流动阻力尽量小，故往往采用闸阀。闸阀结构简单，流动阻力小，开启、关闭灵活，但其密封面易于磨损，一般应处于全开或全闭位置。若将闸阀用于调节流量或压力，则节流流体将加剧对其密封接合面的冲刷磨损，致使阀门关闭不严，容易泄漏。

24. 什么是阀门的公称压力和公称直径？

答：阀门的公称压力是指在国家标准规定温度下阀门允许的最大工作压力，用符号 PN 表示。
阀门的通道直径是按管子的公称直径设计的，所以阀门公称直径也就是管子的公称直径。公称直径是指国家标准中规定的计算直径，用符号 DN 表示。

25. 什么是止回阀？它有哪些形式？

答：止回阀是自动防止流体逆向流动的安全装置。常用的止回阀有带弹簧的升降式止回阀、不带弹簧的升降式止回阀和旋启式止回阀。

26. 弹簧式安全阀有什么优缺点？

答：弹簧式安全阀的优点是结构尺寸较小；缺点是结构复杂，容易泄漏。

27. 简述弹簧式安全阀的工作原理。

答：弹簧式安全阀常用于大型锅炉的吹灰系统、压缩空气系统等低压系统。安全阀的阀瓣上面受到弹簧的作用力，下面受到工质的作用力。正常状态下，由于弹簧力大于蒸汽压力，阀瓣紧压阀座保持严密关闭状态。当蒸汽压力达到安全阀开启压力时，工质压力超过弹簧作用力，使阀瓣打开。通常是通过调整螺栓来调节弹簧紧力，整定启动压力值的。

28. 什么是脉冲式安全阀？

答：脉冲式安全阀由主阀和副阀组成，且用副阀控制主阀。在正常情况下，主阀被高压蒸汽压紧，严密关闭。当压力达到安全阀起座规定值时，副阀先打开，蒸汽被引到主阀活塞上面，由于活塞受压面积大于阀瓣受压面积，故可以同时克服蒸汽和弹簧的作用力，将主阀打开。当压力降到一定数值时，副阀关闭，活塞上的汽源中断，主阀在蒸汽压力和弹簧力作用下将自动关闭。副阀可以用小直径的重锤式或弹簧式安全阀，也可以用压力继电器和电磁线圈组成电气自动起座、回座系统。

29. 简述液控式安全阀的特点。

答：液控式安全阀的特点是动作可靠，排汽量大；正常运行时可以作为安全阀用，启动过程中可控制升温、升压，投入自动状态后还能控制再热器出口蒸汽压力增长速度。这种安全阀主要由安全阀本体和液控系统组成。

30. 液控式安全阀的工作原理是什么？

答：阀杆下部为阀瓣，中部带有位置指示器并通过一个联轴器与上部液压缸的活塞杆相连接。安全阀在关闭状态时，活塞上部的油路关闭，由于液体的不可压缩性，故不管阀瓣上承受多大压力，阀门始终是关闭的。如果汽压（再热器出口）升高并达到安全阀动作压力，控制回路开启液压缸的安全旁路阀，使液压缸上、下油室连通，这时安全阀在蒸汽压力的作用下开到最大位置，压力恢复正常时自动关闭。

31. 液控式安全阀的控制系统是由哪些部分组成的？各部分有什么功能？

答：液控式安全阀的控制系统是由执行器（或称液压缸）、供油系统、分级控制系统和安全旁路系统组成。各部分的功能如下：

（1）执行器是一个往复式液压缸，活塞杆与安全阀阀杆连在一起，活塞杆带动阀杆动作，以实现安全阀的开启与关闭。

（2）供油系统包括柱塞油泵、滤油器、蓄能器、泵出口溢流阀及油压控制装置。柱塞油泵的作用是向液压系统提供压力油。蓄能器的作用有两个：①储存压力能，即将油泵提供的能量储备起来；②缓冲油泵出口压力急剧变化，增加系统弹性。柱塞油泵的启、停受蓄能器中的压力控制，即当蓄能器中压力低于某一定值时，泵启动，向蓄能器充油升压；当蓄能器中压力高达某一定值时，泵停止运行，这个过程由油压继电器来控制。泵出口溢流阀用于防止泵出口超压。滤油器用于防止杂质进入系统。

（3）分级控制系统由三位四通阀、可控止回阀和双节流止回阀组成。它主要接受主控制室来的开启与关闭安全阀的信号，并通过压力油使安全阀动作。

（4）安全旁路系统主要是用来保证安全阀能够可靠地动作。

32. 对阀门验收的具体要求有哪些？

答：（1）阀门开度指示器的刻度和数字应清晰，指针完好。

（2）阀杆清洁，无损坏和变形，且在螺口处涂以适当的润滑油。

（3）手动阀门的手轮上应标明阀门开关方向。

（4）阀盖、压盖的螺栓齐全、拧紧，手轮完好。

（5）电动阀的电动机外壳接线盒完好，电源线无破损。手动、电动切换开关动作灵活，执行器固定牢固，传动机构连接应完好。

（6）对于液压控制的阀门，应检查液压系统油箱油位达到规定刻度，油质良好。启动油泵后，检查油系统不应有渗漏点，系统压力能达到正常规定的数值。

（7）气动阀门应投入压缩空气系统，检查空气管路和气缸不应有泄漏。

（8）手动阀门的手动开关试验应灵活，不应有卡涩现象。电动阀门应切换到手动位置试验一次，开关应灵活。液动阀门就地用手动操作，开关试验应灵活。

（9）电动阀门手动试验后，应进行远动试验。试验时，远方开关同时就地检查，阀门开关方向（就地）与控制室指示表（灯）的指示方向应一致。以同样方法检查液动阀门和气动阀门的开关方向。

（10）电动阀在电动关闭位置后，再手动继续关闭，检查其关闭位置的预留开度应合适，一般预留开度为1/3圈以下。

（11）高温阀门保温应完好。所有阀门的标牌字迹应清楚，名称正确无误。

（12）止回阀的安装方向应正确（检查箭头方向与工质流动方向一致）。

33. 阀门投入运行时主要检查哪些内容？

答：（1）阀盖接合面、阀杠密封填料处无工质向外泄漏。

（2）阀体保温完好，阀体无泄漏。

（3）执行器传动部分无松脱现象。

（4）当阀门漏汽或漏水时，应做好防止电动执行器受潮短路的保护措施，当阀门漏油时，应注意防止火灾。

▶ 第七节 燃 料

◆ **1. 什么是燃料？**

答：燃料是指用来燃烧以取得热量的物质。

◆ **2. 燃料按其物理形态可分为哪几种？**

答：燃料按其物理形态可分为固体燃料（煤、木柴、页岩等）、液体燃料（石油等）和气体燃料（天然气、煤气等）。

◆ **3. 煤的成分分析分为哪几种？**

答：煤的成分分析可分为元素分析和工业分析两种。

◆ **4. 煤的元素分析成分有哪几种？**

答：煤的元素分析成分包括碳（C）、氢（H）、氧（O）、氮（N）、硫（S）、灰分（A）和水分（M）。碳、氢及硫中的有机硫和黄铁矿硫是可燃烧的，其余都是不可燃烧的。

◆ **5. 简述煤中碳的性质。**

答：碳是煤中最主要的可燃元素，也是煤中最基本的成分，其含量占 40%～85%。1kg碳完全燃烧生成二氧化碳，能放出约 32 825.56kJ 的热量。1kg 碳不完全燃烧生成一氧化碳，只能放出约 9258.06kJ 的热量。碳的燃烧特点是不易着火，燃烧缓慢，火焰短。煤的碳化程度越深，即含碳量越多，则着火和燃烧越困难。

◆ **6. 简述煤中氢的性质。**

答：氢是煤中单位发热量最高的元素，但含量不多，占 3%～6%。氢极容易燃烧，且燃烧速度快。

◆ **7. 简述煤中氧的性质。**

答：氧是煤中的杂质，不能产生热量。由于氧的存在，就使煤中可燃元素的含量相对降低。煤中的氧有两部分，一部分是游离的氧，能助燃；另一部分以化合物状态存在，不能助燃。

8. **简述煤中氮的性质。**

答：氮是煤中的杂质，其含量占 0.5%～0.15%，对煤的燃烧影响不大。氮在适当燃烧条件下会生成氮的氧化物（NO_x），对环境有污染。

9. **简述煤中硫的性质。**

答：煤中的硫由有机硫、硫化铁和硫酸盐中的硫三部分组成。前两种硫可以燃烧，构成所谓的挥发硫或可燃硫；后一种硫不能燃烧，而将其并入灰分之内。硫是煤中的有害元素。

10. **简述煤中水分的性质。**

答：水分是煤中的杂质。煤中的水分由外在水分和内在水分组成。外在水分又叫表面水分，它是因雨、露、冰、雪或在开采过程中进入煤中的，靠自然干燥可以去掉。内在水分又叫固有水分，靠自然干燥不能去掉，必须把煤加热到 102～105℃，并保持 2h 才能去掉。水分的存在使煤中可燃元素的含量相对降低。

11. **煤中水分对锅炉运行有什么影响？**

答：水分多的煤，引燃和着火困难，且延长燃烧过程，降低燃烧室温度，增加不完全燃烧损失和排烟热损失；同时还会增加引风机的耗电量，影响制粉系统的煤粉细度，降低磨煤机出力，甚至堵塞制粉管道，使煤粉仓、给粉机下粉不均匀，造成燃烧失常。

12. **简述煤中灰分的性质。**

答：煤中不能燃烧的矿物质在燃烧时将形成灰分。灰分是煤中的杂质。

13. **煤中的灰分对锅炉运行有什么影响？**

答：煤的灰分对燃烧的影响主要表现在对着火的影响，灰分含量高，会使火焰传播速度减慢，着火推迟，燃烧温度下降，燃烧稳定性变差。此外，煤中灰分含量越大，可燃物成分相对减少，燃烧的发热量越低，而且灰分本身还要吸收热量。因此，灰分含量越大，理论燃烧温度越低，炉膛温度下降幅度越大，煤的燃尽程度差，固体未完全燃烧热损失（q_4）也随之增加。煤的灰分越大，受热面的沾污和磨损越严重。当炉膛受热面沾污时，引起炉膛结渣及过热气超温，威胁安全运行；尾部受热面沾污，会使受热面堵灰，排烟温度升高，降低运行的经济性。灰分的增加，造成对输煤、制粉、燃烧、引风、除尘设备和受热面的严重磨损。

14. 煤中的硫对锅炉运行有什么危害？

答：硫在锅炉中燃烧，产生二氧化硫和三氧化硫气体，它们与水蒸气结合生成亚硫酸或硫酸蒸气。当烟气流经低温受热面时，若金属受热面的温度低于硫酸蒸气开始结露的温度时，硫酸蒸气便在其上凝结，腐蚀锅炉尾部受热面。因此，煤中硫含量越高，对锅炉的危害也就越大。二氧化硫和三氧化硫排出后还会污染环境。

15. 煤中最主要的可燃元素是什么？

答：煤中最主要的可燃元素是碳。

16. 煤中发热量最高的元素是什么？

答：煤中发热量最高的元素是氢。

17. 煤中的杂质有哪些？

答：煤中的杂质有氮、氧、水分和灰分。

18. 煤的工业分析成分有哪些？

答：煤的工业分析成分有水分、灰分、挥发分和固定碳。

19. 什么是煤的工业分析？

答：工业分析是按规定条件把煤试样进行干燥、加热和燃烧，以此确定煤中水分、灰分、固定碳和挥发分的百分含量，从而了解煤在燃烧方面的特性。

20. 什么是挥发分？其中是否包括煤中的水分？

答：在煤的工业分析中，煤在隔绝空气的条件下加热，首先是水分蒸发，当温度升高到104℃并维持7min后，有机物质分解成各种气体挥发出来，这些挥发出来的气体称为挥发分。它不包括煤中的水分。

21. 煤的成分基准分为哪几种？

答：煤的成分基准通常分为收到基、空气干燥基、干燥基和干燥无灰基四种。

22. 什么是煤的收到基？如何表示？

答：收到基是以进入锅炉的工作煤为基准来表示各种成分含量。表示方法：在各成分符号的右下角加"ar"字样表示。

23. 什么是煤的空气干燥基？如何表示？

答：空气干燥基是以自然干燥法去掉外在水分的煤样作为分析基准的。表示方法：在各成分符号的右下角加"ad"字样表示。

24. 什么是煤的干燥基？如何表示？

答：干燥基是以去掉外在水分和内在水分后的煤样作为基准的。表示方法：在各成分符号的右下角加"d"字样表示。

25. 什么是煤的干燥无灰基？如何表示？

答：从煤中除掉水分和灰分后的剩余部分作为试样，以此为基准的成分含量叫干燥无灰基。表示方法：在各成分符号的右下角加"daf"字样表示。

26. 什么是燃料的发热量？

答：单位质量的燃料在完全燃烧时所放出的热量称为燃料的发热量。发热量是动力煤最重要的特性，它决定煤的价值，也是进行热效率计算不可缺少的参数。

27. 燃料发热量的大小取决于什么？

答：燃料发热量的大小取决于燃料中碳、氢、硫元素含量的多少。

28. 什么是高位发热量和低位发热量？电厂锅炉多采用哪种发热量？

答：高位发热量是指 1kg 燃料完全燃烧时放出的全部热量。低位发热量是指从燃料高位发热量中扣除燃烧过程中氢燃烧生成的水和燃料所含水分汽化的吸热量。电厂锅炉技术中常采用低位发热量。

29. 什么是标准煤？

答：收到基低位发热量为 29271kJ/kg 的煤称为标准煤。标准煤实际是不存在的，只是人为规定的。提出"标准煤"的主要目的是把不同的燃料划归统一的标准，便于分析、比较热力设备的经济性。

30. 褐煤有什么特点？

答：褐煤的碳化程度较浅，挥发分含量较高（为 $V_{daf} \geqslant 40\%$），呈棕褐色，易于点燃，火焰长，焦结性很弱，水分含量大，发热量低。

31. 挥发分对锅炉设计及运行有什么影响？

答：在锅炉设计时，炉膛内结构、燃烧器形式及受热面的布置等均与挥发分含量有关。在锅炉运行时，燃料着火、燃烧的稳定及燃烧过程的经济调整等也都与挥发分含量有直接关系。燃料含挥发分越多，越容易着火，燃烧过程越稳定。

32. 什么是煤的焦结性？

答：煤在隔绝空气加热时，水分蒸发、挥发物析出后，剩下不同坚固程度的固体残留物（焦炭）的性质，称为煤的焦结性。

33. 表示灰分熔融特性的三个温度分别是什么？

答：DT 是灰分的变形温度，ST 是灰分的软化温度，FT 是灰分的熔化温度。

34. 煤如何按灰熔融特性温度分类？

答：各种煤的灰熔融特性温度一般在 $1100 \sim 1600℃$ 之间。ST＞1400℃的煤称为难熔灰分的煤。ST＝1200～1400℃的煤称为中熔灰分的煤，ST＜1200℃的煤称为易熔灰分的煤。

35. 影响灰熔融特性温度的因素有哪些？

答：（1）成分因素。组成煤灰的成分及各种成分的含量比例，是决定灰熔融性特性温度高低的最基本因素。煤灰的成分一般是三氧化铝（Al_2O_3）、二氧化硅（SiO_2）、各种氧化铁（FeO、Fe_2O_3、Fe_3O_4）、钙镁氧化物（CaO、MgO）及碱金属氧化物（Na_2O、K_2O）等，但主要成分为 SiO_2、Al_2O_3、$\sum FeO$ 和 CaO，其他成分则甚微。

若灰中含有熔点高的物质越多，则灰的熔点也越高；若灰中含有熔点较低的物质越多，则灰的熔点也越低。当煤中硫铁矿（FeS_2）等含量较多时，也会使灰熔点下降。有的物质有助熔作用，如 CaO 本身熔点为 2570℃，但它在与 FeO 和 Al_2O_3 组成混合物时，灰熔点会降低到 1200℃。

（2）介质因素。实践证明，当周围介质性质改变时，会使灰熔点发生变化。例如，当有 CO_2、H_2 等还原性气体存在时，会使熔点降低。这是由于还原性气体能使灰分中的高价氧化铁还原，产生低熔点的氧化亚铁的缘故。

（3）浓度的因素。当灰分组成一样，所处环境的周围介质也一样，但煤中含灰量不同时，熔点也会发生变化。燃烧多灰分的煤容易结渣。

36. 什么是煤的可磨性系数？

答：煤的可磨性系数就是在风干状态下，将标准煤和所磨煤由相同粒度破碎到相同细度

时消耗的电能之比，即

$$K_{km} = \frac{E_{bz}}{E_x} \tag{1-4}$$

式中　E_{bz}、E_x——磨标准煤和所磨 x 煤种时的耗电量，$kW \cdot h/t$。

37.　什么是煤粉细度？如何表示？

答：煤粉细度是表示煤粉中各种大小尺寸颗粒煤的质量百分含量。它是衡量煤粉品质的重要指标。

表征煤粉粗细程度的指标称为煤粉细度。煤粉细度的表示方法是：将一定数量的煤粉试样放在筛子上筛分，筛分后留在筛子上的煤粉质量占筛前煤粉总质量的百分数，用 R_x 表示。下标为标准筛的筛孔宽度。其 R_x 值越大，表明煤粉越粗。

38.　什么是煤粉的经济细度？它与哪些因素有关？

答：煤粉的经济细度是指燃烧损失与制粉电耗之和最小时的煤粉细度。

影响煤粉经济细度的主要因素有煤的挥发分、煤粉的均匀性和燃烧技术。

39.　煤粉粗细对锅炉燃烧有什么影响？

答：煤粉过粗，在炉膛中不易燃尽，增加了不完全燃烧损失；煤粉过细，又会使制粉系统耗电量增加，金属磨损也会增加。

40.　什么是煤的着火点？

答：煤的着火点是指在一定的条件下，将煤加热到不需要外界火源即开始燃烧时的初始温度。着火点与煤的风化、自燃、燃烧及爆炸等有关。

41.　煤的主要特性指标有哪些？

答：煤的主要特性指标有发热量、挥发分、焦结性、灰分熔融特性、可磨性、煤粉细度和着火点。

42.　煤按挥发分含量可分为哪几种？

答：煤按挥发分含量可分为无烟煤、烟煤、贫煤和褐煤。

43.　无烟煤有什么特点？

答：无烟煤的碳化程度最高，即含碳量最多，挥发分含量为 $V_{daf} \leqslant 10\%$；有金属光泽，颜色为灰黑或黑色，密度比其他煤大，质地坚硬，成块状，不易破裂；燃烧时只有很短的火焰，焦炭没有焦结性，不易点燃。

44. 烟煤有什么特点？

答：烟煤的碳化程度次于无烟煤，挥发分含量在20%～40%之间；容易点燃，火焰长，其发热量一般比无烟煤低；外表呈灰黑色，有光泽，质地松软；有的焦结性强，适合于炼焦用。

45. 贫煤有什么特点？

答：贫煤的碳化程度与烟煤相近，它的性质介于无烟煤与烟煤之间，挥发分含量较低，在10%～20%之间；不易燃烧，火焰较短，发热量比烟煤低。

46. 什么是燃烧？

答：燃烧是燃料中的可燃成分（C、H、S）同空气中的氧发生剧烈化学反应并放出热量的过程。

47. 什么是燃烧速度？它与哪些因素有关？

答：燃烧速度是指单位时间烧掉燃烧量的多少。

燃烧速度受化学反应速度（动力燃烧）和物理混合速度（扩散燃烧）影响。

48. 什么是燃烧程度？

答：燃烧程度即燃烧的完全程度，表示烟气离开炉膛时带走可燃质的多少。

49. 什么是焦炭？

答：去掉水分和挥发分后，煤的剩余部分称为焦炭。焦炭是由固定碳和灰分组成的。将焦炭放在（800±20）℃下灼烧（不要出现火焰）到质量不再变化时，取出来冷却，这时焦炭所失去的质量就是固定碳的含量，剩余部分是灰分含量。

50. 焦炭根据其黏结程度分为哪几种？

答：焦炭根据其黏结程度分为强焦结性焦炭、弱焦结性焦炭和不焦结性焦炭三种。

51. 煤粉在炉内的燃烧过程分为哪几个阶段？

答：煤粉在炉内的燃烧过程分为着火前的准备阶段、着火燃烧阶段和燃尽阶段。

52. 锅炉燃用的气体燃料主要有哪些？

答：锅炉燃用的气体燃料主要有天然气、高炉煤气、焦炉煤气及液化石油气。

53. 什么是完全燃烧和不完全燃烧？

答：燃料中的可燃成分在燃烧后全部生成不能再进行氧化的燃烧产物，这种情况叫完全燃烧。

燃料中的可燃成分在燃烧过程中有一部分没有参与燃烧，或虽已进行燃烧，但生成的产物中还含有可燃气体，这种情况叫不完全燃烧。

54. 燃煤中的哪些因素对锅炉热力工况影响较大？

答：燃料中的发热量、水分、灰分和挥发分对锅炉热力工况影响较大。

55. 煤粉品质的主要指标是什么？

答：煤粉品质的主要指标是指煤粉的细度、均匀性和水分。

56. 什么是理论空气量？

答：根据燃烧反应，1kg 燃料完全燃烧所需要的空气量称为理论空气量。

57. 什么是实际空气量？

答：为了保证燃料完全燃烧，所供应的空气量要比理论空气量大，这一空气量称为实际空气量。

58. 什么是过量空气系数？

答：过量空气系数等于实际空气量与理论空气量之比。

59. 什么是炉内过量空气系数和最佳过量空气系数？

答：炉内过量空气系数一般是指炉膛出口处的过量空气系数，它的最佳值与燃料种类、燃烧方式及燃烧设备的完善程度有关，应通过试验确定。过量空气系数过大或过小，都会使锅炉效率降低。

运行中排烟损失、化学不完全燃烧损失及机械不完全燃烧损失的总和为最小时的过量空气系数就是最佳过量空气系数，一般由试验确定。

60. 煤粉要达到迅速、完全燃烧，应具备哪些条件？

答：（1）炉膛内要维持足够高的温度。

（2）要有适量的空气。

（3）燃料与空气混合良好。

（4）要有足够的燃烧时间。

61. 什么是煤粉的自燃？

答：煤粉与空气接触，缓慢氧化所产生的热量，如不能及时散发，将导致温度升高，使煤的氧化加速而产生更多的热量，当温度升高到煤的燃点，就会引起煤粉的燃烧，这一现象称为煤粉的自燃。

62. 什么是燃油的黏度？

答：黏度是液体流动性的指标，它对油的输送和燃烧有重要影响。燃油的黏度通常以恩氏黏度表示。所谓恩氏黏度就是 $200cm^3$ 的油在某一温度下流经一标准尺寸孔口所需的时间，与同体积的水在 20℃ 下通过同一孔口的时间的比值。

63. 什么是重油？它由哪些成分组成？

答：重油是石油炼制后的残余物，因其重力密度较大，所以称为重油。

重油是由不同成分的碳氢化合物组成的，从元素分析上看，它由碳、氢、氧、氮、硫、水分及灰分等组成。

64. 重油的黏度主要与哪些因素有关？

答：重油的黏度与温度有关。温度高，油的黏度小，就易于流动和雾化，但油温也不能过高。当重油的温度达到 120～130℃ 以上时，黏度的降低就不太明显了，反而容易引起气化，造成贮油罐冒顶、火灾等事故。另外，重油的黏度还与油质有关。

65. 火力发电厂锅炉主要燃用什么油？

答：火力发电厂锅炉主要燃用重油和柴油。

66. 燃油的物理特性有哪些？

答：燃油的物理特性主要有黏度、凝固点、闪点、燃点和密度。

67. **什么是油的闪点？**

答：对燃油加热到某一温度时，表面有油气产生，当油气和空气混合到某一比例且有明火接近时，便会产生瞬间即逝的蓝色闪光，此时的温度称为闪点。

68. **什么是油的燃点？**

答：当温度升高到某一温度，燃油表面上油气分子趋于饱和，与空气混合且有火焰接近时，就会发生着火，并能保持连续燃烧，且持续时间不小于 5s，此时的温度称为燃点（又称着火点）。

69. **什么是燃油的凝固点？**

答：当油温度降到某一值时，油会变的相当黏稠，以致盛油的试管倾斜 45°时，油表面在 1min 内尚不能表现移动倾向，此时的温度即为凝固点。

70. **通常对敞口容器油的加热温度有何规定？**

答：为了安全起见，锅炉生产过程中，通常在敞口容器中加热油，规定加热温度一般应低于闪点 10℃以上。

71. **什么是燃油的着火热？**

答：燃油的着火热，就是把炉内的油气混合物加热到着火温度时所需要的热量。

72. **油滴的燃烧包括哪几个过程？**

答：油滴的燃烧包括蒸发、扩散和燃烧三个过程。

73. **重油可以分为哪几种？**

答：重油可以分为燃料重油和渣油。燃料重油是由裂化重油、减压重油、常压重油和腊油等按不同的比例调制而成的；渣油则是原油在炼制过程中排除下来的残余物，可不经过处理直接供到电厂作为燃料。渣油可以是常压重油、减压重油和裂化重油等。

74. **燃油着火热的大小与哪些因素有关？**

答：燃油着火热的大小与油品的沸点和燃点、混合物中空气的含量及进入炉膛前的燃油温度与空气温度等因素有关。

75. 原油为什么比重油更易着火？

答： 原因是原油中含有一定的低沸点馏分，容易蒸发，燃点较低。

76. 燃料油在燃烧前为什么要进行雾化？

答： 燃料油的燃烧必须在油气和空气的混合状态下进行，其燃烧速度取决于油滴的蒸发速度与直径大小及油气和空气的混合速度。油滴的蒸发速度和直径大小与温度有关。直径越小，温度越高，蒸发越快。另外，直径越小，增加了与空气接触总表面积，有利于混合与燃烧的进行。所以，燃油在燃烧前必须进行雾化，以使油喷入炉膛后能迅速加热蒸发，充分燃烧。

第八节　泵

1. 什么是泵？其作用是什么？

答： 泵是用以输送流体（液体和气体）的机械设备。泵的作用是把原动机的机械能或其他能源的能量传递给流体，以实现流体的输送，即流体获得由原动机机械能转换成流体的压力能和动能后，除用以克服输送过程中的通道流动阻力外，还可实现从低压区输送到高压区；或从低位区输送到高位区。

通常输送液体的机械设备称为泵（个别抽送气体的机械设备也称为泵，如液环泵等）。

2. 泵可分为哪几类？

答： 根据工作原理及结构形式，泵通常可分为叶片式（又称叶轮式或透平式）、容积式（又称定排量式）及其他类型三大类，进一步的分类如下：

（1）叶片式泵。通过叶轮旋转将能量传递给流体。包括离心式泵、混流式泵、轴流式泵和旋流式泵。

（2）容积式泵。通过工作室容积的周期变化，将能量传给流体。包括：

1）往复式泵。包括活塞式泵、柱塞式泵和隔膜式泵。

2）回转式泵。包括齿轮泵、螺杆泵和滑片泵。

（3）其他类型泵。包括真空泵、射流泵和水击泵。

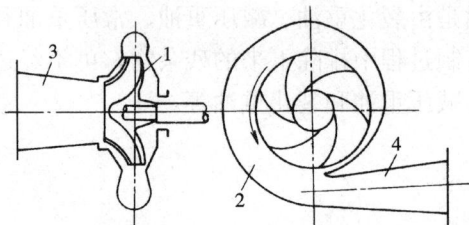

图 1-35　离心式泵示意

1—叶轮；2—压出室；3—吸入室；4—出口扩压管

3. 简述离心式泵的工作原理。

答： 如图 1-35 所示，离心式泵由叶轮、压出室、吸入室及出口扩压管等部件组成。当原动机通过轴驱动叶轮高速旋转时，叶轮上的叶片将迫使流体转动，即叶片将沿其圆周切线方向对流体做功，使流体的压力能和动能增加。

在叶轮出口的外缘附近，由于具有最高的圆周切线速度，故该处的流体也将具有最高的压力能和动能。在惯性离心力和压差力的作用下，流体将从叶轮出口外缘排出，经压出室（蜗壳）、出口扩压管和出口管道输送至目的地。同时，由于惯性离心力的作用，流体由叶轮出口排出，在叶轮中心形成流体空缺的趋势，即在叶轮中心形成低压区，在吸入端压力的作用下，流体由吸入管经吸入室流向叶轮中心。当叶轮连续旋转时，流体也连续地从叶轮中心吸入，经叶轮外缘出口排出。

◆ **4.** **离心式泵叶轮主要由哪几部分构成?**

答：离心式泵的叶轮是由叶片、轮毂和盖板三部分构成。

◆ **5.** **简述轴流式泵的工作原理。**

答：如图 1-36 所示，轴流式泵主要由叶轮、吸入口及出口扩压管组成。当叶轮在原动机驱动下高速旋转时，叶片作用于流体的力可以分解为两个分量：一个分量沿圆周方向，它驱使流体做圆周运动，此分力对流体做功，使流体的压力能和动能增加，即使流体获得机械能。另一个分量沿轴向，它驱使流体沿轴向运动，即形成流体从轴流式泵的吸入口流入、从出口扩压管排出的连续输送过程。

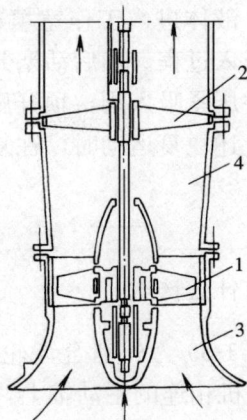

图 1-36　轴流式泵示意
1—叶轮；2—轴承；3—吸入口；4—出口扩压管

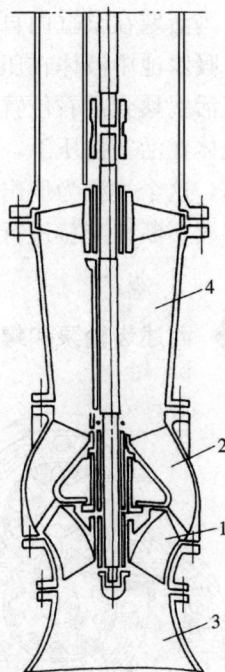

图 1-37　混流式泵示意
1—叶轮；2—出口导叶；3—吸入口；4—出口扩压管

◆ **6.** **简述混流式泵的工作原理。**

答：如图 1-37 所示，混流式泵叶轮形状介于离心式泵与轴流式泵之间，即流体在混流式泵叶轮内的流动方向介于离心式泵的径向和轴流式泵的轴向之间（近似于沿锥面流动）。所以，混流式泵的工作原理是离心式泵和轴流式泵工作原理的综合。其工作特性也介于离心式泵和轴流式泵之间。

7. 简述往复式泵的工作原理。

答：往复式泵分为活塞泵、柱塞泵、隔膜泵三种，如图 1-38 所示。它们分别由活塞、柱塞、隔膜在泵缸内做周期性的往复运动，改变液体所占据的容积，实现对液体做功，同时周期性地吸入和压出液体。下面以活塞泵为例，说明往复式泵的工作原理。

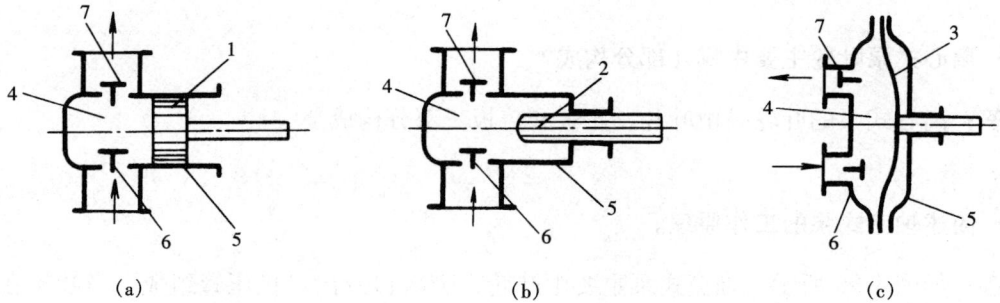

图 1-38 往复式泵示意
(a) 活塞泵；(b) 柱塞泵；(c) 隔膜泵
1—活塞；2—柱塞；3—隔膜；4—工作室；5—泵缸；6—吸水阀；7—压水阀

当活塞在泵缸内自最左位置向右移动时，工作室的容积逐渐增大，工作室内的压力降低，吸水池中液体在压力差作用下顶开吸水阀，液体进入工作室填补活塞右移让出的空间，直至活塞移到最右位置为止，完成往复式泵的吸入过程。然后活塞开始向左方移动，工作室中液体在活塞挤压下，获得能量，压力升高，并压紧吸入阀，顶开压水阀，液体由压出管路输出，这个过程为压出过程。当活塞不断地做上述往复运动时，往复式泵的吸入、压出过程就连续不断地交替进行。

8. 简述齿轮泵和螺杆泵的工作原理。其各有什么特点？

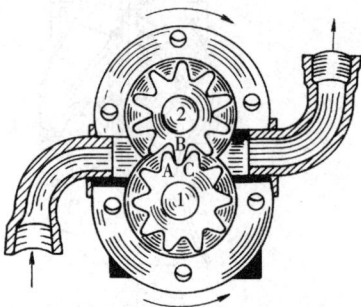

图 1-39 外啮合齿轮泵示意
1—主动齿轮；2—从动齿轮

答：图 1-39 为外啮合齿轮泵示意，其主动齿轮固定在与原动机相连的主动轴上，从动齿轮固定在另一轴上。齿轮泵的工作空间由泵体、侧盖和齿轮的各齿间槽组成。齿轮泵是通过齿轮在相互啮合过程中的工作空间的容积变化实现输送液体的。啮合的齿 A、C、B 将工作空间分隔成吸入腔和排出腔。当主动齿轮带动从动齿轮按图示方向旋转时，位于吸入腔的齿 B 逐渐退出啮合，使吸入腔的容积逐渐增大，压力降低，液体沿吸入管进入吸入腔，直至充满整个齿间。随着齿轮的转动，进入齿间的液体被带至排出腔，此时由于齿 C 的啮入，使得排出腔的容积变小，液体被强行向排出管排出。这样，每转过一个齿，就有部分液体吸入和排出，形成了连续输送液体的过程。

螺杆泵的工作原理和齿轮泵相似，它依靠螺杆相互啮合空间的容积变化来输送液体。当螺杆旋转时，螺纹相互啮合，液体如螺母一样不能随着螺杆旋转，而只能沿螺杆轴向移动，从而将液体自进口排向出口。

齿轮泵的特点是具有良好的自吸性能且构造简单，工作可靠。

螺杆泵的特点是自吸性能好，工作无噪声，寿命长，效率比齿轮泵稍高。

9. **简述液环泵的工作原理。**

答：液环泵主要用于抽送气体，作真空泵用。如图 1-40 所示，叶轮在圆筒形的泵缸内以偏心位置安装，在泵缸内充以适量的工作液体，通常用水作工作液体，故又称为水环泵。当叶轮旋转时，工作液体被甩到四周，在泵缸内壁与叶轮之间形成一个旋转的液环，在叶轮轮毂与液环之间形成一个弯月形的工作腔室（图中黑色和白色区域），叶轮叶片又将空腔分隔成若干个互不连通且容积不等的封闭小室。当叶轮旋转时，右边吸气口的空腔的容积将沿旋转方向逐渐增大，产生真空，被抽送气体便由吸入管吸入到空腔中。同时，左边排出口充满气体的腔室的容积将沿旋转方向逐渐变小，气体被压缩后从排气管排出。

10. **简述射流泵的工作原理。其有什么特点？**

答：图 1-41 为射流泵的工作原理示意。高压工作流体经管路由喷嘴高速喷出，并把喷嘴外周围附近的流体带走，使该处压力降低形成真空，于是被输送的流体便从吸入管进入混合室，经扩压管由排出管排出。

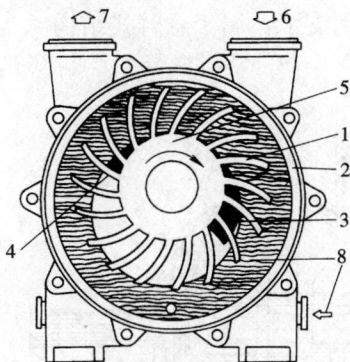

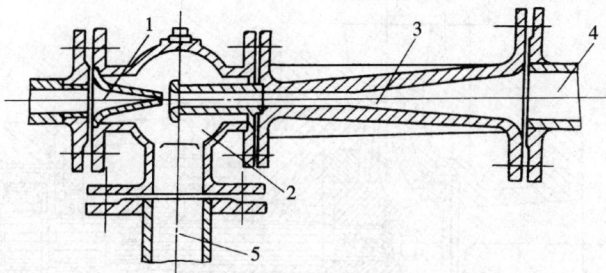

图 1-40　液环泵工作原理示意
1—叶轮；2—泵缸；3—吸气空腔；
4—排气空腔；5—轮毂；6—泵吸气
口；7—泵排气口；8—工作液体

图 1-41　射流泵工作原理示意
1—喷嘴；2—混合室；3—扩压管；4—排出管；5—吸入管

喷射泵的特点是构造简单，工作连续，没有传动部件，寿命长，但其喷嘴易被杂物堵塞且效率低。

11. 简述旋涡泵的工作原理。

答： 旋涡水泵是依靠离心力的作用使液体逐步提高能量的，其工作原理如图 1-42 所示。泵壳内装有一个圆周方向铣有凹槽的叶轮。当叶轮转动时，在惯性离心力的作用下，液体被甩向环形流道。在环形流道内，液体的动能转换为压力能，然后又流到下面叶槽中，得以继续提高能量。在液体质点由吸入室至压出室的途径中，这种运动重复多次，液体质点的流线为 *abc-defg*。每通过一次叶道，流体的能量提高一些，所以在旋涡水泵的一个叶轮中，类似多级离心泵几个叶轮中的工作情况。

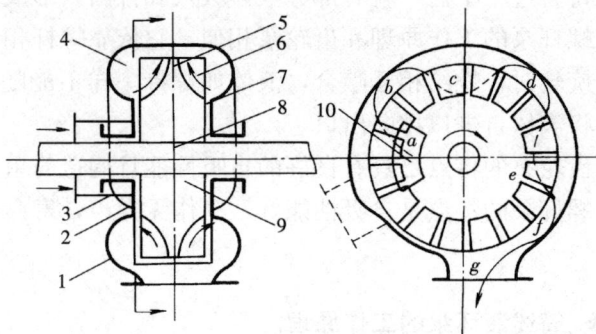

图 1-42　旋涡泵工作原理示意
1—压出管；2—泵体；3—吸入管；4—环形流道；5—隔板；
6—叶片；7—轴间间隙；8—轴；9—叶轮；10—吸入孔

12. 离心式泵有哪几种结构形式？

答： 离心式泵通常按照以下三种结构特点分类：按工作叶轮的数量分为单级泵和多级泵；按叶轮吸进液体的方式分为单吸泵和双吸泵；按泵轴的方向分为卧式泵和立式泵。

离心式泵的结构形式主要是上述三种结构特点的组合，即单级单吸卧式离心泵、单级双吸卧式离心泵、单级单吸立式离心泵、多级卧式离心泵及多级立式离心泵。

（1）单级单吸卧式离心泵。如图 1-43 所示，该泵只有一个叶轮，从叶轮的单侧吸水，泵轴沿水平方向安装。该泵的轴承在叶轮的一侧，用滚动轴承支承，属于悬臂式结构。

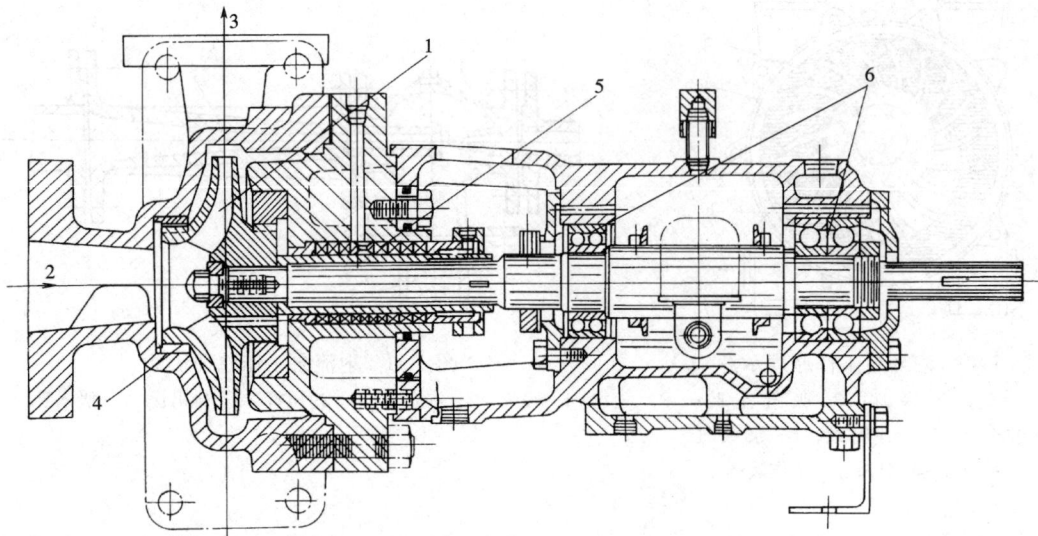

图 1-43　单级单吸卧式离心泵结构示意
1—叶轮；2—吸入口；3—排出口；4—密封环；5—轴封；6—轴承

单级单吸卧式离心泵是一种中小型离心泵，适用于中、低扬程及中、小流量的场合。它在各部门的使用最广泛，在火力发电厂常用作工业水泵、生水泵、中间水泵、低位水泵、灰浆泵、凝结水泵及油泵等。我国用于输送常温清水的单级单吸卧式离心泵的型号有 IS 型、B 型、BL 型及 XA 型等。

（2）单级双吸卧式离心泵。如图 1-44 所示，该泵只有一个叶轮，从叶轮的两侧吸水。双吸叶轮可看成是由两个单级叶轮背靠背组合而成，所以它输送的流量比单级叶轮泵大。该泵是一种大中型离心泵，适用于中、大流量和中、低扬程的场合。在各部门使用很广泛，在火力发电厂常用作循环水泵、冲灰泵及锅炉给水泵的前置泵等。我国用于输送常温清水的单级双吸卧式离心泵的型号有 Sh 型、S 型、SA 型及湘江型等。

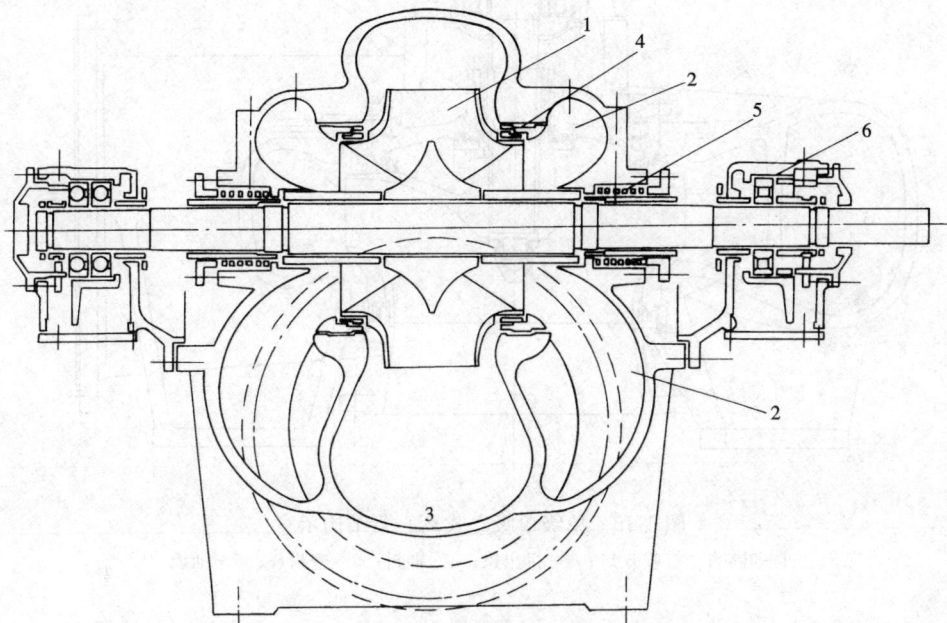

图 1-44　单级双吸卧式离心泵结构示意

1—叶轮；2—吸入口；3—排出口；4—密封环；5—轴封；6—轴承

（3）单级单吸立式离心泵。如图 1-45 所示，该泵的泵轴沿垂直方向安装，与卧式离心泵相比较，具有占地面积小、结构紧凑的优点。此外，由于该泵的叶轮安装在水面以下，故一般不会发生汽蚀。这种泵通常是大容量离心泵，适用于大流量和中、低扬程的场合。它在火力发电厂常用作冷水循环泵。我国用于输送常温清水的单级单吸立式离心泵的型号有沅江型和 SLA 型等。

（4）多级卧式离心泵。如图 1-46 所示，多级泵的特点是在泵轴上装有 2～15 个叶轮，液体将顺序通过这些叶轮，每经一个叶轮便提高部分扬程，其总扬程等于各个叶轮产生的扬程之和。该泵具有较高扬程，适用于中、高扬程及中、小流量的场合。它在各部门应用很广泛，在火力发电厂常用作锅炉给水泵、凝结水泵、疏水泵及其他需要较高扬程的场合。为了提高其抗汽蚀性能，有的多级卧式离心泵的第一级叶轮采用双吸式，其余仍是单吸式。我国用于输送常温清水的多级卧式离心泵的型号有 D 型、DA 型、TSW 型、DS 型及 DK 型等，有特殊用途的锅炉给水泵（输送高温水）为 DG 型。

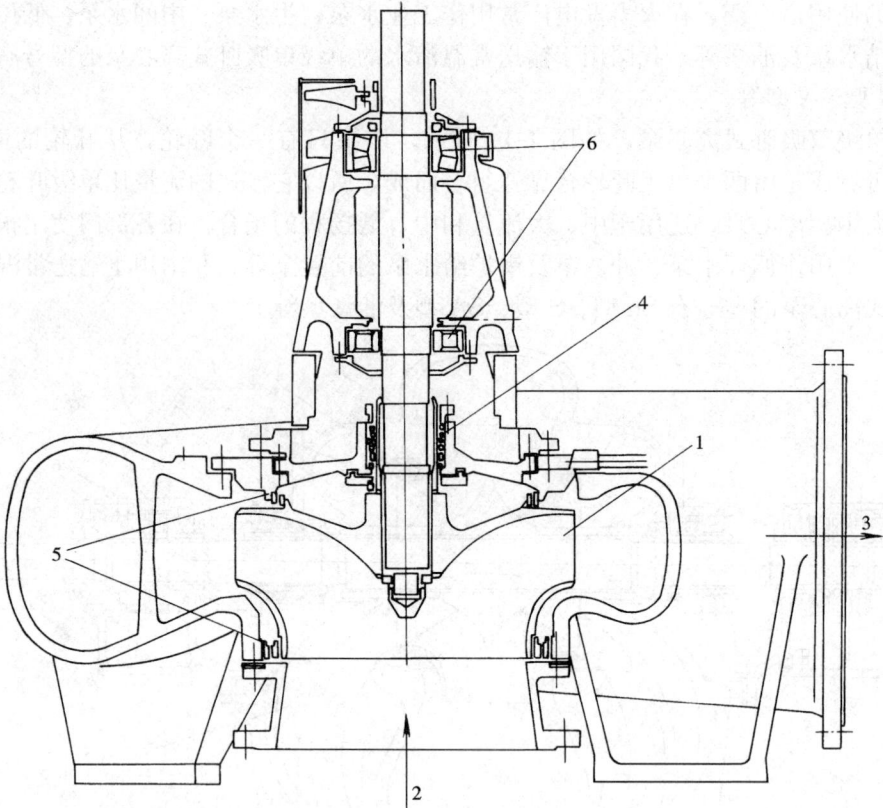

图 1-45　单级单吸立式离心泵结构示意

1—叶轮；2—吸入口；3—排出口；4—轴封；5—密封环；6—轴承

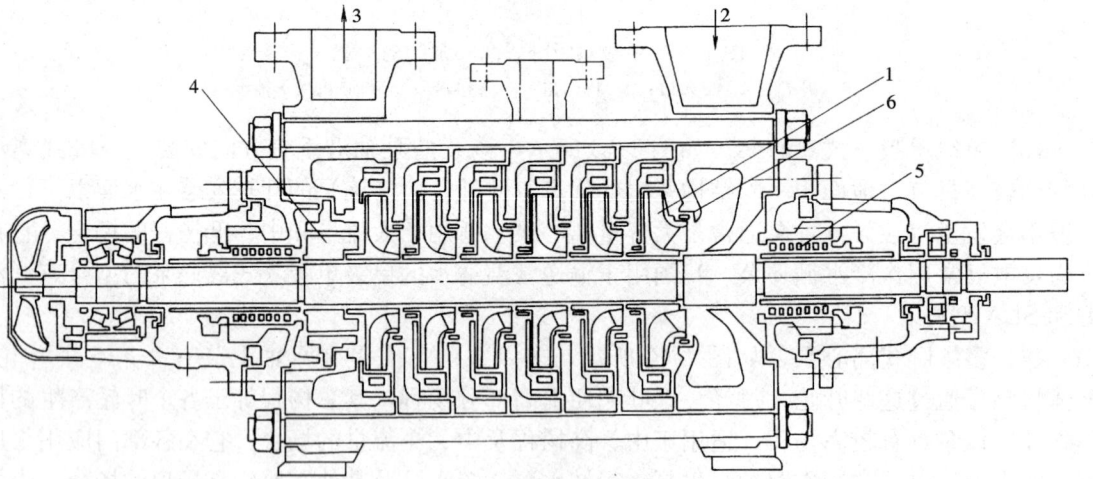

图 1-46　多级卧式离心泵结构示意

1—叶轮；2—吸入口；3—排出口；4—轴向推力平衡装置；5—轴封；6—密封环

（5）多级立式离心泵。如图 1-47 所示，它的特点是泵机组的占地面积小，第一级叶轮可位于吸水池内，可把深井中的液体抽吸上来。在火力发电厂常用作凝结水泵和深井泵等。

13. **简述轴流泵的结构形式。**

答：轴流泵只能是单吸入，且通常都是单级，按泵轴方向有立式和卧式两种。立式轴流泵的结构如图 1-48 所示。大型轴流泵的叶轮叶片有固定式和可调式两种，其中可调式又分为半可调式和全可调式两种。全可调式叶片的安装角在泵运行中可随时按工作要求进行调节，以实现经济运行；半可调式叶片的安装角只能在停泵后进行调节。轴流泵适用于大流量、低扬程的场合，火力发电厂常采用立式轴流泵作为冷水循环泵。国产大型轴流泵的型号有 CJ 型（叶片可调式）、ZLB 型（叶片半可调式）及 ZLQ 型（叶片全可调式）等。

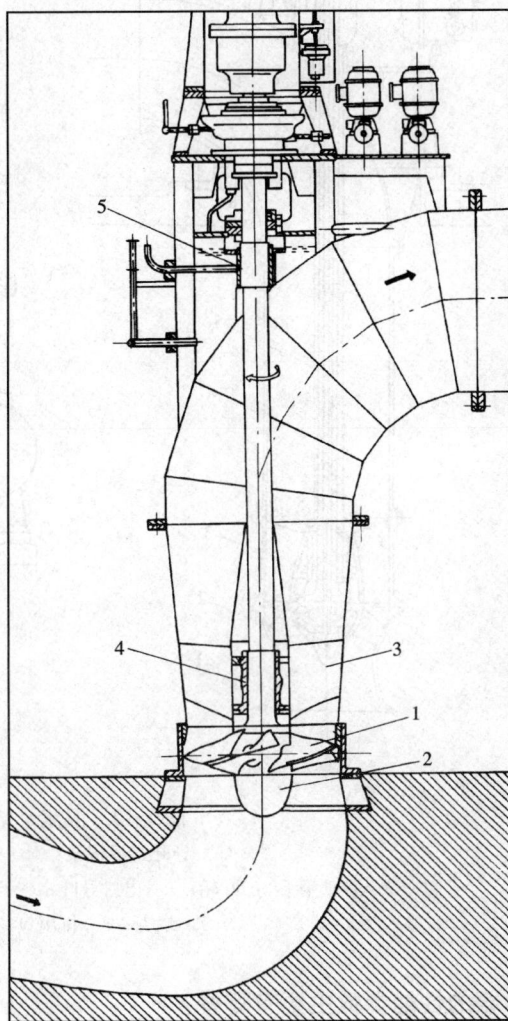

图 1-47 多级立式离心泵结构示意
1—叶轮；2—导叶；3—吸入口；
4—排出口；5—轴承；6—轴封

图 1-48 立式轴流泵结构示意
1—叶轮；2—轮毂；3—出口导叶；4—轴承；5—轴封

14. 简述混流泵的结构形式。

答：混流泵在结构形式上分为导叶式和蜗壳式两种，如图 1-49 所示。大型导叶式混流泵的叶轮叶片有固定式和可调式两种，蜗壳式混流泵的叶轮叶片则均为固定式。混流泵的工作性能介于单级离心泵与轴流泵之间，适用于流量较大而扬程较低的场合。火力发电厂常采用导叶式混流泵作为冷水循环泵。国产混流泵的型号有 HB 型、HL 型、HW 型、FB 型、HB 型、HK 型、LB 型及 LT 型等。

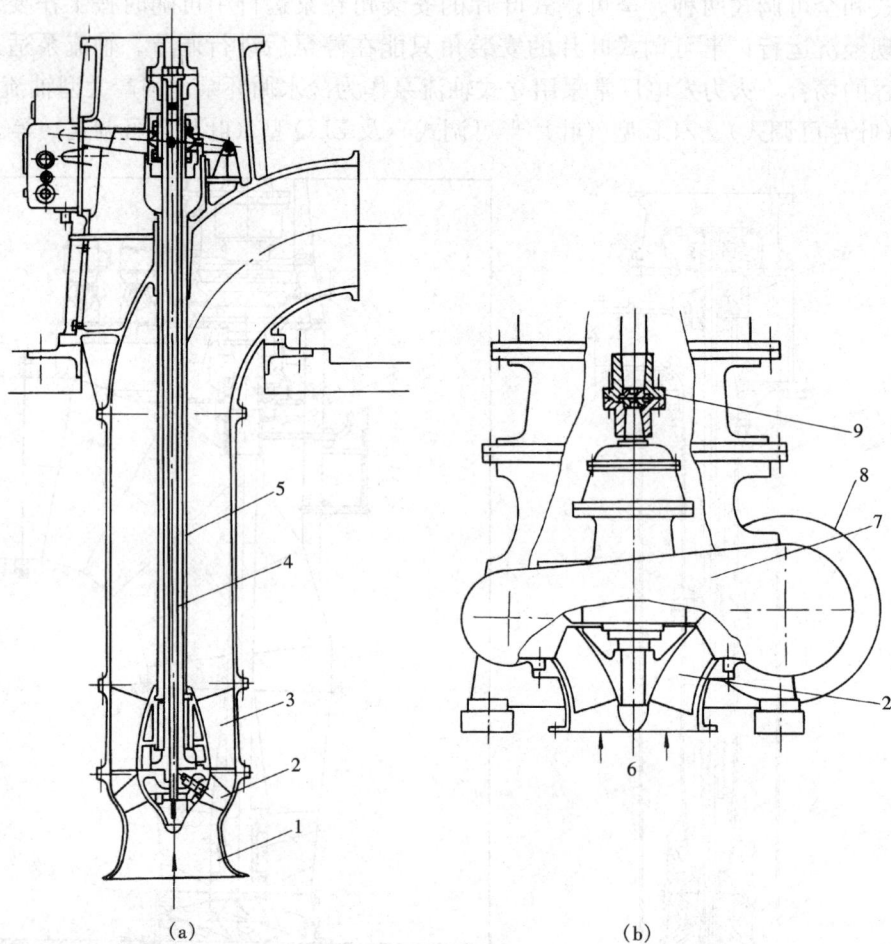

图 1-49 混流泵结构示意

（a）导叶式混流泵；（b）蜗壳式混流泵

1—吸入喇叭管；2—叶轮；3—出口导叶；4—泵轴；5—主轴保护管；6—吸入口；

7—蜗壳；8—排出口；9—联轴器

15. 水泵的性能参数主要有哪些？

答：水泵的性能参数主要有流量、扬程、转速、功率、效率、比转速及汽蚀余量等。

86

16. 什么是水泵的流量？

答：单位时间内水泵所输送出的液体数量称为水泵的流量。其数量用体积表示的，称为体积流量，用 Q_V 表示，单位为 m^3/s；其数量用质量表示的，称为质量流量，用 Q_m 表示，单位为 kg/s。

17. 什么是车削定律？

答：水泵叶轮在一定范围内对其外径车削后，水泵的流量、扬程、功率和外径之间的关系称为车削定律。

18. 水泵的体积流量与质量流量的关系是什么？

答：水泵的体积流量 Q_V 与质量流量 Q_m 的关系为

$$Q_m = \rho Q_V \tag{1-5}$$

式中 ρ——液体的密度，kg/m^3。

19. 什么是水泵的扬程？

答：单位质量的液体通过水泵所获得的能量称为水泵的扬程。用 H 表示，单位为 Pa，习惯上也常用液柱高度（mH_2O）表示。

20. 简述水泵的相似定律。

答：水泵的相似定律是在两台泵成几何相似、运动相似的前提下得出来的两台泵的流量、扬程及功率的关系。

21. 什么是水泵的转速？

答：泵轴每分钟旋转的圈数称为转速，用 n 表示，单位为 r/min。转速越高，它所输送的流量与扬程就越大。增高转速可以减少叶轮级数，缩小叶轮的直径。

22. 什么是水泵的功率？

答：水泵的功率通常指输入功率，即由原动机传给水泵泵轴上的功率，一般称为轴功率，用 P 表示，单位为 kW。其中，被有效利用的功率称为有效功率（即泵的输出功率），用 P_e 表示，单位为 kW。它表示单位时间内通过水泵的液体所获得的有效能量。

23. 什么是泵的损失功率？

答：轴功率与有效功率之差即为泵的损失功率。

24. 什么是水泵的效率？

答：有效功率 P_e 与轴功率 P 之比称为水泵的效率，用 η 表示，即

$$\eta = \frac{P_e}{P} \times 100\% \tag{1-6}$$

25. 什么是汽蚀余量？

答：泵进口处液体所具有的能量与液体发生汽蚀时具有的能量的差值，称为汽蚀余量。汽蚀余量大，则泵运行时，抗汽蚀性能就好。

26. 泵的汽蚀余量可分为哪两种？

答：泵的汽蚀余量分为有效汽蚀余量和必需汽蚀余量。

27. 什么是有效汽蚀余量？

答：有效汽蚀余量也称装置汽蚀余量。它表示液体由吸入液面流至泵吸入口处，单位质量液体所具有的超过饱和蒸汽压力的富余能量，用 Δh_a 或 $[NPSH]_a$ 表示。

28. 有效汽蚀余量的大小与哪些因素有关？

答：影响有效汽蚀余量的因素有吸入液面的表面压力、被吸液体的密度、泵的几何安装高度及吸入管道的阻力损失等。泵的有效汽蚀余量越大，泵出现汽蚀的可能性就越小。

29. 什么是必需汽蚀余量？

答：单位质量液体从泵吸入口流至叶轮叶片进口压力最低处的压力降称为必需汽蚀余量，用 Δh_r 或 $[NPSH]_r$ 表示。必需汽蚀余量越大，则压力降越大，泵的抗汽蚀能力越差。

30. 必需汽蚀余量的大小与哪些因素有关？

答：必需汽蚀余量与吸入管路装置系统无关，只与泵吸入室的结构、液体在叶轮进口处的流速等因素有关。

31. 什么是水泵的比转速？

答：把某一水泵的尺寸按几何相似原理成比例地缩小为扬程为 1m 水柱，功率为 745.65W 的模型泵，该模型泵的转速就是这个水泵的比转速，以 n_s 表示。

32. 单级离心泵平衡轴向推力的主要方法有哪些？

答：单级离心泵平衡轴向推力的主要方法有使用平衡孔、平衡管和选用双吸式叶轮。

33. 多级离心泵平衡推力的主要方法有哪些？

答：多级离心泵平衡推力的主要方法有对称布置叶轮和采用平衡盘。

34. 两台水泵串联运行的目的是什么？

答：两台水泵串联运行的目的是提高扬程或防止泵的汽蚀。

35. 水泵并联工作的特点是什么？

答：水泵并联工作的特点是每台水泵所产生的扬程相等，总流量增加的多少要看压力管路的特性曲线形状而定。

36. 离心泵为什么能得到广泛的应用？

答：与其他种类的泵相比，离心泵具有构造简单、不易磨损、运行平稳、噪声小、出水均匀、参数可选及效率高等优点，因此得到了广泛的应用。

37. 离心泵的损失可概括为哪几种？

答：离心泵的损失可概括为机械损失、容积损失和水力损失三种。

38. 机械损失主要包括哪两部分？

答：机械损失主要包括轴与轴承、轴端密封的摩擦损失和叶轮圆盘与流体之间的摩擦损失两部分。其中主要的部分是叶轮圆盘摩擦损失。

39. 产生叶轮圆盘摩擦损失的原因是什么？

答：如图 1-50 所示，叶轮两侧与泵壳（蜗壳）间充满液体，这些液体受到旋转叶轮产生的离心力的作用后，形成了回流运动，此时液体和旋转的叶轮发生摩擦而产生能量损失。这项损失的功率约为轴功率的 $2\%\sim10\%$。

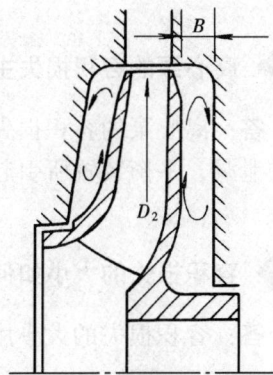

图 1-50　叶轮圆盘摩擦损失

40. 如何计算叶轮圆盘摩擦损失的功率？

答：叶轮圆盘摩擦损失的功率 ΔP_2 用下式计算，即

$$\Delta P_2 = K\rho g n^3 D_2^5 \tag{1-7}$$

式中　　K——叶轮圆盘摩擦系数，与泵壳的形状、叶轮的粗糙度及液体的黏性等因素有关；

　　D_2——叶轮外径，m；

　　g——重力加速度，m/s^2。

41. 在水泵设计中，为什么单纯用增大叶轮外径的方法来提高叶轮所产生的扬程是不足取的？

答：根据叶轮圆盘摩擦损失功率 ΔP_2 计算式可知，ΔP_2 与转速 n 的 3 次方成正比，与叶轮外径 D_2 的 5 次方成正比。若单纯用增大 D_2 的方法来提高叶轮所产生的扬程，ΔP_2 将按照 D_2 的 5 次方增加，这显然是不足取的。目前，高压给水泵向提高转速、减小直径的方向发展。

42. 机械损失的大小如何表示？

答：机械损失的大小可用机械效率 η_m 来表示，即

$$\eta_m = \frac{P - \Delta P_m}{P} \tag{1-8}$$

$$\Delta P_m = \Delta P_1 + \Delta P_2 \tag{1-9}$$

式中　　ΔP_m——机械损失功率，kW。

离心泵的机械效率一般为 0.90～0.98。

43. 什么是容积损失？

答：在水泵的转动部件与静止部件之间不可避免地存在间隙，当叶轮转动时，部分在叶轮中获得能量的流体从高压侧通过间隙向低压侧泄漏，这种损失称为容积损失。

44. 离心泵的容积损失主要由哪几种泄漏组成？

答：离心泵的容积损失是由于泄漏所引起的，主要包括四种泄漏，即叶轮入口处密封间隙的泄漏、平衡装置所引起的泄漏、级间泄漏及轴封泄漏。

45. 容积损失的大小如何表示？

答：容积损失的大小用容积效率 η_V 来衡量，即

$$\eta_V = \frac{P - \Delta P_m - \Delta P_V}{P - \Delta P_m} \tag{1-10}$$

式中 $\Delta P_{\rm V}$——容积损失的功率，kW。

离心泵的容积效率一般为 0.90～0.95。

46. 什么是水力损失？

答：流体在泵内流动时，由于流动阻力的存在，总要消耗一部分能量，这部分能量损失即为水力损失。

47. 水力损失的大小与哪些因素有关？

答：水力损失的大小与流道的几何形状、壁面的粗糙程度及流体的黏度和流速有关。

48. 水力损失主要由哪三部分组成？

答：水力损失主要由以下三部分组成：
（1）摩擦阻力损失。
（2）漩涡阻力损失。
（3）冲击损失。

49. 水力损失的大小如何表示？

答：水力损失的大小用水力效率 $\eta_{\rm h}$ 来衡量，即

$$\eta_{\rm h} = \frac{P - \Delta P_{\rm m} - \Delta P_{\rm V} - \Delta P_{\rm h}}{P - \Delta P_{\rm m} - \Delta P_{\rm V}} = \frac{\Delta P_{\rm e}}{P - \Delta P_{\rm m} - \Delta P_{\rm V}} \tag{1-11}$$

式中 $\Delta P_{\rm h}$——水力损失功率，kW。

离心泵的水力效率一般为 0.80～0.95。

50. 什么是离心泵的总效率？

答：离心泵的总效率 η 是有效功率与轴功率的比值，即

$$\eta = \frac{P_{\rm e}}{P} = \frac{P_{\rm e}}{P - \Delta P_{\rm m} - \Delta P_{\rm V}} \times \frac{P - \Delta P_{\rm m} - \Delta P_{\rm V}}{P - \Delta P_{\rm m}} \times \frac{P - \Delta P_{\rm m}}{P} = \eta_{\rm h} \eta_{\rm V} \eta_{\rm m} \tag{1-12}$$

可见，离心泵的总效率也等于水力效率 $\eta_{\rm h}$、容积效率 $\eta_{\rm V}$ 和机械效率 $\eta_{\rm m}$ 三者的乘积。

51. 什么是离心泵的性能曲线？

答：通常在转速固定不变的情况下，可将离心泵的扬程、轴功率、效率及必需汽蚀余量随流量的变化关系用曲线来表示，这些曲线即为离心泵的性能曲线。

52. **离心泵的性能曲线有哪些?**

答: 离心泵的性能曲线有流量—扬程关系曲线（Q-H）、流量—轴功率关系曲线（Q-P）、流量—效率关系曲线（Q-η）及流量—必需汽蚀余量关系曲线（Q-Δh_r）等。其中，最重要的是 Q-H 性能曲线。其他曲线都是在此基础上绘制的。

53. **离心泵的特性曲线有哪些特点?**

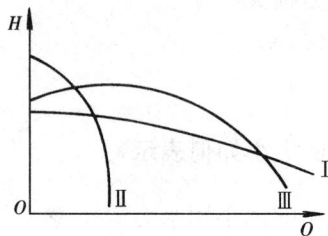

答: 离心泵的特性曲线如图 1-51 所示，它有如下特点:

（1）当流量为零时，扬程不等于零，此时的扬程称为关死点扬程。在流量为零时，轴功率也不等于零，这部分功率是泵的空载轴功率。由于阀门关闭流量为零，因此泵的效率等于零。

（2）Q-η 曲线上有一最高效率点 η_{max}，泵在此工况下运行经济性最高。

（3）水泵的 Q-H 性能曲线形状有三种，如图 1-52 所示。曲线 I 为平坦状性能曲线，即流量变化较大时，扬程变化较小；曲线 II 为陡降状性能曲线，即流量变化不大时，扬程变化较大；曲线 III 为驼峰状性能曲线，在上升段工作是不稳定的。

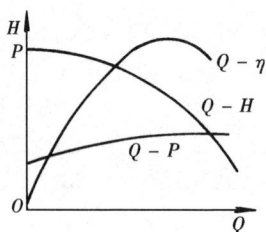

图 1-51　离心泵的特性曲线　　　　图 1-52　不同形状的 Q-H 曲线

54. **什么是管路性能曲线?**

答: 管路性能曲线是管路系统中通过的流量与液体所必须具有的能量之间的关系曲线。其曲线方程式为

$$H = H_p + H_z + BQ^2 \tag{1-13}$$

式中　H——表征管路系统必须具有的能量，m；

H_p——表征管路系统需要提高的压力能，m；

H_z——表征管路系统需要提高的位能，m；

B——管道系统的特性系数。

55. **管道性能曲线的形状取决于哪些因素?**

答: 管道性能曲线的形状取决于管道装置、流体性质和流体阻力等。

56. 在管道系统总的性能曲线中，并联与串联管路各有什么工作特点？

答：如果管路系统是由简单管段并联而成的，其总的性能曲线则由各并联管段的性能共同决定。其工作特点是并联各管段阻力损失相等，总的流量为各管段流量之和。

如果管路系统是由不同直径的管道串联而成的，其总的性能曲线则由组成串联管系的各简单管段的性能曲线组合而成。它的工作特点是串联各管段的流量相等，总的阻力损失为各简单管段的阻力损失之和。

57. 什么是离心泵的工作点？

答：将泵本身的 Q-H 性能曲线与管路性能曲线用同样的比例尺绘在同一张图上（见图 1-53），则这两条曲线的相交点（即图中的 M 点）就是泵在管路中的工作点，也是泵的稳定工作点。

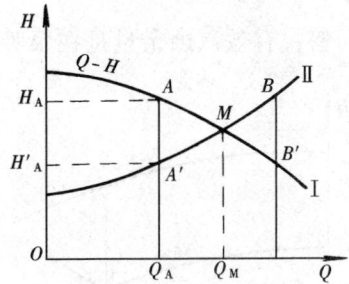

图 1-53　泵的工作点

58. 什么是汽蚀现象？

答：泵内反复地出现液体汽化和凝聚，从而引起金属表面受到破坏的现象称为汽蚀现象。

59. 泵发生汽蚀时有什么危害？

答：（1）泵发生汽蚀时，由于汽泡的破裂和高速冲击，会引起严重的噪声和振动，而泵组的振动又会促使空泡的发生和溃灭，两者的相互作用有可能引起汽蚀共振。

（2）泵在汽蚀下运行，空泡破灭时产生的高压力频繁打击在过流部件上，使材料受到疲劳，产生机械剥蚀。同时，在液体汽化的过程中，溶解于液体中的空气被析出，析出空气中的氧气借助汽蚀产生的热量，对材料产生化学腐蚀。机械剥蚀和化学腐蚀共同作用，使材料受到损害。

（3）当泵内汽蚀严重时，产生的大量汽泡会堵塞流道，减少流体从叶片中获得的能量，导致扬程下降，效率降低，甚至会使水泵的出水中断。

60. 什么是泵的吸上真空高度？如何计算？

答：水泵吸入口处的真空值称为泵的吸上真空高度，用 H_s 表示。它的计算公式如下

$$H_s = H_g + v_s^2/2g + h_w \quad (m) \tag{1-14}$$

式中　H_g——离心泵的几何安装高度，m；

　　　v_s——泵吸入口处液体平均流速，m/s；

　　　h_w——液体从吸入液面至泵入口处的阻力损失（以水头损失表示），m；

　　　g——重力加速度，m/s^2。

61. 泵的吸上真空高度与哪些因素有关？

答： 泵的吸上真空高度与泵的几何安装高度、泵吸入口流速、吸入管阻力损失及吸入液面压力有关。

62. 有效汽蚀余量与必需汽蚀余量有什么关系？

答： 有效汽蚀余量是在泵吸入口处提供大于饱和蒸汽压力的富余能量，而必需汽蚀余量

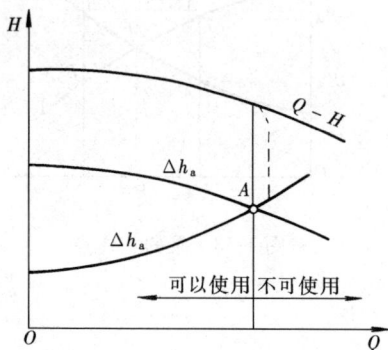

图 1-54 Δh_a 和 Δh_r 随流量变化关系

是液体从泵吸入口流到叶轮叶片进口压力最低点所需的压力降，但这个压力降只能由有效汽蚀余量来提供。要使泵内压力最低点处不发生汽化，必须使有效汽蚀余量大于必需汽蚀余量，即 $\Delta h_a > \Delta h_r$。如图 1-54 所示，当吸入管路系统确定后，有效汽蚀余量随流量增大而降低；当吸入室、叶轮入口形状确定后，必需汽蚀余量随流量的增大而升高。两条曲线的交点 A 就是临界点。流量小于 Q_a，即 $\Delta h_a > \Delta h_r$，泵的工作是可靠的；流量大于 Q_a，即 $\Delta h_a < \Delta h_r$，泵内液体汽化，导致汽蚀。

63. 提高泵抗汽蚀性能的措施有哪些？

答： 改善泵的吸入性能，提高其抗汽蚀性能，主要从提高有效汽蚀余量和降低必需汽蚀余量两个方面来采取措施。

（1）提高有效汽蚀余量的措施：①降低吸入管路的阻力损失；②降低泵的几何安装高度；③设置前置泵；④装设诱导轮。

（2）降低必需汽蚀余量的措施：①首级叶轮采用双吸叶轮，以降低叶轮入口的流速；②增大首级叶轮的进口直径和叶片进口宽度，以降低泵的入口流速；③选择合适的叶片数和冲角，以改善叶轮汽蚀性能；④适当放大叶轮前盖板处液流转弯半径，以降低叶片入口的局部阻力损失。

此外，采用抗汽蚀性能比较好的材料来制造叶轮，或将其喷涂在泵壳和叶轮的流道表面上，也可以延长叶轮的使用寿命。

64. 写出比转速 n_s 的计算公式。

答： 比转速 n_s 的计算公式为

$$n_s = 3.65 \times \frac{n \times \sqrt{q_V}}{H^{3/4}} \tag{1-15}$$

式中　　n——泵的转速，r/min；

　　q_V——泵的体积流量（对于双吸叶轮，用 $q_V/2$ 代入计算），m³/s；

H——泵的扬程（对于多级离心泵，用一个叶轮产生的扬程代入计算），m。

65. 比转速与流量、扬程有什么关系？

答：假若在转速不变的情况下，比转速小，必定流量小，扬程大；反之，比转速大，必定流量大，扬程小。也就是说，随着比转速由小变大，泵的流量由小变大，扬程将由大变小。所以，离心泵的特点是小流量、高扬程；轴流泵的特点是大流量、低扬程。

66. 比转速与叶轮长短有什么关系？

答：在比转速由小增大的过程中，要满足流量由小变大和扬程由大变小，则叶轮的结构应该是外径由大变小且叶片宽度由小变大。所以，比转速低，叶轮狭长；比转速高，叶轮短宽。

67. 为什么离心泵要空负荷（闭门）启动，而轴流泵要带负荷启动？

答：因为在比转速低时，Q-P 性能曲线随流量的增加而上升。最小功率发生在空转状态，为保护电动机，离心泵应该在出口阀门关闭时启动。随着比转速的增加，Q-P 性能曲线随流量的增加而下降。混流泵的 Q-P 性能曲线有可能出现近乎水平形状，但轴流泵的 Q-P 性能曲线必定是下降的，最大功率出现在空转状态，所以轴流泵应打开阀门启动，即带负荷启动。

68. 比转速与泵的高效率区有什么关系？

答：比转速较低时，泵的 Q-η 性能曲线比较平坦。这种类型的水泵，高效率区较宽，运行的经济性能好。随着比转速的增加，Q-η 性能曲线变得较陡，高效率区域较窄。

69. 离心泵启动前需检查哪些内容？

答：（1）水泵与电动机固定是否良好，螺栓有无松动和脱落。
（2）用手盘动联轴器，水泵转子应转动灵活，内部无摩擦和撞击声。
（3）检查各轴承的润滑是否充分。
（4）有轴承冷却水时，应检查冷却水是否畅通。
（5）检查泵端填料的压紧情况，压盖不能太紧或太松，四周间隙应相等。
（6）检查水泵吸水池中水位在规定值以上，滤网上有无杂物。
（7）检查水泵出、入口压力表是否完备，电动机电流表是否在零位。
（8）请电气人员检查有关配电设施，对电动机测绝缘合格后，送上电源。
（9）对于新安装或检修后的水泵，必须检查电动机转动的方向是否正确。

70. 离心泵启动前的准备工作主要有哪些?

答：(1) 关闭水泵出口阀门，以降低启动电流。

(2) 打开泵壳上放空气阀，向水泵灌水，同时用手盘动联轴器，使叶轮内残存的空气尽量排出，待放空气阀冒出水后将其关闭。

(3) 大型水泵用真空泵充水时，应关闭放空气阀及真空表和压力表的小阀门，以保护表计的准确性。

71. 离心泵启动时的注意事项有哪些?

答：启动电流是否符合允许范围，若启动电流过大，则必须停止启动，查明原因，以免造成电动机因电流过大而烧毁。启动后，待泵的转速达到正常数值时，应注意泵的进、出口压力表指示是否正常，泵组的振动是否在允许范围内，如果正常，即可慢慢打开出口阀门，并注意其出口压力和电流指示，将水泵投入正常运行。

72. 离心泵空转的时间为什么不允许太长?

答：离心泵的空转时间不能太长，通常为 2~4min。若时间过长，则会造成泵内水的温度升高过多甚至汽化，以致泵的部件受到汽蚀或高温而变形损坏。

73. 离心泵的运行维护工作有哪些?

答：(1) 定时观察并记录泵的进、出口压力表、电动机电流表及轴承温度表的指示值，若发现不正常现象，则应分析原因并及时处理。

(2) 经常用听针倾听内部声音，注意是否有摩擦或碰撞声，若发现声音有显著变化或有异常声音，应立即停泵检查。

(3) 经常检查轴承的润滑情况，查看油环的转动是否灵活，其位置及带油是否正常。

(4) 轴承的温升（即轴承温度与环境温度之差）一般不得超过 30~40℃，但轴承最高温度不得超过 70℃，否则要停运检查。

(5) 检查水泵填料密封处滴水情况是否正常，一般要求泄漏量不流成线即可。

(6) 如果是循环供油的大型水泵，还应经常检查供油设备（油泵、油箱、冷油器、滤网等）的工作情况是否正常，轴承回油是否畅通。

(7) 当轴承用冷却水冷却时，还应注意冷却水的流动情况是否正常。

(8) 运行中水泵的轴承振动，也是一个非常重要的运行监测项目。

74. 停运离心泵时应做哪些工作?

答：停运前，应先将出口阀门关闭，然后再停运，这样可以减小振动。停运时，先停启动器，然后拉掉电源刀闸，以免发生弧光损伤刀闸及配电设备。停运后，关闭压力表的小阀门及水封管和冷却水管的阀门。如冬季停泵时间较长，则应将泵内存水放尽。

75. 离心泵为什么会产生轴向推力？

答：因为离心泵工作时叶轮两侧承受压力不对称，所以会产生轴向推力。此外，还有因反冲力引起的轴向推力。另外，在水泵启动瞬间，由压力不对称引起轴向推力，而这个反冲动力往往会使泵转子向后窜动。

76. 离心泵常见故障有哪些？

答：离心泵常见故障有启动后水泵不出水、运行中流量不足、水泵机组发生振动及轴承发热等。

77. 轴流泵有哪些主要部件？

答：轴流泵主要有叶轮、泵轴、动叶调节装置、导叶、进水喇叭管、出水弯管及轴承等部件，如图1-55所示。

78. 轴流泵有哪些重要性能特性？

答：（1）Q-H性能曲线是一条马鞍形的曲线，即扬程随流量的增加先是下降，然后有一个不大的回升，最后又下降。在出口阀关死的情况下（$Q=$ 0），扬程最高。

（2）轴流泵所需的功率P随流量的减小而增加，当阀门完全关闭（$Q=0$）时，轴功率达到最大值。

（3）轴流泵效率曲线上高效区的范围不大，一离开最高效率点，不论是流量增加还是减小，效率都要迅速下降。

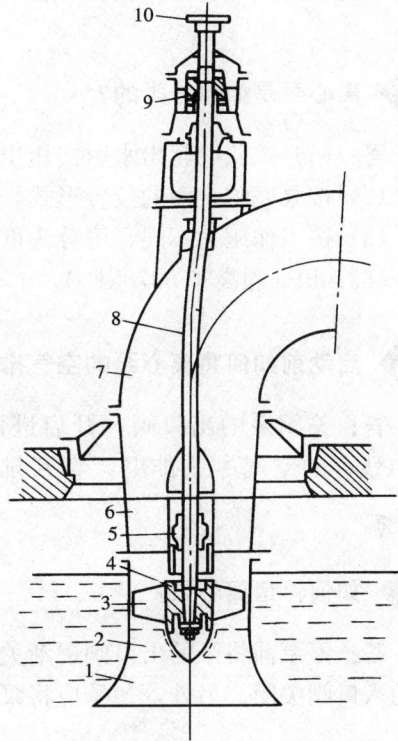

图1-55　轴流泵结构示意
1—喇叭管；2—进口导叶；3—叶轮；4—轮毂；
5—轴承；6—出口导叶；7—出水弯管；8—轴；
9—推力轴承；10—联轴器

79. 轴流泵在启动时，其出口阀应处于什么位置？为什么？

答：轴流泵在启动时，其出口阀应处于开启位置。原因是在出口阀开启状态下启动轴流泵时所需的轴功率最小，并可减小驱动泵的原动机的备用功率。

80. 用什么方法可使轴流泵有较大的工作范围及较高的工作效率？

答：对于轴流泵，可以采用变转速的原动机或液力联轴器等变速调节，也可通过改变叶片安装角等方法来实现。

81. 离心泵的构造是怎样的？

答：离心泵主要由转子、泵壳、密封防漏装置、排气装置、轴向推力平衡装置及轴承与支架等构成，其中转子又包括叶轮、轴、轴套、联轴器及键等部件。

82. 离心泵是如何分类的？

答：（1）按照叶轮出水引向压出室的方式，可分为蜗壳泵和导叶泵。

（2）按泵壳结合面的位置形式，可分为水平中开式泵和垂直分段式泵。

（3）按工作压力不同，可分为低压泵、中压泵和高压泵（压力范围分别是低于 980kPa、980～6370kPa 和高于 6370kPa）。

83. 启动前如何将离心泵的空气排尽？

答：关闭泵的出口阀，开启进口阀和排气阀，向泵内充水，同时旋转联轴器，使叶轮内残存的空气尽量排出，直到排气阀有水冒出时方可将其关闭，此时泵内的空气已排尽。

84. 如何停运离心泵？

答：停泵前将泵的出口阀逐渐关小，直至全关，然后断开电源开关，将水封管和冷却水管的入口阀关闭。另外，冬季应将泵内及管道的水放尽。

85. 如何判断离心泵不上水？

答：（1）水泵进口压力表指示剧烈摆动。

（2）电动机电流表指示在空载位置并摆动。

（3）水泵声音异常。

（4）泵壳温度升高。

（5）泵出口流量减小或无流量。

86. 如何处理离心泵不上水？

答：当离心泵不上水时，应立即停止泵的运行，进行全面检查，查看水源是否中断。若水源中断，应立即恢复水源后重新启动；若水源正常，则应检查进口滤网是否堵塞。如滤网堵塞，应进行清理。如进水侧泄漏，应堵严泄漏处，再重新充水启动。

87. 水泵发生汽化有什么危害？

答：水泵汽化时，轻则导致供水压力流量降低；重则导致管道发生水冲击和振动，泵轴窜动，动、静部分发生摩擦，使供水中断。

88. 水泵为什么会发生汽化？

答：水泵在运行中，如果某一局部区域的压力降到流体温度相应的饱和压力下，或温度超过对应压力下的饱和温度时，液体就会汽化，由此而形成的气泡随着液体的流动被带至高压区域时，又突然凝聚，这样在离心泵内反复地出现液体汽化和凝聚过程，就会导致水泵的汽化故障。

89. 水泵发生汽化有什么现象？如何处理？

答：水泵发生汽化的现象：
(1) 水泵电流指示下降，并有不正常的摆动。
(2) 水泵盘根冒汽，平衡管压力升高，并大幅度摆动。
(3) 水泵有异常声音，出、入口管道发生冲击和振动。
(4) 水泵出口压力、流量不稳定。
处理方法：
(1) 关小出口阀。
(2) 开启出口排气阀。
(3) 若入口有压力，则降低入口水温度。
(4) 待出口压力正常，管道水冲击和振动减弱，排气阀溢水时将其关闭，再缓慢地开启出口阀恢复正常运行，否则立即停泵处理。

90. 转动机械轴承温度高的原因有哪些？如何处理？

答：转动机械轴承温度高的原因：
(1) 油位低，缺油或无油。
(2) 油位过高，油量过多。
(3) 油质不合格或变坏。
(4) 冷却水不足或中断。
(5) 油环不带油或不转动。
(6) 轴承有缺陷或损坏。
处理方法：
(1) 油位低或油量不足时，应适当加油，或补充适量润滑脂；油位过高或油量过大时，应将油放至正常油位，或取出适量润滑脂。如油环不动或不带油，应及时处理好。
(2) 油质不合格时，应更换油。换油时最好停止转动机械运行，放掉不合格的油质，并把油室清理干净。

（3）轴承有缺陷或损坏时，应及时检修。

（4）如冷却水不足或中断，应立即进行处理，尽快恢复冷却水或疏通冷却水管路，使冷却水畅通。

（5）经处理后轴承温度仍升高且超过允许值时，应停止运行并进行检查处理。

91. 转动机械轴承温度的极限值是多少？

答：（1）转动机械滚动轴承为 80℃，滑动轴承为 70℃。

（2）电动机滚动轴承为 100℃，滑动轴承为 80℃。

92. 对转动机械振动极限值有什么规定？

答：当转速在 1500r/min 以上时，振动极限值为 0.06mm；1500r/min 时为 0.10mm；1000 r/min 时为 0.13mm；750r/min 以下时为 0.16mm。

93. 水泵启动负荷过大的原因是什么？

答：检修或安装时，推力间隙留得过大，使推力轴承和平衡盘失掉止推作用，造成水泵的动静部分摩擦或带负荷启动，或填料压得太紧。

94. 为什么要在离心泵出口管上装止回阀？

答：止回阀的作用是在泵停止运行时，防止因压力水管路中的液体向泵内倒流而使转子倒转，以致损坏设备或使压力水管路压力急剧下降。

95. 为什么有的泵入口管上装设阀门，有的则没有？

答：一般吸入管道上不装设阀门，但如果该泵与其他泵的吸水管相连接，或者水泵处于自流充水的位置（如水源有压力或吸水面高于入水管），则应安装入口阀门，以便设备检修时的隔离。

96. 轴承按转动方式可分哪几类？各有什么特点？

答：轴承按转动方式一般可分为滚动轴承和滑动轴承两类。

滚动轴承采用铬轴承钢制成，耐磨又耐温，轴承的滚动部分与接触面的摩擦阻力小，但一般不能承受冲击负荷。

滑动轴承主要部位为轴瓦。发电厂大型转动设备使用的滑动轴承，其轴瓦一般采用巴氏合金制成，软化点、熔化点都较低，与轴的接触面积大，能承受冲击负荷。当润滑油储在其下部时，需有油环带动，以保证瓦面油膜的形成。

第二章

除尘与除灰设备

▶ 第一节　电除尘器

1. 简述电除尘器的工作原理。

答：在两个曲率半径相差较大的金属阳极和阴极上，通以高压直流电，维持一个足以使气体电离的静电场。气体电离后所生成的电子、阴离子和阳离子，吸附在通过电场的粉尘上，而使粉尘获得荷电。荷电粉尘在电场的作用下，便向电极性相反的电极运行而沉积在电极上，以达到粉尘和气体分离的目的。沉积的粉尘卸掉电荷，当粉尘达到一定厚度时，借助于振打机构使粉尘落入下部灰斗，净化后的气体便从上部排出。

2. 常用的电除尘器是如何分类的？

答：常用的电除尘器有以下几种分类：
(1) 按收尘极形式，可分为板式和管式两种。
(2) 按气流方向，可分为卧式和立式两种。
(3) 按粉尘荷电区、分离区的布置，可分为单区和双区两种。
(4) 按清灰方式，可分为湿式和干式两种。

3. 电除尘器的基本组成部分有哪些？

答：电除尘器主要由两大部分组成：一部分是电除尘器本体系统，包括收尘极系统、电晕极系统、烟箱系统、气流均布装置、储排灰系统、管路系统、槽形板装置、壳体及辅助设施；另一部分是电气系统，包括高压供电装置和低压自动控制装置。

4. 阳极系统由哪几部分组成？其功能是什么？

答：阳极系统由阳极板排、极板的悬吊和极板振打装置三部分组成。其功能是捕获荷电粉尘，并在振打力作用下使阳极板表面的粉尘成片状脱离板面，落入灰斗中，达到除尘的目的。

5. 阴极系统由哪几部分组成？其功能是什么？

答：阴极系统由电晕线、电晕框架、框架吊杆与支撑套管及阴极振打装置组成。其功能是在电场中产生电晕放电使气体电离。

6. 电除尘器常用术语中的"场"是指什么？

答：沿气流方向将各室分成若干区，每一区有完整的收尘极和电晕极，并配以相应的一组高压电源装置，称每个独立区为收尘电场。卧式除尘器一般设计有两个、三个或四个电场，特别需要时也可以设置四个以上的电场。有时为了获得更高的收尘效率，或受高压整流装置规格的限制，也可以将每个电场再分成两个或三个独立区，每个区配一组高压装置分别供电。

7. 什么是除尘效率？

答：除尘效率是指含尘气流在通过除尘器时所捕集下来的粉尘量占原始粉尘量的百分数。

8. 什么是火花率、导通角、占空比及振打程序？

答：火花率是指单位时间内出现火花放电的次数。

导通角是指在一个半波内晶闸管的导通范围。

占空比是指在间歇供电方式下，供电半波个数与间歇半波个数之比。

振打程序是指阴、阳极振打周期与阴、阳极之间及前、后电场之间实现的振打时间相互制约的程序。

9. 电除尘器常用术语中的"室"是指什么？

答：在电除尘器内部，由壳体所围成的一个气流的通道称为室。一般电除尘器设计成单室，有时也把两个单室并联在一起，称为双室电除尘器。

10. 电抗器在电气系统中的作用是什么？

答：电抗器可用于改善一次电流的波形，使一次电流的波形连续且平滑，有利于电场有比较高的运行电流。它是根据电感中电流不能突然变化的原理制作的。电抗器还能限制电流的上升率，使一、二次电流不致产生瞬间的突变，抑制电网高次谐波，使晶闸管的工作得以改善。

11. 一般将除尘器分为哪几类？各有什么特点？

答：一般将除尘器分为四大类：

（1）机械除尘器。包括重力沉降室、惯性除尘和旋风除尘。这类除尘器的特点是结构简单、造价低、维护方便，但除尘效率不很高，往往用作多级除尘系统中的前级预除尘。

（2）滤式除尘器。包括袋式除尘器和颗粒层除尘器等。其特点是以过滤机理作为除尘的主要机理。根据选用的滤料和设计参数不同，袋式除尘器的效率可达很高（99.9％以上）。

（3）湿式除尘器。包括低能湿式除尘器和高能文氏管除尘器。这类除尘器的特点是主要用水作为除尘的介质。一般来说，湿式除尘器的除尘效率高。当采用文氏管除尘器时，对微细粉尘效率仍可达95％以上，但所消耗的能量较高。湿式除尘器的主要缺点是会产生污水，需要进行处理，以消除二次污染。

（4）电除尘器。以静电的机理除尘，有干式电除尘器（干灰清灰）和湿式电除尘器（湿式清灰）两种。这类除尘器的特点是除尘效率高（特别是湿式电除尘器），消耗动力少；主要缺点是钢材消耗多，投资大。

12. 电除尘器高压控制装置的作用是什么？

答：电除尘器高压控制装置的作用是，根据被处理烟气和粉尘的性质，随时调整供给电除尘器工作的最高电压，使之能够保持平均电压，在稍低于发生火花放电的电压下运行。

13. 低压供电装置电动机控制保护功能有哪些？

答：低压供电装置电动机控制保护的主要的功能有自动、停机、手动切换控制；过电流保护报警显示；缺相保护报警显示及开路报警显示等。

14. 高压供电装置提供的保护和报警功能有哪些？

答：高压供电装置提供的保护和报警主要功能有输出开路保护、输出短路保护、偏励磁保护、输出欠压保护、输入过电流保护、晶闸管开路保护、临界油温报警、危险油温保护、轻瓦斯保护（报警）、重瓦斯保护（跳闸）及低油位保护。

15. 电晕极系统在电除尘器中的作用是什么？

答：电晕极系统是产生电晕，建立电场的主要构件。它决定了放电的强弱，影响烟气中粉尘荷电的性能，直接关系着收尘效率。另外，它的强度和可靠性也直接关系着整个电除尘器的安全运行。

16. 简述电除尘器的优缺点。

答：电除尘器的优点：

（1）除尘效率高。

（2）阻力小。

（3）能耗低。

（4）处理烟气量大。

（5）耐高温。

电除尘器的缺点：

（1）钢材消耗量大，初期投资大。

（2）占地面积大。

（3）对制造、安装和运行的要求比较严格。

（4）对烟气特性反应敏感。

◆ 17. **阴极小框架的作用是什么？**

答：（1）固定电晕线。

（2）产生电晕放电。

（3）对电晕极振打清灰。

◆ 18. **简述管路系统在电除尘器中所起的作用。**

答：（1）蒸汽加热管路。通过紧贴在电除尘器灰斗外壁的蒸汽加热管，使落在灰斗内的干灰不致受潮结块，造成堵灰而引起电场短路。

（2）热风保养管路。作为停机时保养及水冲洗后烘干的热源。

（3）水冲洗管路。停机时，将水引入电除尘器内部，对电极进行冲洗。

◆ 19. **高压硅整流变压器的特点是什么？**

答：高压硅整流变压器是一种专用的变压器，其特点是：

（1）输出负直流高压电。

（2）输出电压高、输出电流小，且输出电压需跟踪不断变化的电场击穿电压而改变。

（3）回路阻抗电压比较高。

（4）温升比较低。

◆ 20. **与立式电除尘器相比，卧式电除尘器有哪些特点？**

答：与立式电除尘器相比，卧式电除尘器有以下特点：

（1）沿气流方向可分为若干个电场，各个电场可分别施加不同的电压，以便充分提高除尘效率。

（2）根据所要求达到的除尘效率，可任意增加电场长度。

（3）在处理较大烟气量时，卧式电除尘器比较容易保证气流沿电场断面均匀分布。

（4）设备安装高度比立式电除尘器低，设备的操作维修比较方便。

（5）适用于负压操作，可延长排风机的使用寿命。

（6）各个电场可以分别捕集不同粒度的粉尘，这有利于燃煤飞灰的分选及综合利用，还有利于有色金属的捕集回收。

（7）占地面积比立式电除尘器大，所以旧厂扩建或收尘系统改造时，采用卧式电除尘器往往要受到场地的限制。

第二节　电除尘器的运行与维护

1.　电除尘器投运时的注意事项有哪些？

答：（1）电除尘器投运操作高压隔离开关时，如发现异常，应查明原因，禁止强行合闸。

（2）高压整流变压器附近，高压引入部位和绝缘子室投运时，所有人员必须在安全距离（至少1.5m）以外。

（3）电除尘器出口温度应达到100℃以上，且预热2h，方可投入高压整流变压器。

（4）锅炉投油燃烧时，禁止投入电除尘器运行。

（5）锅炉停止燃油后，延时15min，方可投入电除尘器运行。

2.　造成电除尘器除尘效率低的原因有哪些？

答：（1）煤质改变，锅炉燃烧工况恶化。

（2）漏风严重。

（3）气流分布板堵灰或烟道中积灰严重，造成气流分布不均匀。

（4）振打程序失灵或振打装置故障。

（5）极距调整不当，偏差过大。

（6）振打周期不适当。

（7）高压供电装置调节失灵或调整不当。

（8）部分电场停运。

3.　电除尘器电场"完全短路"故障的现象有哪些？原因是什么？

答：现象：

（1）投运时电流上升很大，而电压指示为零。

（2）运行时二次电流剧增，二次电压为零。

（3）主回路跳闸并报警。

原因：

（1）高压部件临时接地线未拆除。

（2）阴极线断线脱落，造成阴、阳极短路或与外壳接触。

（3）高压隔离开关高压侧刀闸或电场侧刀闸处于接地位置。

（4）瓷轴破损，对地短路。

（5）高压电缆或电缆终端对地短路。

（6）金属异物在阴、阳极间搭桥短路。

（7）硅堆击穿短路，或变压器二次侧绕组短路。

（8）阴极线肥大或阳极板严重粘灰，造成极间短路。

（9）灰斗满灰，与阴极下部接触而造成短路。

（10）整流变压器高压输出侧短路。

4. 简述运行中对整流变压器检查的内容及项目。

答：运行中，对整流变压器检查的内容及项目如下：

（1）整流变压器无渗油、漏油，油位正常，油质良好。

（2）各部件齐全、良好，二次侧绝缘子无脱落、无裂痕，表面无灰尘和污垢。

（3）变压器硅胶正常且无变色。

5. 简述运行中对低压控制柜检查的内容及项目。

答：运行中，对低压控制柜检查的内容及项目如下：

（1）各表计、指示灯完好。

（2）振打控制无偏差、运行正常。

（3）卸灰、电加热自动控制符合要求。

（4）柜内端子排线无松动，熔断器完好，热偶继电器、空气开关无异常，各装置清洁。

6. 简述运行中对电除尘器本体检查的内容及项目。

答：运行中，对电除尘器本体检查的内容及项目如下：

（1）各人孔门严密。

（2）壳体应无较大漏风（负压时有声响）。

（3）过道、护栏和梯子应完整、清洁，且无锈蚀。

7. 简述运行中对高压控制柜检查的内容及项目。

答：运行中，对高压控制柜检查的内容及项目如下：

（1）表计显示值与上位机显示值一致，各指示灯完好。

（2）晶闸管温度正常，冷却风扇工作情况良好。

（3）主回路（主要是电缆头）无过热情况。

（4）火花率应控制在规定范围内。

8. 简述运行中对振打系统检查的内容及项目。

答：运行中，对振打系统检查的内容及项目如下：

（1）检查各振打系统运转情况。

（2）检查减速箱内油温、油位正常，油质良好。

（3）检查减速箱、电动机转动情况良好。

（4）检查保险销是否断裂，如断裂，应及时联系处理。

（5）减速箱、保护罩牢固，螺栓应无松动现象，振打装置在紧急、异常情况下应将就地操作开关置于"停止"位置。

9. 电除尘器投运前的检查项目有哪些？

答： 电除尘器投运前的检查项目有：

（1）所有工作票全部终结，所列安全措施全部拆除，常设遮拦、标示牌等均恢复正常，现场清洁，无妨碍启动的杂物。

（2）所有设备、部件齐全，标志清楚、正确，各法兰接合面严密，保温完整，各人孔门全部封闭，照明充足。

（3）电动机均已接线，接地线牢固，安全罩齐全、完好，且与转动部分无摩擦。

（4）各振打装置、卸灰等转动设备转动灵活无卡涩，减速机油位正常，油质合格。

（5）灰斗插板门全部开启，料位指示正确，压缩空气正常投运，各气动阀门、手动阀门开关位置正确，输灰系统正常投运，冲灰水系统正常投入使用，卸灰等设备正常投运，喷嘴及灰沟畅通无堵塞，水量充足，沟盖板齐全完整。

（6）高压硅整流变压器油位正常、油质合格，硅胶良好，高压隔离开关接触良好，操作机构灵活且处于接地位置，所有控制柜仪表、开关、保护装置、调节装置、温度巡测装置、报警装置、熔断器及指示灯等完好、齐全且指示正确，所有间隔、室、箱门的闭锁装置完好并上锁。

10. 哪些情况下电除尘器应紧急停运电场？

答： 当以下情况出现时，电除尘器应紧急停运电场：

（1）高压输出端开路。

（2）高压绝缘部件闪络。

（3）高压硅整流变压器油温超过跳闸温度（85℃）而未跳闸，或出现喷油、漏油、声音异常等现象。

（4）高压供电装置发生严重的偏励磁。

（5）高压供电装置自动跳闸，原因不明，允许试投一次，若再跳闸，需待查明原因并消除故障后方可再投。

（6）高压阻尼电阻闪络，甚至起火。

（7）高压晶闸管冷却风扇停转，晶闸管元件严重过热。

（8）电除尘器电场发生短路。

（9）电除尘器运行工况发生变化，锅炉投油燃烧或烟气温度低于露点温度。

（10）电除尘器的阴、阳极振打装置等设备发生剧烈振动，扭曲、烧损轴承，电动机过热冒烟甚至起火。

11. 电除尘器电场"不完全短路"故障的现象有哪些？原因是什么？

答：现象：

（1）二次电压、电流急剧摆动。

（2）二次电流偏大，二次电压升不高。

原因：

（1）阴、阳极局部黏附粉尘过多，使两极间距缩小而引起频繁闪络。

（2）绝缘部件污损或结露，造成漏电或绝缘不良。

（3）阴极线损坏但尚未完全脱落，随气流摆动，或是阴极框架发生较大振动。

（4）金属异物与电极尚未搭桥，但两极间距大大缩小。

（5）高压侧对地有不完全短路。

（6）电缆绝缘不良，有漏电现象。

（7）灰斗中灰位过高，造成阴、阳极不完全短路。

12. 简述电除尘器运行中监视和维护的内容。

答：（1）监视和保持除尘器电压、电流和各加热点温度在正常范围内。

（2）及时调整火花频率，使之符合要求。

（3）检查高压硅整流变压器油箱内的油温、油压及油位等，均应不超过规定值。

（4）高压输出网络无异常放电现象。

（5）定期检查振打系统及驱动装置、各加热系统及卸灰与排灰系统运行是否正常，保证落灰畅通，排灰顺利。

（6）电除尘器各门孔密封良好，漏风率不大于5%。

（7）监视除尘器进、出口烟气温度是否正常，异常时应分析原因并进行处理。

13. 电动机常见的故障有哪些？

答：（1）电动机绝缘电阻降低。

（2）电动机启动困难或启动不了。

（3）电动机轴承过热。

（4）电动机运行时声音异常。

14. 振打系统常见的故障有哪些？

答：（1）掉锤。

（2）轴及轴承磨损。

（3）保险片（销）断裂。

（4）振打力减小。

（5）振打电动机故障。

15. 二次电压正常而二次电流偏低的原因有哪些？

答：（1）收尘极板积灰过多。

（2）收尘极或电晕极的振打装置未开或失灵。

（3）电晕线肥大，造成放电不良。

（4）烟气中粉尘浓度过大，出现电晕封闭。

第三节　锅　炉　除　灰　设　备

1. 除灰泵可以分为哪几类？

答：根据工作原理及结构的不同，除灰泵可分为三大类：

（1）叶轮式（又称叶片式）。一般在除灰系统中常见的为离心泵。

（2）定排式（又称容积式）。在火力发电厂燃煤机组的除尘、除灰系统中，常见的有柱塞式泥浆泵和活塞式泥浆泵。

（3）其他类型泵。凡是无法归入前两大类的泵都归入这一类中，如喷射泵等。

在燃煤电厂的除灰系统中，主要采用离心泵、轴流泵、柱塞泵、油隔离泵、水隔离泵和喷射泵。

2. 泵的主要性能参数有哪些？

答：（1）流量。流量是单位时间内所输送的流体量，它可以表示为体积流量或质量流量。

（2）扬程。扬程是指单位质量液体从泵的入口提到泵的出口所增加的高度，单位是 m。

（3）转速。转速是叶轮泵的主轴每分钟绕自身轴线的回转次数；对定排式往复泵，转速则指每分钟活塞的往复次数。当转速变化时，流量、扬程、功率都会发生变化。泵必须按其铭牌规定的转速运行，否则无法达到设计要求，还可能损坏零部件。

（4）功率。泵的功率可分为有效功率、轴功率和配套功率三种。

1）有效功率。流体经过泵体后单位时间内所增加的能量值。

2）轴功率。泵的主轴从原动机接受到的能量，有效功率要小于轴功率。

3）配套功率。考虑泵运行时可能出现原动机过载，所以配套功率比轴功率更大些，以确保安全。

（5）效率。用来反映泵性能好坏及能量利用程度，即有效功率与轴功率的比值。

（6）必需汽蚀余量。必需汽蚀余量的大小取决于泵本身的设计和制造，与吸入系统的装置无关。它表示液体进入泵后压头下降的程度，只与叶轮进口处的运动参数有关。它的值越小，则泵的抗汽蚀性能越好。为了避免汽蚀出现，在泵出厂前，必须通过试验确定必需汽蚀余量，以便在安装、使用时根据它来确定泵的几何安装高度。

3. **常见的润滑剂有哪些？**

答：常用润滑剂一般呈液态或膏状，有时也用固态润滑剂，如石墨、二硫化钼等。

4. **润滑剂的选择标准是什么？**

答：选择润滑剂时，应考虑压强的大小、速度高低、密封方法、周围介质、温度及润滑方法等因素。选择润滑剂的原则是：低速、重载或高温工作时，应选用黏度大的润滑油；高速、轻载或低温下工作时，应选用黏度小的润滑油，重载、低速且间歇运动时，在避免润滑油流失和不易加润滑油的地方，应选用润滑脂；高温、高速、重载下工作时，可选二硫化钼。

5. **常用润滑油的主要用途有哪些？**

答：常用润滑油的主要用途见表 2-1。

表 2-1

名　称	牌号	主　要　用　途
高速机械油	5	各种高速低负荷机器轴承的润滑和冷却
	7	1000r/min 以上的精密机械、机床及纺织工业纱锭的润滑和冷却
机械油	10	纺织工业纱锭、机床及其他机器的润滑
	20	各种高速、低负荷或中小负荷的循环式或油箱式集中润滑系统
	30	中小齿轮（钢制）、蜗轮（青铜）传动
	40	浸油式或喷射式润滑
	50	摩擦平面及各种机器滑动轴承的润滑和冷却

6. **在燃煤电厂中，灰渣是如何组成的？**

答：在燃煤电厂中，灰渣是由煤燃烧后的不可燃部分变成的。从锅炉中排出的灰渣是由炉膛冷灰斗的灰渣及省煤器灰斗、空气预热器灰斗、除尘器捕集到的粗灰和细灰组成的。对煤粉炉而言，炉底冷灰斗的灰渣占 5%～15%，省煤器灰斗的灰占 2%～5%，空气预热器灰斗的灰占 1%～2%，电除尘器捕集到的灰占 78%～92%。

7. **火力发电厂中水力除灰方式有哪些？**

答：火力发电厂燃煤机组的除灰方式有机械、水力和气力三种，大多数电厂以水力除灰为主。近年来，对于烟道的除灰已采用气力除灰。在我国现有电厂的水力除灰系统中，尤其是南方，水源充足，多数采用灰水比为 1：15 的低浓度输灰系统；北方水资源缺乏，目前一些电厂采用灰水比为 1∶1.5～1∶2.5 的高浓度输灰系统。

8. **水力除灰系统的主要设备有哪些?**

答: 图 2-1 所示为水力除灰系统流程图,主要设备有捞渣机(或刮板机)、碎渣机、灰浆泵、轴封水泵、冲灰水泵、浓缩机、容积泵、箱式冲灰器及搅拌器等。在水力除灰系统中,低浓度水力除灰系统比较简单,设备少;高浓度水力除灰系统设备较多,相对复杂些。高、低浓度的水力除灰系统均有废水回收的功效。低浓度水力除灰系统的废水从灰场回收,管线较长,但系统设备简单;高浓度水力除灰系统的废水回收管线短、距离近,但系统设备复杂,一次性投资大。这两种方式各有利弊,在选择时应根据电厂自身情况而定。

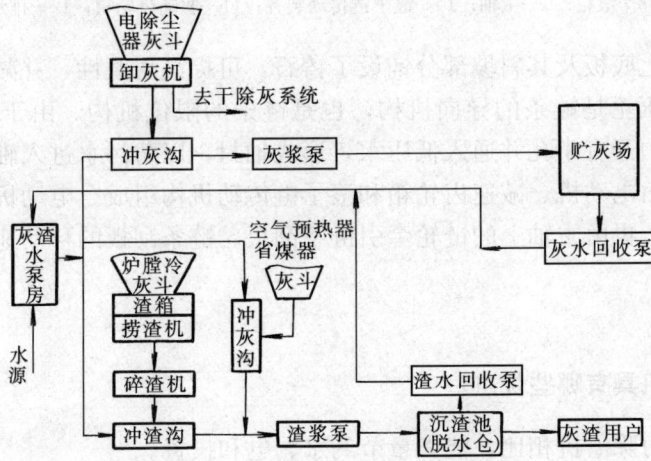

图 2-1　水力除灰系统流程图

9. **锅炉的除灰设备有哪些?**

答: 锅炉内部除灰系统的主要设备有捞渣机、碎渣机及喷射泵。外部除灰系统的主要设备有灰浆泵、回水泵(渣水回收泵、灰水回收泵)、浓缩池、搅拌槽或湿式搅拌机、容积泵(包括水隔离泵、油隔离泵、柱塞泵)、箱式冲灰器等。

10. **简述刮板式捞渣机的结构。**

答: 如图 2-2 所示,刮板式捞渣机主要由调节轮、前后两个下压轮、水封导轮、壳体、链条刮板、滚轮和驱动装置组成。

调节轮的轴承镶在可以滑动的支座上,用以调整环形链条的松紧度。刮板装在两根环形链条之间,是刮灰部件。壳体由上底板分隔成上、下两个仓。上仓为水槽,炉渣掉入水槽内急剧粒化,变成多孔性沙状颗粒,通过链条刮板沿上底板及其斜坡刮走。下仓为干仓,供链条刮板回程用。壳体两侧有溢水口,采用连续进水和溢流形式,使水位恒定,作为水封,以防冷风漏入炉内。水温一般控制在 55～60℃,在此温度下,渣块粒化的耗水量最为经济,

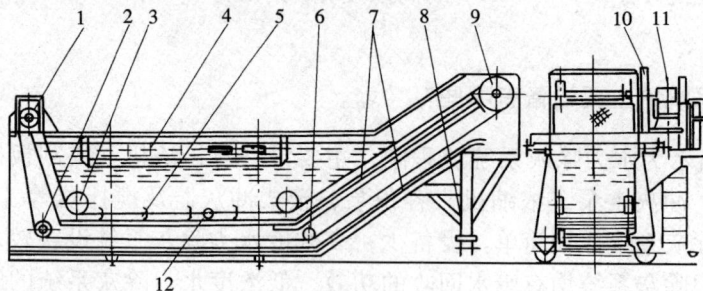

图 2-2　刮板式捞渣机

1—调节轮；2—下压轮（后）；3—水封导轮；4—壳体溢水槽；5—链条刮板；6—下压轮（前）；7—铸石层；8—滚轮；9—主轴；10—滚子链传动装置；11—驱动齿轮箱；12—排水阀

且粒化效果好。在上底板及其斜坡部分铺设了铸石，可提高耐磨性，并减小刮板与它的摩擦力。水封导轮与下压轮是链条的导向机构，也是链条的限位机构。由于水封导轮要与水接触，故在导轮的轴中开有小孔并通入低压水，形成轴封，以防污水进入轴承。

驱动装置主要由电动机、减速齿轮箱和滚子链传动机构组成。电动机、驱动减速齿轮箱和滚子链带动主轴，再由主轴上的链轮牵引链条刮板。链条刮板的移动速度可以根据渣量进行调节。

11.　刮板式捞渣机具有哪些优点？

答：（1）与水力除渣机相比，能大量节约水、电和投资。

（2）有良好的水封装置，可以防止漏风。

（3）水仓中有足够的冷却水量，能充分满足炉渣粒化要求。

（4）运行平稳可靠，能连续工作，系统无瞬间流量变化，便于管理。

（5）容量大，结构简单，可以移动，便于安装和维修。

（6）刮板在槽内滑动，使用寿命较长，功耗较少。

12.　碎渣机的作用是什么？

答：煤燃烧后形成的灰渣易结成块，如果直接进入渣井，容易造成渣井及管道堵塞，甚至会严重堵塞渣浆泵的流道，引起泵的故障。在捞渣机落渣口下方设置碎渣机，由捞渣机捞出的渣块先经碎渣机粉碎后再掉入渣沟，由喷射泵将渣粒冲入沉渣池内。

13.　单辊碎渣机的工作原理是什么？

答：单辊碎渣机的工作原理是电动机驱动摆线针轮减速机进行一次变速，再由减速机出轴的小链轮通过双排套筒滚子链带动大链轮进行二次变速，大链轮带动碎渣机转子旋转。转子上的锤齿与本体锤座的楔塞作用（咬合），咬入渣块。锤齿与锤座不断锤轧，将灰渣破碎成直径小于 50mm 的颗粒。

14. 单辊碎渣机的结构特点是什么？

答：（1）齿辊的布齿为间隔排布式。锤齿在齿辊柱面的轴向和圆周方向均取间隔排布，锤齿与间隔板相间排布。齿辊柱面分左、右两边相错设置，每边由四块锤齿板和四块间隔板相间组成，分别由螺柱紧固于螺面上。

（2）在辊轴与壳体两端壁孔配合处设有"水封"。水封的水压为 0.3～0.4MPa。轴承座采用整体式结构，密封材料为羊毛毡。

（3）调整支座位置，调节摆线针轮减速机与齿辊转子的轴心线倾斜度，以及调节链条的松紧度，使链条传动装置在最佳工况下工作。

（4）主要磨损件都采用高锰铸钢制造，提高了抗磨性，延长了使用寿命。由于采用螺栓紧固，可靠且更换方便。

（5）该碎渣机在系统中为开式布置，与捞渣机用法兰连接。

15. 喷射泵的作用是什么？

答： 在锅炉水力排渣设备中，常采用喷射泵来冲刷炉灰，灰由喷射泵打至沉淀池或贮灰场。

16. 锅炉有哪些外部除灰设备？

答：（1）灰浆泵。灰浆泵是低浓度水力除灰系统的关键设备，主要用于输送细灰。离心式灰浆泵的工作原理是利用叶轮高速旋转，叶轮上的叶片对流体沿着它的运动方向做功，从而使流体的压力能和动能均有所增加。流体离开叶轮后，循着导叶和蜗壳的引导而流向出口。由于叶轮不断旋转，使流体在出口处有较高的能量得以连续不断地向前方流去，达到输送灰浆的目的。

（2）回水泵（灰水回收泵和渣水回收泵）。在低浓度水力除灰系统中，灰浆泵打出的灰浆中水的比重占到 75%～85%，若直接排到灰场，势必造成水资源的极大浪费。因此，许多发电厂采用高浓度水力除灰系统，即用浓缩机（池）来浓缩灰浆，将浓缩池溢流水由回水泵重新打入除尘器的办法来节水。

（3）搅拌器。电除尘器捕集下来的干灰经落灰管后一般有两种冲灰方式（湿式），一种是由箱式冲灰器排向灰浆池，另一种是干灰进入搅拌桶搅拌成灰浆再排向灰浆池。这两种方式的区别在于用水耗量不同，箱式冲灰器的耗水量大，灰浆浓度低；搅拌桶则在节水上有明显优势，但体积大，占地面积较大，在故障处理方面不如箱式冲灰器方便。

（4）箱式冲灰器。冲灰器上口与除尘器下灰管口相连，在冲灰器下部装有进水管和喷嘴，在冲灰器内部安装有隔板和灰水出口管。当冲灰水沿切向进入后，水在槽内产生漩流，使灰与水搅拌后经灰水出口排入灰沟。运行中，水位应保持与灰水出口管同样高度，以形成水封。烟道底部的细灰，也可通过此装置排入灰沟。

（5）浓缩机（池）。浓缩机（池）是将灰浆浓缩，以满足高浓度水力除灰系统输灰要求的一种设备。它可使灰浆浓度由 15% 提高到 50% 左右。目前常用的浓缩机（池）为周边传动的耙架式浓缩机。该种浓缩池为一圆形钢筋混凝土结构，池底为锥形，池内装置的耙架沿周边缓慢转动。灰浆从池中心的上部进入，在池内向下沉淀。沉淀于池底的高浓度灰浆在耙架的推动下向锥形底中心集中，通过下浆管进入排浆设备；上部的清水则从池周边的溢流槽溢出，通过回水泵循环使用。

（6）柱塞泵。柱塞泵适用于高浓度的灰浆输送。要求灰渣颗粒直径小于 3mm，大颗粒灰渣含量不大于 20%。灰浆质量浓度不大于 60%，一般在 40% 左右为好。柱塞泵的吸入管路应尽可能的直和短，必须拐弯时应采用较大弯曲半径，并用钢筋混凝土支墩固定。吸入管路直径应不小于泵的吸入口径，吸入管路上应配置吸入室空气罐，同时配置放压阀和截止阀，且应保证有 0.02～0.1MPa 的吸入压力。浓缩池采用高位布置。为防止超过允许颗粒直径的杂物进入泵，必须在泵前设置过滤装置。

（7）水隔离泵。水隔离泵是一种新型除灰设备，它的特点是：①泵体结构较为简单，加工精度要求低，易损件少，使用寿命较长，便于维护；②用高压清水作为隔离介质，工作环境好；③运行平稳，单向阀、闸板阀等易损件的动作频率低；④使用寿命长，检修维护工作量小，维护费用低。

水隔离泵的工作原理是灰浆通过泥浆泵压送到隔离罐体内，并使隔离球随之上升，升到上止点时，探点即接收到隔离球中心同位素发出的信号，并把信号输送到物位测控仪处理，然后把信号传递给可编程序控制器——PLC。PLC 依次指示电磁阀控制油路开通，进而控制液压闸板阀的开关，再通过高压清水泵的清水所具备的能量使隔离球移动，将浆体压送到外管路，输送到指定地点。六个液压闸板阀在 PLC 控制下，使三个隔离罐交替排浆，从而实现连续、均匀、稳定地输送物料。

17. 钩头重力斗式提升机中的滚柱逆止器主要由哪些部件组成？它的作用是什么？

答：滚柱逆止器主要由外套、挡圈、滚柱、星轮及压簧等部件组成。
它的作用是防止提升机发生倒转，避免斗子与链子等因倒转而损坏。

18. 钩头重力斗式提升机主要由哪些部件组成？

答：钩头重力斗式提升机主要由六部分组成，即机头部分、下料漏斗、链子与斗子、机尾部分（包括进料口）、传动装置及中间壳体。

19. 离心式灰浆泵的工作原理是什么？

答：离心式灰浆泵的工作原理是，利用叶轮高速旋转，叶轮上的叶片对流体沿着它运动方向做功，从而使流体的压力能和动能均有所增加。流体离开叶轮后，循着导叶和蜗壳的引导而流向出口。由于叶轮不断旋转，使流体在出口处有较高的能量得以连续不断地向前方流去，达到输送灰浆的目的。

20. 柱塞泵对吸入管路有哪些要求？

答：（1）柱塞泵的吸入管路应尽量直和短，必须拐弯时应采用较大弯曲半径，并用钢筋混凝土支墩固定。

（2）吸入管路直径应不小于泵的吸入口径。

（3）吸入管路上应配置吸入室空气罐，同时配置泄压阀和截止阀。

（4）吸入压力应保证为 0.02～0.1MPa 的正压。

21. 柱塞泵对排出管路有哪些要求？

答：（1）排出管路直径应不小于排出管直径。

（2）排出管应用钢筋混凝土支墩固定，以防振动。

（3）排出管路上必须配置排出空气罐，目的是使脉冲式的出口流体经扩容器后平稳压力，避免排灰管路发生振动。

（4）排出管路的空气罐容积不小于 1.9m³，且压力要与泵的额定排出压力相同。

（5）排出管上还应配置放压阀、截止阀和防爆门。

22. 灰渣泵的工作特性是指什么？

答：灰渣泵的工作特性是指在一定的转速下，流量与扬程、效率、功率之间的关系。

23. 灰渣泵的工作特点是什么？

答：（1）泵体为单级、单吸、悬臂式结构，能够输送一定浓度的灰水混合物，但输送的压头比较低。

（2）叶轮、叶套（包括无护套的泵壳）在灰渣颗粒的冲刷、撞击及汽蚀的破坏下，磨损较快，有的还受到酸性灰水的腐蚀，因而使用的周期较短。

（3）灰渣泵允许的吸上真空高度比较低，通常需要低位布置。

24. 润滑油在各种机械中的作用是什么？

答：润滑油在各种机械中的作用主要有润滑、冷却、封闭及清洁。

25. 灰渣泵是什么形式的泵？

答：灰渣泵均为卧式、单吸、单级、悬臂式离心泵。

26. 润滑油的质量指标主要有哪些？

答：润滑油的质量指标主要有黏度、凝点、残炭量、灰分、热氧化安定性、抗氧化安定性、清净分散性、破乳时间、介质损失角、平均击空电压及绝缘强度。

27. 与水力除渣相比，机械除渣有哪些特点？

答：与水力除渣相比，机械除渣有以下特点：
(1) 不需要自流沟，地下设施（沟、管、喷嘴）简化。
(2) 对渣的处理比较简单，可减小向外排放的困难。
(3) 输送方便，有利于渣的综合利用。
(4) 没有冲灰水的排放、回收等问题。

28. 机械除渣的主要设备有哪些？

答：机械除渣由捞渣机、刮板输渣机、斗轮提升机、渣斗、颚形排渣门和运渣自卸汽车组成。

29. 简述钩头重力斗式提升机的工作原理。

答：钩头重力斗式提升机的工作原理是：电动机通过减速器传动到主轴，使主轴上的链轮旋转，从而链轮借与链接头的摩擦力来带动链子与斗子。从尾部进料管进入物料，被运动中的斗子所舀取，绕经上链轮落入下料漏斗，再经由卸料溜子而后被卸到渣仓。

30. 渣仓是由哪些部件组成的？其作用是什么？

答：渣仓主要由五部分组成，即仓体、析水元器件、落渣漏斗、振动器和重锤物位计。渣仓的主要作用是集中、储存及卸放由斗式提升机送来的炉渣。

31. 柱塞泵在什么情况下需紧急停运？

答：(1) 柱塞泵电流表跑满，传动箱内有异常响声。
(2) 清洗泵、柱塞泵传动箱内有严重撞击声。
(3) 防爆片爆破。
(4) 柱塞泵出、入口管道大量喷灰水，有水淹泵房的可能，危及设备安全。
(5) 危及人身安全。

32. 灰渣泵停运前应注意些什么？

答：停运前，在灰水混合物排出管外之后，应再用清水进行冲洗，以防灰渣在泵内和除灰管道内沉淀下来。冲洗用水可以从冲灰水管或厂内循环水管接引，通至灰渣泵的入口处，用灰渣泵打出。冲灰水量不应低于灰渣泵出力的1/2，冲洗的时间应根据管道长度来确定。

33. 灰渣泵在运行中如何调节流量？

答：灰渣泵启动后，将出口阀全开，用控制入口阀的开度来调节流量；或者将入口阀也全部打开，用调节冲灰水量的方法来保持灰渣泵的正常运行。

34. 灰渣泵出力不足和运行不稳定的原因是什么？

答：（1）叶轮、护套磨损。

（2）设备振动。

（3）轴封漏水。

（4）通道堵塞。

第四节　锅炉除灰设备的运行与维护

1. 捞渣机的运行与维护项目有哪些？

答：捞渣机应在锅炉点火前投运，并在空载下启动，以后持续运行，直到锅炉熄火，无灰渣排出时，捞渣机方可停运。捞渣机启动时，原则上应以最低速度启动，然后根据灰渣量调节刮板行进速度。调节过程中，主要以刮板上的灰渣刮至斜坡时不落入水封槽里为原则。

2. 捞渣机启动前应进行哪些检查？

答：（1）灰斗门开启至垂直位置，并围成方框，下部浸入水中形成水封。

（2）捞渣机壳体完整、无泄漏，链条松紧适度，刮板良好。

（3）运行需要的各种冷却水系统已投入运行。

（4）有关的连锁装置按规定要求放置。

（5）电气设备防水装置完整、良好，无漏电现象。

3. 如何进行捞渣机的运行维护？

答：捞渣机运行时，应定期检查灰斗的水封、溢流箱的水温正常。对刮板式捞渣机的链条、刮板、传动装置、电动机及齿轮箱等运行情况进行全面检查，保证各部运转正常。此外，每月还应对捞渣机的刮板及链条进行一次详细检查。如发现刮板变形、损坏，或链条磨损严重、节距伸长，与链轮啮合不好及有脱链危险时，应及时通知检修人员进行处理。

为避免大块焦渣直接落入水封槽内，以致影响除渣系统的安全运行，可在刮板式捞渣机的入口加装固定栅栏或燃尽炉排等装置。

刮板式捞渣机如因大块焦渣落下而引起卡住，或有联轴器打滑等现象，必须及时清理焦渣。运行中发生链条或销子断裂等故障时，应及时通知检修人员处理。如果连锁保护动作，则应尽快查出原因，消除故障后重新启动。当刮板式捞渣机发生故障短时抢修时，可关闭所有灰斗门，以形成临时炉底存渣，将刮板式捞渣机通过下部滑轨拉出抢修。抢修时间一般不应超过 2h。

4. 如何进行碎渣机的运行与维护？

答：燃料燃烧后形成的灰渣大小不一，如果直接排入渣沟或用渣浆泵输送，容易造成渣沟堵塞或渣浆泵故障。因此，使用碎渣机先将大块焦渣破碎，然后进行输送。

在刮板式捞渣机与碎渣机配套使用的除渣系统中，刮板式捞渣机与碎渣机相互间的运行应设置必要的连锁保护。当碎渣机因故停运时，刮板式捞渣机应能联动停运，以免大量渣块落下，堆积在碎渣机内而无法排出。

碎渣机的工作环境恶劣，应配有必要的保护装置。如遇大块焦渣卡住，电动机应能自动反转数周后再改为正转，以使焦渣块顺利排出。电动机应设遮棚，以免被灰水淋浇。碎渣机正常运行时，应定期检查转动部分的声音、振动、轴承温度及工作情况是否正常。由于碎渣机齿轮箱的油质易被乳化，故除检查齿轮箱油位外，更应注意其油质的好坏，以便发现异常情况后能及时处理。

碎渣机一旦因故停运，应尽快修复。如短时间内无法修复，则应采取必要的临时措施，组织人工除灰，使除渣系统的运行不中断。

5. 离心泵（灰浆泵、回水泵）的运行及维护项目有哪些？

答：（1）启动前的检查。

1）泵体设备完整，盘车灵活无卡涩。

2）轴承润滑油油质良好，轴承组件装配得当。

3）轴封水投运，水压正常。灰浆池或回水池内无异物，液位正常。

4）泵入口阀开启，入口管道畅通，入口放水阀放水畅通后应关闭。

5）灰浆泵出口阀关闭，出口管畅通。

6）所有表计指示为零，仪表完整、良好。

7）泵与电动机底座地脚螺栓完整、牢固，电动机接地线牢固，接地可靠。

（2）启动。

1）检查工作做完后，合上电动机电源开关，注意电流表指示，启动电流应符合允许值。

2）若启动电流过大，则必须停止启动，并查明原因。在未经处理的情况下，不得再次启动，以免烧毁电动机。

3）水泵转数正常后，应注意离心泵出、入口压力及电流指示。正常情况下，打开出口阀，调整出口水量（一般用调节阀），使泵投入正常运行状态。

4）离心泵出口阀关闭时，离心泵运转时间不应过长，否则会使泵内液体温度升高而产生汽化，致使水泵机件因汽蚀或高温而损坏。

（3）运行中的维护。

1）定时记录泵的出、入口压力和电动机电流值及轴承温度计的指示值，并分析变化情况，如发现异常，应及时处理。

2）定时对电动机及机械部分的振动、声音、密封、轴封水压及轴承的油质和油位进行检查，遇有异常情况时，应及时处理。

3）备用设备应定期切换运行。调整入口水量，使水泵不致吸入空气而产生振动。

（4）停止。

1）停运前，应先关闭其出口阀，然后停泵。其目的是避免水泵倒转和水轮脱落，减少振动。

2）停泵前，应用清水将泵的出、入口管路冲洗干净。

3）停泵后，关闭轴封水及冷却水，并将水泵内存水放掉。

6. 搅拌器的运行与维护项目有哪些？

答：（1）启动前的检查。

1）基础应完整、牢固，电动机地脚螺栓紧固，叶轮牢固。

2）轴承润滑油油质良好，盘车灵活无卡涩，皮带松紧度适当。

3）关闭底部事故放水阀，开启上部清水阀，向搅拌桶内注水。待桶内水位高于叶轮后，方可启动搅拌电动机。

（2）启动。

1）检查完毕并确认搅拌器具备运行条件后，合上搅拌电动机操作开关，将搅拌器投入运行。

2）启动后，若皮带摆动大，则应立即停止搅拌器运行，并通知检修人员调整间距，使皮带张紧力适当。

（3）运行中的维护。

1）定时检查搅拌桶电动机及机械部分，轴承温升正常。

2）叶轮翻动力足够大，轴承内部无异常声响。

3）溢流管畅通，来清水量与下灰量匹配，灰浆浓度正常，搅拌桶内无积灰。

（4）停止。先停止卸灰机运行，将下灰管内的灰全部排尽，再停止搅拌电动机运行，开启事故放水阀，将桶内灰浆放完，最后关闭清水阀。

7. 浓缩机（池）的运行及维护项目有哪些？

答：（1）启动前的检查。

1）检查分配槽、渡槽及溢流槽等畅通无杂物。

2）耙架底部与浓缩机（池）底保持一定间隙，浓缩子四周轨道及齿条上无杂物。

3）传动箱声音正常，其内部油位正常、油质良好，减速机、电动机固定螺栓无松动。

4）启动浓缩机空转一周，观察其运行是否平稳、有无打开现象。

（2）启动。

1）完成检查工作并确认无异常后，合上操作开关，电流表指针应能迅速回落至工作电流。

2）各转动部件转动平稳、均匀，无异常声响。

3）传动齿轮与齿条啮合正常，浓缩机（池）转动一周后，方可向浓缩池加灰浆，投入系统运行。

（3）运行中维护。

1）注意监视运行电动机电流表指示变化，发现电流变化较大时，应及时检查浓缩机各部运转情况，并消除异常情况。

2）检查减速箱，电动机转动平稳，振动不能超过规定值，无异常声音及摩擦现象。

3）周边齿轮、齿条啮合良好无偏斜，辊轮与轨道接触平稳。

4）浓缩池入口滤网干净、无堵、不溢流。

5）减速箱油温正常，变速箱油位正常，油质良好。滚动轴承温度不超过 80℃，电动机温升不超过 65℃。

（4）停运。浓缩池停止进浆后，浓缩机继续运行一段时间，期间用反冲洗水对其冲洗，待流出清水后方可停止运行。

8. **柱塞泵的运行及维护项目有哪些?**

答：（1）启动前的检查。

1）检查操作盘上柱塞泵、注水泵的电动机电流表指示为零，光字盘指示灯齐全，操作开关、连锁开关、启动和停止按钮完整、好用。

2）注水泵的主、附件完整齐全、连接良好，各地脚螺栓紧固。启动前盘车灵活，泵无卡涩，油窗清晰，减速箱内油质合格、油位正常。

3）柱塞泵及电动机外形完整。泵的出、入口阀开关灵活，出口管上压力表完整，指示正确。减速箱内油位正常，油质良好。手压皮带预紧力适当。手拉皮带盘车，以一人或两人能盘动为正常。出、入口阀和注水泵出口管路上的阀门应处于相应的开启（或关闭）位置。

（2）启动。

1）首先应启动注水泵。合上注水泵开关，投入连锁，调整注水泵再循环阀，保证注水泵工作压力比柱塞泵工作压力高 0.3～0.5MPa。

2）检查柱塞泵出口放水阀有水流出后，关闭放水阀，合上柱塞泵电源开关，投入运行。全面检查轴承及润滑部分的润滑及振动情况。各部运行正常后，缓慢关闭出口再循环阀，升压至工作压力（有些系统无再循环装置）。

（3）运行中的维护。

1）经常检查各转动机械润滑情况及温度变化情况，发现温度不正常时，查明原因后进行处理。

2）检查机组振动情况，保证泵体振动不超过 1mm，传动轴串轴不超过 2～4mm。

3）油位保持正常，柱塞密封严密不漏灰水，定期向柱塞表面涂刷二硫化钼。

4）柱塞泵出口压力不能超过铭牌压力的＋0.5～＋1.0MPa，如果超压，应改打清水，直至恢复正常。

5）出口压力低于正常工作压力的 0.5MPa 时，应改打清水 30min 后停泵，检查压力下降的原因。

6）当注水泵传动箱油位低于油窗的油位线时，应及时加油。当注水泵有泄漏或声音不正常时，应停泵处理。注水泵排出压力不得超过额定压力的 1.15 倍。

（4）停运。提前停止灰浆泵、浓缩池进浆，柱塞泵应打清水 20min 方可停止运行，然后停止注水泵运行。启动高压冲洗泵冲洗输灰管路，并将柱塞泵的出、入口水放尽。

9. 油隔离泵的运行及维护项目有哪些？

答：（1）启动前的检查。入口浓度计应投入，各部油位正常，油水分离罐各观察阀畅通，机械装置及各有关设备完好，并处于启动前状态。

（2）启动。

1）检查完毕后，将泵的活塞调至活塞缸的中间位置，向油水分离罐内注水加油。

2）加油结束后，检查油中是否带水。为防止油水分离罐中有残余空气，应开启排气阀进行排气。空气排尽后，关闭排气阀，并调整油面位置。

3）启动前，应先启动空气压缩机，向空气罐输送压缩空气，并对浓缩池底部的下浆管、油隔离泵入口及出口管段、泵体进行清水冲洗，然后开启有关阀门。

4）按下启动按钮，使油隔离泵处于运行状态。全面检查各部件的运转情况。一般油隔离泵启动后必须打清水运行一段时间，然后开启浓缩池下浆阀进行排浆。

（3）运行中的维护。

1）检查油水分离罐内油水界面的变化情况和油污染情况。

2）定期进行油水分离罐内的排气，检查各部位的润滑油情况，缺油时应及时补充加油，监测油温保证正常。

3）检查泵运行中的声响及振动情况，如有异常，应及时处理。及时分析、抄录各种表计，根据运行工况判断泵的工作状态，并及时调整。

4）检查各种密封件的密封情况及易损件的损坏情况，如有损坏，应及时更换。

（4）停止。先由输送灰浆改为输送清水，待整个系统清洗干净后，方可停止运行。当室外温度低于 0℃时，还应将管内积水放尽，以防冻裂管道。

10. 水隔离泵的运行及维护项目有哪些？

答：（1）启动前的检查。

1）检查清水泵、泥浆泵及齿轮油泵的轴承，润滑油油质应良好、油量充足，手动盘车转动灵活。

2）电动机接地线良好，地脚螺栓无松动，联轴器的安全罩安装牢固。

3）各阀门完整，法兰、管道无泄漏，泥浆泵进、出口管无堵灰。

4）齿轮油泵的油箱、油位正常。

5）控制机主机切换正常，自动程序控制和手动操作均正常。

6）压力表、流量计投入使用，浮球信号、指示灯应完整齐全，各仪表指示回零，各阀门开关灵活，同位素放射源的表计指示正确。

（2）启动。

1）启动清水泵，电动机的电流回落后，开启清水泵出口阀。

2）开启排浆总阀，关闭任意两个隔离罐的进水闸板阀。

3）启动泥浆泵后，开启进浆总阀，向罐内灌浆。

4）手动操作三个周期正常后，将波段开关旋自"自动"处，投入自动控制运行。

（3）运行中的维护。监视各表计指示良好，信号值与就地值相符，各电动机电流在规定范围内，清水池补水量正常，高压清水泵不得吸入空气。

（4）停止。将泥浆泵入口倒为清水，冲洗干净后，将"自动"切换为"手动"，关闭排浆总阀，停止清水泵、泥浆泵及油泵，切断控制机电源。

11. 箱式冲灰器的运行维护项目有哪些？

答：（1）检查各灰斗的落灰管应无堵灰，冲灰器内无杂物。

（2）启动冲灰泵。

（3）冲灰器槽内旋流正常，水封适当。

（4）运行中排灰正常，且无漏风。

12. 干式除渣系统运行中应检查哪些项目？

答：（1）刮板机链条松紧适度，且无裂纹和断裂，刮板无变形和损坏，链轮运转灵活无卡涩。

（2）斗提机链条松紧适度，且各连接接头紧固无松动，上、下链轮转动良好、运行平稳，斗子无刮碰外壳现象，下料溜子无堵塞。

（3）各润滑点油位正常，油质良好。

（4）各电动机轴承温度、振动值在规定范围内。

（5）就地控制柜各指示灯、表计完好，且指示正确，远方报警、监视系统指示正确，且投入可靠。

（6）渣仓料位计正确、可靠，渣仓内无堆渣现象。

（7）振动器备用良好。

（8）析水槽、退水管无杂物和堵塞。

（9）渣仓底部排渣门开关灵活无卡涩，且不漏气。

（10）对污水池定期排污。

13. 刮板输渣机运行中突然跳闸的原因有哪些？

答：（1）电源中断。

（2）渣量过大或刮板机输渣内落入异物，造成刮板输渣机过负荷。

（3）下料溜子堵塞，刮板输渣机内大量积渣，造成刮板输渣机过负荷。

（4）电动机发生故障。

14. 钩头重力斗提机运行中突然跳闸的原因有哪些？

答：（1）电源中断，或熔丝熔断。

（2）链子过长，致使斗子刮碰斗提机底座，造成钩头重力斗提机过负荷。

（3）钩头重力斗提机内进入异物。

（4）轴承损坏。

（5）电动机发生故障。

15. 刮板输渣机启动前应检查哪些项目？

答：（1）检修工作已全部结束，工作票终结，现场清洁。

（2）刮板机外壳完好无损，无变形、渗漏现象，地脚螺栓固定牢固。

（3）各链轮完好无损，固定牢固，且转动灵活。

（4）刮板输渣机内无杂物和积渣。

（5）刮板输渣机入口旁路阀在关闭位置，出口下料溜子完好，且畅通无堵塞。

（6）刮板输渣机电机接线良好，各处地脚螺栓紧固，减速器已加注润滑油，且油位正常、油质良好。

（7）控制柜上刮板输渣机各操作开关按钮、表计及指示灯完好无损，电源已送上，指示正确，远方报警装、监视系统已可靠投入。

16. 钩头重力斗提机启动前应检查哪些项目？

答：（1）检修工作已全部结束，工作票终结，现场清洁，照明良好。

（2）钩头重力斗提机电动机接线良好，各处地脚螺栓紧固，减速器已加注润滑油，且油位正常、油质良好。

（3）钩头重力斗提机链条松紧适度，链子的销轴、链板及链接头无松动和断裂。

（4）卡板螺栓、斗子与链接头的连接螺栓，以及上、下链轮的轮毂和半磨轮之间的螺栓无松动。

（5）斗子完好无损，无变形损坏。

（6）钩头重力斗提机外壳完好，各检查门已关闭，下料溜子无堵塞。

（7）钩头重力斗提机尾部无物料堆积现象。

（8）控制柜上钩头重力斗提机各操作开关按钮、表计及指示灯完好无损，电源已送上，指示正确，远方报警、监视系统已可靠投入。

17. 渣仓启动前应检查哪些项目？

答：（1）检修工作已全部结束，工作票终结，现场清洁，照明良好。

（2）渣仓各部无泄漏和裂纹，支架牢固可靠。

（3）振打装置完好无损坏，接线良好。

（4）冲洗管、退水管连接良好，各阀门开关灵活，且冲洗阀处于关闭状态，退水阀处于开启状态。

（5）算子完好、无堵塞，析水槽内无杂物堵塞。

（6）渣仓控制器、料位计接线良好，电源已送上，控制箱内过滤器、润滑器完好，并已加注润滑油。

（7）底部排渣门控制气源已投入，阀门开关灵活无卡涩、无漏气，且排渣门在关闭位置。

（8）渣仓蒸汽加热已可靠投入。

（9）排污泵已备用，可随时投入运行。

18. 搅拌桶运行中的维护事项有哪些？

答：（1）定时检查搅拌桶电动机及机械部分，轴承温升正常。

（2）叶轮翻动力足够大，轴承内部无异常声响。

（3）溢流管畅通，来清水量与下灰量匹配，灰浆浓度正常，搅拌桶内无积灰。

19. 启动灰渣泵时有哪些注意事项？

答：（1）首先开启密封水阀，用清水密封两端填料。

（2）启动或停止时，应使泵内保持清水状况。启动时，要用清水灌满全程管路，然后再切换成排灰渣；停止时，先停止输灰渣，保持清水冲洗管直到输灰管道出口见清水，才能结束冲管过程。

（3）两台串联泵启动时，应先启动进水的一台，然后启动出水的一台；停止时，应先停出水的一台，然后停止进水的一台。

（4）灰渣泵正常排灰时，如遇突然停电，应立即关闭出口阀，待恢复送电后再启动，防止因浓渣倒入而堵塞泵入口。

（5）注意泵入口的水量，不得排干、抽空或堵塞。

20. 简述柱塞泵盘车困难的原因及处理方法。

答：柱塞泵盘车困难的原因如下：

（1）柱塞密封圈过紧。

（2）连杆轴承拧得太紧。

（3）柱塞、挺杆、十字头、连杆有偏斜。

处理方法如下：

（1）放松柱塞密封圈和压盖。

（2）检查并调整配合间隙。

21. 灰渣泵振动的主要原因是什么？

答：（1）叶轮磨损不均匀，产生不平衡。

（2）入口灰渣池或灰渣沟内水位过低，使泵的进水量不足，空气进入泵内产生水冲击。

（3）叶轮与护套或护肩的间隙较小，在轴窜动时产生相互擦碰。

（4）轴承摩擦间隙增大。

（5）叶轮转子与电动机的联轴器中心不正。

（6）基础施工质量差，地脚螺栓固定不牢，并因松动或强度不够被剪断。

22. 运行中合理地调度冲灰水应注意哪些问题？

答：（1）认真安排各炉的冲灰、除渣运行方式，保持各部位为经济水压，减少冲灰水泵的运行台数。

（2）对于连续排渣的灰渣沟，在保证排除灰渣量的前提下，可适当提高排灰浓度。

（3）对于定期除渣的排渣槽，应尽可能地保持较高的冲渣水压，以提高冲渣效果，缩短除渣时间。

（4）灰渣沟内如无灰渣通过时，应及时关闭激流喷嘴水阀。

火力发电工人
实用技术

问 答
丛书

锅炉设备运行
技术问答

锅炉设备运行
技术问答

锅炉设备运行
技术问答

中 级 工

第二篇

第三章

锅 炉 辅 机

第一节　制粉系统的分类

1. 制粉系统的作用是什么?

答：制粉系统是燃煤锅炉机组的重要辅助系统。它的作用是磨制合格的煤粉,以保证锅炉燃烧的需要。它的运行好坏,将直接影响锅炉的安全性和经济性。

2. 制粉系统可以分为哪几类?

答：制粉系统主要有直吹式和中间储仓式两种类型。

(1) 直吹式制粉系统。是指磨煤机磨出的煤粉,不经中间停留,而直接吹入炉膛进行燃烧的系统。

(2) 中间储仓式制粉系统。是将磨煤机磨好的煤粉先储存在煤粉仓中,然后根据锅炉负荷的需要,从煤粉仓经由给粉机、一次风管送入炉膛进行燃烧。

3. 为什么直吹式制粉系统一般配备中速或高速磨煤机?

答：磨煤机是制粉系统中的重要设备。制粉系统及其磨煤机的形式,应根据燃料的特性予以选定,不同的制粉系统宜配置不同类型的磨煤机。直吹式制粉系统大多配用中速或高速磨煤机。不采用低速钢球球磨机的主要原因是在低负荷或变负荷工况下,低速球磨机的运行是不经济的。只有对于带基本负荷的锅炉,才考虑采用低速钢球磨煤机直吹式系统。

4. 什么是热一次风系统?

答：在正压直吹式制粉系统中,排粉机装在空气预热器后,抽取热空气送入磨煤机的系统,称为热一次风系统。

5. 什么是冷一次风系统?

答：在正压直吹式制粉系统中,一次风机装在空气预热器前,抽取冷空气经预热器后送入磨煤机的系统,称为冷一次风系统。

6. **热一次风系统与冷一次风系统各有什么特点？**

答：采用热一次风机时，空气体积流量大，使得风机叶轮直径及出口宽度增大，风机钢耗量增加；工质温度高，风机效率下降；耗电量增大；风机轴承及密封部位工作条件也变差。冷一次风机可兼作制粉系统的密封风机，热一次风系统则需装设专用密封风机。另外，热一次风机的热风温度要受到限制，从而限制了制粉系统的干燥出力，故不适应高水分的煤种，冷一次风机则无这种限制。

7. **正压直吹式制粉系统与负压直吹式制粉系统各有什么优缺点？**

答：在负压直吹式系统中，排粉机叶片很容易磨损，增加了运行维护费用，也导致排粉机电耗增大、效率降低，从而使得系统可靠性降低。另外，负压运行使得漏风量增大，势必使经过空气预热器的空气量减少，结果增加了排烟热损失，降低了锅炉效率。这种系统的最大优点是工作环境比较干净。

在正压直吹式系统中，不存在排粉机的磨损问题，不会降低锅炉运行的经济性，但磨煤机和煤粉管道密封必须严密。

8. **在与高速磨煤机配套的直吹式制粉系统中，采用热风和炉烟的混合物作为干燥剂有什么优点？**

答：（1）干燥剂内炉烟占有一定比例，降低了干燥剂中氧的浓度，有利于防止高挥发分的褐煤煤粉的爆炸。

（2）炉烟较多，可以降低燃烧器区域的温度，避免燃用低灰熔点褐煤时炉内结渣。

（3）燃煤水分变化幅度较大时，只要改变干燥剂中炉烟所占的比例，便可满足制粉系统干燥的需要。

9. **中间储仓式制粉系统可以分为哪几类？**

答：中间储仓式制粉系统可分为乏气送粉系统和热风送粉系统两种类型。

由细粉分离器分离出来的干燥剂内含有 10%～15% 的极细的煤粉，这部分干燥剂也称作磨煤乏气。乏气经排粉机提高工作压头后，作为一次风输送煤粉至炉膛的制粉系统，称为乏气送粉系统，也称干燥剂送粉系统，如图 3-1（a）所示。

利用热空气作为一次风输送煤粉至炉膛，乏气作为三次风由专用喷口送入炉膛参加燃烧的系统，称为热风送粉系统，如图 3-1（b）所示。

10. **乏气送粉系统与热风送粉系统各有什么特点？**

答：乏气作为一次风，其温度较低（60～130℃），又含有水蒸气，对煤粉气流的着火、燃烧不利。因此，乏气送粉系统不适用于挥发分低、水分高的煤种，而适用于烟煤等易着火

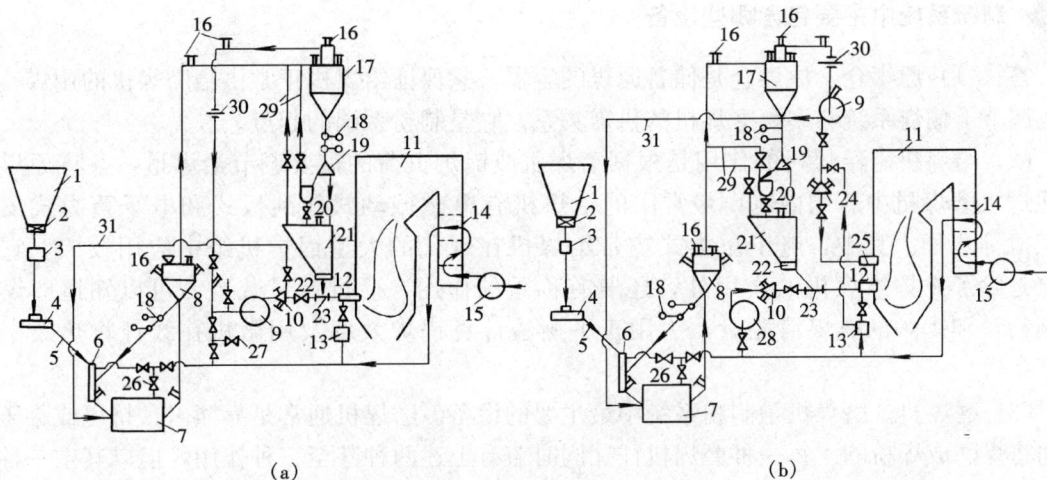

图 3-1　筒式钢球磨煤机中间储仓式制粉系统

(a) 乏气送粉系统；(b) 热风送粉系统

1—原煤仓；2—煤闸门；3—自动磅秤；4—给煤机；5—落煤管；6—下行干燥管；7—钢球磨煤机；8—粗粉分离器；9—排粉机；10——次风箱；11—锅炉；12—燃烧器；13—二次风箱；14—空气预热器；15—送风机；16—防爆门；17—细粉分离器；18—锁气器；19—换向阀；20—螺旋输粉机；21—煤粉仓；22—给粉机；23—混合器；24—三次风箱；25—三次风喷口；26—冷风阀；27—大气阀；28——次风机；29—吸潮管；30—流量测量装置；31—再循环管

的煤种。

热风作为一次风，温度较高，有利于煤粉气流的着火与稳定燃烧，适用于无烟煤、贫煤及劣质烟煤等煤种。

在乏气送粉系统中，排粉机除抽吸磨煤乏气外，还可抽吸空气预热器来的热风作为一次风，以保证制粉系统停运时锅炉的正常运行。

◆11. **在中间储仓式制粉系统中，吸潮管的作用是什么？**

答： 在中间储仓式制粉系统中，在煤粉仓和螺旋输粉机上装设有吸潮管，由煤粉仓、螺旋输粉机引至细粉分离器入口。吸潮管的作用是借细粉分离器入口的负压，抽吸螺旋输粉机、煤粉仓中的水蒸气和漏入的空气，防止煤粉受潮结块、发生堵塞或"蓬住"现象。另外，还可使输粉机及煤粉仓中保持一定负压，防止由不严密处向外喷粉。

◆12. **在中间储仓式制粉系统中，再循环风的作用是什么？**

答： 在中间储仓式制粉系统中，排粉机出口的乏气除作为一次风或三次风外，还有一部分直接进入磨煤机的入口作为再循环风。乏气温度较低，可用来调节制粉系统干燥剂温度，由于乏气的通入，使干燥剂的风量增大，故可以提高磨煤机的出力。因此，再循环风是控制干燥剂温度、协调磨煤风量与干燥风量的手段之一，它的主要作用是增大系统通风量，调节磨煤机出口温度，提高磨煤出力。

13. 制粉系统中主要包含哪些设备？

答：（1）原煤仓。原煤仓是储备原煤的容器，它保证给煤机正常供给磨煤机的用煤，同时也调节了输煤系统与多台磨煤机的供需关系。它是制粉系统的起点。

（2）给煤机。给煤机的作用是根据磨煤机或锅炉负荷的需要调节给煤量，并将原煤均匀地送入磨煤机中。国内电厂最常用的给煤机有电磁振动式、刮板式和电子重力式皮带给煤机等几种。其中，电子重力式皮带给煤机在现代的大型锅炉机组中应用较广。它的优点是除了发挥给煤机的作用外，还兼有称重的作用，通过计量装置，可以知道磨煤机的制粉量和锅炉的燃煤消耗量，为用正平衡法计算锅炉效率及用微机在线计算热效率创造了条件。

（3）磨煤机。磨煤机是制粉系统中最主要的设备。磨煤机通常是靠撞击、挤压或碾压的作用将煤磨成煤粉的。每一种磨煤机往往同时兼有上述两种甚至三种作用，但以其中一种作用为主。与直吹式制粉系统配套的中速磨煤机有平盘磨、球式磨、碗式磨及 MPS 磨等几种；与直吹式制粉系统配套的高速磨煤机主要是风扇磨煤机，与中储式制粉系统配套的低速磨煤机一般是筒式钢球磨煤机。

（4）锁气器。锁气器是只允许煤粉通过而不允许空气流过的设备。电厂中应用最广泛的为平板式活门锁气器和锥形活门锁气器，通常也称为翻板式锁气器和草帽式锁气器。这两种锁气器都是利用杠杆原理工作的。当平板或锥体上的煤粉超过一定数量时，由于重力大于重锤的配重，它们就自动打开，煤粉落下；当煤粉减少到一定程度时，平板或锥体又因重锤的作用而关闭。

（5）粗粉分离器。粗粉分离器的作用是使较粗的不合格煤粉被分离出来，通过回粉管回到磨煤机中继续磨细，而使细度合乎锅炉要求的煤粉通过分离设备。它的另一个作用是可以调节煤粉细度，以便在运行中当煤种变化或改变磨煤出力时，能保持一定的煤粉细度。粗粉分离器主要有离心式和回转式两种，都是利用重力、惯性力和离心力的作用把较粗的煤粉分离出来的。

（6）细粉分离器。又称旋风分离器，它的作用是将风粉混合物中的煤粉分离出来储存在煤粉仓中。细粉分离器是依靠煤粉气流作旋转运动时产生的离心力来进行分离的。因为要求将煤粉尽可能分离出来，需要强烈的旋转作用，所以不采用挡板结构，而利用切向高速进入的气流产生更强烈的分离作用。

（7）煤粉仓。煤粉仓是存储煤粉的设备。在中间储仓式制粉系统中，它是制粉系统和锅炉燃烧系统连接的纽带，也是保证钢球磨煤机适应负荷需要且经济运行的必要设备。

（8）给粉机。给粉机的作用是根据锅炉煤粉需求量，将煤粉仓中的煤粉均匀地送入一次风管中。常用的给粉机是叶轮式给粉机。

（9）螺旋输粉机。俗称绞龙，其作用是将细粉分离器落下来的煤粉送至本炉的另外粉仓或邻炉的煤粉仓。它一般用于中间储仓式系统。由于球磨机只有在满负荷条件下运行才比较经济，因此当锅炉负荷下降时，钢球磨煤机仍满负荷运行，而其多余的煤粉则由螺旋输粉机送至其他煤粉仓。这样，在各个锅炉都低负荷运行时，可以减少磨煤机的运行台数，由螺旋输粉机来平衡各台锅炉的粉量，以满足锅炉负荷变化的需要。

（10）密封风机。在正压状态运行的磨煤机，不严密处有可能往外冒粉，污染周围环境，还可能通过转动部分的间隙漏粉，加剧动静部位及轴承的磨损，并使润滑油脂恶化。为此，这些部位均应采取密封措施，即送入压力较磨煤机内干燥剂压力高的空气，阻止煤粉气流的逸出。对于密封空气的来源，小型磨煤机一般用压缩空气，大型磨煤机则安装专用密封风机。采用冷一次风机时，冷一次风机可兼作密封风机。

◆ **14.** **离心式粗粉分离器的工作原理是什么？**

答：图 3-2 所示为离心式粗粉分离器。图 3-2（a）为目前国内应用最多的一种形式，它主要由内、外空心锥体及回粉管、可调折向挡板组成。工作原理是由磨煤机出来的气粉混合物，以 15～20m/s 的速度自下而上从入口管进入分离器，在内、外锥体之间的环形空间内，由于流通面积增大，其速度逐渐降至 4～6m/s。最粗的煤粉在重力作用下，首先从气流中分离出来，经外锥体回粉管返回磨煤机重新磨制。带粉气流继续进入分离器上部，经过沿整个圆周装设的切向挡板而产生旋转运动，在离心力的作用下，较粗的煤粉进一步被分离出来，经过内锥体底部的回粉管返回磨煤机。最后，煤粉气流进入出口管时急转弯，惯性力又使一部分粗煤粉分离出来。气粉混合物最终由上部出口管引出。

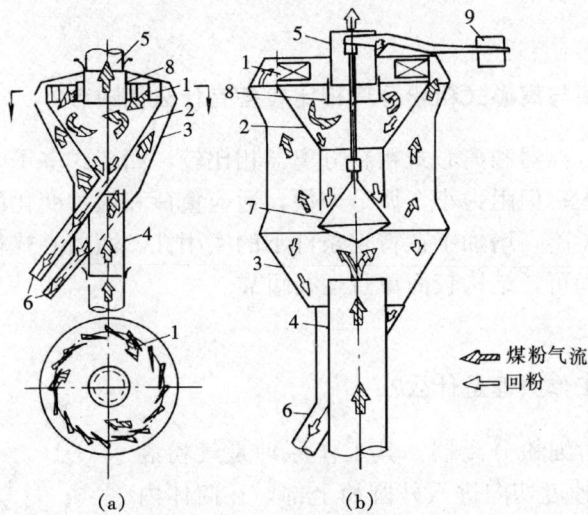

图 3-2 离心式粗粉分离器
(a) 普通型；(b) 具有回粉再分离作用的改进型
1—切向挡板；2—内圆锥体；3—外圆锥体；4—进口管；5—出口管；
6—回粉管；7—锁气器；8—活动环；9—重锤

离心式粗粉分离器调节煤粉细度的方法一般有三种，即改变可调折向挡板的角度、调整磨煤机的通风量及调节活动套筒的上下位置。减小折向挡板与圆周切线的夹角，气流的旋转程度增大，分离出来的粗煤粉增多，气流带走的煤粉变细；增加磨煤机的通风量，煤粉在分离器内的时间变短，从而使分离器出口煤粉变粗；调节活动套筒的上下位置，可调节惯性分离作用的大小，从而达到调节出口煤粉细度的目的。

15. 回转式粗粉分离器的工作原理是什么？

答： 如图 3-3 所示，此种分离器的结构特点是分离器上部有一个由电动机经减速器带动旋转的转子，转子由 20 个左右叶片组成，其叶片由角钢或扁钢制成。

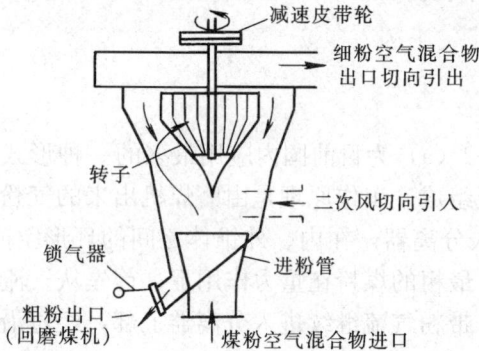

图 3-3 回转式粗粉分离器

工作原理是气粉混合物由下部进入分离器，由于流通面积的增大，使得气流速度降低，一部分煤粉在重力作用下被分离出来。气流进入转子区域，被转子带动进行旋转，粗粉受到较大的离心力再次被分离，并沿筒壁落下，再经回粉管返回磨煤机重新磨制。当气流沿叶片间隙通过转子时，煤粉颗粒受到叶片撞击，又有部分粗粉被分离。转子的转速越高，气流带出的煤粉越细。转子的转速可在每分钟数十转到数百转的范围内进行调节。调节转子的转速，便可达到调节煤粉细度的目的。

16. 回转式粗粉分离与离心式粗粉分离相比较各有什么优缺点？

答： 回转式粗粉分离器和离心式粗粉分离器相比较，回转式多了一套传动机构，结构比较复杂，检修工作量大；但阻力小，调节方便，适应负荷和煤种变化的性能较好。此外，回转式的尺寸小，布置紧凑，增加了在特定条件下的实用性。而离心式粗粉分离器除阻力和电耗较大外，其他性能尚可，结构较简单且运行可靠。

17. 细粉分离器的工作原理是什么？

答： 图 3-4 所示为细粉分离器。其工作原理是气粉混合物以 18～20m/s 的速度切向进入外圆筒上部，在筒体内进行自上而下的旋转。煤粉颗粒在离心力的作用下，被甩向四周并沿筒壁落下。当气流转折向上进入内圆筒时，惯性力使煤粉再次被分离。导向叶片使气流均匀、平稳地进入内圆筒，不产生旋涡，从而避免了在分离器中部的局部地区形成真空，将圆锥圆筒部分的煤粉吸出而降低分离效率。为了提高分离效率，现在生产的一种新型旋风分离器，其直径较小，长度较长，分离效率可达到 90%～95%。

图 3-4 细粉分离器的结构

1—进口管；2—外圆筒；3—内圆筒；4—导向叶片；5—出口管；6—煤粉出口；7—拉杆；8—中部防爆门；9—外圆柱体上的防爆门

18. 简述叶轮式给粉机的结构、工作原理及优缺点。

答： 如图 3-5 所示，叶轮式给粉机主要由上、下叶轮及外壳、搅拌器等部件组成。

工作原理是电动机经减速器带动给粉机的叶轮一起转动，煤粉进入给粉机后，首先由搅拌器叶片拨至左侧，通过固定盘上的上板孔落入上叶轮，然后由上叶轮拨送至右侧下板孔，最后由下叶轮送至左侧，落入一次风管中。煤粉在被驱动的过程中，两次改变方向，控制了煤粉重力下的自流。叶轮式给粉机给粉量的调节，是通过改变给粉机转速来实现的。

叶轮式给粉机供粉较均匀，不易发生煤粉自流，又可防止一次风冲入粉仓；但其结构较复杂，易堵塞，电耗较大。

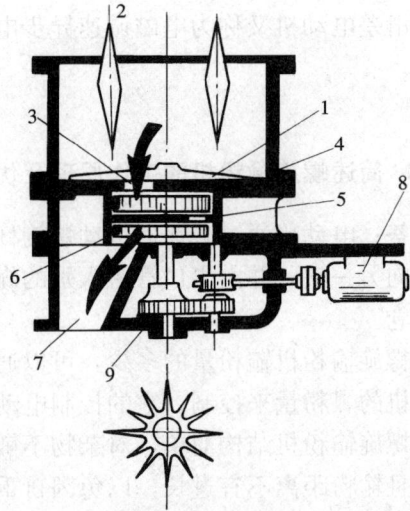

19. **为什么大多均采用滑差电动机调速系统来调节给粉机的转速？**

图 3-5　叶轮式给粉机
1—搅拌器；2—遮断挡板；3—上板孔；4—上叶轮；
5—下板孔；6—下叶轮；7—给粉管；8—电动机；
9—减速器齿轮

答：采用滑差电动机调速系统，是因为它具有简单可靠、经济实用等优点。

20. **滑差电动机调速系统的工作原理是什么？**

答：如图 3-6 所示，滑差电机调速系统由带有脉冲测速发电机的滑差电动机和控制装置组成。由三相交流电源控制的异步电动机带动转差离合器的电枢，并以恒定转速旋转。给粉机的给定转速与实际转速相比较后，其差值通过控制回路改变转差离合器励磁绕组中的励磁电流。励磁电流的变化，使转差离合器输出轴的转速改变。转差离合器输出轴的转速经测速发电机转换成频率信号，再由速度负反馈回路转换成电压，该电压的大小代表着给粉机的实际转速。当转速负反馈信号与速度给定信号平衡时，给粉机的转速便稳定在给定转速上，并维持一定的出力；若系统中出现转速扰动，如输出轴转速下降，则速度反馈信号必然减弱，在给定转速信号未变的情况下，两者差值必然增大，从而使控制回路输出电流增大，即转差离合器的励磁电流

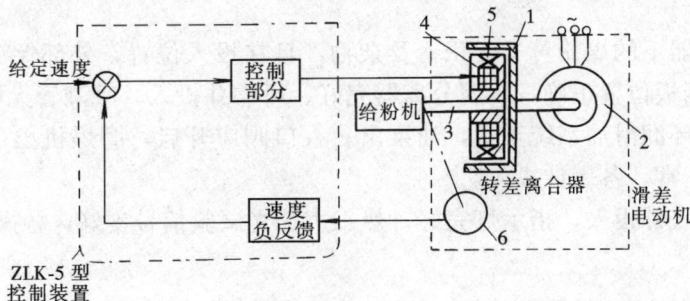

图 3-6　滑差电动机调速系统原理示意
1—电枢；2—异步电动机；3—输出轴；4—激磁线圈；5—磁极；6—测速发电机

增大，给粉机转速便回升，直到给粉机转速恢复到扰动前的转速为止。

滑差电动机又称为电磁调速异步电动机，是由普通的鼠笼式异步电动机和转差离合器组成的。

21. 简述螺旋输粉机的工作原理及优缺点。

答： 电动机通过减速器带动螺旋杆转动，螺旋杆上装有螺旋形的叶轮，这样煤粉由入口端推向另一端，并由出口管落入别的煤粉仓。螺旋杆倒转时，也可将邻炉的煤粉送入本炉的煤粉仓。

螺旋输粉机输粉量的多少，可以通过改变电动机转速来控制，也可以通过控制进入螺旋输粉机的煤粉量来控制。它的控制电动机有正、反两个转动方向。

螺旋输粉机结构简单，对杂物不敏感，工作安全、可靠；但容易发生煤粉自流和积粉堵塞，且输粉距离不宜过长，以免因自重造成弯曲变形而卡涩。

第二节　制粉系统的启动与停运

1. 对于中间储仓式钢球磨煤机制粉系统，启动前应进行哪些准备工作？

答：（1）转动机械的检查。

1）给煤机要完整无缺，且操作机构灵活，煤斗煤闸门应开启，各润滑部件有足够的润滑油，原煤仓内有足够的原煤。

2）磨煤机进、出口密封环完好，磨煤机内有足够的钢球，防护遮拦及保护罩壳应完好、牢固，减速传动装置完好。

3）排粉机内无异物和积粉，叶轮试转正常，无碰击声；各处地脚螺栓紧固；各轴承箱油位正常、油质合格；各轴承冷却水投入、畅通，且回水无飞溅和溢流。

（2）管路系统及部件的检查。

1）各防爆门完整、严密且无杂物压盖，各人孔门装齐；锁气器完整、动作灵活；粗粉分离器调节挡板开度适当，粉位测量装置机构灵活、指示正确；各处蒸汽灭火门关闭。

2）系统内各阀门挡板动作灵活，位置指示与实际位置相符，且各风门挡板所处位置符合要求。

3）旋风分离器下的煤粉算子无积粉及杂物，且在投入位置，外部保温完整，粉仓与螺旋输粉机的导向挡板位置正确，木屑分离器完好、可靠并投入，吸潮管无堵塞及泄漏现象。

4）磨煤机循环润滑油系统正常，油泵出、入口阀应开启，磨煤机出、入口大瓦供油阀开启，油箱油位正常，各表计投入。

5）制粉盘各表计投入，指示灯完好，热工声、光试验信号良好，各操作开关灵活。

2. 如何启动热风送粉的中间储仓式制粉系统？

答：（1）启动磨煤机润滑油泵，调整润滑油压在规定范围内，润滑油温和回油量符合要求。

（2）启动排粉机。

（3）开启排粉机入口风门，开启磨煤机入口的热风门、总风门，逐渐关闭其冷风门，调整系统负压符合要求，对制粉系统进行暖管。

（4）待磨煤机出口风粉混合物温度达到要求值后，启动磨煤机和给煤机。

（5）调整系统各参数达到要求值。

（6）对所属系统进行全面检查。

3. **如何启动乏气送粉的中间储仓式制粉系统？**

答：（1）启动油泵，调整磨煤机润滑油压正常。

（2）在确保排粉机出口风压稳定的前提下，逐渐开启排粉机入口温风门及磨煤机入口风门，同时逐步关小排粉机入口热风门直至全关。

（3）磨煤机出口风粉混合物温度达到要求值后，启动磨煤机和给煤机。

4. **中储式制粉系统有哪几种停运方式？**

答：中储式制粉系统的停运主要有紧急停运和正常停运两种。紧急停运主要是在异常事故情况下，利用制粉系统的连锁，即首先拉掉排粉机，给煤机和磨煤机相继跳闸，然后再将各风门挡板置于制粉系统停运后的正确位置。

5. **如何进行热风送粉的中间储仓式系统的正常停运？**

答：（1）停运给煤机，注意及时调整，保持磨煤机出口风粉混合物温度正常。

（2）待磨煤机空载后，停运磨煤机。

（3）停运排粉机。

（4）停止磨煤机润滑油泵，解列制粉系统连锁，开启相应的三次风口的冷风门。

6. **如何进行乏气送粉的中间储仓式系统的正常停运？**

答：（1）停运给煤机，待磨煤机空载后，停运磨煤机。

（2）在保证排粉机出口风压稳定的前提下，缓慢开启排粉机入口热风门，同时逐渐关小磨煤机入口热风门和排粉机入口温风门，直至关闭严密。

（3）停止磨煤机润滑油泵，解列制粉系统连锁。

7. **直吹式制粉系统启动前应进行哪些检查准备工作？**

答：（1）中速磨直吹式系统。

1）磨室内无杂物，转动部件的动静部分间隙合适；碾磨部件的加载装置正确，保持预定的加载值。

2）齿轮油箱内油位正常，油质合格；油泵启动后油压正常，各润滑点油量合适。

3）粗粉分离器调整挡板和回粉口处密封装置无杂物堵塞或卡涩。

4）对于负压运行的磨煤机，应确认其石子煤箱进口挡板已开启，出口挡板关闭严密，挡板开关动作灵活。对于正压运行的磨煤机，应确认其石子煤箱排放管上锁气器严密性良好，动作灵活，锁气器内煤柱压力的平衡锤位置适当。密封风管道及附件完好。

（2）高速磨直吹式系统。

1）磨室内无积粉、杂物，铁件收集箱完好，机壳与大轴接合处密封装置完好并投入。

2）对于可变速调节的磨煤机，其转速调节装置应完好，磨煤机出口所属一次风门应开启。

3）轴承箱内油位正常，油质合格，油泵传动部件牢固、可靠。

4）粗粉分离器调整挡板处无杂物且开度合适，回粉口处密封装置完好并无杂物堵塞或卡涩。

8. 如何启动负压直吹式制粉系统？

答：（1）启动润滑油系统。

（2）启动排粉机，缓慢开启出、入口风门，但不要过大。

（3）如果分离器是回转式的，应启动分离器；注意系统负压。

（4）开启磨煤机入口的热风门、温风门，关闭其冷风门，对制粉系统进行暖管。

（5）当磨煤机出口风温升高至规定值时，启动磨煤机并检查各部件的工作情况，启动给煤机并调整给煤量。

（6）进行调整，使系统各参数达到要求值。

9. 如何启动正压直吹式制粉系统？

答：（1）启动润滑油系统。

（2）启动密封风机，保持密封风压为规定值。

（3）开启磨煤机入口轴封风门，保持风压为规定值。

（4）启动排粉风机，开启排粉机进口热风门和磨煤机出口风门，进行暖管。

（5）复查系统正常且磨煤机出口风温达到要求值后，启动磨煤机和给煤机。

10. 直吹式制粉系统有哪几种停运方式？

答：直吹式制粉系统的停运，除因锅炉保护、连锁动作跳闸或制粉系统故障跳闸外，一般按是否具备通风吹扫条件可分为快速停运和正常停运两种方式。

在磨煤机进口一次风量过小或密封风与磨煤机进口一次风压差过低的情况下，停用制粉系统应采用快速停运方式，禁止对系统进行降温和通风吹扫；除上述情况外，制粉系统均应按正常方式先进行降温，并经通风吹扫后方可停运该系统。这是因为一次风量过小时，易造成煤粉管积粉或阻塞。而当密封风压差过低时，如对磨煤机进行通风吹扫，不但会造成磨煤机内风粉混合物从磨煤机的轴封处向外喷出及吹入给煤机内造成积粉，而且还将使煤粉进入磨辊轴承内造成设备损坏。

11. 如何进行直吹式制粉系统的快速停运？

答：（1）当磨煤机进口一次风量小或密封风压差过低时，磨煤机跳闸保护将动作，使磨煤机跳闸，并联动给煤机跳闸；若保护不动作，则应立即手动将其停运。

（2）检查煤量、风量和出口温度均处于退出自动状态，并关闭该层制粉系统的燃料风门。

（3）立即关闭该磨煤机的进、出口阀和热风调节阀及热风隔绝阀。

（4）开启磨煤机的消防蒸汽灭火门，向该磨煤机内充入蒸汽，以防内部积粉自燃或发生爆炸等异常情况。

（5）消防蒸汽灭火门开启 10min 后，当磨煤机出口温度无异常变化时，即可关闭该消防蒸汽灭火门。

12. 如何进行直吹式制粉系统的正常停运？

答：对负压系统：
（1）停运给煤机。
（2）待磨煤机空载后，停止其运行。
（3）关闭磨煤机入口热风门，开启冷风门，吹扫磨煤机送粉管道。
（4）停运回转式粗粉分离器及排粉机。
对正压系统：
（1）停运给煤机，吹扫磨煤机及送粉管道内余粉。
（2）待磨煤机空载，停运磨煤机及润滑油泵。
（3）停运排粉风机，并关闭风门。
（4）关闭密封风门，停运密封风机。

13. 在制粉系统的启停过程中有哪些注意事项？

答：（1）在磨煤机的启动过程中，必须进行充分的暖管。冷态的制粉系统启动时，管道温度很低，如果不提前用热风进行暖管，制粉系统启动后，煤粉空气混合物中的水分遇到温度较低的冷管道会产生结露，煤粉黏附于管道内壁，增加了流动阻力，严重时还可能引起旋风分离器的堵塞。在气候较冷和管道保温不完整的情况下，这种现象更为明显。另外，对于中储式制粉系统，由于其设备较多、管道较长，故启动过程中的暖管就显得更为必要。因此，在启动过程中要注意磨煤机出口和排粉机出口温度的差异，对制粉系统进行充分暖管，暖管时间一般规定为 10～15min。

（2）在中速磨启动过程中，必须检查加载装置的工况。中速磨煤机加载装置的工况会直接影响到磨煤机的出力。碗式磨启动初期常发生辊筒不转现象，大多是由于磨煤面间隙较大而引起的，此时可稍动加载弹簧或液压加载装置，缩小磨煤面下部间隙，或适当提高煤位便可解决。

（3）磨煤机停运时，必须抽尽余粉。停运磨煤机时，如不将余粉抽尽，积粉会氧化发生自燃。当重新启动时，自燃的煤粉悬浮起来，会造成制粉系统爆炸。停运磨煤机时抽尽余粉，不仅是防止自燃和爆炸的一项重要措施，而且也为磨煤机的重新启动创造了条件，这对于碗式磨煤机和风扇磨煤机尤为重要。另外，停运时将磨煤机内的余粉抽尽，重新启动时可以减小对炉膛燃烧的扰动，保持燃烧的相对稳定。

（4）在制粉系统启停过程中，严格控制磨煤机出口风粉混合物的温度不超过规定值。磨煤机的启停过程属于变工况运行，此时若出口温度控制不当，很容易使温度超过极限而导致煤粉爆炸。制粉系统停运时，残存的煤粉如果没有抽尽而发生缓慢氧化，则在启动通风时会使引燃的煤粉疏松和扬起，若温度适当，便会引起爆炸。若运行中的磨煤机出、入口已发生积煤、积粉自燃，且停止运行前又没有及时采取相应的措施，则在停止给煤的整个抽粉过程中，回粉管继续回粉，煤粉被磨得更细，加上温度控制不当也可能引起爆炸。

因此，在磨煤机的启动过程中，当出口温度达到规定值时，就要向磨煤机内给煤；在停运过程中，随着给煤量的减小，应逐渐减少热风，并严格控制磨煤机出口温度不超过规定值。

第三节　制粉系统的运行调节

1. 对制粉系统的运行有哪些基本要求？

答：（1）保证制粉系统运行的稳定性，关键是保持一次风压和磨煤机出口温度的稳定。

（2）保持煤粉的经济细度。

（3）根据系统的特点，保持磨煤机适当的出力，以满足锅炉带负荷的需求和系统运行的经济性。

（4）防止发生煤粉自燃和爆炸事故，防止堵塞。

2. 在直吹式制粉系统的运行过程中应主要监视哪些参数？

答：运行中的直吹式制粉系统的制粉量，在任何时刻均等于锅炉的燃料消耗量。因此，它运行工况的好坏直接影响锅炉的稳定。在直吹式制粉系统运行过程中，必须严密监视以下几个参数：磨煤机的通风量（一次风量）、磨煤机电流、给煤机电流及磨煤机出口风粉混合温度等。

3. 在中间储仓式制粉系统的运行过程中应主要监视哪些参数？

答：中间储仓式制粉系统的运行特点是可以独立地进行调节，与锅炉负荷没有直接的关系。在其正常运行中，应主要监视磨煤机入口负压、出口与入口压差、出口温度和排粉机电流。运行中通常根据磨煤机出、入口压差的大小来控制给煤量，以保证磨煤机的最佳载煤量。磨煤机出口温度反映了磨煤机的干燥出力和煤粉含水量的大小，对不同形式的磨煤机，在磨制不同的煤种时，有不同的规定值。排粉机电流的变化随磨煤机系统的通风量和气粉浓度的变化而变化，它能直观地反应出系统出力的大小及风煤的配比。当磨煤机煤量增大时，由于磨煤机内通风阻力增加而使通风量减小，因而进入排粉机的风量也相应减小，此时排粉机电流因负荷减小而降低。当磨煤机满煤时，由于通风量大大减小而使排粉机电流明显下降；当给煤量减小时，排粉机电流则上升。

4. 影响煤粉经济细度的因素有哪些？

答：影响煤粉经济细度的因素很多，主要有以下几方面：

（1）燃料的燃烧特性。一般来说，挥发分高、发热量高的燃料容易燃烧，煤粉可以粗一些。

（2）磨煤机和分离器的性能。当磨制煤粉的颗粒度均匀时，即使煤粉粗一些，也能燃烧的比较完全。

（3）燃烧方式。对燃烧热负荷很高的锅炉及旋风炉，由于燃烧强烈，故可以烧粗一些的煤粉。

5. 如何调节直吹式制粉系统煤粉细度？

答：直吹式制粉系统煤粉细度的调节，通常是通过改变分离器内煤粉的离心力或制粉系统的通风量来实现的。通过改变安装在固定式分离器上部的可调切向叶片角度来改变风粉气流的流动速度和旋转半径，从而达到改变煤粉离心力和粗粉分离效果的目的。在一定的调节范围内，煤粉细度将随折向挡板开度的增大而变粗。旋风式分离器的调节，主要是通过改变分离器的转速来实现的。当通风量一定时，转速越高，煤粉的离心力就越大，则相应的煤粉就越细。改变制粉系统的通风量，对煤粉细度的影响也是非常明显的。通风量增加时，煤粉变粗；通风量减小时，煤粉变细。此外，在考虑通风量的同时，还应注意一次风量变化所带来的影响。

6. 如何调节中间储仓式制粉系统煤粉细度？

答：中间储仓式制粉系统煤粉细度与分离器的运行特性、运行状态及磨煤机的通风量等因素有密切关系。不同煤种的煤粉最佳经济细度要经过试验得出，并在运行中根据试验数据、煤质情况和锅炉燃烧工况进行调整。煤粉细度的调节和控制，主要靠粗粉分离器来完成。其次，改变系统通风量，对煤粉细度的影响也非常明显。通风量增大时，煤粉变粗；通风量减小时，煤粉变细。

7. 磨煤机出口温度是如何规定的？

答：根据《火力发电厂煤粉锅炉炉膛防爆规程》和《磨煤机选型导则》，对磨煤机出口温度有以下规定，见表 3-1。

表 3-1   **磨煤机出口温度**

干燥介质 制粉系统形式	空气干燥	烟气、空气混合干燥
风扇磨煤机直吹式系统粗粉分离器后	贫煤约为 150℃ 烟煤约为 130℃ 褐煤、页岩约为 100℃	约为 180℃
钢球磨煤机储仓式制粉系统	贫煤约为 130℃ 烟煤、褐煤约为 70℃	褐煤约为 90℃ 烟煤约为 120℃
双进双出钢球磨煤机直吹式制粉系统分离器后	烟煤约为 85℃ 褐煤约为 75℃ $V_{daf} \leqslant 15\%$ 的煤约为 100℃	
中速磨煤机直吹式制粉系统分离器后	$V_{daf} < 40\%$，5（$82 - V_{daf}$）/（3 ± 5） $V_{daf} \geqslant 40\%$，$< 70℃$	
RP 型、HP 型中速磨煤机直吹式制粉系统分离器后	高热值烟煤小于 82℃，低热值烟煤小于 71℃，次烟煤、褐煤小于 66℃	

8. **制粉系统出力指的是什么？**

答： 制粉系统出力是指每小时制出的合格煤粉的数量。它包括磨煤出力、干燥出力和通风出力。

9. **什么是磨煤出力？**

答： 磨煤出力指的是磨煤机本身的研磨装置对煤的研磨能力，即单位时间内在保证一定煤粉细度条件下，磨煤机所能磨制的原煤量。

10. **用改变给煤量的方法来调节煤粉细度好吗？**

答： 磨煤机运行中，增大给煤量可使煤粉变粗，减小给煤量可使煤粉变细；但这种方法不经济。

对钢球磨来说，磨煤功率消耗与磨煤出力的变化几乎无关，而单位电耗却随出力下降而增大，故不提倡用改变给煤量的方法来调节煤粉细度。另外，当减小给煤量时，磨煤机出口气粉混合物温度会升高，若调整不及时，还会引起煤粉爆炸。

11. **运行中如何判断磨煤机内煤量的大小？**

答： 在其他条件不变的情况下，若磨煤机内的煤量发生变化，会使气流通流面积变化，流动阻力改变，从而使出、入口压差发生变化；另外，煤量变化还会使消耗与干燥水分的热量改变，从而引起出口温度的变化。对于钢球磨煤机，钢球埋在煤层中或裸漏在煤层外，筒体内会发出不同的声响。对于中速磨煤机，当给煤量发生变化时，电动机电流也会有明显的变化。因此在运行中，如果磨煤机出、入口压差增大，说明存煤量大；反之，煤量小。磨煤机出口混合物温度上升，说明煤量减小；反之；煤量增加。电动机电流升高，说明煤量大（但满煤时除外）；反之，煤量小。另外，有经验的运行人员还可根据磨煤机发出的声响来判断煤量的大小：声音小而沉闷，说明磨煤机内的煤多；声音大且伴有金属的撞击声，说明煤量小。

12. 什么是磨煤机的干燥出力？

答： 干燥出力是指干燥剂对煤的干燥能力，即单位时间内煤由最初水分干燥到煤粉水分时，磨煤机所能干燥的原煤量。

13. 什么是磨煤机的通风出力？

答： 进入磨煤机的热风，除用来干燥煤粉外，还将起到输送煤粉的作用。通风出力是指气流对煤粉的携带能力，即单位时间内由通风带走的煤粉的量（按原煤计算）。

14. 在乏气送粉的制粉系统中，什么情况下需进行"倒风"操作？

答： 在乏气送粉的制粉系统中，不论磨煤机运行与否，排粉机的运行都不能间断。磨煤机启动或停运时，需要进行"倒风"操作。当煤粉仓粉位高需要停运磨煤机或磨煤机因故跳闸停运时，可通过"倒风"切断磨煤机风源，排粉机入口则直接吸取温风来向一次风管内输粉。排粉机运行中，当需要启动相连的磨煤机时，应将热风"倒"入磨煤机内作为干燥介质，同时切断排粉机入口温风，将制粉乏气作为一次风输粉。

15. 中间储仓式制粉系统运行中，当给煤量增加时，风压和磨后温度如何变化？为什么？

答： 这种制粉系统在正常运行时，主要靠维持磨煤机入口负压、入口和出口压差及出口温度来保证运行工况。当给煤量增加时，磨内载煤量增多，使通风截面减小，通风阻力增加，所以出口负压增大，入口负压减小，入口与出口压差增大。再者，由于给煤量增多，需要的干燥热量增加，而热风温度不变，故当通风量一定时，磨煤机出口温度就会因干燥不足而下降。

16. 磨煤机的最佳通风量是如何规定的？

答： 磨煤电耗和通风电耗的总和为最小时的通风量为最佳通风量。

第四节 辅机的经济运行

1. 钢球磨煤机的磨煤出力与哪些因素有关？

答：钢球磨煤机的出力主要与钢球装载量、筒体内装煤量、钢球直径大小及波浪形护板的磨损程度有关。

（1）钢球装载量。若钢球装载量太少，则不能很好地进行研磨；若钢球装载量太多，则撞击距离变短，不能保证钢球之间应有的研磨煤层，影响出力且增加电耗。一般取经验数值应占磨煤机圆筒容积的 20%～30%。

（2）筒体内装煤量。当筒体内装煤量过少时，钢球与煤的撞击机会减少，而钢球与钢球之间、钢球与钢瓦之间的撞击与研磨机会增多，这样不但出力下降，而且加剧钢球与波浪形护板的磨损；当筒体内装煤量过多时，又使钢球的撞击能量减少，并增加通风阻力。筒体内装煤量的多少，应根据钢球状况、通风及干燥条件等因素来决定。运行中筒体内装煤量的多少，常根据球磨机进、出口压差来控制。

（3）钢球直径大小及波浪形护板磨损程度。不同的煤种要求钢球的直径也不同。煤质越硬，磨煤所需的撞击能量也越大。因此应采用大直径的钢球。但也应注意，在同一钢球装载量下，钢球直径小，磨煤出力大；然而当钢球直径过小时，就会降低出力而使电耗增加。适当的钢球直径及其配比，应通过试验并根据煤种来选定。此外，由于钢球的消耗量很大，故运行中应根据磨煤机电流的大小来定期添加钢球。波浪形护板的磨损程度对钢球的跌落高度影响很大，磨损严重时，会大大降低磨煤出力。

2. 中速磨煤机的出力与哪些因素有关？

答：中速磨煤机的出力主要与碾磨装置的运行工况、碾磨部件的磨损程度及转盘上的煤层厚度等因素有关。

（1）碾磨装置的运行工况。

1）碾磨压力的大小对磨煤机的工作有很大的影响。随着碾磨压力的增大，将使磨煤机的制粉能力增大；然而碾磨能力过大时，将使碾磨部件磨损加剧，同时单位制粉量的电量消耗也将增大。

2）中速磨煤机环形风道中气流速度高时，出力大而煤粉粗；气流速度低时，出力小而煤粉细。但气流速度不能太低，以免煤粒从磨盘边缘滑落下来堵住石子煤箱；气流速度也不能太高，以免煤粉太粗而影响燃烧。最佳的气流速度应通过调整试验来确定。

（2）碾磨部件的磨损程度。当磨辊的辊胎磨损后，如不及时进行加载，则碾磨压力便会下降，使磨煤出力下降。磨碗的衬圈和辊套间隙增大，不但使磨煤出力下降，而且还会使煤粉质量降低，石子煤量增大。

（3）转盘上的煤层厚度。煤层过厚或过薄，都会使磨煤出力降低；而且当煤量过大时，还会使磨煤机堵塞，矸石增多。

3. **高速磨煤机（风扇磨）的出力与哪些因素有关？**

答： 高速磨煤机是磨煤机和排粉机的有机结合，它担负着制粉和通风的双重作用，因此高速磨煤机的出力受通风出力和干燥出力的影响。当磨煤机进煤量大时，磨内空气阻力和输粉阻力都将增加，使进入磨煤机的风量下降，输粉量减小。因此，必须保持磨煤机的足够的通风出力。影响高速磨煤机的出力的另一个因素是干燥介质温度。当煤量增大时，磨煤机内和出口干燥介质温度将下降，为了保持磨煤机运行工况稳定，使出口风粉混合物的温度保持在一定范围内，就应适当减小给煤量，所以，运行中要增加磨煤机的出力，就必须增加磨煤机的通风量。此外，当风扇磨煤机的冲击板、护板和分离器受到严重磨损时，不但使运行周期缩短，还会使磨煤机的通风量和出粉量均下降。

4. **燃料特性对制粉出力有什么影响？**

答：（1）水分。燃煤中的水分对磨煤机出力、煤粉流动性及燃烧的经济性都有很大的影响。水分过大时，制粉系统运行时将产生一系列困难，煤粉仓内煤粉易被压实结块，容易阻塞落粉管，还会造成磨煤机出力下降。运行中原煤水分增加，将使干燥出力下降，磨煤机出口温度降低。为了恢复干燥出力和磨煤机出口温度，可增加热风量。如果热风门大开仍满足不了干燥所需要的热风量时，只能减小给煤量，降低磨煤出力。

（2）可磨性系数。煤的可磨性系数是指在风干状态下，将同一质量的标准煤和试验煤由相同粒度磨碎到相同细度时的能耗之比。标准煤是一种极难磨的无烟煤，其可磨性系数定为1。燃煤越容易磨，则磨粉耗电越小，可磨性系数越大。通常认为可磨性系数小于 1.2 的煤为难磨的煤。

（3）灰分。灰是煤中的杂质。煤中灰分越大，则煤的发热量越低，所需燃煤量加大，制粉电耗也随之增加。

5. **系统漏风对制粉出力有什么影响？**

答： 磨煤机前漏风，使通过磨煤机的风量增多，为保持正常的入口负压势必要减少热风，使磨煤机的干燥出力下降，从而造成磨煤机出力降低。磨煤机后漏风，将增大排粉机负荷及通风单位电耗，加大一次风量，降低一次风温。当排粉机出力不足时，会减小磨煤机的通风量，使干燥条件更加恶化，磨煤机出力被迫降低。

6. **风机出力的调节手段有哪些？**

答： 在实际运行中，锅炉负荷总是不断变化的，而风机的通风量与所需风量必须保持平衡，因此要对风机的出力进行调节。调节的方法有两大类，即改变管道特性曲线和改变风机特性曲线。一般采用定速和变速的手段进行调节，主要有节流、变角和变速等几种方法。

7. 什么是节流调节？节流调节分为哪几类？各有什么特点？

答：节流调节就是调节装设在风机进口或出口的节流挡板的开度来改变管道系统的阻力，从而改变风机的工作点的位置，达到调节风量的作用。

节流调节分为出口节流调节和进口节流调节两种。

出口节流调节是在风机出口管路上加装节流挡板，如需减小风量，则可关小挡板。这种调节方法是通过改变系统阻力来实现的，其运行经济性差；此外，挡板关得过小，风机的工作点可能落入不稳定工作区，发生喘振。

进口节流调节是指节流挡板设在风机的进口管路上的调节方法。这种方法是通过改变风机进口节流挡板的开度，使风机进口阻力改变，从而改变风机的进口压力和性能，使风机工作点发生相应位移，以达到调节风量的目的。

8. 简述进口导向调节器方式的原理及优点。

答：进口导向调节器方式是通过改变风机进口导向器叶片的角度，使风机叶片进口气流的切向分速度发生变化，从而改变风机的特性曲线。当外界系统阻力不变时，风机运行工作点的位置相应改变，从而改变风机的风压和流量。这种调节方式的经济性比节流调节高，而且进口导向器结构简单，调节性能好，维护方便，所以目前应用广泛。

9. 什么是风量的动叶调节？

答：风量的动叶调节是指在风机运行中，通过改变风机叶片的角度，使风机的特性曲线发生改变，从而达到改变风机工作点的位置和调节风量的目的。此种调节方式经济性和安全性都较好，且每一个叶片角度对应一条性能曲线，叶片角度变化和风量成线性关系。

10. 常见的改变风机转速的方法有哪些？

答：常见的改变风机转速的方法有采用液力耦合器来调节，以及采用双速电动机或给水泵汽轮机来驱动。

11. 采用液力耦合器调速有什么优点？

答：采用液力耦合器调速时，输入轴的转速不变，输出轴可以实现无级变速，大量地节约了电能，且可以空载启动，离合方便，升速和传递转矩平稳。另外，耦合器在运行中存在滑差，转速稍有变化对转矩影响不大。所以，液力耦合器在大容量机组调速中得到了广泛的应用。

第五节　辅机的故障与处理

1. 简述磨煤机满煤时的现象及处理方法。

答：现象：

（1）磨煤机入口负压减小，出口负压增大，出口温度下降。严重时，磨煤机出口密封处向外冒粉，排粉机电流下降。

（2）中速磨煤机进、出口压差增大，出口温度和一次风量下降，排粉机电流减小，故障磨煤机所属的一层燃烧器燃烧不稳，严重时层熄火保护动作使磨煤机跳闸。

（3）风扇磨煤机电流增大，发出过负荷报警，入口变正压，出口风压减小。

处理方法：

（1）满煤故障处理的原则是加大通风量，迅速降低给煤量。

（2）调节磨煤机出口温度正常。

（3）直吹式制粉系统锅炉如手动运行时，还应立即增加其他磨煤机的给煤量。

（4）必要时，可停止磨煤机运行，打开人孔将煤清理出来。

2. 简述磨煤机跳闸时的现象及处理方法。

答：现象：磨煤机跳闸事故喇叭响，运行指示灯熄灭，电流指示回零，对应的给煤机跳闸；直吹式系统的锅炉负荷下降，燃烧不稳，严重时可能发生锅炉灭火。

处理方法：

（1）中速磨煤机。对于直吹式制粉系统，发生磨煤机跳闸时，应立即投油助燃，稳定燃烧，防止锅炉发生灭火，同时查明原因并进行处理。如果因磨煤机入口一次风量过低或密封风与一次风压差过低而造成磨煤机跳闸，应立即关闭磨煤机热风挡板、热风隔绝阀及对应的磨煤机燃煤风门，开启消防蒸汽门，以防止磨煤机内部发生着火。如果磨煤机因其他原因跳闸时，应立即对磨煤机进行通风吹扫，之后切断磨煤机风源，查明原因并做好恢复准备，必要时启动备用磨煤机。

（2）球磨机。球磨机跳闸后，立即复位跳闸磨煤机及相应的给煤机开关，关闭磨煤机入口热风门，开启冷风门，保持磨煤机出口温度不要过高。同时对乏气送粉系统进行"倒风"操作，并联系检修人员处理。若短时间内不能恢复，则停止故障侧系统，启动备用系统，以保持粉仓粉位正常。

3. 简述钢球筒式磨煤机发生断煤的原因及现象。

答：原因：由于给煤机故障、原煤水分高、杂物堵塞、原煤仓无煤或堵塞，都能引起磨煤机断煤。

现象：磨煤机出口干燥剂温度升高；磨煤机入口负压增大，出口负压减小；排粉机出口风压增大；排粉机电流增大，磨煤机内部噪声增大；断煤信号显示。

4. 钢球筒式磨煤机发生断煤如何处理？

答：适当关小磨煤机入口热风门，开大入口冷风门，以控制磨煤机出口温度不超限。如果是落煤管堵塞或原煤仓不下煤，应设法予以疏通；如果是无煤，应迅速上煤；如果是给煤机故障，应迅速消除故障。若短时间内不能恢复，应停止磨煤机运行。

5. 钢球筒式磨煤机满煤后有哪些现象？

答：磨煤机满煤后，气流通流面积减小或不通，钢球埋在煤中，几乎失去磨煤作用；磨煤机出、入口压差增大，入口负压减小或变正，出口负压增大；磨煤机出口气粉混合物温度下降；当磨煤机入口正压时，会向外冒粉；磨煤机筒体内噪声减小；磨煤机和排粉机电流均减小；排粉机出口风压减小。

6. 钢球筒式磨煤机堵煤时如何处理？

答：减小或停止给煤，适当开大排粉机入口挡板进行抽粉，同时注意监视磨煤机出、入口压差及出口温度的变化。当出、入口压差恢复正常时，应立即加大给煤或投煤，如采用乏气作为一次风，应适当增大系统通风量或启动备用排粉机，以维持一次风压；如入口管已堵塞，可进行敲打，或打开该处检查孔疏通，但要防止往外喷粉；经上述处理无效时，应停止磨煤机运行，切换风路，然后打开磨煤机出、入口人孔门进行处理。

7. 粗粉分离器发生堵塞时有哪些现象？

答：粗粉分离器堵塞时，由于气粉混合物不能正常通过，故会表现出以下一些现象：磨煤机出、入口负压减小，粗粉分离器出口及细粉分离器的负压增大；磨煤机出、入口可能向外跑粉；回粉管锁气器动作不正常，回粉温度下降；严重堵塞时，经过排粉机的风量很小，排粉机电流明显下降。

8. 粗粉分离器堵塞时如何处理？

答：适当减小给煤或停止给煤，开大粗粉分离器挡板，必要时增大系统通风量，但要注意维持一次风压及磨煤机出口温度；不断活动回粉管上的锁气器或敲打回粉管，以使回粉管输粉畅通；如堵塞严重且上述方法无效，应停止制粉系统运行，然后打开人孔门，进行内部检查，清理杂物，疏通堵塞。

9. 细粉分离器堵塞时有哪些现象？

答：细粉分离器发生堵塞时，除制粉系统本身的参数不正常外，由于乏气中煤粉量增多，故对锅炉运行参数也有影响：细粉分离器入口负压减小，出口负压增大；排粉机入口负压增大，电流波动大；锅炉蒸发量增大，汽压、汽温上升；细粉分离器下部的锁气器不动作或动作不正常，若是电动锁气器，则其电流摆动大。

10. 细粉分离器堵塞时如何处理？

答：若为热风送粉系统，可立即停止排粉机，即停止制粉系统运行；若为乏气送粉系统，应停止给煤机和磨煤机，切断风路，注意维持一次风压；将细粉分离器下的煤粉筛网抽出，清理筛网上的杂物及积粉；活动锁气器，疏通落粉管；若是由于煤粉仓满煤造成的堵塞，应启动螺旋输粉机向邻炉输粉。

11. 简述钢球磨煤机入口积煤着火时的现象及处理方法。

答：磨煤机入口因积煤而引起的着火现象：磨煤机出口温度升高，入口处有煤烟味；磨煤机入口负压减小，制粉系统各处风压不稳定；磨煤机入口管温度升高，严重时入口管会烧红，防爆门发生爆破。

处理方法：切断连锁，加大给煤量，以新煤把火压住；压住回粉管锁气器，使其不动作，以免粗粉返回磨煤机而助长燃烧；停止磨煤机，切断风路；打开入口检查孔，采取措施将火扑灭，但要注意安全；彻底灭火后，重新启动磨煤机。

12. 简述中速磨煤机给煤量过多时的现象。

答：给煤量超过磨煤机的碾磨能力，即为给煤量过多。中速磨煤机多配有直吹式制粉系统，煤量过多时，煤粉变粗而使锅炉机械未完全燃烧损失增大。如果煤量多至满煤，碾磨过程可能中止，导致燃烧恶化，出力下降。当煤量过多时，有以下一些现象出现：磨煤机出、入口压差增大；煤量多至磨煤机堵塞时，一次风量下降；磨煤机电流呈阶梯形上升，直至跳闸水平；处于正压运行的磨煤机，一次风机电流上升；在上述过程中，锅炉炉膛出口氧量表先下降后上升。

13. 简述中速磨煤机给煤量不足时的现象。

答：给煤量未满足磨煤机碾磨能力，即为给煤量不足。给煤量不足，会造成相应的燃烧器不稳或脱火，锅炉出力下降。如果不及时采取措施，随着磨煤机内部温度升高，就会有爆炸的危险。在正压运行的磨煤机石子箱内，若积存较多的可燃物，也可能引起磨煤机内着火。

中速磨煤机给煤量不足时，会有以下一些现象出现：
(1) 磨煤机出、入口压差减小。
(2) 磨煤机出口温度升高。
(3) 磨煤机电流下降。
(4) 锅炉出口氧量增大。

14. 简述中速磨煤机发生堵塞时的现象。

答：中速磨煤机发生堵塞时，将有以下现象：

（1）磨煤机出、入口压差增大。对于负压运行的系统，磨煤机入口负压减小，出口负压增大；对于正压运行的系统，磨煤机入口风压增大，出口风压减小。

（2）磨煤机出口温度下降。

（3）磨煤机电流逐渐上升，运转声音沉闷。

（4）锅炉蒸发量及汽压下降。

（5）一次风机电流增大；发生严重堵塞时，一次风机电流可能下降。

（6）石子箱内部的存量异常增多。

15. 风扇磨煤机发生断煤时有什么现象？

答：当给煤机故障、原煤水分过高或原煤仓、落煤管堵塞时，可能出现磨煤机断煤，其主要现象有：磨煤机出口温度升高，磨煤机入口负压增大，出口风压下降，电流下降。由于进入炉内的煤粉减少，使锅炉蒸发量、汽压和汽温均下降，炉膛出口烟气含氧量增大，燃烧不稳。

16. 当粗粉分离器下的锁气器堵塞时，风扇磨煤机的电流为什么会下降？

答：风扇磨煤机的电流与给煤量成明显的正比关系。正常运行时，磨煤机的煤量由两部分组成，一部分来自给煤机，另一部分来自粗粉分离器分离出来的粗粉。当锁气器堵塞时，在给煤机给煤量不变的情况下，相当于进入磨煤机的煤量减少了，即磨煤机的负荷减小了，所以风扇磨煤机的电流会下降。

17. 遇有什么情况应紧急停止磨煤机运行？

答：（1）制粉系统发生着火、爆炸。

（2）设备异常运行，危及人身安全。

（3）轴承温度超过允许值。

（4）电流突然增大，超过额定值。

（5）发生严重振动，危及设备安全。

（6）电动机发生故障，或厂用电失去。

（7）紧急停炉。

18. 造成中速磨煤机排矸机水封破坏的原因有哪些？

答：（1）磨煤机一次风量过大。

（2）一次风压突然升高。

（3）排矸量突然增大。

（4）排矸机补水中断。

（5）排矸机补水压力降低。

19. 中速磨煤机排矸量过大的原因有哪些？

答：（1）磨辊间隙过大。

（2）煤质变差。

（3）磨辊压力不足。

（4）磨辊损坏。

（5）磨煤机一次风量小。

（6）磨煤机给煤量过大。

（7）磨煤机风室堵塞。

20. 中速磨煤机排矸量突然减小或没有排矸的原因有哪些？如何处理？

答：原因：

（1）磨煤机跳闸。

（2）排矸立筒堵塞。

处理：

（1）发现排矸立筒堵时，应立即联系检修人员处理，同时通知主值班员减小该磨煤机的给煤量。

（2）必要时停止该磨煤机运行并进行处理，以防造成磨煤机损坏。

21. 中速磨煤机振动大的原因有哪些？

答：（1）磨辊间隙小。

（2）磨辊损坏。

（3）磨煤机给煤量过大。

（4）磨煤机排矸立筒堵塞。

（5）磨煤机导流板损坏。

（6）磨煤机支撑环掉落。

（7）异物进入磨煤机。

22. 简述直吹式制粉系统给煤机或原煤仓堵煤的原因、现象及处理方法。

答：原因：给煤机或原煤仓堵煤，一般是由于原煤水分高、粒度细、黏性大或原煤内混有树枝、木块及其他杂物等造成的。

现象：当给煤机堵煤至一定量时，将发出报警使给煤机跳闸。当发生给煤机原煤仓堵煤时，将造成磨煤机断煤、电流下降及进、出口压差减小。当中速辊式磨煤机发生断煤时，由于磨盘与磨辊直接接触，故将发出金属摩擦声，并使磨煤机出现剧烈的振动。

处理方法：当发生磨煤机、原煤仓堵煤时，应投用故障部位的振动或振动装置；如无此设备，则应人工敲击故障部位或人工进行疏通，尽快使给煤恢复正常。

23. 简述直吹式制粉系统煤粉管堵塞时的现象及处理方法。

答：煤粉管堵塞时，磨煤机出口风压升高，煤粉管的温度明显下降，实地观察燃烧器喷口处无煤粉或有很少的煤粉喷出。此时，应立即加大该磨煤机的一次风量并减小给煤量，对煤粉管进行吹扫疏通。如堵塞严重，可用压缩空气从吹扫孔进行逐段吹扫疏通，当疏通无效或磨煤机运行中无法处理时，应按正常方式停运磨煤机后再进行处理。

24. 简述中间储仓式制粉系统一次风管堵塞时的现象及处理方法。

答：当一次风压表前管道堵塞时，该一次风压表显示值变小；当风压表后管道堵塞时，该一次风压表显示值增大。一次风管堵塞时，还会出现煤粉燃烧器出粉少或不出粉的现象，严重时甚至引起下粉管堵塞。

发现一次风管堵塞时，应立即停运该一次风管对应的给粉机，并对其进行吹扫。堵塞严重时，可用压缩空气从吹扫孔进行逐段吹扫疏通。吹管时，应注意保持一定的炉膛负压。

25. 简述粗粉分离器堵塞时的现象及处理方法。

答：粗粉分离器堵塞时，出口负压及前、后压差增大，回粉管堵塞或锁气器不动作；磨煤机进、出口压差减小，排粉机电流下降。此时，应减小给煤量或停运给煤机，适当增加系统通风量，并继续活动锁气器和敲打回粉管。当堵塞严重且经上述处理无效时，应停运该制粉系统，对乏气送粉系统应先进行"倒风"操作，再停运制粉系统，联系检修人员打开粗粉分离器检查门，并进行人工疏通。

26. 简述细粉分离器堵塞时的现象及处理方法。

答：细粉分离器堵塞时，入口负压变小，出口负压增大，排粉机电流增大，汽温、汽压急剧上升，锁气器不动作，从下灰箅子处向外冒粉。

发现细粉分离器堵塞时，要立即停运对应给煤机，同时乏气送粉系统对磨煤机进行"倒风"，"倒风"中应特别注意一次风压并使之保持稳定，迅速调整燃烧，维持炉内燃烧及锅炉工况的稳定，检查、清理下粉箅子上的杂物和积粉，活动下粉管锁气器，疏通下粉管，并检查绞龙换向挡板位置是否正确。

27. 简述直吹式制粉系统中速磨煤机一次风管堵塞时的现象及处理方法。

答：现象：（1）磨煤机出口温度下降。

（2）磨煤机电流增大。

（3）磨煤机出、入口压差减小。

（4）就地手摸该磨煤机一次风管发凉。

（5）磨煤机排矸量增大。

（6）炉膛燃烧恶化。

处理：（1）在负压允许的情况下，迅速投油稳燃。

（2）关闭该磨煤机的二次风挡板。

（3）停止该磨煤机对应的给煤机运行。

（4）保持一次风压，加大该磨煤机一次风量，进行吹扫。

（5）如该磨煤机部分风管发生堵管，应联系检修人员在未堵的风管上插插板，集中对其他风管进行吹扫。

28. **如何防止制粉系统爆炸？**

答：（1）制粉系统内无死角，不使用水平管道，以免煤粉积存、自燃而引起爆炸。

（2）限制气粉混合物流速，既要防止流速过低而引起煤粉存积，又要防止流速过高而引起摩擦静电火花。

（3）加强原煤管理，防止易燃易爆物混入原煤。

（4）严格控制磨煤机出口气粉混合物温度不超过规定值。

（5）粉仓定期降粉。

（6）锅炉停用3天以上时，应将粉仓中的煤粉烧尽，并清除粉仓漏风。

29. **煤粉仓为什么要定期降粉？**

答：锅炉在正常运行中，煤粉仓中部的煤粉是处于流动状态的，粉仓四壁的煤粉则是处于相对静止的，时间久了，这些静止的煤粉周围的空气薄膜会逐渐消失，造成煤粉结块。结块的煤粉会使给粉机给粉不均，造成炉膛燃烧不稳，甚至引发灭火"放炮"事故。

30. **简述排粉机磨损的原因及危害。**

答：在直吹式制粉系统的负压系统中，因为燃烧所需的全部风、粉都经过排粉机，且工作条件恶劣，所以排粉机的叶轮和叶片磨损比较严重。在直吹式制粉系统的正压系统中，排粉机中通过的是热风，煤粉不经过排粉机，故风机不易磨损。在中间储仓式制粉系统中，大约10%的细粉随乏气流经排粉机，故磨损也较轻微，运转中相对比较安全。排粉机的磨损大多发生在叶片的进、出口及靠近后盘的叶根处。

出现磨损的排粉机，不但效率降低，电耗增大，而且还使系统的可靠性降低，运行维护费用增加。

31. **排粉机的磨损程度与哪些因素有关？**

答：（1）通过排粉机的气流中含尘的浓度及尘粒的大小和形状。

（2）气流的速度。

（3）叶轮和叶片的材质。

（4）煤的磨损性（当煤中含有的石英、黄铁矿及菱铁矿较多时，煤的磨损性就大）。

（5）煤粉分离器的分离效果。

32. 简述排粉机磨损后的现象及处理方法。

答：排粉机磨损后的现象：排粉机叶轮、叶片磨损，转子失去平衡，从而引起振动；叶轮严重磨损时，引起强烈振动，以致飞轮，甚至将地脚螺栓拔出，轴承损坏，轴拉弯，严重的会造成飞车事故。

排粉机磨损后的处理：挖补或堆焊磨损部位，进行校平衡试验，消除振动；无法挖补或堆焊时，应更换叶轮。

33. 采取哪些措施可防止排粉机的磨损？

答：提高煤粉分离器检修质量，加强运行维护管理，提高分离器分离效果；定期进行防磨检查，大、小修时认真检查风机磨损情况，如有损坏、缺陷，及时处理；及时调整制粉系统各运行参数，使之保持在最佳运行状态，保证合格的煤粉细度；叶片要便于更换，并用耐磨的锰钢制作，也可进行表面渗碳或堆焊硬质合金；从结构上，尽可能应用气流保护原理，将叶片表面制成锯齿形，以造成表面涡流，保护金属，减少磨损；在叶片表面黏附碳化硅片，也可以起到较好的防磨作用。

34. 遇有什么情况时应紧急停止风机运行？

答：（1）人身受到伤亡威胁。

（2）风机有异常噪声。

（3）风机轴承温度急剧上升，超过规定值。

（4）风机发生剧烈振动。

（5）电动机发生严重故障。

35. 如何处理送风机冷油器泄漏？

答：（1）立即将油系统切为旁路运行，关闭冷油器出、入口阀，隔绝故障点。

（2）检查风机油压是否正常，并立即汇报主值班员。

（3）检查油箱油位，组织人员补油，通知检修人员处理。

36. 回转式空气预热器故障停运后应如何处理？

答：（1）若跳闸前无异常信号，电流正常，可对跳闸电动机强行合闸一次。

（2）若强行合闸不成功，应确认相对应侧的引风机、送风机已经停止运行，关闭跳闸空气预热器的进、出口风、烟气挡板，提起漏风控制系统的密封板。锅炉减负荷，降低烟气温度，对空气预热器进行手动盘车。

（3）联系检修人员处理，迅速消除缺陷，恢复空气预热器运行。若不能恢复，应申请停炉处理。

37. 简述风罩回转式空气预热器上、下风罩错位时的现象及处理方法。

答：上、下风罩错位时的现象：空气预热器电动机电流指示变小；风压和炉膛负压周期性地来回摆动；错位侧送风机出口风压和空气预热器后风压降低，同时也有周期性的来回摆动现象。

处理方法：停止电动机运转，断开电源开关；打开故障空气预热器的旁路烟道挡板，关闭进、出口烟道挡板，停运故障侧送风机；关闭故障侧大风箱风门，适当关小故障侧引风机挡板；提高另一侧送风机出力，根据风量调整燃烧，适当降低锅炉负荷；严密监视故障侧引风机进口烟温不超过 200℃，否则应停止该风机运行。

38. 简述回转式空气预热器电源故障时的现象及处理方法。

答：现象：故障侧空气预热器电流回零，空气预热器停转，报警声光信号发出，备用电动机或气动驱动装置自动投入运行，如备用电动机不能投入，则排烟温度升高，热风温度降低。

处理：若跳闸前空气预热器电动机无过电流现象，则应将电源开关复位并重合一次，启动成功后可继续运行；若电流过大，则应立即拉开电源开关，防止电动机过载。若一台空气预热器故障不能运行，则应按空气预热器故障处理方法来进行处理；若两台空气预热器同时故障，则应停炉处理。

39. 风机故障的现象有哪些？如何处理？

答：风机故障的现象主要有以下几种：

（1）电流不正常地增大或减小。

（2）风机的风压、风量不正常地变化或摆动。

（3）发生摩擦、振动或撞击等。

（4）轴承温度不正常地升高。

（5）电动机故障或跳闸。

处理方法：

（1）当风机风压、风量不正常变化或摆动时，应首先判断是仪表失灵还是调节系统故障。如果是由于调节系统失灵造成的，应立即将并联运行的风机均切为手动控制，迅速查明原因，同时采取措施以稳定燃烧，防止因风压波动而造成锅炉燃烧破坏，甚至发生灭火。如果是由于动叶或执行机构损坏造成的，应联系检修人员处理，必要时停风机处理。另外，为防止并联运行的风机停运后发生倒转，应严密关闭风机出、入口挡板。

（2）当风机轴承温度过高时，应立即查明原因，减小风机负荷，控制温度上升趋势。如果是由于润滑油系统故障造成的，若油位低，则立即补充油位；若油压低，则立即调整油压到正常。如果是由于轴承损坏造成温度上升，应及时停止风机运行。如有热工温度保护，严禁退出保护；当已达到保护动作值而保护未动作时，应立即手动停止风机运行。

（3）当风机发生振动时，应根据其振动特征查明原因。如果是由于地脚螺栓松动造成的，当允许在运行中紧固时，应进行紧固，但要防止螺栓断裂。如果是由于风机积灰造成的，可适当降低风机负荷，关小入口挡板，用压缩空气吹扫，有条件时停风机处理。如果是由于风机失速造成的，应尽快将风机调整回稳定区域运行。如果是由于风机内部故障或轴承损坏造成的，当振动未超过极限值时，应降低风机负荷运行，并严密观察振动发展情况；当振动已超过允许极限值，应立即紧停风机。

第四章

锅 炉 主 机

第一节　锅炉的整体布置

1. 锅炉的作用是什么？

答：锅炉的作用是使燃料燃烧放热，并将水加热成具有一定温度和压力的蒸汽。

2. 锅炉主要由哪些设备组成？

答：锅炉由"锅"和"炉"两大部分组成。锅包括省煤器、汽包、下降管、联箱、水冷壁、过热器及再热器等；炉包括炉膛、烟道、燃烧器及空气预热器等。

3. 影响锅炉整体布置的因素有哪些？

答：影响锅炉整体布置的因素很多，主要有蒸汽参数、锅炉容量和燃料性质等。

4. 什么是锅炉容量？

答：锅炉容量是表征锅炉生产能力的指标，又称出力。蒸汽锅炉用蒸发量表示。蒸发量是指锅炉单位时间内产生的蒸汽量，用符号 D 表示，单位是 t/h。

5. 什么是锅炉的额定蒸发量和最大连续蒸发量？

答：蒸汽锅炉在额定蒸汽参数和额定给水温度下，使用设计燃料并保证热效率时的蒸发量，称为额定蒸发量。蒸汽锅炉在额定蒸汽参数和额定给水温度下，使用设计燃料并长期连续运行时所能达到的最大蒸发量，称为最大连续蒸发量。

6. 锅炉蒸汽参数指什么？

答：锅炉蒸汽参数指锅炉产生的蒸汽的压力和温度。

7. 什么是锅炉的额定蒸汽参数？

答：锅炉的额定蒸汽参数包括额定蒸汽压力和额定蒸汽温度。额定蒸汽压力是指锅炉在规定的给水压力和负荷范围内，长期连续运行时应予保证的出口蒸汽压力。额定蒸汽温度是指锅炉在规定的负荷范围内，在额定蒸汽压力和额定给水温度下，长期连续运行所必须保证的出口蒸汽温度。

8. 蒸汽参数对锅炉受热面布置有什么影响？

答：锅炉工质的加热过程可分为水的预热、水的蒸发和蒸汽过热三个阶段。这三个阶段吸热量的比例是随着蒸汽压力变化而变化的，蒸汽压力低，蒸发热占的比例大，压力越高，蒸发热的比例越小，预热热和过热热的比例越大。例如，低参数锅炉蒸发热所占比例在70%～75%，受热面以蒸发受热面为主；中压锅炉蒸发热约占66%，过热热约占20%，一般布置对流过热器即可；超高压及亚临界压力锅炉一般为再热锅炉，过热热和再热热占45%以上，就需要布置墙式、屏式、对流式过热器组合系统。因此，锅炉蒸汽参数对锅炉受热面的布置有很大影响，不同参数的锅炉对受热面布置的要求各不相同。

9. 锅炉容量对锅炉受热面布置有什么影响？

答：锅炉容量不同，对锅炉受热面的布置也不相同。锅炉容量增大时，炉膛壁面积的增大比容量的增大慢，因而大容量锅炉炉膛壁面积比小容量锅炉炉膛壁面积相对较小。在中小型锅炉中，炉膛壁面积相对较大，布置水冷壁后已使炉膛出口温度不致过高；但在大容量锅炉中，仅布置水冷壁后，炉膛出口温度仍很高，必须再布置辐射式过热器、半辐射式过热器，才能降低炉膛出口温度以达到允许值。因此，锅炉容量也是影响锅炉受热面布置的一个主要因素。

10. 燃料性质对锅炉受热面布置有什么影响？

答：燃料的性质和种类对锅炉的布置形式有很大影响。以固体燃料为例，挥发分、水分、灰分及硫分对锅炉布置就有很大影响。挥发分低的煤，一般不宜着火和燃尽，这就要求炉膛容积大一些，以保证燃料在炉内有足够的燃烧时间；另外，还需要有较高的热风温度，即增加空气预热器受热面。燃料的水分大时，将引起炉膛温度降低，使辐射吸热量减少，因而空气预热器应布置得多些。燃料的灰分较大时，将加剧对流受热面的磨损，为减轻磨损，可采用塔形布置；灰分熔点太低时，为保证在炉膛出口及后部受热面不结渣，可采用液态排渣方式。燃料的硫分较大时，在锅炉布置上，还要采取各种防止低温腐蚀和堵灰的措施。

11. 什么是锅炉整体布置？

答：锅炉整体布置是指炉膛、对流烟道之间的相互关系和相互位置的确定。随着燃料品种、燃烧方式、锅炉容量、蒸汽参数、循环方式和厂房布置等因素的不同，可选用不同的锅炉布置方式。

12. 锅炉的整体布置形式有哪些?

答: 锅炉的整体布置形式可分为Π形、T形、塔形、箱形、半塔形。另外,还有国内较少采用的N形、U形及L形等。图4-1为常见的电站锅炉布置形式。

13. 锅炉Π形布置的优缺点有哪些?

答: 这种布置形式在大中型锅炉中广泛采用,由炉膛、水平烟道和下行烟道组成。其主要优点有:锅炉和厂房的高度较低,转动机械和笨重设备(如引送风机、除尘器等)布置在建筑地面上,可减轻锅炉构架的负荷;在水平烟道中可布置支吊方式简单的悬吊受热面,在下行对流烟道中易于布置成逆流传热方式,使尾部受热面的检修比较方便。其主要缺点有:占地面积较大,烟气从炉膛进入对流烟道时要改变流动方向,从而造成烟气速度场和飞灰浓度场的不均匀性,影响了传热性能,并造成受热面的局部磨损。

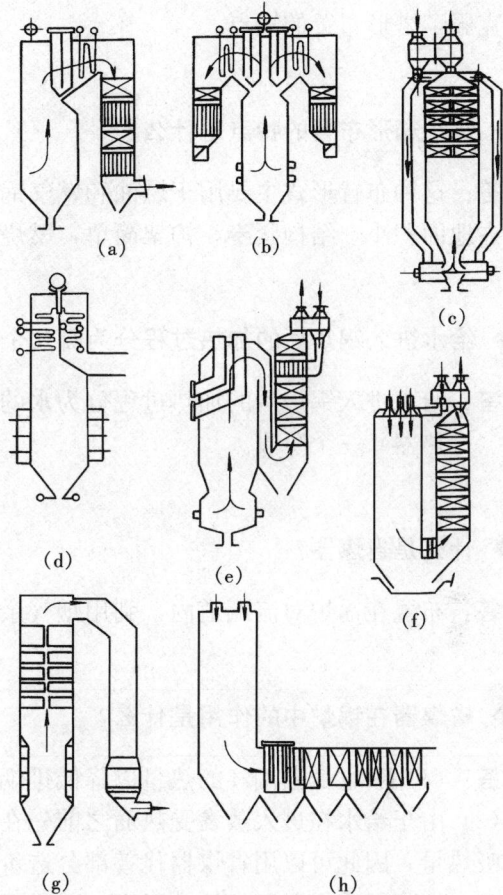

图4-1 常见的电站锅炉布置形式
(a) Π形;(b) T形;(c) 塔形;(d) 箱形;(e) N形;
(f) U形;(g) 半塔形;(h) L形

14. 锅炉T形布置的优缺点有哪些?

答: 这种布置形式有两个对流烟道,可以减小炉膛出口烟窗高度和竖井深度,可以改善水平烟道中的烟气沿高度的热力不均匀和降低竖井中的烟气流速,以减小磨损,还有利于布置尾部受热面;但是占地面积更大。

15. 锅炉塔形布置的优缺点有哪些?

答: 这种布置形式的对流烟道布置在炉膛上方,锅炉烟气一直向上流过各受热面,烟气不转弯,能均匀地冲刷受热面;占地面积小,无转弯和下行烟道,有自然通风作用,烟气流动阻力最小,燃烧器布置方便。其缺点是过热器、再热器布置位置高,空气预热器、引风机、送风机及除尘器采用高位布置,增加了锅炉构架和厂房结构的负荷。锅炉塔形布置适合于燃用多灰分褐煤的大容量锅炉,因为无转弯,不会造成烟气中灰粒分布不均,所以可减轻对流受热面磨损。

16. 锅炉半塔形布置的特点是什么?

答:半塔形布置除了具有塔形布置的优点外,还可以使空气预热器、引风机、送风机及除尘器等设备布置在地面上,用空烟道将烟气自炉顶引下,并和空气预热器的烟气进口连接,克服了塔形布置的缺点。

17. 锅炉箱形布置的特点是什么?

答:这种布置形式主要用于燃油和燃气锅炉,其特点为锅炉各部件均布置在一箱形炉体中,占地面积小,结构紧凑,构架简单,燃烧器多为前、后墙对冲布置,水冷壁受热均匀。

18. 给水进入锅炉后的加热过程分为哪几个阶段?

答:给水进入锅炉后的加热过程分为水的预热(省煤器)、水的蒸发(水冷壁)和蒸汽过热(过热器)三个阶段。

19. 什么是省煤器?

答:布置在锅炉对流烟道内,利用烟气余热来加热给水的受热面叫省煤器。

20. 省煤器在锅炉中的作用是什么?

答:(1)吸收低温烟气的热量以降低排烟温度,提高锅炉效率,节省燃料。

(2)由于给水在进入蒸发受热面之前先在省煤器内加热,这样就减少了水在蒸发受热面内的吸热量,因此可以用省煤器代替部分造价较高的蒸发受热面。

(3)提高了进入汽包的给水温度,减少给水与汽包壁之间的温差,从而使汽包热应力降低,改善汽包的工作条件,延长汽包寿命。

21. 省煤器分为哪几类?

答:按出口工质状态的不同,省煤器可分为沸腾式和非沸腾式两类;按所用材质的不同,又可分为铸铁式和钢管式两类。其中,铸铁式省煤器耐磨损和耐腐蚀,但不能承受高压,只用于非沸腾式;钢管式省煤器应用于大型锅炉,它由许多并列的管径为 28～42mm 的蛇形管组成,蛇形管可以顺列也可以错列布置。

22. 什么是沸腾式省煤器和非沸腾式省煤器?

答:省煤器出口水温被加热达到其出口压力下的饱和温度并产生部分蒸汽,这样的省煤器称为沸腾式省煤器;出口水温低于其出口压力下的饱和温度的省煤器,则称为非沸腾式省煤器。

23. 省煤器为什么通常采用水平布置？

答：省煤器蛇形管通常采用水平布置，主要是考虑以下因素：
(1) 利于停炉后排尽存水。
(2) 尽可能地保持管内的水自下而上流动，以利于强制流动的水动力特性。
(3) 便于排除水加热后产生的空气，避免管内产生空气停滞和内壁局部氧腐蚀。
(4) 有利于吹灰。
(5) 由于烟气与水流做逆向流动，故可以保持较大的传热温差。

24. 为什么省煤器管内的水速应维持在一定范围内？

答：省煤器管内的水速应维持在一定的范围内。当水速过高时，会增加给水泵的电耗；水速过低，金属冷却则难以保证，且会引起蛇形管中的空气停滞。特别在沸腾式省煤器中，管内会产生汽水分层，导致管子上部过热。因而在额定负荷下，对于非沸腾式省煤器，要求水速不低于 0.3m/s；对于沸腾式省煤器，要求水速不低于 1.0m/s。

25. 省煤器启动时为什么要进行保护？有什么保护方法？

答：省煤器在启动时，常是间断给水，如果省煤器中的水不流动，就可能使管壁超温损坏，因此启动时要进行保护。

一般保护方法是在省煤器进口与汽包下部之间连接一个再循环管，管上装有再循环阀。停止进水时，再循环阀开启；进水时，再循环阀关闭。

26. 省煤器哪些部位易磨损？与哪些因素有关？

答：省煤器易磨损的部位是：迎风面前几排管子，尤以错列管束的第二排最严重；靠近炉墙的弯头部分，由于此处间隙较大，烟气流速较高，故而形成严重的局部磨损；烟气由水平烟道转向下行烟道时，由于离心力使靠墙的飞灰浓度增高，故使靠后墙的管子磨损较严重。

影响飞灰磨损的主要因素有：
(1) 烟气流速。烟气流速越高，磨损越严重，磨损量约与流速的三次方成正比。
(2) 飞灰浓度。烟气中飞灰浓度越高，磨损越严重。
(3) 飞灰性质。飞灰硬度高、颗粒大、有棱角，磨损就比较严重。
(4) 受热面结构特性。错列管束要比顺列管束磨损严重。

27. 防止省煤器磨损的措施有哪些？

答：(1) 适当控制烟气流速，特别要防止局部流速过高。

（2）降低飞灰浓度。

（3）在易于磨损的部位加装防磨装置。

（4）在尾部烟道四周及角隅处设置导流板，防止蛇形管与炉墙间形成烟气走廊而产生局部磨损。

（5）锅炉不宜长期超负荷运行，防止烟道漏风。

（6）运行中要防止结渣、堵灰。

28. 省煤器管子除了光管外，还有哪些形式？各有什么优缺点？

答： 省煤器管子一般为光管。为了强化烟气侧热交换和使省煤器结构更紧凑，可采用鳍片管、肋片管和膜式受热面。

（1）焊接鳍片管省煤器所占据的空间比光管式少 20%～25%，扎制鳍片管省煤器可使外形尺寸减少 40%～50%。

（2）鳍片管和膜式省煤器还能减轻磨损，主要是因为它比光管省煤器占有空间少，因此在烟道截面不变的情况下，可采用较大的横向节距，从而使烟气流通截面增大，烟气流速下降，磨损减轻。

（3）肋片式省煤器的主要特点是热交换面积明显增大，这对缩小省煤器体积和减少材料消耗都很有意义，但缺点是积灰比较严重。

29. 省煤器再循环管的作用是什么？

答： 在汽包与省煤器进口联箱之间所装的连接管称为再循环管，其上安装的截门称为再循环阀。锅炉在启、停过程中不需要（连续）上水，省煤器中的水处于不流动状态，对省煤器的冷却效果差。尽管这时烟气温度不是很高，但省煤器的管壁温度可能较高，管子中的水还可能汽化，使管子损坏。为防止这种情况的发生，此时可将再循环阀打开，利用汽包与省煤器工质的密度差，在汽包→再循环管→省煤器→省煤器引出管→汽包之间形成自然循环，使省煤器中的水有所流动，提高对省煤器的冷却效果，达到保护省煤器的作用。

30. 现代大型锅炉为什么多采用非沸腾式省煤器？

答： 从锅炉工质所需热量的分配来看，随着锅炉参数的提高，由饱和水变为饱和蒸汽所需的汽化潜热减小，液体热增加，因而所需炉膛蒸发受热面积减小，加热工质的液体热所需的受热面（省煤器）增加。锅炉参数越高、容量越大，炉膛尺寸和炉膛放热系数越大。为防止炉膛结渣，保证锅炉安全运行，必须在炉膛内敷设足够的受热面，将炉膛出口烟气温度降到允许范围。为此，将工质的部分加热转移到由炉膛蒸发受热面完成，这相当于由辐射蒸发受热面承担了省煤器的部分吸热任务。

另外，省煤器受热面主要依靠对流传热，炉膛内主要为辐射传热，而辐射传热比对流传热大很多倍。因此，把加热液体热的任务移入炉膛，可大大减少锅炉受热面积数，减少钢材；提高给水的欠焓，有利于水循环。

31. 省煤器再循环阀在正常运行中泄漏有什么影响?

答:再循环阀在正常运行中泄漏,就会使部分给水经由再循环管短路直接进入汽包而不经省煤器。这部分水没有在省煤器内受热,水温较低,易造成汽包上、下壁温差增大,产生热应力而影响汽包寿命。另外,使省煤器通过的给水减少,流速降低而得不到充分冷却。所以在正常运行中,再循环阀应关闭严密。

32. 省煤器与汽包的连接管为什么要装特殊套管?

答:这是因为省煤器出口水温可能低于汽包中的水温。如果省煤器的出口水管直接与汽包相连,就会在汽包壁管口附近因温差而产生热应力。尤其当锅炉工况变动时,省煤器出口水温可能剧烈变化,产生交变应力而疲劳损坏。装设套管后,汽包壁与给水管之间充满饱和蒸汽或饱和水,避免了温差较大的给水管与汽包壁直接接触,防止汽包壁的损坏。

33. 什么是空气预热器?

答:锅炉空气预热器是利用尾部烟气的热量来加热燃烧所需的空气的热交换设备。

34. 空气预热器的作用有哪些?

答:(1)降低排烟温度,提高锅炉效率。它装在烟气温度最低区域,可以进一步回收烟气的热量,降低排烟温度,减少排烟损失,提高效率。

(2)提高空气温度,强化燃烧。空气被加热,强化了燃料的着火和燃烧过程,减少了燃料不完全燃烧热损失,进一步提高了锅炉效率。

(3)提高炉膛内烟气温度,强化炉内辐射换热。

35. 空气预热器分为哪些类型?

答:(1)按结构分为管式空气预热器和回转式空气预热器两种。管式空气预热器又分为立管式和横管式两种,回转式空气预热器又分为受热面回转式和风罩回转式两种。

(2)按换热方式可分为传热式和蓄热式(或称为再生式)两种。管式空气预热器属于传热式,回转式空气预热器属于蓄热式。

36. 管式空气预热器的结构及布置是怎样的?

答:如图 4-2 所示,管式空气预热器由直径为 40~51mm、壁厚为 1.2~1.5mm 的管子制成。管子两端焊接在管板上,形成一个立体形箱体,烟气在管内流动,空气在管外流动,两者交叉流动换热。管式空气预热器按管子放置的位置方向可分为立式和横卧式,但目前应用最多的是立式,即烟气在管内由上而下流动,空气在管外横向流动。按进风方式的不同,

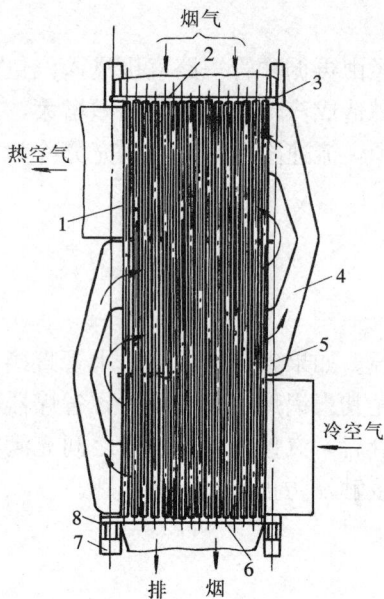

图 4-2 管式空气预热器
1—管子；2—上管板；3—膨胀节；4—空气罩；
5—中间管板；6—下管板；7—钢架；8—支架

管式空气预热器又可分为单面进风、双面进风和多面进风几种方式。随着锅炉容量的增加，对空气需要量迅速增加，所以大容量锅炉多采用多面进风方式。

37. 按照进风方式的不同，管式空气预热器可分为哪几种？

答：按照进风方式不同，管式空气预热器可以分为单面进风、双面进风和多双面进风几种。在大容量锅炉中，空气需要量较大，为保证合适的风速，多采用多面进风方式的管式空气预热器。这样空气通道高度不会过高，可以降低传热温差，空气横向冲刷管子的行程也减小了。

38. 什么是回转式空气预热器？它分为哪几种？

答：回转式空气预热器是一种蓄热式预热器，利用烟气和空气交替地通过金属受热面来加热空气。它可以分为受热面回转式和风罩回转式两种。

39. 受热面回转式空气预热器的结构是怎样的？

答：受热面回转式空气预热器由转子、外壳、传动装置和密封装置等组成。受热面装于可转动的圆筒形转子中，转子被分割成若干个扇形仓格，每个扇形仓格内装满波浪形金属薄板，并组成传热元件（蓄热板）。圆形外壳的顶部和底部及转子上下对应地被分割成烟气流通区、空气流通区，烟气流通区与烟道相连，空气流通区与风道相连。由于烟气容积流量比空气大，因此烟气通道占总流通截面的 50% 左右，空气区占 30%～45%，其余为密封区。传动部分由电动机通过减速箱来带动转子旋转。

40. 受热面回转式空气预热器的工作原理是什么？

答：电动机通过减速装置带动受热面转子以 1～4r/min 的转速转动，转子中的传热元件便交替地被烟气加热和空气冷却，烟气的热量由传热元件蓄热后传递给空气，使空气温度提高，转子每转一圈，传热元件吸热、放热交替变换一次。

41. 受热面回转式空气预热器的高、低温段受热面是如何布置的？

答：受热面分为高温段和低温段。高温段受热面由齿状波形板和波形板组成，它们相隔排列，前者兼起定位作用以保持各板间隙，故又叫定位板；低温段受热面由平板和齿形波形板组成，其通道较大以减少积灰，板材较厚以延长因腐蚀而损害的期限。

42. **什么是三分仓回转式空气预热器？**

答：受热面回转式空气预热器，其烟气通道约占1/3，一次风通道约占1/3，二次风通道约占1/3，故称三分仓回转式预热器。

43. **防止空气预热器低温腐蚀的方法有哪些？**

答：空气预热器的入口温度一般规定不低于30℃，低于此温度时，容易对空气预热器产生低温腐蚀和积灰。防止措施一般有以下几种：

（1）提高空气预热器入口空气温度，可以提高空气预热器冷端受热面壁温，防止结露腐蚀。最常见的方法是将空气预热器的空气从再循环管道中送至送风机的入口与冷空气混合，提高进风温度，或采用暖风器加热进入空气预热器的空气。

（2）采用燃烧时高温低氧方式，可以减少 SO_3 的生成，减少形成腐蚀的条件。

（3）把空气预热器冷端第一个流程与其他流程分开，这样即便发生腐蚀，也不必在检修后更换全部管子，而只需要更换第一个流程的某一部分。

44. **什么是暖风器？**

答：暖风器是一种蒸汽—空气管式热交换器，管内流过由汽轮机引来的蒸汽，空气在管外通过时被加热。

45. **空气预热器受热面的低温腐蚀是如何产生的？**

答：低温腐蚀常出现在空气预热器的冷端。当受热面的温度低于烟气的露点时，烟气中的水蒸气与硫燃烧后生成的 SO_3 结合成硫酸，凝结在受热面上，对受热面产生严重腐蚀。

46. **与管式空气预热器相比，回转式空气预热器有哪些优缺点？**

答：（1）回转式空气预热器结构紧凑，占地面积小，除节省金属外，还简化了锅炉尾部受热面的布置，因此被广泛用于大容量锅炉中。

（2）回转式空气预热器中烟气与空气不是同时与受热面接触，烟气与受热面接触时温度较高，低温腐蚀的危险比管式空气预热器要小。

（3）回转式空气预热器的受热面允许有较大的磨损量，即使个别受热元件被磨穿，也不会像管式空气预热器那样导致漏风而影响正常运行。管式空气预热器磨损较严重，并且容易出现堵塞现象。

（4）回转式空气预热器结构复杂，制造工艺要求高。

（5）回转式空气预热器的漏风量大，密封性好的漏风率为 $5\%\sim8\%$，密封性差的漏风率可达到 20% 或更高，严重影响锅炉出力。而管式空气预热器的漏风率一般小于 5%。

47. **管式空气预热器什么部位磨损严重？原因是什么？如何防止？**

答：管式空气预热器磨损最严重的部位发生在管子进口 $(1.5\sim2.5)D$ 处（D 为管子直径）。

产生磨损的原因：烟气原来在空气预热器上部的大空间流动，在进入断面很小的管内时，气流先收缩而后膨胀，在膨胀部位运动方向与管壁相对，对管壁冲刷较多，而使该处磨损严重，在以后的管段中，气流逐渐趋向平稳，灰粒运动方向与管壁平行，磨损减轻。

防止措施：可在管子进口处加装内部套管，或在管子外端加焊短管。当这节套管或短管被严重磨损后，可重新更换。

48. **回转式空气预热器漏风的原因有哪些？**

答：（1）转子与定子之间有间隙，且空气预热器尺寸较大。运行时，烟气是由上而下、空气由下而上流动，整个空气预热器是上部温度高、下部温度低，形成蘑菇状变形，使各部分间隙发生了变化，更增大了漏风。

（2）被加热的空气是正压，烟气是负压，其间存在有一定的压差。在压差的作用下，空气通过间隙漏入烟气中。

（3）转动部件会把部分空气带到烟气侧，但由于转速很低，故这部分漏风量很少，一般不超过 1%。

49. **回转式空气预热器漏风有什么危害？**

答：（1）增大了排烟热损失和引风机电耗。
（2）因烟气温度降低而加速了受热面腐蚀。
（3）漏风严重时，将造成送入锅炉参加燃烧的空气量不足，并直接影响锅炉出力。

50. **空气预热器的低温腐蚀与积灰有什么危害？**

答：低温腐蚀和积灰的后果是易造成受热面的损坏和泄漏。泄漏不严重时，虽可以维持运行，但使引风机负荷增加，限制了锅炉出力，严重影响锅炉运行的经济性。另外，积灰使受热面传热效果降低，增加了排烟热损失；使烟气流动阻力增加，甚至堵塞烟道，严重时降低锅炉出力。

51. **水冷壁的类型有哪些？**

答：水冷壁按其结构分为：

（1）光管水冷壁。由无缝钢管组成，管间保持一定距离，紧贴炉墙布置。

（2）膜式水冷壁。由鳍片管拼焊成的气密管屏组成。

（3）销钉式水冷壁。又称为刺管式水冷壁，其光管表面焊有一定长度的销钉。

（4）内螺纹膜式水冷壁。由在内壁开出单头或多头螺旋形槽道的管子组成。

52. 水冷壁的作用是什么？

答：水冷壁是锅炉最主要的蒸发受热面，布置在炉膛四周，吸收炉膛高温火焰的辐射热，使水变为饱和蒸汽；此外，炉膛内装设水冷壁后，减少了高温对炉墙的破坏作用，大大降低了炉墙内壁温度，使炉墙厚度减薄，质量减轻；同时也防止了结渣及熔渣对炉墙的腐蚀。尤其近几年广泛采用膜式水冷壁，更减轻了炉墙质量，因而也降低了造价，而且便于采用悬吊结构，提高炉膛严密性，降低热损失。

53. 采用膜式水冷壁有哪些优点？

答：（1）有良好的炉膛严密性，减小漏风量和排烟损失，提高锅炉效率。

（2）大大减小了炉墙的厚度和质量，也保护了炉墙，减少了耐火材料，降低了造价；同时使炉膛结构蓄热能力减小，炉膛升温快，冷却也快，可缩短启停时间，缩短了事故情况下的抢修时间。

（3）将炉膛内壁面全部为金属表面所覆盖，吸热能力大为提高。

（4）不易结焦，即使结了焦，在锅炉负荷变化时也易使焦掉下。

（5）制造厂组合方便，可加速锅炉安装速度。

54. 带销钉的水冷壁有什么特点？

答：此种水冷壁又称刺管式水冷壁，主要用于液态排渣炉和炉膛卫燃带。销钉上敷设有耐火材料，可减少水冷壁的吸热，使该部位炉温升高，以便燃料着火和稳定燃烧。销钉沿管长呈叉列布置，其长度为 20~25mm，直径为 6~12mm。

55. 内螺纹膜式水冷壁有什么特点？

答：此种水冷壁用于高热负荷区域，可以增加流体的扰动作用，防止发生传热恶化，使水冷壁得到充分冷却。

56. 联箱的作用是什么？

答：在受热面的布置中，联箱起到汇集、混合和分配工质的作用，即通过一些管子将工质引进联箱，起到汇集工质的作用；工质在联箱内相互混合，起到均匀温度的作用，消除或减小前段受热面所形成的热偏差；由联箱通过管子把工质引出去，起到再分配工质的作用。

同时，联箱还是受热面布置的连接枢纽。另外，有的联箱也用于悬吊受热面，装设疏水或排污装置。

57. **水冷壁为什么要分若干个循环回路？**

答：沿炉膛宽度和深度方向的热负荷分配不均，造成每面墙的水冷壁管受热不均，使中间部分水冷壁管受热最强，边上的管子受热较弱。若整面墙的水冷壁只组成一个循环回路，则在并联水冷壁中，受热强的管子循环水速大，受热弱的管子循环水速小，对管壁的冷却差。因此，为了减小各并列水冷壁管的受热不均，提高各并列管子水循环的安全性，通常把锅炉每面墙的水冷壁划分成若干个循环回路。

58. **什么是折焰角？其作用是什么？**

答：折焰角是后墙水冷壁在炉膛出口之前一定标高处，按一定外形向炉内延伸所形成的凸出部分。

折焰角的作用有：①相当于增加了水平烟道的长度，有利于高压、超高压大容量锅炉受热面的布置；②增加了烟气流程，加强了烟气混合，使烟气沿烟道高度分布趋于均匀；③改善了烟气对炉膛出口过热器的冲刷特性，提高了传热效果。

59. **什么是凝渣管？其作用是什么？**

答：布置在炉膛出口且具有较大节距的对流蒸发受热面，称为凝渣管或防渣管。其作用是形成宽敞的烟气通道以使烟气流过，并进一步冷却烟气，使烟气中携带的飞灰处于凝固状态，防止炉膛出口和密排的过热器进口处产生结渣现象。

60. **冷灰斗是如何形成的？它有什么作用？**

答：对于固态排渣锅炉的燃烧室，前、后墙水冷壁下部向内弯曲便形成了冷灰斗。

其作用主要是聚集、冷却并自动排出灰渣，而且便于下联箱同灰渣井（或捞渣机渣箱）的连接和密封。

61. **过热器的作用是什么？**

答：过热器可将饱和蒸汽加热成具有一定温度的过热蒸汽，以提高热效率。

62. **过热器是如何分类的？**

答：按传热方式的不同，过热器分为对流式过热器、辐射式过热器和半辐射式过热器。

按介质（烟气和蒸汽）流向不同，过热器分为顺流式过热器、逆流式过热器、双逆流式过热器和混合流式过热器。

按布置方式不同，过热器分为立式过热器和卧式过热器。

按布置位置不同，过热器分为顶棚过热器、包墙管过热器、低温对流过热器、分隔屏过热器、后屏过热器和高温对流过热器。

63. 什么是辐射式过热器？

答：将过热器管制成像水冷壁那样，布置在炉顶或炉膛墙壁上，并主要用来吸收炉膛火焰的辐射热量的过热器称为辐射式过热器。

64. 辐射式过热器是如何布置的？

答：辐射式过热器的布置方式很多，可以布置成屏式过热器，还可以布置在炉墙四周（即墙式过热器）。墙式过热器可布置在炉墙上部，也可以自上而下布置在一面墙上。布置在炉墙上部，可以不受火焰中心的强烈辐射，对工作条件有利，但会使炉下半部水冷壁管的高度缩短，不利于水循环；自上而下布置在一面墙上，对水循环无影响，但靠近火焰中心的管子受热很强，炉膛热负荷高，管内蒸汽冷却差，壁温较高，工作条件差，因此对金属材质要求高，同时还需要解决锅炉启动和低负荷时的安全性及过热器管与水冷壁管膨胀不一致的问题。

65. 什么是半辐射式过热器？

答：将过热器管子紧密排列像"屏"一样，吊在炉膛出口或炉膛上部，既能吸收炉内高温火焰的辐射热，又能吸收屏间烟气的辐射热和烟气流过时的对流热，这样的过热器称为半辐射式过热器。

66. 什么是对流式过热器？

答：将过热器管布置在锅炉烟气出口以后的水平烟道内，由于烟气温度比炉膛火焰温度低得多，烟气流速较高，因此烟气同管子外表面间的换热方式主要是对流换热方式，这种过热器称为对流式过热器。

67. 根据管子的布置方式不同，对流式过热器可分为哪两种？

答：根据管子的布置方式不同，对流式过热器可分为立式和卧式两种。水平烟道中的对流过热器都是立式（垂直布置）的；尾部烟道中的对流过热器则采用卧式（水平布置）。

68. 根据烟气和工质相对流动方向的不同，过热器有哪几种布置方式？

答：根据烟气和工质相对流动方向的不同，过热器可分为顺流、逆流、双逆流和混合流

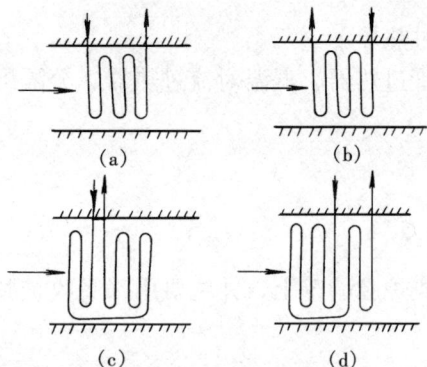

图 4-3　烟气与蒸汽的相对流向

(a) 顺流；(b) 逆流；(c) 双逆流 (d) 混合流

四种布置方式，如图 4-3 所示。

69. **过热器采用顺流、逆流、双逆流及混合流布置时，各有什么优缺点？**

答：（1）顺流布置时，蒸汽的高温段在烟气的低温区域，因而壁温较低，比较安全；但温差小，传热性能差，需要较多的受热面，不经济。

（2）逆流布置时，温差大，传热效果好，减少了受热面，节省钢材；但蒸汽高温段正好在烟气高温区域，管壁温度高，容易引起金属过热，安全性较差。

（3）双逆流或混合流布置时，集中了逆流和顺流的优点，其温差比逆流低但比顺流高，管壁的安全条件也好，既安全又经济，被广泛采用。

70. **什么是联合式过热器？其热力特性如何？**

答：现代高参数、大容量锅炉需要蒸汽过热热量多，过热器受热面积大，同时采用了辐射、半辐射和对流式过热器，形成了联合式过热器。它的热力特性是由各种形式过热器传热份额的大小决定的，一般略呈对流式过热器的热力特性，即随锅炉负荷增加或降低，出口汽温也随之略有升高或降低。

71. **立式布置的过热器有什么特点？**

答：立式布置的过热器支吊简单、安全，运行中积灰、结渣可能性小，一般布置在折焰角上方和水平烟道内；缺点是停炉时蛇形管内的积水不易排出，启动时因通气不畅易使管子过热。

72. **卧式布置的过热器有什么特点？**

答：布置在垂直烟道内的卧式过热器，其蛇形管内不易积水，疏水、排汽方便；但支吊较困难，支吊件全放在烟道内易烧坏，需要用较好的钢材，且易积灰而影响传热。

73. **什么是屏式过热器？它有什么作用？**

答：蛇形管做成屏风的形式，并沿炉膛宽度平行悬吊在燃烧室上部或出口处的过热器称为屏式过热器。一般把在燃烧室正上部布置的叫前屏，在出口处布置的叫后屏。

屏式过热器相邻两屏间保持较大距离，可起到降低炉膛出口烟气温度及凝渣的作用，防止后面的受热面结渣。同时，它也是现代大型锅炉过热器受热面的主要组成部分。

74. 什么是顶棚过热器？

答：顶棚过热器布置在炉膛和水平烟道顶部，主要吸收炉膛火焰辐射热、烟气流中的一小部分辐射热及少量对流热，属于辐射式过热器。

75. 什么是包墙管过热器？它有什么优缺点？

答：在大型锅炉中，为了采用悬吊结构和敷管式炉墙，在水平烟道、竖井烟道的内壁像水冷壁那样布置了包墙管，即为包墙管过热器。其优点是可以将水平烟道和竖井烟道的炉墙直接敷设在包墙管上，以形成敷管炉墙，从而可以减轻炉墙质量，简化炉墙结构；其缺点是包墙管紧靠炉墙而受烟气单面冲刷，传热效果较差。

76. 什么是低温对流过热器？

答：低温对流过热器布置在竖井烟道后半部（尾部烟道），采用逆流布置、对流传热，有垂直布置和水平布置两种形式。

77. 什么是分隔屏过热器？其作用是什么？

答：分隔屏过热器布置于炉膛出口处，主要吸收辐射热。其作用如下：

（1）对炉膛出口烟气起阻尼和分割导流作用。四角燃烧锅炉炉膛内烟气流按逆时针方向旋转时，通常炉膛出口右侧烟气温度偏高，为了消除出口烟气的残余旋转及烟气温度偏斜的影响，在炉膛上部设置了分隔屏，以扰动烟气的残余旋转，使炉膛出口的烟气沿烟道宽度方向能分布得比较均匀。

（2）能降低炉膛出口烟气温度，避免结渣。

（3）在锅炉较大负荷调节范围内，其过热器出口蒸汽温度可维持在额定数值。

（4）可有效吸收部分炉膛辐射热量，改善高温过热器管壁温度工况。

78. 什么是后屏过热器？

答：后屏过热器布置在靠近炉膛出口折焰角处，同时吸收辐射热和对流热，属于半辐射式过热器。

79. 什么是高温对流过热器？它有什么优缺点？

答：高温对流过热器布置在折焰角上方，吸收对流热，采用顺流布置。它的优点是悬吊方便，结构简单，管子外壁不易磨损、不易积灰；其缺点是管子内存水不易排出，启动初期如处理不当，可能形成汽塞，导致局部受热面过热。

80. 在过热蒸汽流程中为什么要进行左右交叉？

答：进行左右交叉，有助于减轻沿炉膛宽度方向由于烟气温度不均而造成热负荷不均的影响，也是有效减小过热器左、右两侧热偏差的重要措施。

81. 过热器在布置上为什么要分级或分段？

答：分级布置的主要原因是减小热偏差，分级后每一级的受热面积不太大，蒸汽流过后的焓增就不太大，这时即使有热偏差存在，热偏差的绝对值也不会太大；加上级与级之间有中间混合联箱，蒸汽在中间联箱内相互混合，即可消除前一级受热面中所形成的热偏差。

82. 什么是再热器？

答：将汽轮机高压缸排汽引回到锅炉中并加热到一定温度，然后送回到中压缸继续膨胀做功的设备叫再热器。

83. 再热器的作用是什么？

答：使用再热器可提高蒸汽的热焓，不但使做功能力增加，而且使循环热效率提高，还降低了排汽湿度，避免了对末级叶片的腐蚀。

84. 再热蒸汽有什么特点？

答：再热蒸汽压力低，比体积大，密度小，比热容小，放热系数较低，传热性能差，对受热面管壁的冷却能力差。另外，在同样的热偏差条件下，再热蒸汽的热偏差比过热蒸汽大。

85. 再热器的工作特性如何？

答：与过热器相比较，再热器的工作特性主要有：

（1）工作环境的烟气温度较高，而管内蒸汽的温度高、比体积大、对流换热系数小、传热性能差，故管壁工作温度高；另外，蒸汽的压力低、比热容小，对热偏差敏感。因此，再热器比过热器工作条件恶劣。

（2）再热蒸汽压力低、比体积大、流动阻力大。蒸汽在加热过程中压降增大，将大大降低在汽轮机中的做功能力，增加损失。因此，再热器系统力求简单，不设或少设中间联箱，设计管径粗些，且采用多管圈结构，以减小流动阻力。

86. 为什么在锅炉启、停及汽轮机甩负荷时要保护再热器？常用的保护方法有哪些？

答： 再热器在锅炉启、停及汽轮机甩负荷时必须得到保护，因为此时蒸汽不流经再热器，再热器的管子得不到冷却，就会因过热而损坏。

目前采用的保护方法有：

（1）在过热器与再热器之间装快速动作的减温减压器。在锅炉启、停和汽轮机甩负荷时，将高压过热蒸汽减温、减压后送入再热器进行冷却，再热器出口蒸汽则再经减温、减压后排入凝汽器或大气。

（2）将再热器布置在进口烟气温度低于850℃的区域内，并选用合适的钢材。在锅炉启、停和汽轮机甩负荷时，可允许再热器短时间干烧，因而可省掉蒸汽旁路，以简化系统、节省投资。

（3）采用调节烟气挡板。在锅炉启、停或事故情况下，用尾部竖井烟道中的烟气挡板来调节烟气量，以保护再热器。

87. 为什么再热蒸汽通流截面积要比过热蒸汽通流截面积大？

答： 这是由于再热蒸汽的压力低、比体积大、体积流量大，为了降低蒸汽流速，选用较大直径管道，把蒸汽在流动中因阻力造成的压降损失控制在较小范围（流速的高低是直接影响压降的因素），以提高机组的循环效率。

88. 锅炉运行中为什么要维持汽温稳定？

答： 汽温较高，会使金属许用应力下降，影响过热器、再热器和汽轮机的安全运行；汽温较低，不仅使蒸汽在汽轮机中的做功能力下降，汽耗、煤耗增加，降低汽轮发电机组的经济性，而且还会使汽轮机末级蒸汽湿度增大，危及汽轮机的安全运行。因此，锅炉在运行中要维持汽温稳定。

89. 汽温调节可归结为哪几种？

答： 汽温调节可归结为蒸汽侧调节和烟气侧调节两种。蒸汽侧调节是通过改变蒸汽的热焓来实现的，一般通过减温器利用低温工质吸收蒸汽的热量使其降温，改变吸热工质的热量，就可达到调节汽温的目的。烟气侧调节是通过改变流过受热面的烟气温度或烟气流量，使传热温差、传热系数发生变化来改变受热面的吸热量，并最终达到调节汽温的目的。

90. 减温器的作用是什么？它一般分为哪几种形式？

答： 减温器是用来调节过热蒸汽或再热蒸汽温度的设备。

减温器一般分为表面式减温器和混合式减温器（即喷水式减温器）两种形式。

91. 喷水式减温器的工作原理是什么？它有什么特点？

答：喷水式减温器的工作原理是将水直接喷入过热蒸汽或再热蒸汽，以达到降低过热蒸汽温度和再热蒸汽温度的目的。喷水式减温器结构简单，调节灵敏，调节幅度大，易于实现自动化，目前被高压及以上锅炉广泛采用；但对水质的要求较高，不允许含有悬浮物和溶解盐。

92. 表面式减温器的工作原理是什么？它有什么特点？

答：表面式减温器是一种管式换热器，它以锅炉给水或锅水作为冷却水，冷却水由管内流过，而蒸汽由管外空间流过。它对减温水品质要求不高；但是调节惰性大，汽温调节幅度小，而且结构复杂、笨重，易损坏、易渗漏，在大容量锅炉中很少采用。

93. 为什么在喷水式减温器的喷水处要装设保护套管？

答：喷水式减温器布置在蒸汽管内，减温水从喷孔中喷出，直接与顺流而来的蒸汽混合，为了避免喷入的水滴与蒸汽管道直接接触引起过大的热应力，可在喷水处装设保护套管。

94. 喷水式减温器布置位置的选择应遵循什么原则？

答：（1）凡是运行中管壁可能超温的过热器段，应在其前面装设减温器，以保证安全。
（2）减温器的位置应靠近过热器出口，以减小调节的时滞性。

95. 再热器为什么不宜采用喷水式减温器来调节汽温？

答：如果再热器采用喷水调节，相当于增加了再热蒸汽的流量，使汽轮机中、低压部分做功比例增大，而高压部分的做功比例下降。由于中、低压部分的循环效率低于高压部分，结果使整个机组的效率下降，故再热器不宜采用喷水式减温器来调节汽温。

96. 从烟气侧调节汽温的方法有哪些？

答：（1）改变火焰中心位置。利用摆动式燃烧器改变喷口倾角，或者改变上排或下排的二次风，来改变炉膛火焰中心位置，从而改变炉膛出口烟气温度，即改变流过过热器的烟气温度来调节汽温。
（2）采用烟气再循环。这是一种通过同时改变烟气温度与烟气流量来调节汽温的方法。用再循环风机由省煤器后部抽取一部分烟气送入炉膛，使烟气温度下降、流量增加，以此来改变对流受热面与辐射受热面的吸热比例，改变汽温。
（3）采用烟道挡板。将对流烟道分割成两个并联烟道，其中一个烟道装再热器，另一个烟道装低温过热器或省煤器。分割烟道下部装有烟气挡板，改变两烟道挡板的开度，就可改变流过两烟道的烟气比例，从而起到调节再热蒸汽温度的目的。

97. 对流过热器的热力特性是什么？

答：对流过热器的出口汽温随着负荷的增加而升高。这是因为：在对流过热器中，烟气与管外壁的换热主要是对流换热。对流换热不仅取决于烟气温度，还与烟气流速有关。当锅炉负荷增加时，燃料量增加，烟气量增多，通过过热器的烟气流速相应增大，因而提高了烟气侧对流放热系数；同时，炉膛出口烟气温度升高，从而提高了平均温差。虽然流经过热器的蒸汽量随锅炉负荷的增加而增大，其吸热量也增大，但由于传热系数和平均温差同时增大，使过热器传热量的增加大于因蒸汽流量增大而需要增加的吸热量，因此，每千克蒸汽所获得的热量相对增多，出口汽温也就升高。反之，锅炉负荷降低，其出口汽温下降。

98. 辐射式过热器的热力特性是什么？

答：辐射式过热器的出口汽温随着锅炉负荷的增加而降低。这是因为：辐射式过热器布置在炉膛里，主要吸收辐射热，其传热量取决于炉膛燃烧的平均温度。在锅炉负荷增加时，炉膛温度升高，但提高幅度不大，而负荷增加后流经过热器的蒸汽量增加幅度较大，即辐射传热量的增加赶不上蒸汽量的增加。因此，每千克蒸汽所获得的热量相应减少，出口汽温降低。

99. 半辐射式过热器的热力特性是什么？

答：半辐射式过热器既吸收火焰和烟气的辐射热，又吸收烟气的对流热，其出口温度的变化受锅炉负荷（蒸汽流量）变化的影响较小，介于辐射式和对流式之间。但通过试验发现，该形式过热器的热力特性接近于对流式过热器的热力特性，只是影响幅度较小，汽温变化比较平稳。

100. 什么是过热器的热偏差？

答：在过热器的运行中，各根管子蒸汽焓增各不相同，这种吸热不均的现象称为过热器的热偏差。

101. 过热器的热偏差由哪两方面原因引起？

答：（1）吸热不均（即温度场偏斜）。
1）沿炉宽方向的烟气温度、流速不一致，导致不同位置的吸热情况不同；
2）火焰在炉内的充满程度差，或火焰中心偏斜；
3）对流过热器或再热器管子间的节距差别过大，形成烟气走廊，使邻近管子的吸热量增多；

4）屏式过热器或再热器外管圈的吸热量比其他管子的吸热量大；

5）受热面局部结渣或积灰，使管子间的吸热量不均。

（2）流量不均。

1）由于内径、长度及形状不一致，因此造成并列各管子的流动阻力大小不一致，流量不均；

2）联箱与引进管、引出管的连接方式不同，引起并列管子两端压差不一致，造成流量不均。

102. 如何防止或减小热偏差？

答：（1）燃烧器应尽可能地均匀投入，每个燃烧器的负荷也力求均匀，以维持炉内良好的温度场和速度场，防止火焰中心发生偏斜。

（2）应及时进行吹灰或打焦，防止受热面积灰、结焦，引起热偏差。

（3）应尽可能采用双风机运行，如采用单风机运行，则应采取相应措施，使烟道两侧烟气流速均匀。

103. 过热器热偏差有什么危害？

答：在锅炉中，过热器是工作条件最差的受热面，一方面它内部的工质温度高，另一方面它布置在烟气温度较高的区域，使其管壁温度比较高。尽管高温过热器都采用了合金钢材，但其实际工作温度与该种钢材允许的最高温度相差不大。如果运行中出现热偏差，偏差管子的壁温有可能超过金属的允许工作温度而引起过热，这样会使管子蠕胀速度加快，甚至引起某些管子爆管。

104. 减温器在过热器系统中如何布置比较合理？

答：（1）减温器除了将汽温调节到额定范围内，还要保护受热面不过热。既要保证调节汽温的准确性和灵敏性，又要保证受热面安全。

（2）如果减温器布置在过热器入口端，能保证受热面安全及蒸汽温度合格。但由于距离出口较远，调节的灵敏性较差，饱和蒸汽减温后会出现水滴，水滴在各管中分布不均，会使热偏差加剧。

（3）如果减温器布置在过热器的出口端，能保证出口汽温合格，调节灵敏性较高。但在减温器前超温时，过热器就难以得到保护。

（4）如果减温器布置在过热器的中间位置，既能保护高温过热器的安全，又使汽温调节有较高灵敏性。减温器越靠近出口，调节灵敏性就越高。

105. 过热器和再热器的向空排汽阀的作用是什么？

答：在锅炉启动时，用于排出积存的空气和部分过热蒸汽及再热蒸汽，保证过热器和再热器有一定的流通量，使其得到冷却。另外，在锅炉压力升高或事故状态下，可向空排汽泄压，防止锅炉超压。在锅炉启动过程中，还可起到增大排汽量、减缓升压速度的作用。对于再热器向空排汽阀，当二级旁路不能投入时，仍可用一级旁路向再热器通汽，并通过向空排汽阀排出，以保护再热器。

106. **超温对管子的使用寿命有什么影响？**

答：各种汽水管道和锅炉受热面管子，都是按一定的工作温度和应力来设计使用寿命的。如果运行中的工作温度超过设计温度，虽未过热，但也会使金属组织稳定性变差，蠕变速度加快，最后使其寿命缩短。

107. **锅炉空气阀的作用是什么？**

答：一般在锅炉某些联箱的最高点装有空气阀，其作用有：

（1）在锅炉上水时，在给水的驱赶下，受热面管子内的空气通过空气阀排向大气，防止由于空气滞留在受热面内而影响工质的品质，以及锅炉上水和管壁腐蚀。

（2）当锅炉停炉后，开启空气阀，可防止锅炉承压部件内工质冷却而形成真空，同时还可利用大气压放出锅水。

108. **过热器疏水阀的作用是什么？**

答：（1）排出过热器疏水联箱的疏水。

（2）在锅炉启、停时，开启过热器疏水阀，保护过热器，防止超温损坏。

109. **膨胀指示器的作用是什么？一般装在何处？**

答：膨胀指示器是用来监视汽包和联箱等厚壁压力容器在点火升压过程中的膨胀情况的。通过膨胀指示器，可以及时发现因点火升压不当或安装、检修不良而引起的蒸发设备变形，防止因膨胀不均而发生的裂纹和泄漏。

膨胀指示器一般装在汽包和联箱上。

110. **什么是过热器的质量流速？**

答：每秒钟通过过热器每平方米截面积的蒸汽质量，称为过热器的质量流速。

111. **水冷壁下部为什么装有水封槽？**

答：水封槽的作用是保护炉膛下部动静接合处的严密性，防止冷空气漏入。水冷壁是悬吊于炉顶的，它的长度将随温度的变化而热胀冷缩，位于其下部的灰渣斗是固定的，灰渣斗与水冷壁下联箱的相对位置将是变化的，运行时要求他们之间有保证水冷壁向下膨胀的间隙，又要保证冷风不得从间隙漏入。水封槽装在灰渣斗顶部，水冷壁下联箱下部沿长处装有钢板，并插入水封槽中。钢板随下联箱上下移动，但始终不会离开水面，这就既保证了水冷壁的自由伸缩，又保证了良好密封。

112. 什么是工作安全阀与控制安全阀？

答：锅炉的安全阀分为工作安全阀与控制安全阀两种。它们的区别在于其动作压力不同，控制安全阀的动作压力低于工作安全阀的动作压力。运行中压力超过规定值时，控制安全阀首先开启放汽，如果汽压恢复正常，工作安全阀就不需要动作。如果控制安全阀开启后，压力还继续上升，工作安全阀将开启并放汽，以控制压力。

113. 锅炉安全阀的数量与排汽量是如何规定的？

答：全部安全阀排汽量的总和必须大于锅炉最大连续蒸发量。当所有安全阀都开启后，锅炉蒸汽压力上升幅度不得超过工作安全阀起座压力的3%，而且不得使锅炉各部压力超过计算压力的8%。再热器进、出口安全阀的蒸汽排放量，应为再热器最大设计流量的100%。直流锅炉启动分离器安全阀的蒸汽排放量，应大于锅炉启动时的产汽量。

114. 简述弹簧式安全阀的结构和动作原理。

答：弹簧式安全阀由阀体、阀座、阀瓣、阀杆、阀盖、弹簧、调整螺栓及锁紧螺母等组成。

弹簧式安全阀的阀瓣是靠弹簧的力压紧在阀座上的。当蒸汽作用在阀瓣上的力超过弹簧的压紧力时，弹簧被压缩，同时阀杆上升，阀瓣开启，蒸汽排出。安全阀的开启压力是通过调整螺栓，即调整弹簧的松紧度来实现的。当容器内介质压力低于弹簧压紧力时，阀瓣被弹簧压紧在阀座上，并使阀门关闭。

115. 简述脉冲式安全阀的结构和动作原理。

答：脉冲式安全阀由主安全阀、脉冲阀和连接管道组成。

主安全阀由小脉冲阀控制，在正常情况下，主阀被高压蒸汽压紧，严密关闭。当汽压超过规定值时，小脉冲阀先打开，蒸汽经导汽管引入主阀活塞上面，蒸汽在活塞上的压力可以克服弹簧压紧的作用力，故将主阀打开，排汽泄压；当压力下降到一定数值后，小脉冲阀关闭，活塞上的汽流切断，主安全阀关闭。活塞上的余汽可以起到缓冲作用，使主阀缓慢关闭，以免阀瓣与阀座因撞击而损坏。脉冲式安全阀多用于高参数、大容量锅炉。

第二节 锅炉的燃烧原理与燃烧设备

1. 燃烧的定义是什么？

答：燃料与氧化剂两种物质进行化合反应，在其反应过程中，随着强烈的放热反应，生成物的浓度与温度同时迅速提高，而燃料与氧化剂的浓度却相应地降低，这种现象称为燃烧。

2. 大型燃煤锅炉的燃烧有什么特点？

答：大型燃煤锅炉燃烧的特点是将煤粉用热风或干燥剂输送至燃烧器，并被吹入炉膛与二次风混合，进行悬浮燃烧。

3. 燃料燃烧迅速而完全的条件是什么？

答：（1）炉内维持足够高的温度。
（2）供给适当的空气。
（3）燃料与空气混合良好。
（4）有足够的燃烧时间。

4. 影响煤粉气流着火温度的因素有哪些？

答：（1）煤的挥发分越低，则着火温度越高。
（2）煤粉细度越大，即煤粉越粗，着火温度也越高。
（3）煤粉气流的流动结构对着火温度也有影响，煤粉气流在紊流或层流条件下的着火也是有差别的。

5. 煤粉气流着火早晚对锅炉有什么影响？

答：煤粉气流着火过早，可能会烧坏燃烧器，或造成燃烧器周围结焦。煤粉气流着火过晚，会使火焰中心上移，造成炉膛上部结渣，过热蒸汽、再热蒸汽温度偏高，不完全燃烧损失增大。

6. 煤粉气流的着火热源主要有哪些？

答：煤粉气流的着火热源主要有卷吸炉膛高温烟气而产生的对流换热，以及炉内高温火焰的辐射热，两者中以前者为主。通过这两种换热，使进入炉膛的煤粉气流的温度迅速提高，当温度上升到煤粉着火温度时，煤粉开始燃烧。

179

7. **什么是煤粉的着火温度?**

答：进入炉膛的煤粉气流的温度上升到一定数值时，煤粉开始燃烧，这时的温度就是着火温度。

8. **影响火焰传播速度的因素有哪些?**

答：煤的挥发分越低，火焰的传播速度也越低；煤的灰分越高，火焰的传播速度也越低；不同煤种都有一个最佳的气粉比，对于挥发分越低、灰分越高的煤，最佳气粉比越低，火焰的传播速度也越低；煤粉的细度值越高，火焰的传播速度也越低。

9. **强化燃烧的措施有哪些?**

答：(1) 提高热风温度。有助于提高炉内温度，加速煤粉的燃烧和燃尽。在烧无烟煤时，空气预热到 400℃ 左右，并采用热风作输送煤粉的一次风，而乏气送入炉膛作为三次风。

(2) 保持适当的空气，并限制一次风量。空气量过大和炉膛温度下降，对着火和燃烧都不利。因此，保持适当的空气量是很重要的。一次风量必须能够保证化学反应过程的发展，以及着火区煤粉局部燃烧的需要。在燃烧煤粉时，首先着火的是挥发分和空气所组成的可燃混合物，为了使可燃混合物的着火条件最有利，必须保持适当的氧气浓度。因此，对挥发分多的煤粉，一次风率可以大一些；而对于挥发分少的无烟煤和贫煤，一次风率应小些。

(3) 选择适当的气流速度。降低一次风速，可以使煤粉气流在离开燃烧器不远处就开始着火，但此速度必须保证煤粉气流和热烟气强烈混合。当气流速度太低时，燃烧中心过分接近燃烧器喷口，可能将燃烧器烧坏，并引起燃烧器周围结焦。二次风速一般均应大于一次风速，这样才能使空气与煤粉充分混合。

(4) 合理地送入二次风。二次风混入一次风的时间要适当。如果在着火前混入，使着火延迟；如果二次风混入过迟，又会使着火后的燃烧缺氧。二次风同时全部混入一次风，对燃烧也不利，因为二次风温大大低于火焰温度，使大量低温的二次风混入，会降低火焰温度，减慢燃烧速度。二次风最好能按燃烧区域的需要，及时、分批送入，做到使燃烧不缺氧，同时也不会降低火焰温度，达到燃烧完全。

(5) 在着火区保持高温。加强气流中高温烟气的卷吸，使火炬形成较大的高温气流涡流区，这是强烈而稳定的着火源。火炬从这个涡流区吸入大量热烟气，能保证稳定着火。

(6) 选择适当的煤粉细度。煤粉越细，总表面积越大，挥发分析出越快，这对着火的提前和稳定是有利的，且燃烧越完全。此外，煤粉均匀性对燃烧也有影响，均匀性差，完全燃烧程度就会降低。

(7) 在强化着火阶段的同时，必须强化燃烧阶段本身。炭粒燃烧速度取决于两个基本因素，即温度和氧气向炭粒表面的扩散。在燃烧中心，燃烧可能在扩散区进行；而在燃尽区，由于温度低，所以燃烧可能也在扩散区进行，因此，对于燃烧中心地带，应设法加强混合；对于火炬尾部，应维持足够高的温度。

10. **煤的挥发分对锅炉燃烧有什么影响?**

答：挥发分高的煤易于着火，燃烧比较稳定，而且燃烧完全，磨制的煤粉可以粗些；缺点是易于爆燃。挥发分低、含碳量高的煤，不易着火和燃烧，磨制的煤粉细度要求细些。

11. **煤的水分对燃烧有什么影响?**

答：煤的水分是评价煤炭经济价值的基本指标，既是数量指标又是质量指标。水分不能燃烧，水分含量高，可燃物质量相对减少，发热量越低。煤的水分增加，则在燃烧时由于水分蒸发还要吸收一部分热量，会使燃烧温度下降，煤的有效热能降低。煤粉炉燃用的煤粉在制粉过程中，其表面水分可能被蒸发，但内在水分不可能完全除掉。当煤粉中水分增加时，烟气量也增加，排烟损失也随之增加。水分多，还直接影响炉内煤粉着火和燃烧的稳定性。

12. **煤粉细度对锅炉运行有什么意义?**

答：煤粉细度是衡量煤粉品质的一项指标，应根据保证燃烧效率和节约制粉系统单位电耗的要求来确定。对不同的煤种，在不同锅炉形式和制粉设备下，具有一定的最经济的细度。煤粉过粗，造成燃烧不稳定，并在炉膛内燃烧不尽，增加了不完全燃烧损失；煤粉过细，则会增加制粉系统的制粉单位电耗。

13. **燃烧器的作用是什么?**

答：燃烧器的作用是把燃料与空气连续送入炉膛，合理地组织煤粉气流，并良好地混合，促使燃料迅速而稳定地着火和燃烧。

14. **燃烧器的类型有哪些? 布置方式有哪几种?**

答：燃烧器按外形可分为圆形和缝隙形两种，按气流工况可分为直流式和旋流式两种。直流燃烧器一般采用四角布置，而旋流燃烧器常采用前墙布置、前后墙布置及两侧墙布置。

15. **直流燃烧器为什么采用四角布置?**

答：由于直流燃烧器单个喷口喷出的气流扩散角较小，速度衰减慢，射程较远，而高温烟气只能在气流周围混入，使气流周界的煤粉首先着火，然后逐渐向气流中心扩展，因此着火推迟，火焰行程较长，着火条件不理想。采用四角布置时，四股气流在炉膛中心形成一个直径为600~1500mm的假想切圆，这种切圆燃烧方式能使相邻燃烧器喷出的气流相互引燃，起到帮助气流点火的作用。同时气流喷入炉膛，产生强烈旋转，在离心力的作用下使气流向四周扩展，炉膛中心形成负压，使高温烟气由上而下回流到气流根部，进一步改善气流着火的条件。气流在炉膛中心强烈旋转，煤粉与空气混合强烈，加速了燃烧，形成了炉膛中心的高温火球。

181

另外，气流的旋转上升延长了煤粉在炉内的燃尽时间，改善了炉内气流的充满程度。

16. 什么是假想切圆？切圆直径的大小对锅炉工作有什么影响？

答：角置式燃烧器以同一高度喷口的几何轴线作切线，这些切线在炉膛横截面中部形成的几何圆形称为假想切圆。燃烧器的四股气流沿假想切圆的切线方向喷射，在炉内形成绕假想切圆强烈旋转的气流。

对于不同燃料、不同形式的锅炉，假想切圆的直径完全不一样；同一锅炉的一、二次风也可能采用不同直径的假想切圆。一般切圆直径为600～1300mm。

较大直径的假想切圆，可使邻角火炬的高温火焰更易达到下游邻角的燃烧器根部，有利于煤粉气流的着火，同时使炉内气流旋转强烈，燃烧后期混合得以改善，有利于燃尽过程。但假想切圆大，一次风气流偏斜程度增大，易引起水冷壁的结渣、磨损。切圆直径过大时，气流到达炉膛出口还有较强的残余旋转，会引起烟气温度和过热汽温的偏差。由于切圆内存在负压无风区，故使炉膛的火焰充满程度也受到不利影响。

17. 直流燃烧器在结构上有什么特点？

答：根据煤的种类及送粉方式的不同，直流燃烧器的结构也是不同的。部分喷口可上下摆动，均采用切圆燃烧方式。根据燃烧器中一、二次风口布置的情况来分类，有均等配风和分级配风两种。

18. 均等配风燃烧器在结构上有什么特点？

答：均等配风燃烧器采用一、二次风口相间布置，即在两个一次风口之间均等布置一个或两个二次风口，或者在每个一次风口的背火面均等布置二次风口。在均等配风方式中，一、二次风口间距较近，喷出的一、二次风会很快混合。

19. 分级配风燃烧器在结构上有什么特点？

答：分级配风燃烧器是把燃烧所需的二次风，分阶段地送入燃烧的煤粉气流中。因此，通常将一次风口比较集中地布置在一起，二次风口则分层布置，且一、二风口保持较大的距离。

20. 什么是射流的刚性？

答：燃烧器喷出的射流所具有的抵抗偏转的能力，称为该射流的刚性。

21. 为什么三次风喷口一般布置在燃烧器的上部？

答：三次风的特点是风温低、水分大、风速大、风量大，对炉膛燃烧影响大。一般将三次风喷口布置在燃烧器上部，可以使三次风气流尽量在主燃料煤粉气流的燃尽阶段混入，以免影响主燃料煤粉气流的着火和燃烧。

22. 简述四角布置的直流燃烧器气流偏斜的原因及对燃烧的影响。

答：气流偏斜的原因：

（1）射流在其两侧压差的作用下，被压向一侧而产生偏斜，由于直流燃烧器的四角射流相切于炉膛中心的假想切圆，致使射流两侧与炉膛夹角不同。夹角大的一侧，空间大、高温烟气补充充分，另一侧补气不充分，致使夹角大的一侧静压大于夹角小的一侧，在压差的作用下，射流向夹角小的一侧偏斜。

（2）炉膛宽、深尺寸差别越大，切圆直径越大，两侧夹角差别越大，射流偏斜越大。

（3）射流受上游邻角燃烧器射流的横向推力作用，也迫使气流发生偏斜。

（4）射流刚性的大小，也影响气流的偏斜。

气流偏斜对燃烧的影响：射流偏斜不大时，可改善炉内气流工况，使部分高温烟气正好补充到邻组燃烧器的根部，不但保证了煤粉气流的迅速着火和稳定燃烧，又不至于结焦，这正是四角直吹式直流燃烧器的特点。但气流偏斜过大时，会形成气流刷墙致使水冷壁炉墙结焦、磨损等不良后果，且炉膛火焰充满度降低。

23. 多功能直流燃烧器由哪些部分组成？

答：多功能燃烧器主要由稳燃器（俗称船体或钝体）、火嘴、油枪室及小油枪组成。

24. 直流燃烧器的二次风一般分为哪几部分？

答：直流燃烧器的二次风一般分为上、中、下三部分；此外，尚有周界二次风、夹心二次风、侧二次风及中心十字风等。

25. 上、中、下二次风分别有什么作用？

答：上二次风的作用是压住火焰，使之不过分上飘；在分级配风中，它占的比例最大，是煤粉燃烧需氧的主要来源，也是造成紊动的主要动力；其风口一般下倾5°～15°。中二次风在均等配风中是燃料燃烧需氧和紊动的主要来源，占风量比例较大；而在分级配风中，它的风量很小；其风口一般下倾5°～15°。下二次风的作用是防止煤粉离析，托住火炬使之不过分下冲，以防冷灰斗结渣；其风量最小，为二次风总量的15%～20%；一般水平布置。

26. 周界风的作用是什么？

答：周界风是包围一次风口的二次风，其速度较高（约为一次风的2倍），可增加一次风的刚性，防止气流过分偏斜；也可以保护一次风喷口，防止燃烧器烧坏。但周界风量过大时，会阻碍一次风着火，引起燃烧不稳。周界风量一般占二次风量的 10%～12%。

27. 夹心风的作用是什么？

答：夹心风是夹在一次风气流中间的二次风。夹心风能增强一次风的刚性，并有及时补给氧气的作用。夹心风对一次风着火的影响较小，其风量占二次风总量的 10%～16%。

28. 侧二次风的作用是什么？

答：侧二次风均布置在一次风两侧或外侧。布置在一次风两侧的二次风的作用和周界风差不多。布置在一次风外侧的二次风可在炉墙附近形成一层气幕，既增加了气流的刚性，又有利于防止结渣。此外，由于内侧未布置二次风，因此高温烟气可以直接卷吸入一次风，对煤粉的着火也有利。

29. 中心十字风的作用是什么？

答：中心十字风是夹在一次风口中成十字形缝隙的二次风。它对一次风喷口有保护作用，可把一次风分隔成四小股，有助于风、粉的混合。同周界风、夹心风一样，它对一次风也起导向的作用，能增加其刚性。中心十字风多用于褐煤燃烧。

30. 煤粉在炉内的燃烧过程大致经历哪几个阶段？

答：煤粉在炉内的燃烧过程大致经历着火前准备阶段、燃烧阶段和燃尽阶段。

31. 按化学条件和物理条件对燃烧速度的影响不同，可将燃烧分为哪几类？

答：按化学条件和物理条件对燃烧速度的影响不同，燃烧可分为三类，即动力燃烧、扩散燃烧和过渡燃烧。

32. 旋流射流与直流射流在流动特性上的主要差别是什么？

答：旋转射流不但有轴向、径向速度，而且有切向速度，其变化情况显著的特点是产生了回流区；旋流射流切向速度衰减很快，轴向速度衰减较慢，但比直流射流快得多，因此在同样的初始动量下，旋转射流射程短；旋转射流的扩展角比直流射流大，旋转强度加大，扩展角随之加大。

33. 油燃烧器的组成是什么？

答：油燃烧器由油雾化器和配风器组成。

34. 油雾化器的作用是什么？

答：油雾化器又叫油枪或油喷嘴，其作用是将油雾化成细小的油滴。

35. 简述 Y 形蒸汽雾化器的结构和工作原理。

答：Y 形蒸汽雾化器是利用蒸汽高速喷射将油滴粉碎、雾化的。这种喷嘴由油孔、汽孔和混合孔构成 "Y" 字形，故得名 Y 形喷嘴。油、汽进入混合孔后相互撞击，形成乳油状油汽混合物，然后由混合孔高速喷出，雾化成油滴进入炉膛燃烧。由于喷嘴上有多个混合孔，所以容易和空气混合。Y 形喷嘴一般采用调节油压的方法来调节出力。提高蒸汽压力，虽然可以改善雾化质量，但汽耗增加，同时也容易引起熄火。为了便于控制，将蒸汽压力保持不变，用调节油压的方法来改变喷油量。

36. Y 形油喷嘴的优缺点有哪些？

答：这种喷嘴的优点是出力大，雾化质量好，负荷调节幅度大，结构简单，并可用于高黏度劣质油的雾化；其缺点是喷嘴容易堵塞，汽、油部件接合面加工精度要求高。

37. 轻油枪的形式主要有哪些？

答：轻油枪有压力雾化器和蒸汽机械雾化器两种。压力雾化器又可分为简单机械雾化器和回油式机械雾化器；蒸汽机械雾化器的种类则较多。

38. 简述简单机械雾化器的结构及工作原理。

答：简单机械雾化器主要由雾化片、旋流片和分流片三部分组成。油在一定的压力下，经分流片的小孔汇合到一个环形槽中，然后经过旋流片的切向槽进入旋流中心的旋流室，产生高速的旋流运动，并经中心孔喷出。油在离心力的作用下，克服了本身的黏性力和表面张力，被粉碎成细小的油滴，并形成具有一定角度的圆锥形雾化矩。雾化矩的雾化角一般在 $60° \sim 100°$。

39. 重油压力式雾化喷嘴有哪些形式？各有什么优缺点？

答：重油压力式雾化喷嘴一般有两种形式，即简单机械雾化喷嘴和回油式机械雾化喷嘴。

简单机械雾化喷嘴的优点是供油系统简单，雾化后油滴分布均匀，有利于混合燃烧。其缺点是用改变进油压力来调节喷油量，因而锅炉负荷的调节幅度不大。锅炉低负荷运行时，由于燃油压力降得过低，使雾化质量变差，增加了不完全燃烧损失，因此对于较大的负荷变化，只能用增减油枪数量和调换不同出力雾化器的办法来实现。它只适用于带基本负荷的锅炉。

回油式机械雾化喷嘴的优点是可以在维持进油压力基本不变的情况下，通过调整回油量来调节喷油量，进行锅炉负荷的调节，因此适应负荷变化能力强，调节性能较好。其缺点是当负荷降低时，回油量增加，进入炉膛的重油流量减少，使喷油孔出口轴向流速降低，雾化角会相应扩大，可能导致燃烧器烧坏或喷口附近结焦；同时，其系统也较复杂。

40. 常见的旋流式燃烧器有哪些种类？

答：常见的旋流式燃烧器有扰动式和轴向叶轮式两种。

41. 简述双蜗壳式燃烧器的结构和工作原理。

答：双蜗壳式燃烧器由两个蜗壳组成，大蜗壳中是二次风，小蜗壳中是一次风，中间有一根中心管，中心管内可插入油枪。一、二次风切向进入蜗壳，然后经环形通道同方向旋转进入炉膛。二次风进口处装有舌形挡板，用来调整二次风的旋流强度。由于一、二次风都是旋流气流，所以进入炉膛后就扩展成空心锥的形状，即形成扩散的环形气流。在气流的卷吸作用下，空心锥的内、外面都受到高温回流烟气的加热。这种燃烧器能将煤粉气流扩展开来，吸热面积大，着火条件好。

42. 轴向可动叶轮旋流煤粉燃烧器是如何工作的？

答：轴向可动叶轮旋流煤粉燃烧器的一次风气流为直流或靠挡板产生弱旋转射流。一次风通道的出口装有扩流锥，携带煤粉的一次风气流经过它喷入炉膛后就展开。二次风气流通过装有轴向叶片的叶轮产生旋转运动。叶轮可沿着燃烧器轴线方向前后移动，当把叶轮向外拉出时，会有一部分二次风在叶轮外侧直流通过，其余部分通过叶轮内的轴向叶片产生旋转运动。这样，通过改变叶轮的位置，就可以改变直流风和旋转风的比例，并以此来调节二次风出口射流的旋转强度。由于二次风的风量和风速都比一次风大，因此二次风射流的旋转强度除了影响它本身的扩展之外，还影响一次风射流的扩展角和内回流区的大小。

43. 旋流燃烧器有什么特性？

答：二次风是旋转气流，一出喷口就扩展开；一次风可以是旋转气流，也可以因装扩流锥而扩展。因此，整个气流形成空心锥形状的旋转射流。旋转射流有强烈的卷吸作用，可将中心及外缘的气体带走，造成负压区，在中心部位就会因高温烟气回流而形成回流区。回流区大，对煤粉着火有利。旋转射流空心锥之外的边界所形成的夹角叫扩散角。随着旋转强度的增加，扩散角也增大，同时回流区也增大。当旋转强度增加到一定程度，扩散角也增加到某一程度时，射流会突然附至炉墙上，形成炉墙结渣。

44. 油燃烧器的配风应满足哪些条件？

答：（1）一次风和二次风的配比要适当。油燃烧器与煤粉燃烧器一样，也将供应的空气分为一次风和二次风。为了解决及时着火和稳定燃烧，避免或减少碳黑的形成，应将一部分空气和油雾预先混合，这部分空气是送到油雾的根部，叫一次风，通常又称为根部风或中心风。剩余的空气送到油雾周围的，称为二次风，通常也称为周围风或主风，其作用是解决油雾的完全燃烧。

（2）要有合适的回流区。着火热主要依靠高温烟气的回流，因此在燃烧器出口需要有一个适当的回流区，它是保证及时着火、稳定燃烧的热源。

（3）油雾和空气混合要强烈。油的燃烧为扩散燃烧，强烈混合是提高效率的关键。配风器应能组织一、二次风气流具有一定的出口速度、扩展角和射程，以达到强烈的初始和后期扰动，确保整个燃烧过程良好进行。

（4）各燃烧器间油与空气分布应均匀。

45. 配风器分为哪两类？

答：配风器有旋流式和直流式两大类。

46. 旋流配风器的作用是什么？有哪几类？

答：油燃烧器的旋流配风器和旋流煤粉燃烧器一样，采用旋流装置使一、二次风产生旋转，并形成扩散的环形气流。通常将一次风的旋流装置叫稳焰器，其作用是使一次风产生一定的旋转扩散，以便在接近火焰根部处形成一个高温回流区，使油雾稳定地着火与燃烧。目前，常用的旋流配风器可分为切向叶片式和轴向叶轮式两类。

47. 切向叶片式配风器有什么特点？

答：切向叶片式配风器将空气分为两股，一股通过切向可动叶片产生旋转，为二次风；另一股通过多孔套筒由中心进入，为一次风。出口处装有轴向叶片式稳燃器，使一次风旋转，雾化器插在中心孔内。二次风的旋转强度，可用改变叶片角度的方法来调节。

48. 直流配风器是如何工作的？又是如何分类的？

答：直流配风器又叫平流配风器，其二次风不经过叶片直接送入炉膛。直流配风器用稳焰器来提供根部风，而且使一次风旋转切入油雾，形成合适的回流区。它的二次风是直流的，以较大的交角切入油雾，而且风速高，衰减慢，能穿入火焰核心，加强了后期混合，强化了燃烧过程。直流配风器有两种结构，一种是直管式，另一种是文丘里管式。

49. 文丘里管式配风器是如何为油枪配风的？

答：在文丘里管式配风器中，空气由大风箱经筒形风门送入，中间约 20% 的空气经过稳焰器作为一次风旋转喷出，其余的空气在外围作为二次风直接喷出。由于文丘里管缩颈处的风压可以正确地反映通过的风量，便于采用自动调节，因而可以扩大调风器的负荷调节范围，有利于燃烧器实现低氧燃烧。

50. 简述电弧点火装置的原理。

答：电弧点火是借助于大电流，通电后再使两极离开，在两极间产生电弧，把可燃气体或液体燃料点燃。它的起弧原理与电焊相似，电极是由碳棒和碳块组成，通电后碳棒与碳块接触后拉开，在其间隙处形成高温的电弧，足可以把可燃气体和液体燃料点着。

51. 简述高能点火装置的特点及工作原理。

答：高能点火装置与电火花点火相比，不需要过渡燃料，可直接点燃重油。高能点火装置的发火部分也是两个电极，在沾污与结碳的情况下仍能工作。其工作原理是使半导体电阻处在一个能量很大、峰值很高的脉冲电压作用下，这样在半导体表面就可以产生很强的电火花，以此作为点火能源。

▶ 第三节　锅炉的水循环与蒸汽净化

1. 锅炉蒸发设备的作用是什么？它由哪些部件组成？

答：蒸发设备的作用是吸收燃料燃烧放出的热量，将水加热成饱和蒸汽。
蒸发设备是由汽包、下降管、水冷壁及联箱等组成。

2. 简述蒸发设备的工作过程。

答：由省煤器来的给水进入汽包之后，经下降管、下联箱分配到各水冷壁管，在炉膛内吸收了辐射热，使水冷壁管的水加热到饱和温度，随后部分汽水形成汽水混合物进入汽包，经汽包内部的汽水分离装置将汽水分离，饱和蒸汽由汽包引出到过热器，而分离器出来的水与给水一起经下降管继续流入水冷壁管内，使水冷壁不断地产生蒸汽。

3. 汽包的作用有哪些？

答：（1）汽包是加热、蒸发、过热三个过程的连接枢纽。
（2）汽包中存有一定的水量，因而有一定的蓄热能力，在负荷变化时，可以减缓汽压的变化速度。
（3）汽包中装有各种设备，用以保证蒸汽品质，一般都装有汽水分离装置、蒸汽清洗装置、连续排污装置和炉内加药装置。
（4）汽包上还装有压力表、水位计和安全阀等附件，以保证锅炉的安全运行。

4. 锅炉汽包内有哪些装置?

答:锅炉汽包内一般装有汽水分离装置、蒸汽清洗装置、连续排污装置及加药装置等。图 4-4 为高压、超高压锅炉汽包内部装置。

5. 汽包壁温差过大有什么危害?

答:当汽包上、下壁或内、外壁有温差时,将在汽包金属内产生附加热应力。这种热应力能够达到十分巨大的数值,可使汽包发生弯曲、变形、裂纹,缩短使用寿命。因此锅炉在启停过程中,必须严格控制汽包壁不超过 40℃。

6. 为什么汽包是加热、蒸发、过热三个过程的连接枢纽?

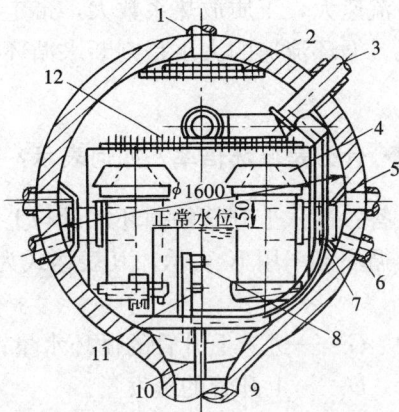

图 4-4 高压、超高压锅炉汽包内部装置
1—饱和蒸汽引出管;2—均汽板;3—给水管;4—旋风分离器;5—汇流箱;6—汽水混合物引入管;7—旋风分离器引入管;8—排污管;9—下降管;10—十字挡板;11—加药管;12—平孔板清洗装置

答:水在锅炉中变成合格的蒸汽,要经过加热、汽化、过热三个过程。由给水加热成饱和水是加热过程;饱和水汽化成饱和蒸汽是汽化过程;饱和蒸汽加热成过热蒸汽是过热过程。上述三个过程分别由省煤器、蒸发受热面、过热器来完成。汽包与上述三个过程都有联系,它要接受省煤器来的水;与蒸发受热面构成循环回路;饱和蒸汽要由汽包分送到过热器。汽包是加热、汽化、过热三个过程的交汇点,也是它们的分界点。因此,称汽包是锅炉加热、蒸发、过热三个过程的连接枢纽。

7. 什么是省煤器的沸腾率?

答:锅炉在额定工况下,省煤器中产生的蒸汽量占额定蒸发量的百分数,称为省煤器的沸腾率。

8. 什么是锅炉的水循环?

答:水和汽水混合物在锅炉蒸发受热面的回路中不断地流动,这一过程称为锅炉的水循环。

9. 什么是锅炉的循环回路?

答:由锅炉的汽包、下降管、联箱、水冷壁及汽水导管组成的闭合回路,称为锅炉的循环回路。

10. 什么是循环流速？有什么意义？

答：在锅炉的循环回路中，饱和温度下按上升管入口截面计算的水流速度，称为循环流速。

循环流速的大小，直接反映了管内流动的水将管外传入的热量及所产生蒸汽泡带走的能力。流速大，工质放热系数大，带走的热量多，因此管壁的散热条件好，金属就不会超温。可见，循环流速的大小是判断水循环好坏的重要指标之一。

11. 什么是循环倍率？如何表示？有什么意义？

答：进入上升管的循环水量与上升管的蒸发量之比，称为循环倍率。
循环倍率用 K 表示，其表达式为

$$K = G/D \qquad\qquad (4-1)$$

式中　G——进入上升管的循环水量；

　　　D——上升管的蒸发量。

循环倍率的意义是在上升管中每产生 1kg 蒸汽而由下面进入管子的水量，或 1kg 水在循环回路中需要经过多少次循环才能全部变成蒸汽。

12. 简述锅炉自然水循环的形成。

答：利用工质的密度差所形成的水循环，称为自然循环。锅炉在冷态时，下降管和上升管都处于相同的常温状态，故管中的工质（都是水）是不流动的。在锅炉运行时，上升管接受炉膛的辐射热，其中要产生蒸汽，故管中的工质是汽水混合物；而下降管布置在炉外，不受热，管中全是水。汽水混合物的密度小于水的密度，这个密度差促使上升管中的汽水混合物向上流动，进入汽包；下降管中的水向下流动，进入下联箱，补充上升管内向上流出的水量。只要上升管不断受热，这个流动过程就会不断地进行下去。这样，就形成了水和汽水混合物在蒸发设备的循环回路中的连续流动。

13. 什么是锅炉自然循环的自补偿能力？

答：一个循环回路中的循环流速常常随着负荷变化而不同。当上升管受热增强时，其中产生的蒸汽量增多，截面含汽率增加，运动压头增加，使循环量增大，故循环流速增大；否则，当上升管受热减弱时，循环水量减少，循环流速也减小。这种在一定范围内，自然循环回路上升管吸热增加时，循环水量随产汽量相应增加而进行补偿的特性，称为自然循环的自补偿能力。

14. 锅炉按水循环特性分为哪几种类型？

答：锅炉按水循环特性分为自然循环汽包锅炉、强制循环汽包锅炉、直流锅炉及复合循环锅炉四种类型。

15. 什么是自然循环锅炉?

答:自然循环锅炉是指蒸发系统内仅依靠蒸汽和水的密度差的作用,自然形成工质循环流动的锅炉。

16. 自然循环锅炉的故障有哪些?

答:自然循环锅炉的故障主要有循环停滞、倒流、汽水分层、下降管带汽及沸腾传热恶化等。

17. 什么是循环停滞和倒流?

答:循环流速趋近于零,进入上升管的水量等于其出口蒸汽量的现象,称为循环停滞。循环流速成为负值,即上升管中工质自上而下流动的现象,称为循环倒流。

18. 水循环停滞在什么情况下发生?

答:水循环停滞易发生在部分受热面较弱的水冷壁管中,当其重位压头等于或接近于回路的共同压差时,水在管中几乎不流动,只有少量的气泡在水中缓慢向上浮动并进入汽包,而上升管的进水量仅与出汽量相等,这就算是发生了循环停滞。

19. 水循环停滞有什么危害?

答:水循环停滞时,由于水冷壁管中循环水速接近或等于零,因此热量传递主要靠导热。虽然热负荷较低,但是热量不能及时被带走,管壁仍可能超温而烧坏。另外,水不断地被"蒸干",水中含盐浓度增加,会引起管壁的结垢和腐蚀。当在引入汽包蒸汽空间的上升管中发生循环停滞时,上升管内将产生"自由水位",水面以上管内为蒸汽,冷却条件恶化,易超温爆管;而汽水分界处水位的波动,导致管壁在交变热应力的作用下易产生疲劳而损坏。

20. 在什么情况下会发生水循环倒流?

答:当受热弱的管子循环流速成为负值,即上升管中水自上而下流动时,这一现象称为水循环倒流。水循环倒流现象常常发生在上升管直接引入汽包水空间,而且该管受热很弱,以至于其重位压差大于回路的共同压差。

21. 水循环倒流有什么危害?

答：当发生水循环倒流时，倒流管中的汽泡向上的流速与倒流水速接近，汽泡将不能被带走。处于停滞或缓动状态的汽泡逐渐聚集增大，形成汽塞，造成所在段管壁温度的升高或交变，导致超温或疲劳损坏，甚至爆管，严重影响水循环的安全进行。

22. 什么是汽水分层？

答：汽水混合物在水平或倾角较小的管内流动，当流速较低时，水在下部，汽在上部，这种分层流动的现象称为汽水分层。

23. 汽水分层发生在什么情况下？为什么？

答：汽水分层易发生在水平或倾斜度小，而且管中汽水混合物流速过低的管子中。汽的密度小，因而汽倾向于在管子上部流动；而水的密度大，则在下部流动。当汽水混合物的流速过低，扰动混合作用小于分离作用时，汽、水将会分开，形成一个清晰的分界线，这就形成了汽水分层。因此，自然循环锅炉的水冷壁应避免水平或倾斜度小于 $15°$ 的布置方式。

24. 电站锅炉的下降管有哪两种形式？

答：电站锅炉的下降管分为分散下降管和集中大直径下降管两种。

25. 下降管带汽的原因有哪些？

答：（1）汽水混合物的引入口与下降管入口距离过近，或下降管入口位置过高。
（2）锅水进入下降管时，由于进口流动阻力和水流加速而产生过大压降，使锅水产生汽化。
（3）下降管进口截面上部形成旋涡斗，使蒸汽吸入。
（4）汽包水室含汽，蒸汽和水一起进入下降管。
（5）下降管受热，产生蒸汽。

26. 下降管带汽有什么危害？

答：下降管带汽时，将使下降管中工质的平均密度减小，循环运动压头降低，工质的平均容积流量增加，流速增加，造成流动阻力增大。结果是使克服上升管阻力的能力减小，循环水速降低，增加了循环停滞、倒流等故障现象发生的可能性。

27. 采用大直径下降管有什么优点？

答：采用大直径下降管，可以减小流动阻力，有利于水循环，且简化布置、节约钢材，同时也减少了汽包的开孔数。

28. 采用分散下降管有什么缺点？

答：分散下降管直接由汽包引出，汽包上开孔较多，使筒体强度减弱。另外，这些下降管还要被分别引到前、后、左、右侧的水冷壁下联箱，这就增加了下降管的长度和弯头数量，使得布置困难，金属耗量、工质流动阻力及制造和安装工作量都有所增大。

29. 为什么会在下降管入口处出现自行汽化现象？如何防止？

答：汽包中的水是接近静止的。水以一定流速进入下降管时，要消耗一部分能量，即一部分静压要变成动压，同时还需克服下降管入口的局部阻力，这些都要靠汽包水位的静压来完成。当汽包水位较低，其静压小于上述两项阻力时，入口静压小于水面静压，在下降管入口处将出现自行汽化现象。

为了防止下降管入口处的自行汽化，运行中要防止水位过低，还要控制下降管入口水速不要太高。

30. 下降管入口旋涡斗带汽是如何形成的？如何防止？

答：汽包中的水是从不同方向并以不完全一致的流速进入下降管，在入口处形成旋涡。旋涡中心压力低，呈漏斗状。当旋转强烈且水位较低时，旋涡斗的底部将伸入到下降管入口处，以致部分蒸汽被带入下降管。

为防止在下降管入口处形成旋涡斗，要求汽包水位应不低于 4 倍下降管内径的高度，下降管入口流速应小于 3m/s，还要设法（如装格栅、十字隔板等）破坏入口旋涡的形成。

31. 什么是多次强制循环锅炉？

答：多次强制循环锅炉是在自然循环锅炉的基础上发展起来的，除依靠水与汽水混合物之间的密度差之外，还主要依靠锅水循环泵，以使工质在蒸发受热面中做强制流动，这样既能增大流动压头，又便于控制各回路中工质的流量。

32. 多次强制循环锅炉有什么特点？

答：多次强制循环锅炉属于汽包锅炉，其特点如下：
（1）蒸发受热面中工质的流动，主要依靠锅水循环泵压头，水循环安全可靠。
（2）蒸发受热面的布置，可多从有利于传热及减少钢材消耗考虑，因其运动压头较大。
（3）循环倍率小，循环水量少，并可采用效率高、尺寸小、阻力大的汽水分离装置，以减小汽包尺寸。
（4）启动速度比自然循环锅炉快。
（5）运行时对汽包水位要求不严，即使水位较低，也可以保证水循环安全。
（6）锅水循环泵消耗能量较大，且在高温、高压下工作，增加了不安全因素。

33. 采用锅水循环泵有什么好处？

答：采用锅水循环泵，不仅能够保证锅炉蒸发受热面内水循环的安全可靠，还缩短了机组的启动时间，减少了启动热损失，同时也提高了锅炉对低负荷工况的适应性，可以更好地满足调峰要求。

34. **简述锅水循环泵的结构及特征。**

答：锅水循环泵的主要结构特点是将泵的叶轮和电动机转子装在同一轴上，并置于相互连通的密封压力壳体内，泵与电动机接合成一体，没有通常泵的联轴器，没有轴封，这就从根本上解决了泵泄漏的可能。锅水循环泵的基本结构都是电动机轴端悬伸一只单级泵轮的单轴结构，电动机与泵体由主螺栓和法兰连接，整个泵和电动机及附属阀门等配件均由锅炉下降管支承。锅水循环泵具有耐高温和高压、防水及隔热等特点。

35. **在多次强制循环锅炉中，锅水循环泵是如何工作的？**

答：锅水循环泵将汽包中的锅水打入下联箱，下联箱的水再分配到各水冷壁管，吸热后汽水混合物进入汽包，经汽包分离后，蒸汽被引入过热器，锅水则经锅水循环泵继续参加循环。

36. **什么是直流锅炉？**

答：在给水泵的压头作用下，给水依次经过加热、蒸发和过热等受热面而生成具有一定压力和温度的过热蒸汽，这种锅炉即为直流锅炉。

37. **直流锅炉的工作原理是什么？**

答：由于直流锅炉没有汽包，所以加热、蒸发和过热等部分之间无固定的分界线。其工作过程如下：给水经给水泵送入锅炉，先经过加热区，将水加热至饱和温度，再经过蒸发区，将已达到饱和温度的水蒸发成饱和蒸汽，最后经过过热区，把饱和蒸汽加热成过热蒸汽，最后送入汽轮机做功。

38. **与自然循环锅炉比较，直流锅炉有什么优点？**

答：（1）节省钢材。直流锅炉不需要汽包，受热面管径又小，承压部件总质量轻，可节省钢材20％～30％。

（2）制造、安装简单。

（3）启、停炉速度快。因不存在汽包上、下壁温差制约，一般从点火到达到额定参数时间，直流锅炉为45min左右，自然循环锅炉则需要4～5h；直流锅炉停炉只需10～30min。

（4）受热面布置灵活。直流锅炉可采用小直径的受热面管子；而自然循环锅炉为了保证水循环安全，管径不能太小。

39. **与自然循环锅炉相比，直流锅炉有什么缺点？**

答：（1）给水品质要求高。在直流锅炉中，水全部变为蒸汽，无法排污，给水带入的盐分会沉积在受热面上或汽轮机叶片上，对安全不利。

（2）自动调节要求高。直流锅炉的加热、蒸发和过热无固定分界线，当工况变动时，汽温、汽压变化快，因此必须有灵敏、可靠的自动调节设备。

（3）汽水阻力大。为克服工质流动阻力，对给水泵压力要求高，给水泵自耗能量大。

（4）水冷壁的冷却条件差。自然循环锅炉有自补偿能力，而直流锅炉没有该特性，在水冷壁出口处工质一般已微过热。

40. **按蒸发受热面的结构和布置方式不同，直流锅炉分为哪几类？**

答：（1）垂直上升管屏式（本生式）。其水冷壁管由许多垂直管屏组成，在具体结构上又可分为多次串联上升管屏和一次垂直上升管屏两种。

（2）回带管屏式（苏尔寿式）。其受热面由多行程回带管屏组成。其中，一种是由若干根平行管子沿炉墙上下迂回而构成的水冷壁管屏；另一种是由若干根平行管子水平向上迂回而构成的水冷壁管屏。

（3）水平围绕管圈式（拉姆辛式）。其水冷壁由多根平行并联的管子组成，且有管圈自下而上盘绕。

41. **直流锅炉一次垂直上升管屏有什么特点？**

答：优点：①结构简单，便于组合安装及采用全悬吊结构；②具有稳定的水动力特性；③各管间的膨胀差别小，适宜采用膜式水冷壁；④总流程短，汽水阻力小；⑤水通过所有管屏一次上升到顶部，并全部变为蒸汽。

缺点：只适用于大容量锅炉。因为容量小，则工质的质量流速小，以致管壁超温；或管径小，以致水冷壁刚度差。

42. **回带管屏式直流锅炉有什么优缺点？**

答：优点：①布置方便；②节省金属。

缺点：①两联箱间管子过长，故热偏差大；②膨胀问题较复杂；③垂直升降回带管屏还存在不易疏水和排汽及水动力稳定性差等问题。

43. **水平围绕管圈式直流锅炉有什么优缺点？**

答：优点：①没有炉外大直径下降管，因而金属消耗小；②便于疏水、排汽；③适宜滑参数运行；④相邻管圈的边管间的温差较小，可采用膜式结构。

缺点：①安装组合率低；②工质的流动阻力较大。

44. 直流锅炉设带有分离器的启动旁路系统的作用是什么？

答：（1）回收、利用工质和热量。

（2）解决机组启动时锅炉和汽轮机两者要求不一的矛盾，即启动时锅炉要求有一定的压力和流量，以冷却受热面，保持水动力稳定，防止脉动、停滞和汽水分层现象出现。

（3）使进入汽轮机的蒸汽具有相应压力下50℃以上的过热度。

45. 简述直流锅炉启动分离器的结构和工作原理。

答：启动分离器由筒体、旋风分离器及引入、引出管组成。

工作原理：进入分离器的汽水混合物在旋风分离器中产生高速旋转，由于离心力的作用而发生汽水分离，汽和水被分别引出分离器。启动分离器分离出的蒸汽：①送入高压加热器进行热回收。②将蒸汽送至除氧器进行热回收。③将多余的蒸汽排至凝汽器。④当分离器压力达到一定值后去冷却过热器，并通过汽轮机高、低压旁路冷却再热器，同时对主蒸汽和再热蒸汽管道加热。启动分离器分离出来的水若为不合格的水，则排至地沟；若为合格的水，则送入除氧器热回收；若不符合进入除氧器条件，则排至凝汽器。

46. 直流锅炉为什么要设置启动旁路系统？

答：在采用直流锅炉的单元机组的启动过程中，由于启动初期从水冷壁甚至过热器出来的是热水或汽水混合物，不允许进入汽轮机，为此必须设启动旁路系统，以排出不合格的工质，并通过旁路系统回收工质和热量。同时利用启动旁路系统，在满足进入汽轮机的蒸汽具有一定过热度的前提下，建立一定的启动流量和启动压力，改善启动初期的水动力特性，防止脉动和停滞现象的发生，保证启动过程的顺利进行。

47. 什么是复合循环锅炉？

答：复合循环锅炉就是带有再循环泵的直流锅炉，它是在直流锅炉的基础上发展起来的。它主要是为了解决普通直流锅炉在额定负荷时质量流速和流动阻力较大，以致给水泵的压头和电能消耗较大的问题而产生的。

48. 复合循环锅炉有什么特点？

答：复合循环锅炉的特点：在省煤器出口与蒸发区入口之间装有再循环泵，并在蒸发区出口至再循环泵入口之间装有再循环管。由于蒸发区的流量是给水流量与再循环流量之和，故使蒸发受热面的冷却得到改善。

49. 复合循环锅炉的工作原理是什么？

答：低负荷时，再循环管有流量；高负荷时，再循环管无流量，而以直流锅炉的方式运行。低负荷时，再循环泵产生的压头大于蒸发区流动阻力，因而再循环管内有一定流量；负荷增加时，蒸发区流动阻力随之增大，再循环流量随之减小；当负荷增大至再循环终止负荷时，蒸发区流动阻力等于再循环泵压头，再循环管路无流量；负荷再增大，由于再循环管路上装有止回阀以防止倒流，故再循环管路仍无流量。

50. 什么是低循环倍率锅炉？

答：低循环倍率锅炉是在直流锅炉和强制循环锅炉的基础上发展起来的，应用于亚临界和超临界压力工况下。它在额定负荷时的循环倍率较低（一般为 1.3～1.8），因而称为低循环倍率锅炉。

51. 低循环倍率锅炉的特点是什么？

答：低循环倍率锅炉没有汽包，炉膛蒸发受热面中的工质采用强制循环。从炉膛受热面出来的汽水混合物进入汽水分离器，分离后的蒸汽被引向过热器，水则和省煤器出来的水在混合器混合后经再循环泵送入炉膛蒸发受热面，因而蒸发受热面中的流量大于蒸发量。其循环倍率较低（一般小于 2），可用于亚临界和超临界压力工况下。

52. 低循环倍率锅炉与其他锅炉的主要不同点有哪些？

答：由于采用再循环泵，当负荷变化时，蒸发受热面中的循环流量变化不大，因而与直流锅炉相比，额定负荷时可采用较低的工质流速，使蒸发受热面流动阻力显著减小；与自然循环锅炉相比，用汽水分离器代替了汽包，可使金属耗量降低，制造工艺简化；与多次强制循环锅炉相比，循环倍率小，因而再循环泵功率小且无汽包。但是这种锅炉要求再循环泵的工作必须可靠，其调节系统也比较复杂。

53. 低循环倍率锅炉的工作原理如何？

答：给水经省煤器进入混合器，与分离器分离出来的锅水混合，然后用再循环泵经分配器输送至水冷壁的各个回路中。水冷壁的各个回路中装有节流圈，以合理分配各回路的水量，水冷壁产生的汽水混合物在分离器中进行分离，分离出来的蒸汽送至过热器，分离出来的水则送回混合器，进行再循环。

54. 低循环倍率锅炉有什么优点？

答：（1）在低循环倍率锅炉中，当锅炉负荷变化时，水冷壁管工质流量变化不大，因此蒸发受热面可采用较粗管径的一次上升垂直管屏水冷壁。

（2）在汽水系统中装设了锅水循环泵，使循环回路的运动压头比自然循环锅炉有所增加，运行更安全。由于工质强制循环，其水冷壁布置方式较自由，故可使下降管系统简化，管壁减薄，使整个水冷壁系统质量减轻。

（3）因锅水循环泵产生的压头高，循环倍率低，循环水量少，故可采用直径小的汽水分离器代替汽包，节省了钢材，简化了制造工艺。

（4）由于循环倍率大于1，水冷壁平均出口干度在0.6左右，故对沸腾换热恶化的影响大为减轻。

（5）采用垂直上升管屏，水冷壁阻力小，受热强的管子中工质流量也相应增加，即有自补偿能力，因此可以不在每根管子中加装节流圈，而只需按回路安装。

（6）因有再循环系统，故可采用小的启动流量，启动系统简化，启动损失小，还可采用滑压运行方式。

55. **在低循环倍率锅炉中，水冷壁循环倍率与锅炉循环倍率有什么区别？**

答：水冷壁循环倍率是指进入水冷壁的循环水量与其产汽量的比值；锅炉循环倍率是指进入水冷壁的循环水量与分离器出口的湿蒸汽流量的比值。由于分离器出口湿度的存在，故锅炉循环倍率与水冷壁循环倍率是不同的，且前者小于后者；只有当分离器出口湿度等于零时，它们的数值才会相同。

56. **如何防止低循环倍率锅炉锅水循环泵入口汽化？**

答：在低循环倍率锅炉中，为保证锅水循环泵工作可靠，防止蒸汽进入再循环管路及锅水循环泵入口汽化，可采取以下一些措施：

（1）要求分离器水位不能太低，即从分离器水位面到泵的入口需要有足够的高度，以免由于发生漏斗形旋涡水面而使蒸汽进入再循环管。

（2）要求再循环管中流动阻力和局部阻力不能太大，以免引起过大的压降而造成汽化。

（3）要求运行中降压速度不能太快。

57. **全负荷再循环系统与部分负荷再循环系统有什么不同？**

答：全负荷再循环系统是指在所有负荷下均有流体通过的再循环系统，用于低循环倍率锅炉；部分负荷再循环系统是指只在低负荷情况下才有流体通过的再循环系统，用于复合循环锅炉。这两种系统的主要差别在于再循环泵的设计特性。全负荷再循环系统再循环泵的设计特性是：在各种负荷下，再循环泵的压头都大于蒸发区流动阻力，因而总有一定量的再循环流体通过再循环管路。

58. **按出口蒸汽压力的不同，锅炉可分为哪几类？**

答：（1）低压锅炉。其出口蒸汽压力小于或等于2.45MPa。

（2）中压锅炉。其出口蒸汽压力为2.94～4.9MPa。

（3）高压锅炉。其出口蒸汽压力为7.84～10.8MPa。

（4）超高压锅炉。其出口蒸汽压力为 11.8～14.7MPa。

（5）亚临界压力锅炉。其出口蒸汽压力为 15.7～19.6MPa。

（6）超临界压力锅炉。其出口蒸汽压力超过 22.1MPa。

59. 汽包汽水分离装置的工作原理是什么？

答：（1）利用汽水密度差进行重力分离。

（2）利用气流改变方向时的惯性力进行惯性分离。

（3）利用气流旋转运动时的离心力进行汽水离心分离。

（4）利用水黏附在金属壁面上形成水膜并往下流而形成吸附分离。

60. 汽包汽水分离装置有哪几种？

答：常用的汽水分离装置有旋风分离器、涡流分离器和波形板分离器（百叶窗）等。

61. 简述旋风分离器的结构及工作原理。

答：旋风分离器由简体、引入管、顶帽、溢流环、简底导叶和底板等组成，如图 4-5 所示。

旋风分离器是一种分离效果很好的分离装置。其工作原理及工作过程是：较高流速的汽水混合物经引入管切向进入简体而产生旋转运动，在离心力的作用下，水滴被抛向简壁，使汽、水初步分离。分离出来的水通过简底四周导叶流入汽包水空间。饱和蒸汽在简体内向上流动，随后进入顶帽的波形板间隙中曲折流动，在离心力和惯性力的作用下，小水滴被抛到波形板上，并在附着力的作用下形成水膜下流，经简壁流入汽包水空间，使水进一步分离，饱和蒸汽则从顶帽上方或四周被引入到汽包蒸汽空间。

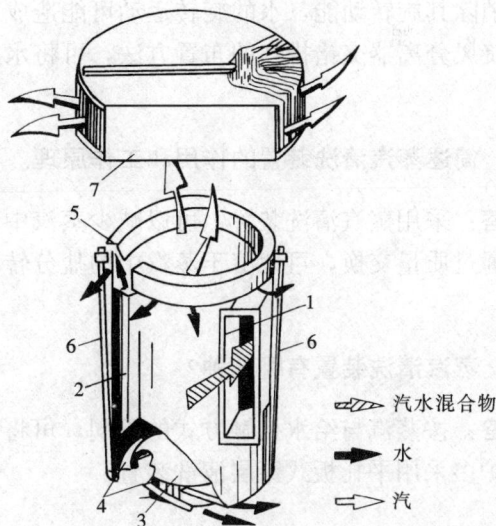

图 4-5　汽包内置旋风分离器

1—进口法兰；2—简体；3—底板；4—导向叶片；
5—环形分离槽；6—拉杆；7—波形板分离器

62. 简述波形板分离器（百叶窗）的结构及工作原理。

答：波形板分离器是由许多平行的波浪形板组成，波形板厚度为 0.8～1.2mm，相邻两块波形板之间的距离为 10mm，并用 2～3mm 厚的钢板边框固定。

波形板分离器的工作原理及工作过程是：经过粗分离的蒸汽进入波形板分离器后，在波形板之间曲折流动。蒸汽中的小水滴在离心力、惯性力和重力的作用下被抛到板壁上，使水滴黏附在波形板上并形成水膜。水膜在重力作用下流入汽包水空间，使汽、水得到进一步分离。由于利用附着力分离蒸汽中细小水滴的效果较好，所以波形板分离器被广泛地用作细分离设备。

63. 简述涡流分离器的结构及工作过程。

答：涡流分离器由筒体、顶帽及旋转叶片等组成。

其工作过程是：汽水混合物自筒体底部轴向进入，通过旋转叶片时发生强烈旋转而使汽、水分离。水沿筒壁转到顶盖被阻挡后，从内筒和外筒之间的环缝中流入水空间；蒸汽则由筒体中心部分上升，并经波形顶帽进入汽包蒸汽空间。这种分离器的分离效果较好，分离出来的水滴不会被蒸汽带走，但阻力较大，多用于多次强制循环汽包锅炉。

64. 左旋旋风分离器与右旋旋风分离器在汽包内是如何布置的？为什么要那样布置？

答：旋风分离器虽然能使分离出来的水经过筒底倾斜导叶平稳地流入汽包水空间，但并不能消除其旋转动能，水的旋转运动可能造成汽包水位的偏斜。因此采用左旋旋风分离器与右旋旋风分离器交错排列的布置方法，可将水的旋转运动相互抵消，使汽包水位保持稳定。

65. 简述蒸汽清洗装置的作用和工作原理。

答：采用蒸汽清洗装置，可以减少蒸汽中的溶盐。蒸汽清洗的原理就是让蒸汽和给水接触，通过质量交换，可使溶于蒸汽中的盐分转移到给水中，从而降低蒸汽含盐量。

66. 蒸汽清洗装置有哪几种？

答：按蒸汽与给水接触方式的不同，可将清洗装置分为穿层式、雨淋式和水膜式等。目前锅炉多采用平孔板式穿层清洗装置。

67. 平孔板式穿层清洗装置的结构是怎样的？

答：它由一块块的平孔板组成，每块平孔板钻有很多直径为 5~6mm 的小孔，相邻的两块孔板之间装有 U 形卡，清洗装置两端封板与平孔板之间装有角铁以组成可靠的水封，可防止蒸汽短路。

68. 平孔板式穿层清洗装置的工作原理是怎样的？

答：约 50% 的给水经配水装置均匀地分配到孔板上，蒸汽自下而上通过孔板小孔，经由 40～50mm 厚的清洗水层穿出，使蒸汽的部分溶盐扩散、转溶于水中，水则溢过堵板溢流到水容积中。孔板上的水层靠蒸汽穿孔阻力所造成的孔板前、后压差来托住。蒸汽穿孔的推荐速度为 1.3～1.6m/s，以防止低负荷时出现干孔板区或高负荷时大量携带清洗水。

69. 汽包锅炉装设水位计有什么重要意义？

答：汽包水位是锅炉运行中必须严格监视和控制的重要项目之一。水位过高，会造成蒸汽带水，损坏过热器和汽轮机设备；水位过低，会造成锅炉缺水，破坏水循环，烧坏受热面，甚至引起锅炉爆炸。所以，没有水位计的汽包锅炉是不允许投入运行的。

70. 汽包内加药处理的意义是什么？

答：若单纯用锅炉外水处理除去给水所含杂质，需要较多的设备，会大大增加投资；而加大锅水排污，不但增加工质热量损失，而且不能消除锅水残余硬度。因此，除采用锅炉外水处理外，还在锅炉内对锅炉进行加药处理，清除锅水残余硬度，防止锅炉结垢。其方法是在锅水中加入磷酸盐，使磷酸根离子与锅水中钙、镁离子结合，生成难溶于水的沉淀泥渣并沉积到下部，再通过定期排污排出锅炉。使锅水保持一定的磷酸根，既不产生结垢和腐蚀，又保证蒸汽品质。

71. 水位计的虚假水位是如何产生的？

答：当水位计连通管或汽水旋塞阀泄漏或堵塞时，会造成水位计指示不准，形成假水位。若汽侧泄漏，将会使水位指示偏高；若水侧泄漏，将会使水位偏低。管路堵塞时，水位将停滞不动，或模糊不清。当水位计玻璃管上积垢时，也会把污痕误认为水位线。以上这些都算是虚假水位。

72. 锅炉排污的目的是什么？

答：锅炉排污的目的是排出杂质和磷酸盐处理后形成的软质沉淀物及含盐浓度大的锅水，以降低锅水中的含盐量和硬度，从而防止锅水含盐浓度过高而影响蒸汽品质。

73. 定期排污和连续排污的作用有何不同？

答：定期排污的作用是排走沉积在水冷壁下联箱中或集中下降管下部的水渣、铁锈等；连续排污的作用是连续不断地从锅水表面附近将含盐浓度最大的锅水及表面游浮物排出。

74. 连续排污管口一般装在何处？为什么？排污率为多少？

答：连续排污管口一般装在汽包正常水位下 200～300mm 处。锅水连续不断地蒸发、浓缩，使水面附近含盐浓度最高。而连续排污管口就应安装在锅水浓度最大的区域，以连续排出高浓度锅水，补充清洁的给水，从而改善锅水品质。排污率一般为蒸发量的1%左右。

75. 定期排污的目的是什么？定期排污管口装在何处？

答：锅水中含有铁锈和加药处理后形成的沉淀水渣，这些杂物沉积在水循环回路的底部。定期排污的目的就是定期将这些沉淀杂质排出，以提高锅水品质。定期排污口一般装在水冷壁的下联箱或集中下降管的下部。

76. 控制锅炉给水品质的指标有哪些？

答：控制锅炉给水品质的指标有硬度、碱度、pH值、含氧量、含油量，以及磷酸根、铁、铜、钠、二氧化硅及联氨的含量。

77. 什么是硬水、软化水和除盐水？

答：未经化学处理而含有钙、镁等盐类的水称为硬水。

经过化学处理除去钙、镁离子后的水称为软水。

各种离子全部被除掉的水称为除盐水。

78. 什么是电导率？为什么要监测它？

答：电导率也称导电度，是电阻率的倒数，单位是 $\mu S/cm$。通过测水的电导率，可间接知道水中溶盐的多少，从而可根据电导率监视给水、锅水、饱和蒸汽和过热蒸汽中的溶盐情况，起到监视和控制汽水品质的作用。

79. 什么是结垢？

答：盐分沉积在受热面上称为结垢。严格地说，垢又分为水垢和盐垢两种。水垢是指从溶液中直接析出并附着在金属表面的沉积物；盐垢是指锅炉蒸汽中含有的盐类，在热力设备中析出并形成的固体附着物。

80. 蒸汽品质不良有何危害？

答：（1）蒸汽中含有盐分，盐分沉积在过热器受热面管壁上形成盐垢，会使管子的传热能力下降，轻则使蒸汽的吸热量减少，排烟温度升高，锅炉效率降低；重则使管壁超温，导致管子烧坏。

（2）盐垢沉积在汽轮机的通流部分，将使通流截面减小，叶片粗糙度增加，甚至改变叶片型线，使汽轮机阻力增大，出力和效率降低，还可能引起叶片应力和轴向推力增大，造成汽轮机事故。

（3）盐垢沉积在管道的阀门处，可能引起阀门动作失灵和漏汽。

81. **结垢有哪些危害？**

答：（1）垢的热阻很大，使受热面传热效果下降，导致锅炉排烟温度升高，热效率下降。

（2）使受热面金属壁温升高，严重时会引起承压部件鼓包、变形和超温爆管。

（3）管内结垢，使有效通流截面减小，工质流动阻力增大，有碍水循环的正常进行。某些脱落的水垢沉积下来，还会造成局部堵塞或流通不畅。

（4）结垢最终会导致锅炉出力下降、寿命缩短及经济性变差。

82. **防止结垢的方法有哪些？**

答：（1）加强给水处理，尽可能降低给水含盐量，这是最根本的措施。

（2）加强锅内加药处理，使易结垢的钙、镁等盐类生成非黏结性的松散的水渣，并通过定期排污除去。

（3）加强锅炉排污。

（4）加强汽水分离及蒸汽清洗。

（5）定期对锅炉内部清洗，除去已沉积下的盐分，防止结垢的发展。

83. **什么是蒸汽的机械携带？什么是蒸汽的选择性携带？**

答：饱和蒸汽带水的现象称为蒸汽的机械携带；

蒸汽直接溶解于某些特定盐分中的现象称为蒸汽的选择性携带。

84. **饱和蒸汽带水的原因有哪些？**

答：（1）锅炉负荷。锅炉负荷增加，蒸汽带水增强。

（2）蒸汽压力。蒸汽压力高时，带水能力增强。压力高，分子热运动加强，动能增强，水滴被破碎成微细颗粒易被带走，同时汽水密度差减小，分离困难，这些均使蒸汽带水能力增强。

（3）汽包蒸汽空间高度。蒸汽空间高度指由汽包水面至饱和蒸汽出口的高度。高度小，水滴易被带走，当高度达到 0.6m 时，蒸汽湿度会随高度的减小而明显升高；当高度在 1.0~1.2m 以上时，蒸汽湿度几乎不再随高度增加而减小。

（4）锅水含盐量。含盐量高时，锅水黏度升高，锅水表面还形成泡沫层，这些都将使蒸汽带水的可能性增大。

85. **锅炉负荷如何影响蒸汽带水？**

答：锅炉负荷增加时，汽水混合物进入汽包的动能增加，将引起锅水大量飞溅，使生成的水滴数量增多，同时蒸汽在汽包汽空间的流速增大，带水能力增强，带走水滴的直径增大，因此蒸汽带水增强，湿度增大。当锅炉负荷大于临界负荷后，蒸汽湿度会急剧增大。为了保证蒸汽品质，锅炉实际运行的最大负荷应低于临界负荷，而临界负荷是由化学试验确定的。

86. 什么是锅炉的临界负荷？

答：当锅炉负荷大于某一负荷值时，锅炉蒸汽带水能力剧增，蒸汽湿度明显增大，称这一负荷为临界负荷。

87. 蒸汽压力对蒸汽带水有什么影响？

答：汽包压力增加，汽、水间的密度差减小，汽、水分离困难。当蒸汽速度一定时，飞逸直径增大，即较大的水滴也将被带走，所以蒸汽湿度增大，而且压力增大，水的表面张力减小，所形成水滴直径也减小，更易被蒸汽带走。另外，汽包压力的急剧波动也会影响蒸汽带水。汽压降低，相应的饱和温度也降低，会产生部分附加蒸汽，使汽包水容积中的含汽量增加，从而使蒸汽带水。

88. 锅水含盐量对蒸汽带水有什么影响？

答：锅水含盐量越大，锅水的表面张力越大，汽泡破裂时所形成的水滴越小，被蒸汽带走的水滴越多，湿度增大。当锅水含盐量特别是碱性物质增大时，汽泡不易破裂，并在水面停留时间较长，所以易在水面堆积汽泡，严重时将形成一层厚泡沫，使蒸汽空间下降，造成蒸汽带水。

89. 蒸汽空间高度对蒸汽带水有什么影响？

答：当蒸汽空间高度较小时，大量较粗的水滴可以到达蒸汽空间顶部并被蒸汽引出管抽出，所以即使蒸汽速度不大，其蒸汽湿度也会很大。当高度达到 0.6m 时，蒸汽湿度会随高度的减小而明显升高；当高度在 1.0～1.2m 以上时，蒸汽湿度几乎不再随高度的增加而减小。

90. 蒸汽溶盐有什么特点？

答：（1）饱和蒸汽和过热蒸汽均可以溶解盐，凡能溶于饱和蒸汽的盐也能溶于过热蒸汽。

（2）蒸汽的溶盐能力随压力的升高而增大。

（3）蒸汽对不同盐类的溶解是有选择性的。在相同条件下，不同盐类在蒸汽中的溶解度相差很大。

91. 根据饱和蒸汽的溶盐能力，可把锅水中常遇到的盐分为哪三类？

答：第一类盐是硅酸类（如 SiO_2、H_3SiO_3），其分配系数最大。高压蒸汽品质主要取决于硅酸溶解的多少。

第二类盐是 $NaOH$、$NaCl$、$CaCl_2$ 等，其分配系数比硅酸类低得多。但在超高压时，这些盐分的分配系数相当高。

第三类盐是一些很难溶解于蒸汽的盐分，如 Na_2SO_4、Na_2SiO_3、Na_3PO_4 等。这些盐的影响在自然循环锅炉中一般不予考虑。

92. 提高蒸汽品质的途径有哪两种？具体方法有哪些？

答：提高蒸汽品质的途径有两种：①降低锅水含盐量；②降低饱和蒸汽带水及减少蒸汽中的溶盐。具体方法如下：

（1）降低锅水含盐量的方法。

1）提高给水品质；

2）增加排污量；

3）采用分段蒸发。

（2）降低饱和蒸汽带水及减少蒸汽中的溶盐的方法。

1）建立良好的汽水分离条件；

2）采用完善的汽水分离装置；

3）采用蒸汽清洗装置；

4）采用合适的锅水控制指标。

93. 什么是汽水的自然分离和机械分离？

答：汽水分离一般是通过汽水分离装置，利用自然分离和机械分离的原理进行工作的。自然分离是指利用汽和水的密度差并在重力作用下使汽水分离；机械分离是指依靠惯性力、离心力和附着力而使水从蒸汽中分离出来。

94. 汽水分离装置分为哪两类？各有什么作用？

答：一类为一次汽水分离装置（或称粗分离装置）。其作用是消除汽水混合物进入汽包时具有的动能，并将蒸汽和水初步分离。进入汽包的汽水混合物的湿度一般大于 20%，而一次汽水分离装置出口的蒸汽湿度则降到 0.5%～1%。

另一类为二次汽水分离装置（或称细分离装置）。其作用是将一次汽水分离装置输出的汽水进一步分离，使蒸汽湿度降到小于 0.01%～0.03%，最大不超过 0.05% 的标准。

95. 什么是蒸汽清洗？

答：蒸汽清洗是指用含盐量低的清洁水与蒸汽接触，使已溶于蒸汽的盐分转移到清洗水中，从而减少蒸汽中溶解的盐分。

96. 蒸汽清洗的目的是什么？

答：蒸汽清洗的目的就是要降低蒸汽中溶解的盐分，特别是硅酸。溶于饱和蒸汽的硅酸量取决于同蒸汽接触的水的硅酸含量及其分配系数。当压力一定时，分配系数是常数，因此要减少蒸汽中溶解的硅酸，就要设法降低同蒸汽接触的水的硅酸浓度。

97. 给水对锅炉运行的安全性有何影响？

答：锅炉运行中的腐蚀特点是锅水和蒸汽的温度、压力都很高，加之工况变动，给水中的杂质就在锅内发生浓缩和析出，使锅内集结沉积物而促进腐蚀。对锅炉受热面的腐蚀大多是氧腐蚀、沉积物的垢下腐蚀和水蒸气腐蚀。当给水带入结垢物质时，这些物质很容易沉积在管壁的向火侧而形成垢下腐蚀，引起爆管；当炉管发生循环倒流、膜态沸腾时，管壁被蒸干的部位就有某些盐类析出而受到腐蚀。因此，给水品质的好坏将直接影响锅炉的安全性。

98. 如何提高锅炉的给水品质？

答：（1）提供合格的补给水。一般用除盐水作为补给水。
（2）减少冷却水渗漏。因为蒸汽凝结水中的杂质含量，主要取决于由汽轮机凝汽器漏入的冷却水量及冷却水中杂质含量。
（3）除去供热返回水含有的杂质。
（4）减少被水携带来的金属腐蚀产物。

99. 什么是蒸汽溶盐分配系数？

答：蒸汽溶盐分配系数是指某物质溶解于蒸汽中的量与该物质溶解于锅水中的量之比，并以百分数表示。

100. 锅内、外水处理的目的是什么？

答：锅炉外水处理的目的是除去水中的悬浮物、钙和镁的化合物及溶于水中的其他杂质。
锅炉内水处理的目的是通过向锅内的水中加药，使锅水残余的钙、镁等杂质不生成水垢，而形成水渣排出。

101. 如何清除直流锅炉汽水中的杂质？

答：直流锅炉中所有的水全部蒸发，不可能进行排污。根据杂质在汽水中的溶解度，有些沉积在受热面上，有些随着蒸汽带走。积存在管内的易溶盐可以在启动或停炉过程中被水洗去；对于难溶的沉积物，则需在停炉时进行化学清洗。

102. 锅炉给水为什么要除氧？

答：水与空气混合接触时，就会有一部分气体溶解到水中，锅炉给水内也溶解有一定的气体。溶解气体中危害最大的是氧气，它会对热力设备造成氧化腐蚀，严重影响电厂安全运行；存在于热交换设备中的气体还会妨碍传热，降低传热效果。所以，锅炉给水必须除氧。

103. 锅炉排污扩容器的作用是什么？

答：锅炉排污水排进扩容器后，容积扩大，压力降低，同时饱和温度也相应降低。这样，原来压力下的排污水在降低压力后，就会释放出一定量的热量，这部分热量被水吸收而使部分排污水发生汽化。将汽化的这部分蒸汽引入除氧器，从而回收这部分热量和蒸汽。

104. 汽包的正常水位是如何确定的？

答：汽包的正常水位是经全面考虑并保证良好的蒸汽品质及可靠的水循环而确定的。汽包的空间是有限的，其下部为容水空间，上部为容汽空间。当正常水位在汽包中的位置上升时，汽包蒸汽空间及高度减小，会使饱和蒸汽湿度增大，影响蒸汽品质；当正常水位在汽包中的位置下降时，水面至下降管入口的高度减小，可能引起下降管入口自行汽化或旋涡斗带汽，影响水循环。同时，由于汽包中容水量减小，故使由正常水位降至事故水位的时间缩短，对安全不利。所以，汽包正常水位是根据上述因素来确定的。大容量锅炉汽包正常水位一般在汽包几何中心线下 200mm 左右。

105. 事故放水管能把汽包中的水放干净吗？

答：事故放水管是不能将汽包中的水放干净的。事故放水管的作用是：当出现满水事故或汽水共腾时，用它紧急排放锅水，迅速恢复水位。事故放水管上端在汽包内，上口与汽包正常水位平齐，一旦出现事故，迅速打开事故放水阀，排出多余的水，维持正常水位，而正常水位以下的水则不能被放掉。但是，在打开事故放水阀后，一定要严密监视水位，当水位正常后，立即关闭放水阀，否则会通过事故放水阀排出大量饱和蒸汽，造成不必要的工质和热量损失，还使进入过热器的蒸汽量减小，威胁过热器的安全运行。

106. 省煤器与汽包的连接管为什么要装设特殊套管？

答：省煤器出口水温低于汽包中的水温，如果省煤器的出口水管直接与汽包连接，会在汽包壁管口附近因温差产生热应力，尤其当锅炉工况变化时，省煤器出口水温可能剧烈变化，产生交变应力而疲劳损坏。装设套管后，避免了温差大的给水管与汽包壁直接接触，防止了汽包壁的损伤。

107. 锅炉蒸汽参数指的是什么？

答：锅炉蒸汽参数是指过热器出口和再热器出口处的蒸汽压力和蒸汽温度。

108. 给水泵的作用是什么？

答：给水泵的作用是将除氧器水箱中的水不断地打出并送往锅炉省煤器，以保证锅炉正常上水。

109. 给水泵为什么要装再循环管？

答：由给水泵出口接至除氧器水箱的管道称为再循环管。再循环管的主要作用是防止水泵在刚启动时或低负荷运行时出现水温升高而汽化的现象。

给水泵的给水量是随锅炉负荷而变化的。在启动或低负荷时，给水泵可能在给水量很小或为零的情况下运行。水在泵体内长期受叶轮摩擦而发热，使水温升高。当水温升高到一定程度时，便会发生汽化，形成汽蚀。为防止上述现象的发生，在给水泵刚启动时或给水量小到一定程度时，可打开再循环管，将一部分水返回到除氧器水箱，以保证有一定水量流过给水泵，不致发生汽化。

110. 离心式水泵在启动时为什么要充满水？

答：从离心式水泵的工作原理可看出，叶轮在旋转时，水在离心力的作用下将被甩到叶轮外缘，在叶轮中心形成真空，水被吸入，水泵才能正常工作。如果泵壳内不充满水，泵内存有空气，当叶轮旋转时，水的离心力远大于空气的离心力，空气就会积聚在叶轮中心，使叶轮中心不能形成真空，妨碍水的吸入，使水泵不能正常运行。所以，离心式水泵在启动时要首先充满水，以排出泵壳内的空气。

111. 如何处理调速给水泵汽蚀？

答：如给水泵轻微汽蚀，应立即查找原因，迅速消除；如汽蚀严重，应立即启动备用泵，停止发生汽蚀的给水泵，并开启给水泵再循环阀。

112. 若发现给水泵停运时倒转应如何处理？

答：若发现给水泵停运时倒转，应检查、判断其出口止回阀是否未关严，同时立即关闭出口阀，保持油泵连续运行，采取措施来阻止给水泵倒转。

113. 给水泵汽蚀的原因有哪些？

答：（1）除氧器内部压力降低。

（2）除氧水箱水位过低。

（3）给水泵长时间在较小流量下或空负荷下运行。

（4）给水泵再循环阀误关或开度过小。

114. 为什么不允许离心式水泵倒转？

答：因为离心式水泵的叶轮是套装的轴套，上有丝扣拧在轴上，拧的方向与轴转动方向相反，所以泵顺转时就越拧越紧。如果反转，就可能使轴套退出、叶轮松动并产生摩擦。此外，倒转时扬程很低，甚至不出水。

115. 在什么情况下应紧急停止给水泵运行？

答：（1）清晰地听见给水泵内有金属摩擦声或撞击声。

（2）给水泵或电动机轴承冒烟，或乌金熔化。

（3）给水泵或电动机发生强烈振动，超过规定值。

（4）电动机冒烟或着火。

（5）发生人身伤亡事故。

116. 运行中的给水泵发生汽化时有什么象征？

答：给水泵入口发生汽化时，泵的电流、出口压力、入口压力及流量都剧烈变化，且泵内伴有噪声和振动声。

117. 离心式水泵不上水的原因有哪些？

答：（1）启动前泵内空气未排尽。

（2）运行中泵内进入空气。

（3）入口滤网发生堵塞。

（4）入口阀阀芯脱落。

（5）水泵叶轮结垢、堵塞或断裂。

（6）底阀卡死，打不开。

第四节　锅炉的启动

1. 锅炉启动前应进行哪些检查？

答：锅炉启动前应进行以下检查：

（1）锅炉本体检查。

1）锅炉内部检查：

a. 检查炉膛内、风烟道内检修工作已结束，无明显积灰、结焦和其他杂物，且内部无人工作。所有脚手架已全部拆除，所有临时照明系统也全部拆除。炉墙及风烟道完整无裂缝，受热面、管道应无明显磨损和腐蚀现象。

b. 全部的油、气、煤燃烧器位置正确，设备完好，喷口无结焦，操作及调整装置完好灵活，火焰检测探头应无积灰及结焦现象。

c. 各受热面管壁无裂纹及明显变形现象，各紧固件、管夹及挂钩完整，受热面及烟道内无堵灰和积灰。

d. 渣井和冷灰斗内灰渣应清除干净，捞渣机水箱内注水建立水封。

e. 吹灰器设备完好，安装位置正确，进退自如。各风门、挡板完好，动作正确灵活，内外开度指示一致。

f. 检查除尘器处于良好备用状态。

2）锅炉外部检查：

a. 现场整齐、清洁、无杂物，所有栏杆完整，各平台、通道及楼梯完好、畅通，现场照明良好，光线充足。

b. 为检修而设置的各种临时措施已拆除，临时孔、洞已封堵，设备、系统均已恢复原状。

c. 所有看火孔、检查门、人孔门应完整，关闭严密。各防爆门完好，无影响其动作的杂物存在，各处保温完好，燃油管道保温层上无油迹，制粉系统管道外部无积粉，风烟道外形完整。

d. 锅炉钢架、大梁及吊架等外形无缺陷，所有膨胀指示器完整，保温完好。

e. 对锅炉所有辅机进行全面检查，使它们处于良好备用状态。

f. 主控制室及锅炉辅助设备就地控制操作盘上的仪表、键盘、按钮及操作把手等完整，通信及照明完好。

（2）汽水系统检查。

1）检查汽水系统工作已结束，所有阀门管道完整，阀门开关灵活，开关方向正确；管道支吊架牢固，有关测量仪表正确投入。

2）汽包锅炉的就地水位计应当显示清晰，照明充足，并配有工作、事故照明两套电源，水位计处于正常投入状态，电视监视系统投入运行。

3）对直流锅炉启动旁路系统进行全面检查，应处于良好备用状态。

4）重点检查强制循环锅炉锅水循环泵及其辅助系统处于正常状态。

5）安全阀应当完整，无妨碍其动作的障碍物且动作灵活，排汽管、疏水管应畅通。

6）汽水管道应当保温齐全完整，临时加装的各种堵板已全部拆除。汽水采样、加药设备及排污设备应完好。

7）膨胀指示器应完整，无卡涩、顶碰现象，并应将指针调至基准点上，针尖与板面的距离为 3～5mm。

8）汽水系统各阀门应调整至启动位置。

（3）转动机械检查。地脚螺栓及防护罩应牢固，油质油位正常，冷却水畅通，试运行完毕。

（4）制粉系统检查。各设备完好，挡板位置正常，信号正确。

（5）燃油系统及点火系统检查。检查点火装置正常，炉前点火油系统正常投入，压力正常，系统无泄漏。

（6）除灰除尘系统检查。除尘设备完好，具备投入条件。冲灰水、冲渣水系统正常投入。

2. 检修后的锅炉应进行哪些试验？

答：检修后的锅炉一般进行以下试验：

（1）风压试验。检查炉膛风道的严密性，消除漏点。

（2）水压试验。检查锅炉承压部件的严密性。

（3）连锁试验。对所有连锁装置进行试验，保证动作正常。

（4）电动挡板、阀门试验。对所有电动挡板、阀门进行全开、全关位置试验，检查是否与表盘指示一致，全关后是否有泄漏等。

（5）转动机械试运行。对转动机械进行试运行合格。

（6）冷炉空气动力场试验。

3. 锅炉水压试验有哪几种？其目的是什么？

答：水压试验分为工作压力试验和超压试验两种。

水压试验的目的是检验承压部件的强度及严密性。在一般的承压部件检修及中、小修后，要进行工作压力试验。对于新安装的锅炉、大修后的锅炉及大面积更换受热面的锅炉，要进行 1.25 倍工作压力的超压试验。

4. 如何防止进行锅炉水压试验时超压？

答：水压试验是一项关系锅炉安全的重大操作，必须慎重进行。防超压的具体措施如下：

（1）进行水压试验前，应认真检查有关系统压力表正常投入。

（2）检查向空排汽阀、事故放水阀开关灵活，管系畅通。

（3）提前准备一组锅炉疏水阀，随时准备开启泄压。

（4）试验时，应有总工程师或其指定的专业人员在现场指挥，并由专人控制升压速度，不得中途换人。

（5）锅炉见压后，关小进水调节阀，控制升压速度不超过 0.3MPa/min。

（6）升压至锅炉工作压力的 70% 时，应适当放慢升压速度，并做好防止超压的安全措施。

5. 锅炉启动方式可分为哪几种？

答：按启动前的设备状态可分为冷态启动和热态启动。热态启动是指锅炉尚有一定压力温度，汽轮机高压内下缸温度在150℃以上时的启动；冷态启动是指锅炉汽包压力为零，汽轮机高压内下缸温度在150℃以下时的启动。

按汽轮机冲转参数可分为额定参数、中参数和滑参数启动。额定参数和中参数启动都是锅炉先启动，待蒸汽参数达到额定或中参数后，再开始对汽轮机冲转；滑参数启动又可分为真空法和压力法。

6. 什么是滑参数启动？

答：滑参数启动是指机组在启动过程中，锅炉的蒸汽参数是随着暖管、暖机、冲转、升速及带负荷的不同要求而逐渐升高或保持温度的。当锅炉蒸汽参数达到额定值时，整机启动工作全部结束。

7. 滑参数启动有何优点？

答：（1）缩短了机组启动时间，改善了机组启动条件。
（2）安全可靠性好。
（3）经济性高。
（4）设备利用率高，运行、调度灵活。
（5）减少污染，改善环境。

8. 什么是真空法滑参数启动？

答：在锅炉点火前，从锅炉出口经汽轮机到凝汽器的蒸汽管路上的阀门全部打开。启动抽汽器，使锅炉的汽包、过热器、再热器和汽轮机的各汽缸都处在负压状态。锅炉点火后产生的蒸汽通入汽轮机进行暖机，当蒸汽参数达到一定值时，汽轮机被冲动旋转，并随蒸汽参数的逐渐升高而升速和带负荷。以上全部过程由锅炉进行控制。

9. 什么是压力法滑参数启动？

答：压力法滑参数启动是指在启动前将汽轮机电动主汽阀关闭，当锅炉点火后产生一定压力和温度的蒸汽参数时，再对汽轮机进行冲转。目前这种方法被广泛采用。

10. 对锅炉启动前的上水时间和温度有哪些规定？为什么？

答：锅炉启动前的上水速度不宜过快，一般冬季不少于4h，其他季节为2～3h，上水初期尤其应缓慢。冷态锅炉的上水温度一般不高于100℃，以使进入汽包的给水温度与汽包壁温度的差值不大于40℃。对于未完全冷却的锅炉，其上水温度可比照汽包壁温度，差值一般应控制在40℃以内，否则应减缓上水速度。

原因：①汽包壁较厚、膨胀缓慢，而连接在汽包壁上的管子壁较薄、膨胀较快，若上水温度过高或上水速度过快，将会造成膨胀不均，使焊口开裂、设备损坏；②当给水进入汽包时，总是先与汽包下半壁接触，若给水温度与汽包壁温度差值过大，上水时速度又快，汽包的上、下壁及内、外壁间将产生较大的膨胀差，给汽包造成较大的附加应力，引起汽包变形，严重时产生裂缝。

11. **锅炉的上水方式一般有哪几种?**

答：(1) 从省煤器放水阀向锅炉上水。

(2) 通过水冷壁放水管和下联箱的定期排污阀向锅炉上水。

(3) 利用过热器的反冲洗管及过热器出口联箱疏水阀向锅炉上水。

(4) 利用除氧器的静压向锅炉上水。

(5) 利用给水泵从给水旁路管上水。

12. **采用锅炉底部蒸汽加热有什么意义?**

答：在锅炉冷态启动之前或点火初期，投入底部蒸汽加热有以下好处：

(1) 在启动初期建立起稳定的水循环，减少汽包上、下壁温差。

(2) 缩短启动时间，降低点火用油耗量。

(3) 由于水冷壁受热面的加热，故提高了炉膛温度，有利于点火初期油的燃烧。

(4) 比较容易满足锅炉在水压试验时对汽包壁温度的要求。

13. **使用底部蒸汽加热应注意什么?**

答：投入底部蒸汽加热前，应先将管道内的疏水放尽，然后投入。投入初期，应先稍开进汽阀，以防止产生过大的振动，再根据加热情况逐渐开大。投用过程中，应注意汽源压力与汽包压力的差值。特别是在锅炉点火初期，更应注意其差值不得低于 0.5MPa，以防止锅水倒入汽源母管。

14. **什么是暖管? 暖管的目的是什么?**

答：用缓慢加热的方法，将蒸汽管道逐渐加热到接近其工作温度的过程，称为暖管。

暖管的目的是通过缓慢加热，使管道及附件（阀门、法兰）均匀升温，防止出现较大热应力，并使管内的疏水顺利排出，防止出现水击现象。

15. **锅炉点火前应投用哪些热工保护和设备?**

答：锅炉点火初期是一个非常不稳定的运行阶段，为了保证锅炉设备的安全，点火前应把辅机连锁、锅炉灭火、炉膛正压和负压及汽包水位等热工保护投入，并将炉膛亮度表、探测式烟气温度计、火焰监视器及工业电视等热工信号仪表投入。另外，点火前还应投入除尘器、空气预热器及暖风器。

16. 暖风器的作用是什么?

答: 暖风器作用是防止或减轻空气预热器低温酸性腐蚀和积灰,在锅炉启动时提高风温,以稳定燃烧。

17. 为什么点火前要对炉膛通风吹扫?

答: 点火前炉膛吹扫的目的是排出炉膛内及烟道内可能残存的可燃性气体及物质,防止点火时发生爆燃,同时排出受热面上的积灰。当炉内存在可燃物质,并从中析出可燃气体时,若达到一定的温度和浓度,就可能发生爆燃,造成强大的冲击力而损坏设备;当受热面上存在积灰时,就会增加热阻力,影响换热,降低锅炉效率,甚至增大烟气的流动阻力。因此,必须以 25%~30%的额定风量对炉膛及烟道通风 5~10min。

18. 点火初期投入油燃烧器应注意什么?

答: 冷炉点火时,应同时投入两支油枪,以相互影响,稳定燃烧;燃烧器四角布置时,应先投入对角两支油枪,要定期对换另外两支油枪,以保证受热面受热均匀。在点火初期,要注意风量的调整和油枪的雾化情况,经常观察火焰,根据火焰颜色判断其风量的配比情况。如果火焰呈红色,从看火孔观察有烟,且烟囱冒黑烟,说明风量不足,应提高风量;如果火焰呈亮黄色,说明风量基本合适;如果火焰发白,说明风量过大,需减少风量;如果出现火星太多,则说明油枪雾化不好,严重时要停止使用。此外,油压不能太高,否则使着火推迟;而油压过低,则雾化不好。

19. 锅炉点火后,在投粉时间的选择上应考虑哪些因素?

答: (1) 煤粉气流着火的稳定性。如燃用挥发分较高的煤粉,可早些投,否则晚些投。在投用煤粉燃烧器时,一般要求热风温度在 150℃以上。

(2) 对汽温、汽压的影响。煤粉燃烧器的投入,提高了炉膛燃烧强度,使火焰中心相对提高,从而使升温、升压速度加快。

(3) 从经济方面考虑。提早投入煤粉,可减少耗油,降低费用。但当炉膛温度较低时,投入煤粉燃烧器,煤粉着火速度慢,不能燃尽,使机械不完全燃烧损失增大,造成浪费。

20. 在锅炉启动、升压过程中,开始阶段的温升为什么要慢一些?

答: 在升压初期,只有少数点火油枪,燃烧较弱,炉膛内火焰充满度较差,故蒸发受热面的加热不均匀程度较大。另外,受热面和炉墙温度较低,受热面内产汽量较少,不能从内部促使受热面均匀受热,故蒸发设备受热面(尤其是汽包)容易产生较大热应力。所以,升压过程的开始阶段温升应较慢。

21. 为什么在锅炉启动初期要严格控制升压速度？

答：在锅炉启动初期控制升压速度，实质上就是控制升温速度。启动初期，水循环尚不正常，汽包下部水的流速较低或局部停滞，水对汽包壁的放热为接触放热，放热系数小，故汽包下部壁温低；汽包上部蒸汽对汽包壁凝结放热，故上部壁温较高，从而使汽包上、下壁引起温差，同时汽包内、外壁也引起温差。因此，蒸汽温度的过快提高，将使汽包因受热不均匀而产生较大的温差热应力，严重影响汽包寿命。另外，升温过快，对压力管道、紧固件、流量孔板及法兰等也有不利影响。所以在锅炉启动初期，必须要严格控制升压速度。

22. 为什么在锅炉启动后期仍要控制升压速度？

答：在锅炉升压的后阶段，虽然汽包的上、下壁和内、外壁温差已大大减小，升压速度可以比开始阶段快一些，但由于压力升高所产生的机械应力也较大，所以仍要控制升压速度。

23. 为什么在锅炉启动初期要进行定期排污？

答：启动初期进行定期排污，排出的是循环回路底部的部分水，不仅使杂质排出，保证了锅水品质，而且使受热较弱部分的循环回路换热加强，防止了局部水循环停滞，使水循环系统各部件金属受热面膨胀均匀，减小了汽包上、下壁温差。

24. 为什么锅炉启动时要洗硅？

答：随着蒸汽压力的提高，蒸汽溶盐能力也在提高。在溶盐中，硅酸是溶解能力最强的一种。蒸汽溶盐会严重影响蒸汽品质，蒸汽中含有硅酸会产生极坏的后果。硅酸随蒸汽进入汽轮机后，蒸汽在汽轮机中做功，压力下降。硅酸以难溶于水的固态形式从蒸汽中析出，并沉积在汽轮机低压叶片及通流部分，严重影响汽轮机的安全运行。所以在锅炉启动时，要通过连续排污和定期排污将含盐浓度高的锅水排出，以保证蒸汽含硅量在规定范围内，而这个过程就叫洗硅。

25. 在锅炉启动过程中，汽包上、下壁温差是如何产生的？

答：在启动过程中，汽包壁从工质吸热，温度逐渐升高。启动初期，锅炉水循环尚不正常，汽包下部水的流速较低或局部停滞，水对汽包壁的放热为接触放热，放热系数小，故汽包下部壁温较低；汽包上部与蒸汽接触，蒸汽对汽包壁凝结放热，其对流换热系数要比下部的水高好多倍，故上部壁温较高，从而使汽包上、下壁引起温差。

26. 在锅炉启动过程中，如何控制汽包壁温差在规定范围内？

答： 启动过程中要控制汽包壁温差在 40℃以内，可采用以下措施：

（1）严格控制升压速度，特别是低压阶段的升压速度。这是防止汽包壁温差过大的根本措施。为此，升压过程中要严格按照规定的升压曲线进行升压。当发现汽包壁温差过大时，要暂时停止升压。控制升压速度的主要手段是控制好燃料量。对于中间再热机组，可通过调节旁路系统来增加通汽量。

（2）升压初期汽压上升要稳定，尽量减小汽压波动。

（3）加强水冷壁下联箱放水。水冷壁下联箱适当放水，对促进水循环、使受热面受热均匀和减小汽包壁温差是很有效的。

（4）维持燃烧的稳定和均匀。采用对称投入油枪，定期切换和采用多油枪少油量的方法，使炉膛热负荷均匀。

（5）对装有炉底加热的锅炉，可适当延长加热时间。在不点火情况下，尽量提高汽包压力。

（6）尽量提高锅炉给水温度。

27. 在锅炉启动过程中为什么要对过热器进行保护？

答： 在锅炉启动过程中，尽管烟气温度不高，但过热器管壁仍有可能超温。这是因为启动初期，过热器管中没有蒸汽流过或蒸汽流量很小。立式过热器管内往往存有积水，特别是水压试验后，往往不能彻底清除。在积水排出前，过热器处于干烧状态，热偏差也比较明显。综上所述，过热器在启动过程中冷却条件较差，所以要对其进行保护。

28. 在锅炉启动过程中如何保护过热器？

答： 锅炉点火初期产生蒸汽较少，过热器管内蒸汽流量小，过热器处于"干烧"状态。此时，必须限制过热器入口的烟气温度。控制烟气温度的方法是限制燃料量和调整炉膛火焰中心位置。随着压力的逐步升高，过热器内蒸汽通流量逐渐增大，使管壁得到良好的冷却。这时，可采用限制过热器出口汽温的方法来保护过热器。

29. 在锅炉启动过程中如何控制汽包水位？

答： 在锅炉启动过程中，应根据锅炉工况调整汽包水位。

（1）点火初期，锅水逐渐受热、汽化、膨胀，使水位升高，应采用定期排污适当降低水位，既可提高锅水品质，又可促进水循环。

（2）随着汽压、汽温的升高，排汽量逐渐增大，应根据汽包水位的变化趋势，及时补充给水。

（3）在进行锅炉冲管或安全阀校验时，应注意"虚假水位"并提前调整。

（4）根据锅炉负荷情况，及时切换给水管路运行，并投入给水自动装置。

30. 在锅炉启动过程中如何调整燃烧？

答：锅炉启动过程中应注意监视炉膛火焰，并做好燃烧调整。

（1）点火前炉膛要充分通风，正确点燃油枪。

（2）对角投入火嘴，并注意定期切换；经常就地观察火嘴着火情况，力求火焰分布均匀。

（3）注意调整引、送风量，炉膛负压不宜过大。

（4）当燃烧不稳定时，要特别注意监视排烟温度，防止发生尾部再燃烧。

（5）尽量提高一次风温，合理送入二次风，调整控制炉膛两侧烟气温差。

（6）投、停制粉系统要缓慢，汽温、汽压上升速度要平稳。

31. 为什么锅炉启动时烟囱有时冒黑烟？

答：（1）燃油雾化不良或油枪故障，油喷嘴结焦。

（2）总风量不足。

（3）配风不好，缺少根部风或风、油混合不好，造成局部缺氧燃烧。

（4）尾部烟道发生二次燃烧。

（5）启动初期的炉温、风温过低。

32. 如何防止锅炉启动时烟囱冒黑烟？

答：（1）点火前检查油枪，清除油嘴结焦，提高雾化质量。

（2）油枪确已进入燃烧器。

（3）保持运行中的供油、回油压力和燃油的黏度指标正常。

（4）及时送入适量的根部风，调整风、油混合，防止局部缺氧燃烧。

（5）尽可能提高风温和炉膛温度。

33. 在锅炉启动过程中如何保护水冷壁？

答：在锅炉点火升压过程中，对水冷壁的保护是很重要的。因为在点火初期的升压过程中，如果同一联箱水冷壁管受热不均匀，造成膨胀不均匀，就会产生一定的热应力，严重时会造成水冷壁损坏。保护水冷壁的措施是：在点火初期升压过程中，对称、均匀地投、停燃烧器，避免因烟气温度偏差造成水冷壁受热不均匀。此外，可采用加强水冷壁下联箱放水及促进建立正常水循环的措施来保护水冷壁。

34. 在锅炉启动过程中如何防止再热器超温？

答：（1）将燃烧器适当下摆，或改投下层火嘴，降低火焰中心。

（2）关小再热器侧的烟气挡板。

（3）正确投入旁路系统。

（4）必要时可投入再热器减温水。

35. 在锅炉启动过程中如何协调汽温、汽压？

答：在锅炉启动过程中，要采取各种手段来协调汽温、汽压。当汽温达不到参数要求时，应加强燃烧，联系汽轮机运行人员开大高压旁路，升高汽温；当汽温达到参数要求而汽压已高出规定值时，根据需要可开启向空排汽泄压阀；当汽压低而汽温高时，可适当关小高压旁路，另外还要配合燃烧调整或其他手段。

36. 直流锅炉的启动有哪些特点？

答：（1）直流锅炉的厚壁部件较少，启动速度比汽包锅炉快。

（2）在点火初期，为使水冷壁得到冷却，要有 $25\%\sim30\%$ 的启动流量，因此必须设启动旁路系统，同时起到回收工质和热量及保护再热器的作用。

（3）直流锅炉在启动前一定要进行冷态清洗，待水质合格后方可允许点火，以避免有杂质沉积在锅炉管壁上或被蒸汽带入汽轮机中。

（4）直流锅炉无汽包，各段受热面是在启动过程中逐步自然形成的，因此在某些受热面内的工质总是存在由水变成蒸汽的体积膨胀过程。

37. 直流锅炉的启动旁路系统主要有哪两种？各有什么特点？

答：（1）启动分离器放在一、二级过热器之间的启动旁路系统。它的优点是能够充分利用启动分离器排汽和排水，可避免旁路系统向正常运行切换时过热蒸汽温度下降，防止汽轮机因此而产生热应力。

（2）有整体分离器的启动旁路系统。它的优点是系统简单，阀门少，启动操作简单；启动操作中没有旁路系统向直流运行的过渡，因而避免了汽温的下跌；启动和低负荷运行时热量损失小，能适应随时启动和低负荷运行的要求。

38. 简述直流锅炉的启动过程。

答：（1）冷态循环清洗。

（2）建立启动压力和流量。

（3）锅炉点火。

（4）启动分离器升压。

（5）过热器、再热器及蒸汽管道的通汽。

（6）热态清洗。

（7）汽轮机冲转，发电机并列。

（8）锅炉的工质膨胀。

（9）切除启动分离器，过热器升压。

（10）升负荷。

39. 为什么直流锅炉点火前要进行循环清洗？

答：直流锅炉运行时，给水中的杂质除部分随蒸汽带走外，其余都沉积在受热面上；机组停用时，内部还会由于腐蚀而生成氧化铁。为了清除这些污垢，点火前要用一定温度的除氧水进行循环清洗。

40. 直流锅炉的循环清洗分哪两个阶段进行？

答：（1）低压系统的循环清洗。其流程为凝汽器→凝结水泵→除盐设备→凝结水升压泵→低压加热器→除氧器→凝汽器。

（2）高压系统的循环清洗。利用温度较高的除盐水对锅炉管系及系统进行冲刷，使氧化铁和可溶性盐类被水带走，达到清洗的目的。其流程为凝汽器→凝结水泵→除盐设备→凝结水升压泵→低压加热器→除氧器→给水泵→高压加热器→省煤器→水冷壁→包墙管过热器管系→低温过热器→启动分离器→凝汽器。

41. 直流锅炉启动前建立一定的启动压力和流量的目的是什么？

答：（1）点火后冷却受热面。

（2）保证水动力的稳定性，防止产生脉动现象。

（3）防止垂直上升管屏中发生工质的停滞、倒流现象。

42. 什么是直流锅炉的启动压力？它有什么作用？

答：启动压力是指在启动过程中锅炉本体受热面内工质所具有的压力。

启动压力能够保证在较低压力时，水冷壁内不发生汽化，使水冷壁内的工质流动始终稳定。

43. 什么是直流锅炉的启动流量？它有什么作用？

答：启动流量是指在启动过程中锅炉的给水流量。

启动流量可确保直流锅炉受热面在启动时的冷却。

44. 直流锅炉启动流量的大小有什么影响？

答：启动流量的大小决定了工质在受热面中的质量流速。启动流量大，对水冷壁工作的安全有利，但相应的启动损失增大，并对切除启动分离器时参数的控制与受热面的超温都有不利影响；启动流量小，受热面冷却和水动力的稳定性难以得到保证。一般启动流量为额定蒸发量的 30% 左右。

45. **直流锅炉启动压力高低与哪些因素有关？**

答：（1）水动力稳定性。直流锅炉蒸发受热面内的水动力特性与其工作压力有关。为改善或避免水动力不稳定性，减轻或消除管间脉动，启动压力不宜太低。

（2）工质的膨胀量。启动压力的高低对工质的膨胀量有很大影响。如启动压力高，汽、水比体积差小，因而可使膨胀减轻；启动压力越低，工质膨胀量越大。

（3）"分调"阀的磨损。"分调"阀前为启动压力，阀后为分离器压力。若启动压力越高，则阀前、后的压差越大，越易磨损。另外，启动压力高，还会增加给水泵的电耗和汽动给水泵的汽耗。

46. **直流锅炉点火时有哪些特殊要求？**

答：（1）由于包墙管出口至启动分离器进口的调节阀（即"低分调"）前无节流管束，为了保护阀门，在点火前应将低温过热器出口至启动分离器进口的隔绝阀（即"低分出"），与"低分调"关闭，包墙管压力由包分调维持。

（2）在点火升温过程中，应严格控制包墙管出口及水冷壁各点升温速度不大于规定值。

（3）锅炉点火后，应对启动分离器有关管道进行暖管，以避免后阶段投入时发生管道振动。

47. **直流锅炉向过热器、再热器及蒸汽管道供汽时间的确定需考虑哪些因素？**

答：（1）防止过热器管壁温度剧变。

（2）防止管道水冲击。

（3）防止主蒸汽两侧温度偏差。

（4）过热器与再热器通汽后，过热蒸汽与再热蒸汽管道也通汽暖管，因此暖管的时间及参数的选择还将对达到汽轮机冲转参数的时间产生影响。

48. **为什么直流锅炉启动时要进行热态清洗？**

答：直流锅炉点火后，水温在 260～290℃ 时，除去氧化铁的能力最强；超过 290℃ 后，氧化铁便开始在受热面上发生沉积。为了有效地除去水中的氧化铁，所以选择在 260～290℃（水温）时进行清洗，即热态清洗。

49. **什么是直流锅炉的工质膨胀？**

答：随着锅炉热负荷的逐渐增大，水冷壁内的工质温度逐渐升高，一旦达到饱和状态，就开始汽化。由于工质汽化时的比体积增加较多，故使汽化点以后管内的工质向锅炉出口

（即启动分离器）排挤，使进入启动分离器的工质的体积流量比锅炉入口处的体积流量大得多，这种现象称为直流锅炉的工质膨胀。

50. **直流锅炉工质膨胀的原因是什么？**

答：工质膨胀的基本原因是蒸汽与水的比体积不同。在直流锅炉中，水的加热、蒸发和过热三个阶段无固定的分界点，各段受热面是在启动过程中逐步形成的。在加热过程中，高热负荷区域内的工质首先汽化，体积突然增大，引起局部压力突然增高，猛烈地把后部工质推向出口，造成锅炉瞬时排出量大大增加。

51. **影响直流锅炉工质膨胀的因素有哪些？**

答：（1）锅炉本体受热面中的贮水量。贮水量越小，膨胀量就越小。

（2）启动压力。启动压力高，汽、水的比体积差小，膨胀量就小；启动压力低，膨胀现象就严重。

（3）启动流量。启动流量越大，锅炉本体受热面中贮水量越大，膨胀量越大。

（4）给水温度。给水温度越高，相同热负荷条件下工质进入锅炉水冷壁受热面的焓值就越高，使水冷壁中汽化点的位置前移，使其后的受热面增大，贮水量增大，膨胀量增加。

（5）燃烧强度的增加速度。燃料增加速度越快，膨胀量越大。

52. **如何对工质膨胀进行控制？**

答：为了控制好膨胀现象，就必须控制工质的压力和燃烧率。启动初期，燃烧率一般控制在额定负荷的 $10\% \sim 15\%$。燃料量的增加，不宜采用投油枪的方式，而应采用缓慢提高油压的方式来增加油量。在膨胀过程中，应注意维持包墙管出口压力、启动分离器压力和水位在正常范围内。

53. **什么是直流锅炉的等焓切换？它有什么意义？**

答：等焓切换是指在直流锅炉启动过程中，在切除启动分离器时，始终保持"低出"阀门（低温过热器出口至启动分离器进口的隔绝阀）旁路调节阀前、后的工质焓相等。

采用等焓切换的意义是在切除启动分离器过程中，防止主蒸汽温度大幅度变化，特别是防止主蒸汽温度降低及各受热面管壁超温。

54. **在直流锅炉切除启动分离器之前及切除过程中应注意哪些问题？**

答：（1）切除启动分离器前燃料量已较多，为尽量增加过热器和再热器的通流量，在增加燃料量的同时，应逐步开大汽轮机调节汽阀，增加汽轮机负荷。

（2）开大调节汽阀的操作应缓慢，开大后不可随意关小，以免引起汽轮机调节级后的温度突降。

（3）合理组织燃烧，防止因燃烧不良及热负荷不均匀而引起水冷壁局部超温。

（4）给水流量的调节应和包墙管压力相互配合，以求稳定。

（5）切除分离器前，应先将低温过热器前、后管道内的积水放尽，以免汽温下降。

（6）切除分离器过程中，应始终保持包墙管压力和低温过热器出口温度，以实现等焓切换。

（7）切除分离器过程中，应始终保持减温水量有一定调节余地。

（8）切除分离器结束时，"低出"阀门旁路调节阀的开度应符合要求。

（9）待各参数符合一定条件并保持稳定后，方可进行切除分离器的操作。

55. **在直流锅炉热态启动过程中应注意哪些问题？**

答：（1）热态启动时的锅炉上水，必须控制其速度和水温，以防上水过快或水温过低造成省煤器等受热面及管道振动，以及锅炉本体管系金属温降速率过大而产生应力。

（2）防止汽轮机缸壁金属发生冷却与蒸汽进入饱和区而产生负胀差与水冲击现象，必须选择合理的冲转参数。

（3）注意再热蒸汽温度升不起来的问题。同时应注意前屏和再热器出现壁温超温现象。

56. **直流锅炉启动时加负荷速度过快易造成主蒸汽温度下降的原因是什么？**

答：（1）由于主蒸汽压力的下降，将使主蒸汽温度相应下降。如此时减温水已投入，则会因主蒸汽压力的降低造成减温水量的增加，而使主蒸汽温度进一步降低。

（2）将造成过热器通流量瞬时剧增，引起主蒸汽温度下降。

（3）将造成分离器压力突然降低。此时，如采用关小分离器至凝汽器的阀门来提高分离器的压力，则将造成过热器的通流量剧增，使主蒸汽温度下降。

（4）将使分离器出口饱和蒸汽的湿度增加，从而造成主蒸汽温度下降。

57. **中间再热机组旁路系统有哪几种类型？**

答：（1）一级大旁路系统。其优点是系统简单，操作简便，投资少。其缺点是汽轮机冲转前再热器没有蒸汽冷却，因此再热器要求用较好的钢材，并布置在低温区。

（2）二级旁路系统。

（3）三级旁路系统。

后两种旁路系统可保证再热器在任何工况下都有蒸汽通过得到冷却，但其系统复杂，投资较大。

58. **中间再热机组旁路系统的主要作用是什么？**

答：（1）加快启动速度，改善启动条件。

（2）甩负荷时保护再热器。

（3）回收工质减少噪声。

实际上旁路系统是锅炉启停和事故情况下的一种调节和保护系统。

59 **简述自然循环锅炉的冷态启动程序。**

答：（1）锅炉的上水和加热。

（2）锅炉点火。

（3）锅炉升压。

（4）汽轮机冲转。

（5）锅炉洗硅。

（6）发电机并网与带负荷。

60. **锅炉启动初期投入煤粉后应注意什么？**

答：投入煤粉后应及时注意煤粉的着火情况。如投粉后不能点燃，在 5s 之内立即切断煤粉；如发生灭火，则要通风 5min 后方可重新点火；如煤粉投入后着火不良，应及时调整风粉比。点火初期风粉比小一些好。在最初投粉时，煤粉燃烧器应对角投入，随着机组升温、升压过程的进行，由下而上增加煤粉燃烧器，当负荷达到 $60\% \sim 70\%$ 时，可根据着火情况，逐渐切除油枪。

61. **在汽轮机冲转过程中，锅炉如何控制蒸汽参数？**

答：当锅炉主蒸汽压力、温度达到汽轮机的冲转参数时，汽轮机开始冲转。在汽轮机冲转过程中，主要依靠调整旁路的开度来控制主蒸汽压力。当汽轮机中速暖机完毕继续升速时，则应通过调整旁路及增加燃料量来控制蒸汽参数。当汽轮机全速，发电机并列带负荷进行暖机时，锅炉应保持主蒸汽压力不变，将汽温逐渐升高，以满足汽轮机低负荷暖机的需要。

62. **自然循环锅炉在冷态启动过程中应注意哪些事项？**

答：（1）严格控制汽包壁温差不大于 $40℃$，并定期记录各部分膨胀指示。若汽包壁温差超过 $40℃$，应及时调整燃烧，加强排污，降低升压速度，待温差减小，方可继续升压。

（2）控制再热蒸汽温度在规定范围内。在点火过程中，通过控制烟气温度来防止再热器超温。在启动升压过程中，要开启再热器疏水阀，将再热器烟气挡板调整至 100%，同时注意旁路系统正常投入，确保再热蒸汽温度与主蒸汽温度差不超过规定值。

（3）注意防止受热面管壁超温。在启动过程中，应严格监视过热蒸汽出口温度及管壁温度，及时投入各级减温水，当负荷达到一定值时，及时投入高压加热器，防止管壁超温。

（4）加强水位控制。在启动升压过程中，锅炉工况变化较多，如燃烧调节、排汽量改变、排污等，这些都会对水位产生不同程度的影响，若调节控制不当，将会引起水位事故。

（5）注意压力与温度的协调控制。在启动过程中，要通过各种手段，调节汽温与汽压一致，实现协调控制。

.63. 自然循环锅炉热态启动时应注意哪些事项？

答： 热态启动过程与冷态启动过程基本相同，但在热态启动时要特别注意以下几点：

（1）点火前，锅炉各疏水阀应在关闭位置，当主蒸汽温度与高温过热器入口汽温之差小于30℃时，全开高温过热器集汽联箱疏水阀。高低压旁路系统投入后，关小或关闭上述疏水阀。

（2）热态滑参数启动前，汽包内工质保持一定压力，在启动升温升压曲线上可以找到一个对应点。锅炉点火后，要很快启动旁路系统，以较快的速度调整燃烧，达到上述对应点，避免因锅炉通风、吹扫等原因使汽包压力有较大幅度降低。此后按曲线进行升温、升压。

（3）在启动时用机组的旁路减压阀、一次汽和二次汽管道的疏水阀或锅炉的向空排汽阀来控制锅炉的汽压、汽温。汽轮机冲转前，尽量少用或不用减温水调节。

64. 强制循环锅炉比自然循环锅炉有哪些优点？

答： 强制循环锅炉在下降管上加装了锅水循环泵，从而建立了良好的锅炉水循环。在锅炉点火前应先启动锅水循环泵，形成先建立循环然后才点火的运行方式。这样就使水冷壁在启动过程中，不管各根管子之间吸热差别如何，都能保证每根管子都有相同温度的工质流过，因而使水冷壁温度分布均匀、膨胀自由，有利于缩短启动时间、节约点火用油。

65. 强制循环锅炉与自然循环锅炉冷态启动有什么不同？

答：（1）强制循环锅炉启动时，要对锅水循环泵进行注水排空操作。

（2）强制循环锅炉的进水及锅水循环泵的启动。必须在循环泵注水排空、一次冷却水冲洗等工作结束后才允许向锅炉进水。锅炉进满水后，启动锅水循环泵，然后才进行锅炉点火。

66. 锅炉点火后应注意什么？

答：（1）锅炉点火后应立即调节配风，派人观察炉膛亮度及烟筒冒烟情况，逐步调节油风比例适度。如油枪雾化不好、油量太多，或油枪喷射火焰太短，应检查油枪是否犯堵或雾化片有问题，查明原因并及时处理。

（2）为使锅炉受热均匀，应定期调换对角油枪。

（3）按升温、升压曲线要求，适当调整油量或增投油枪个数，并及时调节配风。

（4）点火后约1h可适当投入煤粉燃烧器。一般当过热器后烟气温度达到350℃、热风温度达到150℃以上时，可投入一套制粉系统。

（5）如果发生灭火，应以不低于25%的风量通风5min后再重新点火。

（6）经常检查燃油系统无漏油，防止火灾事故发生。

67. **在锅炉启动过程中如何保护省煤器？**

答：为了保护省煤器，大多数锅炉都装有再循环管。当锅炉停止给水时，开启再循环管上的再循环阀，使汽包与省煤器之间形成自然水循环回路，以冷却省煤器。

68. **锅炉转动机械试运行合格的标准是什么？**

答：锅炉启动前转动机械要试运行合格，其标准如下：
（1）轴承及转动部分无异常声音，无摩擦声和撞击声。
（2）轴承工作温度正常，一般滑动轴承不高于70℃，滚动轴承不高于80℃。
（3）轴承振动在转速1000r/min时不超过0.1mm，1500r/min时不超过0.085mm。
（4）无漏油漏水现象。
（5）采用强制油循环润滑时，其油压、油温、油量、油位符合要求。

69. **什么是锅炉的点火水位？**

答：由于水的受热膨胀及汽化原理，点火前的锅炉进水常在低于汽包正常水位时即停止。一般把汽包水位计指示数为－100mm时的水位称为锅炉的点火水位。

70. **锅炉启动初期控制汽包水位为什么应以云母水位计和电触点水位计为准？**

答：这是因为就地云母水位计是根据连通管原理直接与汽包连通，它不需要媒介和传递，直观而可靠地指示汽包水位。电触点水位计是根据汽和水导电率不同的原理测量水位，指示值不受汽包压力变化影响。而其他水位计如压差式低置水位计由"水位、压差"转换装置等组成，转换装置包括热套管、正压室、漏斗传压管等，在启动初期由于正压室内还未充满饱和水时，就不能正确反映汽包内水位。所以，启动初期应以云母水位计和电触点水位计为准，控制汽包水位。

71. **锅炉启动初期为什么不宜投减温水？**

答：在锅炉启动初期，蒸汽流量较小，汽温较低，若在此时投入减温水，很可能会引起减温水与蒸汽混合不良，使得在某些蒸汽流速较低的蛇形管圈内积水，造成水塞，导致超温过热，因此在锅炉启动初期应不投或少投减温水。

72. **锅炉水压试验合格的标准是什么？**

答：（1）从上水阀完全关闭时计时，5min内压力下降：高压锅炉不超过0.2～0.3MPa

为合格，中压锅炉不超过 $0.1\sim0.2$MPa 为合格，超高压锅炉压力降不大于 98kPa/min 为合格。

（2）承压部件、金属壁和焊缝上没有任何水珠和水雾。

（3）承压部件无残余变形的迹象。

73. 锅炉启动时省煤器发生汽化的原因与危害有哪些？如何处理？

答：锅炉点火初期，省煤器只是间断进水时，其中的水温将发生波动。在停止进水时，省煤器内不流动的水温度升高，特别是靠近出口端，可能发生汽化。进水时，水温又降低，这样使省煤器管壁金属产生交变热应力，影响金属及焊口的强度，日久会产生裂纹造成损坏。当省煤器出口处汽化时，会引起汽包水位大幅度波动和进水发生困难，此时应加大给水量将汽塞冲入汽包，待汽包水位正常后，尽量保持连续进水或在停止进水的情况下开启省煤器再循环阀。

74. 锅炉启动前具体应做哪些准备工作？

答：（1）锅炉各转动机械经试转正常，各项试验和校验工作均已完成并符合要求。

（2）通知化学值班员准备充足的、符合要求的启动用水。

（3）通知热工和电气人员对以下设备送电：锅炉各辅机及附属设备；所有仪表、电动阀、调节阀、电磁阀、风机的动静叶调整装置，风门和挡板；各自动装置、程控系统、巡测装置、计算机系统、保护系统、报警信号及有关照明。

（4）联系燃料人员，使锅炉燃用的轻油、重油及煤的储量满足要求，且轻油、重油已建立油循环，燃油拌热蒸汽已投入正常。

（5）炉膛风烟道的看火孔、人孔门、检查门均已关闭，且密封严密。各吹灰器在退出状态。

（6）锅炉的冷却水系统、水封系统、压缩空气系统、燃油雾化蒸汽系统都投入运行；电除尘器灰斗加热器系统、暖风器系统处于热备用状态；底部加热系统具备投运条件。

（7）除灰、除渣、冲灰水、轴封水系统及电除尘器、空气预热器、风机、制粉系统及其附属设备均在良好备用状态。

（8）机炉大连锁、辅机连锁、锅炉保护装置、数据采集、终端电视屏幕显示、各种监控系统等具备投用条件。

（9）汇报值班人员，具备机组启动条件。

第五节　锅炉的运行调节

1. 锅炉运行调节的目的是什么？

答：锅炉运行调节的目的是要在保证锅炉安全、经济运行的前提下，连续不断地向汽轮机提供合格的蒸汽，以满足外界负荷的需要。

2. 锅炉运行调节的主要任务是什么？

答：（1）保证蒸汽品质，保持正常的汽温汽压。

（2）保证蒸汽产量以满足外界负荷的需要。

（3）维持汽包正常水位。

（4）及时进行正确的调节操作，消除各种异常、障碍和隐性事故，保证机组正常运行。

（5）维持燃料经济燃烧，尽量减少各种热损失，提高锅炉效率。

3. 负荷调节的方法有哪些？

答：负荷调节的方式有三种：

（1）根据锅炉机组的蒸发量按比例调节。这种方式是将全部负荷按额定蒸发量比例分配给参加运行的各台锅炉。当它们的总蒸发量达到极限值时，将备用锅炉并入运行；当负荷降低到对于任何一台锅炉而言的稳定负荷下限时，则停止一部分锅炉运行。其优点是易实现负荷分配的自动化；缺点是没有考虑每台锅炉的效率，不经济。

（2）按高效率机组带基本负荷、低效率机组带变动负荷的原则调节。此方式是尽可能地利用经济性高的锅炉来降低总的燃料消耗量。

（3）按燃料消耗量微增率相等的原则调节。燃料消耗微增率是指锅炉负荷每增加 1t/h，燃料消耗的增加值。按这种原则调节最经济，但在实际中受很多条件限制，不易实现。

4. 负荷调节对辐射受热面传热有什么影响？

答：锅炉负荷增加时，炉膛温度与炉膛出口烟气温度均升高。炉膛温度的升高将使总辐射传热量增加；但炉膛出口烟气温度的升高，又表示每千克燃料在炉内辐射传热量的相应减少。所以锅炉负荷增加时，辐射吸热量的增加比例将小于工质流量增加比例，也就是说，随着锅炉负荷增加，辐射吸热量减小，使锅炉辐射传热的份额相对下降，辐射式过热器出口蒸汽温度降低。

5. 负荷调节对对流受热面传热有什么影响？

答：锅炉负荷增加时，一方面由于燃料量、风量相应增加，烟气量增多，使流经对流受热面的烟气流速增加，从而增加了烟气对管壁的对流放热系数；另一方面由于炉膛出口烟气温度升高，使烟气温度与管壁温度的平均温差增大，导致对流吸热量增加的比例大于负荷增加时工质流量增加的比例，使对流受热面内单位工质的吸热量增加。也就是说，随着锅炉负荷增加，对流吸热量相对增加，对流式过热器出口蒸汽温度将上升。

6. 锅炉负荷调节对锅炉效率有什么影响？

答：当锅炉负荷变化时，锅炉效率也随之变化。当锅炉负荷在 $75\%\sim85\%$ 范围内时，锅炉效率最高，这一负荷称为经济负荷。在经济负荷以下时，负荷增加，效率也增加；超过经济负荷，效率则随负荷的增加而下降。在经济负荷以下时，影响效率降低的主要因素是炉内温度低，以致不完全燃烧损失增大。在经济负荷以上时，主要是排烟损失增大而降低了锅炉效率。

7. 锅炉负荷调节对燃料消耗量有什么影响？

答：当负荷变动时，由于锅炉效率是变化的，因此在经济负荷以下时，燃料消耗量比略小于负荷增加比，而在经济负荷以上时，燃料量增加比则略高于负荷增加比。

8. 锅炉负荷调节对汽包蒸汽带水有什么影响？

答：在蒸汽压力、汽包尺寸及锅水含盐量一定的条件下，蒸汽带水量是随着锅炉负荷的增加而增加的。这是由于负荷增加时，蒸汽流速和汽水混合物的循环流速都加快的缘故。蒸汽流速越大，则蒸汽带水能力就越强，汽水循环越快，汽包内扰动越激烈，产生的水滴数量越多。

9. 什么是锅炉的压力调节？

答：锅炉的压力调节就是通过保持锅炉出力与汽轮机所需蒸汽量的平衡来实现蒸汽压力稳定。

10. 汽压过高、过低对锅炉运行安全性和经济性有什么影响？

答：汽压过高，如果安全阀拒动，可能会发生爆炸事故，严重危害设备和人身安全。即使安全阀动作，汽压过高时由于机械应力很大，也将影响锅炉设备各承压部件的长期安全性，并且安全阀经常动作，将会造成很大的经济损失，并使安全阀回座时关闭不严，导致经常性漏汽，严重时甚至发生安全阀无法回座而被迫停炉的后果。

如果汽压降低，则会减小蒸汽在汽轮机中的做功焓降，使蒸汽做功能力降低，汽耗、煤耗增大。若汽压过低，由于在相同负荷下汽轮机进汽量增大，使汽轮机轴向推力增加，易发生推力轴瓦烧毁事故。

11. 汽压变化速度对锅炉安全性有什么影响？

答：对于汽包炉，汽压突然变化，容易导致满水或缺水等水位事故；另一方面，汽压突升或突降，还可能造成下降管入口汽化或循环倍率下降等影响水循环安全性的情况发生；对于直流锅炉，汽压突降时，会造成水冷壁管屏内水动力工况不稳定，使水冷壁各管内流量分配不均，严重时引起局部超温。当汽压突变时，还将造成直流锅炉加热、蒸发和过热三区段位置的变化，使受热面传热发生变化，有可能导致管壁温度剧变而损坏。

12. **影响汽压变化速度的因素有哪些？**

答：（1）扰动量大小。扰动量越大，汽压变化的速度越快，变化幅度也越大。

（2）锅炉的蓄热能力。蓄热能力越大，则外界负荷发生变化时保持汽压稳定的能力越大，即汽压的变化速度越慢；反之，蓄热能力越小，汽压的变化速度越快。

（3）燃烧设备的惯性。燃烧设备的惯性越大，在变工况或受到内外扰动时，锅炉汽压恢复的速度越慢。

（4）燃料种类。不同的燃料，由于燃烧速度不同，稳定汽压的能力也不同。

13. **汽压变化对汽温有什么影响？**

答：当汽压升高时，过热蒸汽温度也要升高。这是因为汽压升高时，饱和温度会随之升高，则从水变为蒸汽需消耗更多的热量。在燃料量不变的条件下，锅炉的蒸发量瞬时减小，即通过过热器的蒸汽量减少，相对吸热量增加，导致过热器温度升高。

14. **导致汽压变化的原因有哪些？**

答：引起汽压变化的原因可归纳为两方面：①锅炉外部因素，称为外扰；②锅炉内部因素，称为内扰。

（1）外扰是指非锅炉本身的设备或运行原因所造成的扰动，主要表现在外界负荷的变化，高压加热器因故突然退出运行和给水压力的变化等方面。

（2）内扰是指由于锅炉本身设备或运行工况变化而引起的扰动，主要反映在锅炉蒸汽量的变化上，因而发生内扰时，锅炉汽压和流量总是同时变化的。

15. **什么是锅炉的蓄热能力？**

答：锅炉的蓄热能力是指锅炉受到外扰的影响而燃烧工况不变时，锅炉能够放出或吸收热量的大小。

16. **什么是燃烧设备的惯性？**

答：燃烧设备的惯性是指燃料量开始变化到炉内建立起新的热负荷所需要的时间。

17. **什么是燃料消耗微增率？**

答：燃料消耗微增率是指锅炉负荷每增加 1t/h，燃料消耗的增加值。

18. **对汽包锅炉如何进行汽压调节？**

答：当外界负荷增加使汽压下降时，必须强化燃烧，即增加燃料量和风量以稳定汽压，同时应相应增加给水量以保证正常水位，改变减温水量以保证过热蒸汽温度。

当负荷减小汽压升高时，则必须减弱燃烧，即先减少燃料量再减少风量，以保持汽压稳定。在异常情况下，当汽压急剧升高时，只靠燃烧调节来不及时，可开启过热器疏水阀或向空排气阀，尽快泄压。

19. 对直流锅炉如何进行汽压调节？

答：当外界负荷不变时，蒸发量的降低将引起蒸汽压力的下降。但是由于工质储量与蓄热能力的影响，蒸汽压力及温度不会立即发生变化，而是在扰动开始一段时间后才发生变化。因此，在外界需要锅炉变负荷时，如先改变燃料量，就能保证过程开始的汽压稳定，以后汽压的稳定要通过改变给水量来达到。

20. 蒸汽压力变化过快有什么影响？

答：蒸汽压力变化速度过快，会对机组带来诸多不利影响，主要有：

（1）使水循环恶化。蒸汽压力突然下降时，水在下降管中可能发生汽化。蒸汽压力突然升高时，由于饱和温度升高，上升管中产汽量减少，会引起水循环瞬时停止。蒸汽压力变化速度越快，蒸汽压力变化幅度越大，这种现象越明显。

（2）容易出现虚假水位。由于蒸汽压力的升高或降低会引起锅水体积的收缩或膨胀，而使汽包水位出现下降或升高，均属虚假水位。蒸汽压力变化速度越快，虚假水位的影响越明显。

21. 如何判断内扰和外扰？

答：当蒸汽压力与蒸汽流量变化方向相反时，蒸汽压力变化的原因是外扰。

当蒸汽压力与蒸汽流量变化方向相同时，蒸汽压力变化的原因是内扰。

22. 机组运行中在一定负荷范围内为什么要定压运行？

答：机组采用定压运行，可以提高机组循环热效率。因为汽压降低会减少蒸汽在汽轮机中做功的焓降，使汽耗增多。另外，定压运行在一定程度上增加了调度的灵活性，可适应系统调频需要。

23. 蒸汽压力波动有什么影响？

答：蒸汽压力是锅炉安全、经济运行的重要指标之一，一般要求压力与额定值的偏差不得超过 $0.05 \sim 0.1$MPa。

运行中锅炉压力超过规定值，会威胁人身及设备安全，影响机组寿命；另一方面，蒸汽压力过高会导致安全阀动作，不仅造成大量排汽损失，还会引起水位波动及影响蒸汽品质，安全阀频繁动作还会影响其严密性。

蒸汽压力低于规定值，降低了蒸汽在汽轮机内的做功能力，使机组效率下降，还可能影响汽轮机轴向推力，不利于安全。

蒸汽压力频繁波动，使机组承压部件的金属经常处于交变应力作用下，有可能使承压部件产生疲劳破坏。

24. 汽温过高有什么危害？

答：汽温过高将引起过热器、再热器、蒸汽管道及汽轮机汽缸、转子部分金属的强度降低，蠕变速度加快，特别是承压部件的热应力增加。当超温严重时，将造成金属管壁的胀粗和爆破，缩短使用寿命。

25. 汽温过低有什么危害？

答：（1）汽温过低将增加汽轮机的汽耗，降低机组的经济性。

（2）汽温过低时，将使汽轮机的末级蒸汽湿度增大，加速对叶片的水蚀，严重时可能产生水冲击，威胁汽轮机的安全。

（3）汽温过低时，将造成汽轮机缸体上下壁温差增大，产生很大的热应力，使汽轮机的胀差和窜轴增大，危害汽轮机的正常运行。

26. 汽温突升或突降有什么危害？

答：汽温突升或突降，除对锅炉各受热面焊口及连接部分产生较大的热应力外，还将造成汽轮机的汽缸与转子间的相对位置增加，即胀差增加，严重时甚至可能发生叶轮与隔板的动静部分摩擦，造成汽轮机的剧烈振动。

27. 两侧汽温偏差过大有什么危害？

答：过热蒸汽温度和再热蒸汽温度两侧偏差过大，将使汽轮机的高压缸和中压缸两侧受热不均，导致热膨胀不均匀，从而影响汽轮机的安全运行。

28. 影响过热蒸汽温度变化的因素有哪些？

答：影响过热蒸汽温度变化的因素主要有燃料性质的变化、风量变化、燃烧工况的变化、受热面积灰或结渣的影响、给水温度的变化、过热蒸汽压力的变化、烟气挡板开度的变化及饱和蒸汽湿度的变化等。

29. 燃料性质的变化对过热蒸汽温度有什么影响？

答：燃料性质的变化对过热蒸汽温度有很大的影响，如燃料的低位发热量、灰分及煤粉细度等因素变化时，都将造成炉内燃烧工况的变化，从而导致热负荷及汽温的变化。

30. 燃料性质的变化对直流锅炉和汽包锅炉的汽温的影响有哪些不同？

答：当燃料的挥发分降低，灰分和水分增加时，将使炉膛火焰中心上移，炉膛温度降低。就直流锅炉而言，这样就增加了加热段，相对减少了过热段，从而使过热蒸汽温度降低；对汽包锅炉而言，由于灰分、水分的增加，使烟气量增加，对具有对流特性的过热器来说，由于导致对流过热器的吸热量增加使过热蒸汽温度升高。

31. 风量变化对汽包锅炉过热蒸汽温度有什么影响？

答：对汽包锅炉，当风量在一定范围内增大时，如保持燃料量不变，则一方面由于炉膛温度降低，水冷壁辐射吸热量减少，使产汽量减少；另一方面，由于风量增大造成烟气量增多，烟气流速加快，使过热器对流吸热量增加，最终造成过热蒸汽温度升高；如果要保持锅炉负荷不变，则必须增加燃料量，这样由于烟气量的增加，烟速加快，使对流传热加强，也使过热蒸汽温度升高；反之，则下降。

32. 风量变化对直流锅炉过热蒸汽温度有什么影响？

答：对直流锅炉，在风量增加的开始阶段，由于炉膛有一定的热容量，故炉膛的火焰温度无明显变化，烟气温度几乎不变。此时由于风量的增加使得烟气流速增加，高温过热器的吸热量增加，从而使汽温升高；在燃料量不变的情况下，增加风量后经过一段滞后时间，必然造成炉膛温度下降，使锅炉辐射吸热量减少，引起加热段与蒸发段增加，也即蒸发点后移，过热段缩短，此时对流传热虽有增强，但最终还是造成过热蒸汽温度的下降。

33. 燃烧工况对过热蒸汽温度有什么影响？

答：在锅炉运行中，燃烧工况的变化将引起火焰中心上下移动，这就使辐射受热面和对流受热面的吸热量发生变化，最终使过热蒸汽温度变化。

34. 受热面积灰或结渣对过热蒸汽温度有什么影响？

答：对直流锅炉，工质在受热面内一次流过，完成加热、蒸发和过热的过程。只要给水流量和减温水量保持不变，锅炉出力将保持不变。因而在燃料量不变的情况下，无论在一次汽系统的任何部位结渣，都会造成一次系统内工质吸热量的减少，而使过热蒸汽温度下降。

对汽包锅炉，当水冷壁结渣后，如保持燃料量不变，则锅炉的蒸发量将下降，同时因炉膛出口烟气温度升高，最终使过热蒸汽温度升高；如保持锅炉的蒸发量不变，则必须增加燃料量，同样使炉膛出口烟气温度升高，同时烟气增加，使过热蒸汽温度升高。当汽包锅炉的过热器部分发生结渣或积灰时，则会由于锅炉蒸发量未变而过热器吸热量减少，从而导致过热蒸汽温度下降。

35. 给水温度的变化对过热蒸汽温度有什么影响？

答： 对汽包锅炉，给水温度升高，使给水在水冷壁内的吸热量减少。当燃料量不变时，锅炉的产汽量增加，相对蒸汽的吸热量减少，从而导致汽温的降低；若保持锅炉的蒸发量不变，就要相应减少燃料量，这样就使燃烧减弱，烟气量减少，也使汽温降低。

对直流锅炉，给水温度的升高，将缩短加热与蒸发段的长度，增加了过热区段，也即在炉膛热负荷不变时，使蒸发点前移，最终将导致过热蒸汽温度升高；反之，当给水温度降低时，在其他工况不变的情况下，将会使过热蒸汽温度下降。

36. 过热蒸汽压力变化对汽温有什么影响？

答： 过热蒸汽压力变化时，对直流锅炉与汽包锅炉的汽温变化基本相同。例如：汽压降低时，由于对应的饱和温度降低，从而使汽温降低；对于汽包锅炉，汽压降低的瞬间将引起蒸发量增加，导致汽温下降；对于直流锅炉，由于附加蒸发量的产生，使过热区段蒸汽通汽量瞬间增加，也使汽温下降。

37. 饱和蒸汽湿度变化对过热蒸汽温度有什么影响？

答： 对于直流锅炉，由于加热、蒸发和过热没有明显的分界点，因此饱和蒸汽湿度的变化对汽温无明显影响。而对于汽包锅炉，从汽包出来的饱和蒸汽总含有一定量的水分，在正常情况下，进入过热器的饱和蒸汽湿度一般变化很小，饱和蒸汽湿度保持不变。但运行工况变动时，特别是负荷突增、汽包水位过高或锅水含盐量太大而发生汽水共腾时，会使饱和蒸汽湿度大大增加，增加的水分在过热器中汽化将吸收热量，若此时燃烧工况不变，则用于使干饱和蒸汽过热的热量相应减少，因而使过热蒸汽温度下降。

38. 影响再热蒸汽温度的因素有哪些？如何影响？

答： （1）高压缸排汽温度变化的影响。在其他工况不变的情况下，高压缸排汽温度越高，再热器出口温度就越高。机组在定压方式下运行时，汽轮机高压缸排汽温度将随着机组负荷的增加而升高。另外，主蒸汽温度、主蒸汽压力、汽轮机高压缸的效率和高压缸抽汽量的大小等因素，均对高压缸的排汽温度会产生影响。

（2）再热器吸热量的变化。再热蒸汽温度与主蒸汽温度一样也受到锅炉机组各种运行因素的影响，如锅炉负荷、燃料性质、燃料工况、流经再热器侧的烟气流量及受热面的清洁程度等都将引起再热器吸热量发生变化，从而导致再热蒸汽温度的变化。

（3）再热蒸汽流量变化的影响。在其他工况不变时，再热蒸汽流量越大，再热器出口温度将越低。机组正常运行时，再热蒸汽流量将随着机组负荷、汽轮机高压缸抽汽量大小、吹灰器的投停及安全阀、汽轮机旁路或向空排汽阀状态等情况的变化而变化。

（4）减温水量大小的影响。在其他工况不变时，减温水量越大，则再热汽温越低。

39. 汽包锅炉过热蒸汽温度的调节方法有哪些？

答：（1）利用减温器调节汽温。减温器可以分为表面式和喷水式两种，目前多采用喷水式减温器。现代大型锅炉通常设计两级以上喷水减温器，第一级布置在屏式过热器入口前，对蒸汽温度进行粗调；第二级布置在高温过热器入口前或中间，对汽温进行细调。由于过热蒸汽温度的变化有一定的时滞性和惯性，所以汽温调节应根据趋势进行超前调节，因此均采用自动调节。

（2）改变火焰中心的位置。改变火焰中心位置可以改变炉内辐射吸热量和进入过热器的烟气温度，从而调节过热蒸汽温度。当火焰中心位置升高时，炉内辐射吸热量减少，炉膛出口烟气温度升高，过热蒸汽温度升高；反之，汽温下降。

40. 改变炉膛火焰中心位置的方法有哪些？

答：（1）采用摆动式燃烧器改变其倾角。此方法多用于四角布置的燃烧方式。其优点是：调温幅度大，时滞性小，调节灵活，设备简单，没有功率消耗；缺点是摆角过大会造成结渣和不完全燃烧损失增加。

（2）改变燃烧器的运行方式。如果沿炉膛高度布置有多排燃烧器，投入或停用不同高度的燃烧器可改变火焰中心位置，达到调节汽温的目的。

（3）改变配风工况。在总风量不变的情况下，改变上下二次风的比例可改变火焰中心位置。当汽温升高时，开大上二次风，关小下二次风，以压低火焰中心，使汽温下降。在汽温低时，关小上二次风，开大下二次风，提高火焰中心，使汽温升高。

（4）利用吹灰的方法调节。发现过热蒸汽温度偏低时，应及时加强对过热器的吹灰；发现汽温升高时，应加强对水冷壁及省煤器的吹灰，并在保证燃烧的前提下尽量减少锅炉的总风量。

41. 直流锅炉过热蒸汽温度的调节原理是什么？

答：在直流锅炉中，给水进入锅炉后，是一次全部蒸发成过热蒸汽的。在给水变成过热蒸汽的过程中经历了加热、蒸发和过热三个阶段，它们之间没有固定的分界线，是随工况的变化而变化的。在锅炉热负荷和其他条件不变时，给水流量发生变化将引起三个区段的长度发生变化，引起汽温发生变化。在给水流量和其他条件不变时，燃料量发生变化，也可引起三个区段发生变化，引起汽温变化。所以，直流锅炉过热蒸汽温度的调节，主要是通过调整给水量和燃料量的比例来达到的。要想使汽温保持稳定，就必须保持燃料量与给水量之比为一定值，以此作为粗调，另外以减温水作为细调，只有这样，才能保证过热蒸汽温度的稳定。

42. 直流锅炉过热蒸汽温度的调节方法有哪些？

答：直流锅炉一般都采用包墙管出口温度作为汽温调节的超前信号，监视并保持包墙管出口温度正常，就能有效地保证燃料与给水的比例正常，再利用减温水进行细调，使主蒸汽温度保持稳定。但是，当锅炉负荷较高时，锅炉本体部分工质的焓增减小，中间点温度要相应降低，并有可能接近甚至达到饱和温度，使之变化迟钝，此时，则应以低温过热器出口汽温即中间温度来代替中间点温度的作用。中间温度与中间点温度的变化除随燃料量、给水量或负荷的变化而变化外，还随着风量、汽压、给水温度等因素的变化而相应变化。因此在调节过程中，要对这些因素进行适量调整，保持中间点或中间温度在适当值，以确保合理的燃料量与给水量之比作为粗调，在此基础上再进行细调。

43. **再热器有什么工作特点？**

答：一般来说，再热器多布置成对流式，或以对流式为主，其汽温特性有显著的对流特性。而且再热器压力低，其比热容比过热蒸汽的小，吸收同样热量时再热蒸汽温度的变化大。此外，由于再热器的进汽是汽轮机高压缸排汽，低负荷时汽轮机排汽温度低，使得再热器需要吸收较多的热量才能使汽温达到额定值。以上特点造成再热蒸汽温度对工况变化敏感波动范围大。

44. **再热蒸汽温度的调节方法有哪些？**

答：（1）烟气挡板调节。这一方法被广泛用于再热蒸汽温度调节。具体方法是通过调节烟气挡板开度来改变流经烟道的烟气流量，达到调节汽温的目的。此方法的优点是结构简单，操作方便；主要缺点是挡板开度与汽温变化不成线性关系，调节时对主蒸汽温度也会造成一定影响。此外，烟气挡板必须采用耐热钢板，以免产生热变形，调节灵敏度也较差。

（2）烟气再循环。烟气再循环是利用再循环风机从锅炉尾部烟道抽出部分烟气再送入炉膛，改变过热器与再热器的吸热量，达到调节汽温的目的。采用烟气再循环的优点是调节幅度大，试验表明，每增加再循环量1%，相应提高再热蒸汽温度2℃。另外，节省再热器受热面，调节反应也较快，同时还可以均匀炉膛热负荷。其缺点是采用了高温的再循环风机，增大了投资和厂用电。而且不宜在燃用高灰分燃料或低挥发分燃料时采用，否则会加剧受热面积灰和磨损，对燃烧的稳定性不利。

（3）改变炉膛火焰中心的高度。改变炉膛火焰中心的高度，可以改变辐射和对流吸热比例，从而达到调节再热蒸汽温度的目的。改变火焰中心高度的方法有：改变燃烧器倾角；改变上、下层燃烧器的负荷；调节上、下层二次风量等。

（4）汽汽热交换器。这是一种用过热蒸汽加热再热蒸汽的热交换器。当负荷降低时，加大进入汽汽热交换器的再热器份额，以提高再热蒸汽温度。

（5）采用喷水减温器。由于再热器喷水减温的使用会使机组的热效率降低，因此不宜采用喷水减温作为调节再热蒸汽温度的主要手段。一般情况下，再热器中将喷水减温作为汽温的细调或事故喷水。

45. **为什么再热器采用喷水减温器会使机组热效率降低？**

答：因为使用喷水减温器减温，将使中低压缸工质流量增加，限制了高压缸的做功能力，即等于用部分低压蒸汽循环代替了高压蒸汽循环，使热经济性下降，降低了机组的热效率，所以不能作为主要调节手段。

46. 锅炉燃烧调节的意义是什么？

答： 锅炉燃烧工况的好坏，不但直接影响锅炉本身的运行工况和参数变化，而且对整个机组运行的安全性与经济性有极大的影响。因此，无论是正常运行或是启停过程，均应合理组织燃烧，保证燃烧工况稳定良好。

47. 锅炉燃烧调节的任务和目的是什么？

答： （1）使锅炉蒸发量适应外界负荷的需要，以维持稳定的汽压。因此常把燃料量的调节称为压力调节。

（2）保证良好燃烧，减少未燃尽损失。同时要防止锅炉金属烟气侧的腐蚀和减少对大气的污染。

（3）维护炉膛内稳定的负压，保证锅炉运行安全可靠。

锅炉燃烧调节的目的是要完成上述任务，做到燃烧良好，对煤粉锅炉来说，就是要做到：燃烧稳定，火焰均匀地充满整个燃烧室，但不应冲刷水冷壁。火焰中心不应过高、过低或偏斜，以免结渣。

48. 中间储仓式制粉系统的锅炉燃料量如何调节？

答： 对中间储仓式制粉系统的锅炉燃料量的调节可通过投停燃烧器支数、改变给粉机转速或调节给粉机下粉挡板的开度来实现。当投入备用燃烧器和给粉机时，应先开启一次风门至所需开度，对一次风管进行吹扫。待风压指示正常后，方可启动给粉机，并开启二次风，观察着火情况是否正常。当停用燃烧器时，应先停给粉机，并关闭二次风，而一次风应继续吹扫数分钟后再关闭，以防一次风管中发生煤粉积沉。为防止停用的燃烧器烧坏，其一、二次风应保持微小开度，以冷却喷口。在运行中还要限制给粉机的转速范围。

49. 直吹式制粉系统的锅炉燃料量如何调节？

答： 对直吹式制粉系统的锅炉燃料量的调节主要是改变给煤量来解决。当锅炉负荷变动较大时，需要通过启停制粉系统来调节燃料量。其原则是：一方面使磨煤机在合适的负荷下运行；另一方面要求燃烧器在新的组合方式下能保证燃烧工况良好，火焰分布均匀，以防止热负荷过于集中造成水冷壁运行工况恶化。在启动制粉系统时，应及时调整一、二次风及炉膛压力，并及时调整其他燃烧器的负荷，保持燃烧稳定，防止负荷的骤增或骤减。

若锅炉负荷变化不大，可通过调节运行制粉系统的出力来调节燃料量。若锅炉负荷增加，要求制粉系统出力增大时，应先开磨煤机的进口风量，利用磨煤机内的存粉作为增负荷时的缓冲调节，然后增加给煤量，同时相应开大二次风；反之，减小给煤量和二次风。

50. 燃油量的调节方法有哪些？

答：燃油量的调节方法与燃油系统的形式和油喷嘴的雾化方式有关。燃油量的调节方法主要有进油调节和回油调节。雾化方式有机械雾化和蒸汽雾化等方式。

51. 采用进油调节系统时如何调节燃油量？

答：当负荷变化时，通常利用改变进油压力来达到改变油量的目的。当负荷降低较大时，则需大幅度降低进油压力，以减少进油量，但这样会因油的压力低而影响进油的雾化质量。在这种情况下，不可盲目降低油压，而应采用停用部分油嘴的方法来满足降低负荷的需要；反之，当负荷增加较大时，也不可使进油压力过高，而应采用投用部分油嘴的方法满足增负荷的需要。

52. 内回油雾化喷嘴如何调节燃油量？

答：对于具有内回油的压力雾化喷嘴，除当锅炉负荷有大幅度的变化而需投停油嘴外，一般可利用调节回油阀开度来改变油量，达到调节燃油量的目的。当锅炉负荷降低时，可适当开大回油阀，使回油增多，而喷入炉内燃烧的油相应减少。

53. 蒸汽雾化的油喷嘴如何调整燃油量？

答：对于蒸汽雾化的油喷嘴，燃油雾化蒸汽压力通常采用定压或与油压压差保持固定的方式运行。因此，用蒸汽雾化的油枪，一般油压允许在一定范围内波动。当负荷变动小时，可用调整油压的方法满足负荷需要；当负荷变化大时，同样必须采用投停油枪数的方法满足负荷需要。

54. 风量调节的意义是什么？

答：当外界负荷变化而需调节锅炉出力时，随着燃料量的改变，对锅炉的风量也需做相应的调节，否则，风量过大或过小都会给锅炉的安全经济运行带来不良的影响。

55. 锅炉送风量调节是如何实现的？

答：锅炉送风量的调节，是通过改变送风机的风量来实现的。对于离心式送风机，通常是改变进口导向挡板的开度，对于装有液力联轴器的离心式风机，可以通过改变风机转速来进行风量调节。对轴流式送风机，一般是通过改变风机动叶角度来调节的。

现代大容量的锅炉都采用双侧风机。当需要调节送风量时，一般应同时改变两台送风机的风量，以使烟道两侧的烟气流动工况均匀。在风量调节时，要通过炉膛出口氧量的变化，判断是否已满足需要。高负荷情况下，还应特别注意防止电动机的电流超限。

56. 为何要对燃烧器出口风速与风率进行调节？

答：燃烧器保持适当的一、二、三次风出口速度和风率是建立良好的炉内工况、使风粉混合均匀、保证燃料正常着火与燃烧的必要条件。一次风速过高会推迟着火时间，过低会烧坏燃烧器喷口，并可能造成一次风管的堵管。二次风速过高或过低都可能破坏气流与燃料的正常混合、搅拌，从而降低燃烧的稳定性和经济性。燃烧器出口断面的尺寸及流速决定了一、二、三次风量的百分率。风率的变化也对燃烧工况有很大影响。当一次风率过大时，为达到风粉混合物着火温度所需的吸热量就要多，因而达到着火所需的时间就延长，这对挥发分低的燃煤着火很不利，如果一次风温较低就更为不利。而对于挥发分较高的燃煤，由于其着火后要保证挥发分的及时燃尽，就需要有较高的一次风率。

57. 四角布置的直流燃烧器出口风速及风率的调节方法有哪些？

答：（1）改变一、二次风率。

（2）改变各层喷口的风量分配，或停掉部分喷口。例如，可以改变相应上、下两层燃烧器的一次风量和风速，或改变上、中、下各层二次风的风量和风速。一般情况下，减少下排的二次风量、增加上排二次风量，可使火焰中心下移；反之，则抬高火焰中心。

（3）对有可调节的二次风挡板的直流燃烧器，改变风速挡板的位置即可调节其出口风速，而保持风量不变或风量变化很小。

58. 判断风速和风量是否适宜的标准是什么？

答：（1）燃烧的稳定性，炉膛温度分布的合理性，以及对过热蒸汽温度的影响。

（2）比较经济指标，主要是排烟热损失和机械不完全燃烧热损失的数值。

59. 单蜗壳燃烧器和双蜗壳燃烧器出口风速、风率的调节方法有哪些？

答：单蜗壳燃烧器的一次风率调节，如果有中心锥结构，可以调节中心锥的位置。而双蜗壳燃烧器的一次风率只能依靠改变一次风量来调节。当一次风量增大时，其风速和风量成比例地增大。

二次风的切向速度可以利用风速挡板（舌形挡板）进行调节，以改变燃烧器出口风粉混合物的扩散状态。当关小舌形挡板时，燃烧器出口气流轴向速度相对减小，切向速度相对增大，旋流强度增强，扩散角变大，烟气回流区增大，靠近喷口的温度升高；当开大舌形挡板时，其结果与上述相反。

60. 单蜗壳燃烧器和双蜗壳燃烧器在运行中对二次风舌形挡板是怎样调节的？

答：运行中对二次风舌形挡板的调节以燃烧挥发分的变化和锅炉负荷的高低作为主要依据。对挥发分低的煤，应适当关小舌形挡板，提高火焰根部的温度，以利于燃料的着火；对挥发分高的煤，由于着火容易，故应适当开大舌形挡板使其射程变远，以防烧损燃烧器或结焦。在高负荷情况下，由于炉膛温度较高，燃料着火的条件较好，燃料比较稳定，故可将舌形挡板开大些；在低负荷时，则应关小舌形挡板，以增强高温烟气的回流，便于燃烧的着火与燃烧。

61. 轴向叶片旋流式燃烧器风速和风率如何调节？

答：这种燃烧器的一次风是稍有旋转地通过燃烧器，而后进入二次风旋流造成的局部负压区。由于一次风通道的阻力较小和二次风的引射作用及炉膛内负压的影响，故燃烧器入口处的一次风压很低。而二次风具有可移动的叶轮，故其阻力较大。这种燃烧器的一、二次风轴向风速度只能借改变一、二次风率的分配来调整，二次风出口切向风速可借改变叶轮的位置进行调整，从而改变着火条件达到稳定燃烧。

62. 锅炉运行中监视炉膛负压的意义是什么？

答：运行中，如果单位时间内从炉膛排出的烟气量等于燃料燃烧产生的烟气量时，则炉膛负压保持不变。当锅炉负荷变化而燃烧量与风量变化时，各部负压也会相应变化。炉膛负压增加则各部分负压相应增大；反之，则各部负压减小。

锅炉灭火前，炉膛负压会发生大幅度摆动；当炉膛受热面发生爆破时，其负压也会发生大幅度的变化。因此，炉膛负压是反映燃烧工况是否稳定及判断事故的重要参数，所以运行中必须认真监视它的变化，并按不同的情况正确判断并及时调整。

63. 如何调节炉膛负压？

答：炉膛负压的调节主要采用送风量与引风量联合调节的办法。引风量的具体调节办法主要是通过电动执行机构操纵引风机进口导向挡板，以改变其开度，达到调节引风量的目的。但也有部分机组采用变速调节。在调节时，为避免炉膛出现正压和缺风现象，原则上应先增大引风量，再增大送风量，而后增加燃料量；反之，则应先减小燃料量，再减少送风量，最后减少引风量。若锅炉装有两台引风机，则应同时调节，防止烟道两侧烟气流动不均匀而加大受热面的热偏差。

64. 汽包水位调节的重要性是什么？

答：保持汽包的正常水位是汽包锅炉和汽轮机安全运行的重要条件之一。汽包水位能表示出蒸发面的高低。汽包水位过高，蒸汽空间将缩小，会引起蒸汽带水，使蒸汽品质恶化，还将导致在过热器管内产生盐垢沉积，使管子过热，金属强度降低而发生爆管。严重满水时，将使蒸汽大量带水，引起管道与汽轮机内严重的水冲击，造成设备损坏。水位过低，对自然循环锅炉将破坏正常的水循环；对强制循环锅炉会使锅水循环泵入口汽化，泵组剧烈振动，最终都将导致水冷壁管超温过热。当严重缺水时，如处理不当，还可能造成水冷壁管的爆破。

65. 影响汽包水位变化的因素有哪些?

答：锅炉运行中，水位是经常变化的，引起水位变化的原因是给水量与蒸发量的不平衡，或是工质的状态发生了变化。总之，引起水位变化的主要因素有锅炉负荷、燃烧工况、给水压力、锅水循环泵的启停与运行工况等。

66. 锅炉负荷对汽包水位有什么影响?

答：汽包水位是否稳定，首先取决于锅炉负荷即蒸发量的变动量及其变化速度。因为负荷变动不仅影响蒸发设备中水的耗量，而且由此引起汽压变化，将使锅水状态发生变化，其容积也相应变化。例如，锅炉负荷突然升高，在给水量和燃烧工况不变时，汽压将迅速下降，这样就造成锅水饱和温度下降，炉内放出蓄热，产生附加蒸发量，汽水混合物的比体积增大，体积膨胀，使水位上升，形成虚假水位。但此时给水量并没有随负荷增加，因而在大量蒸汽逸出水面后，水位也随之下降。因此，当负荷突然增加时，汽包水位的变化为先高后低；反之，当负荷突然降低时，在给水和燃烧工况未调整之前，汽包水位将出现先低后高的现象。

67. 燃烧工况对汽包水位有什么影响?

答：在锅炉负荷和给水量没有变动的情况下，炉内燃烧工况发生变动将引起水位发生下列变化。当炉内燃烧量突然增多时，炉内放热量增加使锅水吸热量增加，汽泡增多，体积膨胀，导致水位暂时升高。又由于产生的蒸汽量不断增加使汽压升高，相应地提高了饱和温度，使锅水中的汽泡数量减少，又导致水位下降。对于单元机组，由于汽压上升使蒸汽做功能力提高，在外界负荷不变的情况下，汽轮机调节汽阀将关小，以减少进汽量，而此时因锅炉的蒸发量减少而给水量没有改变，故汽包水位升高。当燃料突然减少时，水位变化情况与上述相反。

68. 给水压力对汽包水位有什么影响?

答：汽包水位的变化与给水压力有关。当给水压力变化时，将使给水量发生变化，从而破坏了给水量与蒸发量的平衡，引起水位变化。当给水压力增加时，给水量增大，水位上升；当给水压力降低时，给水量下降，水位降低。

69. 锅水循环泵的启、停及运行工况对汽包水位有什么影响?

答：强制循环锅炉在启动锅水循环泵前，汽包水位线以上的水冷壁出口至汽包的导管均是空的，所以启动锅水循环泵时，汽包水位将急剧下降。当锅水循环泵全部停运后，这部分水又要全部返回汽包和水冷壁中，而使汽包水位上升。此外，锅水循环泵的运行工况，也将对汽包水位产生一定的影响。

70. **如何进行汽包水位的监视？**

答：在锅炉运行过程中，要控制好水位，首先要做好对水位的监视工作，对汽包水位的监视应以就地水位计为准，并参照电触点水位计和就地水位计的指示作为监视手段，通过保持给水流量、减温水流量与蒸汽流量的平衡使汽包水位保持稳定。另外，在监视过程中要特别注意两个问题：①指示水位与实际水位的差别；②虚假水位。

71. **指示水位与实际水位的差别是如何形成的？**

答：从就地水位计看到的水位为指示水位。汽包水容积中水的温度较高且含有蒸汽泡，而水位计中的水由于有一定的散热，其温度低于汽包压力下的饱和温度且没有汽泡，所以汽包中的水比水位计中水的密度小，因而造成指示水位低于实际水位。如果汽包水容积中充满的是饱和水，则水位指示的偏差随着工作压力的增高而增大。此外，当就地水位计的连通管发生泄漏和堵塞时，将会引起指示水位与实际水位的偏差。若是汽侧泄漏，将使指示水位偏高；若水侧泄漏，则使水位指示偏低。

72. **为什么要定期冲洗水位计？如何冲洗？**

答：冲洗水位计是为了清洁水位计的云母片或玻璃管，防止汽水连通管堵塞，便于运行人员监视，避免造成水位事故。冲洗水位计的步骤如下：

(1) 将汽水侧二次阀关闭后，再开 1/4～1/3 圈，然后开启放水阀，进行汽水管路及云母片的清洗。

(2) 关闭汽侧二次阀进行水侧管路及云母片冲洗。

(3) 关闭水侧二次阀，微开汽侧二次阀，进行汽侧及云母片冲洗。

(4) 微开水侧二次阀，关放水阀，水位应很快上升，并轻微波动，指示清晰，否则应重新清洗一次。

(5) 将汽水侧二次阀全开，并与另一只水位计对照，指示应相符。

(6) 冲洗水位计时间不宜过长，并防止水位计中保护弹子堵塞。

73. **虚假水位是如何形成的？**

答：虚假水位即不真实水位。当汽包压力突降时，由于锅水饱和温度下降到压力较低的饱和温度，使锅水放出大量的热量而蒸发，锅水内的汽泡增多，汽水混合物体积膨胀，促使水位很快上升，形成了高虚假水位。当汽包压力突升时，则相应的饱和温度提高使一部分热量用于加热锅水，而用于蒸发锅水的热量相应减少，锅水中的汽泡量减少，汽水混合物体积收缩，导致水位很快下降，形成低虚假水位。

当汽轮机调节汽阀大开、大关和锅炉燃烧工况发生突变时，都可能出现虚假水位，此现象易使运行人员产生误判断甚至误操作，所以在水位监视与调节中应予以特别的注意。

74. 出现虚假水位时应如何处理？

答：锅炉负荷突变、灭火、安全阀动作、燃烧不稳等运行情况不正常时，都会产生虚假水位。当锅炉出现虚假水位时，首先应正确判断，要求运行人员经常监视锅炉负荷的变化，并对具体情况进行分析，才能采取正确的处理措施。当负荷急剧增加而水位突然上升时，从蒸汽量大于给水量这一平衡情况来看，此时的水位上升是暂时的，很快就会下降，切不可减小给水量，而应强化燃烧，恢复汽压，待水位开始下降时，立即增加给水量，使其与蒸汽量相适应，恢复正常水位。如负荷上升的幅度较大，引起的水位变化幅度也较大，此时若不控制就会引起满水，应适当减少给水量，以免满水，同时强化燃烧，恢复汽压。当水位刚有下降时，立即加大给水量，否则又会造成水位过低。所以出现虚假水位时，首先要正确判断，才能及时正确地处理。

75. 如何调整锅炉水位？

答：锅炉正常运行中调整锅炉水位，保持汽包水位稳定，应做到以下几点：

（1）对水位认真监视，原则上以一次水位计为准，以电触点水位计为主要监视表计。要保持就地水位计清晰、准确。当水位计无轻微晃动或云母片不清晰时，应立即冲洗水位计，定期对照各水位计，准确判断锅炉水位的变化。

（2）随时监视蒸汽流量、给水流量、汽包压力和给水压力等主要参数，发现不正常时，立即查明原因，及时处理。

（3）若汽包水位超过＋50mm，应关小给水调节阀，减少给水量，若继续上升至＋75mm，应开启事故放水阀放水至正常水位，并查明原因。

（4）正常运行中水位低于－50mm时，应及时开大给水调节阀增大进水量，使水位尽快恢复正常，并查明原因、及时处理。

（5）在机组升降负荷、启停给水泵、高压加热器投入或停止、锅炉定期排污、向空排汽阀或安全阀动作及事故状态下，应对汽包水位所发生的变化超前进行调节。

76. 什么是单冲量水位自动调节系统？有什么缺点？

答：单冲量自动调节系统是最简单的水位调节方式。它是按汽包水位的偏差来调节给水阀的开度的。单冲量调节方式的主要缺点为：当蒸汽负荷和蒸汽压力突然变动时，由于水容积中的蒸汽含量和蒸汽比体积改变会产生虚假水位，使给水调节阀有误动作。因此，单冲量调节只能用于负荷相当稳定的小容量锅炉。

77. 什么是双冲量自动调节系统？有什么优缺点？

答：在双冲量自动调节系统中，除了水位信号 H 外，还增加了蒸汽流量信号 D，即双冲量。

当蒸汽负荷变动时，信号 D 要比信号 H 提前反应，从而可以抵消虚假水位的影响。这种双冲量给水调节方式可用于负荷经常变动和容量较大的锅炉，但它的缺点是不能及时反映与纠正给水量扰动的影响。

78. 什么是三冲量自动调节系统？有什么优缺点？

答：三冲量自动调节系统是更为完善的给水调节方式，它包括水位信号 H、蒸汽流量信号 D、给水流量信号 G。各个信号的作用如下：汽包水位信号 H 是主信号，因为任何扰动都会引起水位变化，使调节器动作，改变水位调节器的开度使水位恢复至规定值。蒸汽流量信号 D 是前馈信号，它能防止由于虚假水位而引起调节器误动作，改善蒸汽流量扰动下的调节质量。给水流量信号 G 是反馈信号，它能克服给水压力变化所引起的给水流量变化，使给水流量保持稳定。

三冲量自动调节系统综合考虑了蒸汽量和给水量相等的原则，又考虑了水位偏差的大小，因而既能补偿"虚假水位"的反应，又能纠正给水量的扰动，是目前大型锅炉普遍采用的水位调节系统。

79. 什么是给水全程控制调节？

答：给水全程控制调节采用两段式，即调节调速泵的转速来维持给水泵出口压力，控制调节阀开度来维持汽包水位。通过给水启动阀和主给水阀的相互无扰切换，以及系统的单冲量和三冲量的相互无扰切换，实现给水从机组启动到带负荷全过程的自动调节。

80. 水位调节的方法有哪些？

答：（1）节流调节。节流调节比较简单，它是靠改变给水调节阀的开度，即改变给水量来实现的。水位高时关小调节阀，水位低时开大调节阀。

（2）变速调节。变速调节是通过改变给水泵转速，从而达到改变其流量来调节锅炉汽包水位的目的。采用液力联轴器可实现给水泵的无级变速。

（3）变速与节流的联合调节。在调节过程中，可先调节给水调节阀，再根据调节阀的前后压差去调节给水泵转速。

81. 采用给水泵变速调节有什么优点？

答：采用变速调节，减少了给水的节流损失，使给水泵的效率始终保持在最佳范围内，减少了厂用电耗，提高了机组运行的经济性。同时还改善了电动机的运行条件，延长了使用寿命。

82. 简述给水泵液力耦合器的工作原理。

答：采用液力耦合器可实现给水泵的无级调速。液力耦合器又称液力联轴器或液压联轴器，主要由泵轮、涡轮和旋转内套组成。它们形成两个腔：在泵轮和涡轮间的腔中有工作油所形成的循环流动圆；在涡轮和旋转内套的腔中，由泵轮和涡轮的间隙流入的工作油随旋转内套和涡轮旋转，在离心力的作用下，形成油环。工作油在泵轮里获得能量。而在涡轮内释放能量。如果改变工作油量的多少，就可以改变传动力的大小，从而改变涡轮的转速，以适应负荷的需要，即通过调整勺管位置来改变工作油室中的充油量来实现。当勺管向"＋"方向移动，增加了其工作油量，提高涡轮转速，提高给水泵转速，加大给水流量；当勺管向"－"方向移动，减少了其工作油量，降低了涡轮的转速，从而减少了给水流量。

83. 锅炉受热面积灰有什么危害？

答：锅炉的受热面上经常有积灰，由于灰的热导率小。因此积灰使热阻增加，热交换恶化，以致排烟温度升高，锅炉效率下降，当积灰严重而形成堵灰时，会增加烟道阻力，使锅炉出力降低，甚至被迫停炉清理。

84. 锅炉吹灰的目的与作用是什么？

答：锅炉吹灰的目的和作用就是清除炉膛、过热器、省煤器、空气预热器等受热面的结焦、积灰等污染，增强各受热面的传热能力，使锅炉各受热面的运行参数处于理想状态下，降低排烟热损失，提高锅炉效率。

85. 吹灰器分为哪些种类？

答：吹灰器的种类很多，按结构特征的不同，可分为短伸缩式吹灰器、长伸缩式吹灰器、固定旋转式吹灰器和往复式吹灰器等；按吹灰介质分为蒸汽吹灰器、水力吹灰器和压缩空气吹灰器。

86. 吹灰时有哪些注意事项？

答：（1）锅炉的吹灰操作，应在锅炉运行工况正常，引风机有足够余量，燃烧及各参数稳定，无其他重大操作时方可进行。

（2）吹灰前应对所属系统全面检查。检查有关的调节控制系统、热工仪表、吹灰管道、疏水管道等无异常。

（3）进行吹灰前，应先通知有关值班员，做好相应的安全措施和参数调整。吹灰前应适当增大炉膛负压，吹灰过程中应监视各段汽温，加强参数调整。吹灰时严禁从看火孔观察炉内燃烧情况。

（4）吹灰操作一般采用程控方式进行。

（5）吹灰过程中应保持炉膛负压及吹灰蒸汽压力符合要求，在蒸汽压力过低或无蒸汽时严禁吹灰，以防烧坏吹灰器。

（6）无论程序控制或手动操作吹灰，吹灰顺序一般为从下到上逐对进行。

87. 简述锅炉的吹灰程序。

答：对于炉膛吹灰系统：①要进行暖管和疏水；②吹灰器动作，每个吹灰器来回吹扫两次，吹灰程序由下而上，锅炉左右侧（或前后侧）同时进行，逐对切换。

对于水平烟道吹灰系统：①要进行暖管和疏水；②吹灰器动作，每个吹灰器来回吹扫一次，吹灰程序由前自后，逐个切换。

对于后竖井吹灰系统：①要进行暖管和疏水；②吹灰程序自上而下，逐个切换。

88. 锅炉排污分为哪两类？

答：锅炉排污分为定期排污和连续排污两种。

89. 什么是定期排污？

答：定期排污是从水冷壁下联箱和集中下降管下部定期排水，用以排掉锅水中的沉渣、铁锈，以防这些杂质在水冷壁管和集中下降管中结垢和堵塞。

90. 什么是连续排污？

答：连续排污就是连续不断地排出锅水，排掉溶解于锅水中的盐分及锅水表面的浮游物，保证蒸汽品质合格。

91. 如何进行定期排污？

答：定期排污时必须保证汽包水位正常，因此必须按照操作规定顺序打开各排污阀门。首先开启某一组排污汇集管上的电动阀，然后开启这组排污管中的 1 号电动阀，经过一段时间的排放后，关闭 1 号电动阀，再开启 2 号电动阀，直到这组所有排污阀都操作过一遍以后，最后关闭这组排污汇集管上的电动阀，进行下一组的排污操作。

92. 对定期排污有哪些规定？

答：（1）锅炉的定期排污应根据化学值班员的通知，并在实施监护的情况下进行操作。

（2）排污必须在值班员同意后进行。

（3）排污操作人的穿戴应符合要求，操作场所应有照明，通道无杂物堆积，排污装置有缺陷时，禁止进行排污。

（4）应使用专门的扳手操作并不准加套管。

（5）操作应逐一回路进行，并按规定的时间进行。

93. 定期排污和连续排污的作用有什么不同？

答：定期排污的作用是排走沉积在水冷壁下联箱中或集中下降管下部的水渣、铁锈等；

连续排污的作用是连续不断地从锅水表面附近将含盐浓度最大的锅水及表面游浮物排出。

第六节　锅炉的停运与保养

1. 锅炉停运分为哪两种？

答：锅炉停运可分为正常停运和事故停运两种。

锅炉运行一定时间后进行有计划的检修或由于外界负荷减小需要机组停运转入备用，这两种情况下的停运都属于正常停运，即正常备用停炉和正常检修停炉。

机组由于外部或内部原因发生事故，如果不停运，就将造成设备的损害或危及运行人员的安全，这种情况下的停运为事故停运，又可以分为紧急停炉和故障停炉。

2. 正常停炉前需做哪些准备？

答：（1）一般情况下，停炉备用或检修时间超过 7 天，需将原煤斗和落煤管的煤用尽，以防煤结块或自燃。

（2）凡停炉备用或检修时间超过 3 天时，中储式制粉系统需将煤粉仓中的煤粉用尽，3 天以内时，应尽量降低粉位，以防煤粉自燃而爆炸。

（3）做好炉前油系统和油燃烧器的投入准备，使其处于良好状态。

（4）对事故疏水阀、向空排汽阀及直流锅炉启动分离器的有关调节阀做一次开关试验，发现问题及时处理。

（5）停止制粉系统时，必须将磨煤机内的煤吹扫干净。

（6）停炉前对受热面进行全面吹灰，保持各受热面清洁。

（7）检查启动旁路系统正常。

（8）停炉前对设备进行一次全面检查，以便查找缺陷，在停炉后处理。

3. 什么是滑参数停炉？

答：滑参数停炉实质上是锅炉、汽轮机联合停止运行。机组由额定参数负荷工况下，用逐步降低锅炉汽压、汽温的方法，使汽轮机逐步减负荷。当汽压、汽温降低到一定数值后，可将锅炉先熄火。锅炉熄火后，汽轮机可利用锅炉余热所产生的低温低压蒸汽继续发电。一般待汽压降到零时，才解列发电机。

4. 滑参数停炉有什么优点？

答：（1）缩短了机组的冷却时间，可使机组提前揭缸检修，从而缩短检修工期。

（2）提高了安全性。在减负荷过程中，蒸汽参数虽然逐渐降低，但仍有较大的容积流量，对部件有比较均匀和较快的冷却作用，所以滑参数停炉对锅炉受热面的保护，对减小汽包上下壁温差、汽轮机汽缸上下温差和汽轮机动静胀差都有好处。

（3）提高了经济性。主要是利用了锅炉的部分余热多发电，从而减少了工质损失和热量损失。

5. 滑参数停炉过程中有哪些注意事项？

答：（1）注意控制汽温、汽压下降的速度要均匀。一般主蒸汽压力下降不大于 0.05MPa/min，主蒸汽温度下降不大于 $1\sim1.5℃$/min。再热蒸汽温度下降不大于 $2\sim2.5℃$/min。

（2）汽温不论任何情况都要保持 50℃ 以上的过热度。要特别防止汽温大幅度变化，尤其使用减温水降低汽温时更要特别注意。

（3）在滑参数停炉过程中，要始终监视和确保汽包上下壁温差不大于 40℃。

（4）为防止汽轮机解列后的汽压回升，应使锅炉熄灭时的负荷尽量低些。

6. 滑参数停炉的步骤是什么？

答：（1）按汽轮机要求逐渐降温、降压、减负荷。首先以 $0.5\sim3MW$/min 的速度降低机组负荷，使机组负荷降到额定负荷的 $70\%\sim80\%$。

（2）逐渐降低主蒸汽压力和温度，调速汽阀全开。

（3）继续降温降压，负荷随着汽温、汽压的下降而下降。

（4）在锅炉降到滑参数停炉最终参数（一般为冷态启动的冲转参数）时，锅炉熄火，汽轮机打闸。

7. 什么是定参数停炉？

答：定参数停炉是指在机组停运减负荷过程中，汽轮机前蒸汽的压力和温度不变或基本不变的停运方式。若机组是短期停运，进入热备用，可采用定参数停炉。因为锅炉熄火时蒸汽的温度和压力都很高，有利于缩短下次启动时间。

8. 定参数停炉过程中有哪些注意事项？

答：采用定参数停炉时应尽量维持较高的锅炉主蒸汽压力和温度，以减少各种热损失。减负荷过程中应维持蒸汽压力不变，逐渐关小汽轮机的调节汽阀。随着锅炉燃烧率的逐渐降低，汽温将逐渐下降，但应保持汽温过热度在 50℃ 以上，否则应适当降低主蒸汽压力。停炉后保持空气预热器、火焰检测器冷却风机连续运行。对于强制循环锅炉，停炉后应至少保持一台锅水循环泵继续运行一段时间。

9. 锅炉停运时有哪些注意事项？

答：（1）锅炉停运过程中禁止吹灰、除尘和除焦。

（2）汽包上下壁温差应当小于规定值，否则应减慢降压、降温速度。

（3）在滑停过程中要保持蒸汽过热度在 50℃ 以上。

（4）停炉过程中发生故障不能滑停时，可按紧急停运操作进行。汽轮机打闸后，为保护过热器、再热器，应开启一、二级旁路阀。

（5）停炉后注意监视排烟温度，检查尾部烟道，防止发生尾部烟道再燃烧。

（6）强制循环锅炉，停炉过程中必须注意保持锅水循环泵的运行情况。

（7）停炉后必须注意防止有水通过主蒸汽管道和再热蒸汽管道进入汽轮机，还应做好停炉后的保养和防冻工作。

10. 在强制循环锅炉停炉过程中，为什么必须注意锅水循环泵的运行情况？

答：因为随着锅炉压力的逐渐降低，锅水循环泵的进出口压差和电动机电流逐渐上升。而锅水循环泵的连续运行是强制循环锅炉允许通风快冷的前提条件，一旦锅水循环泵全停，则应立即停止锅炉通风冷却。而维持汽包水位在允许范围内是保证锅水循环泵安全运行所必需的条件。

11. 在停炉过程中汽包壁温差是怎样产生的？如何控制？

答：在停炉过程中，因为汽包绝热保温层较厚，向四周的散热较弱，所以冷却速度较慢。汽包的冷却主要靠水循环进行，汽包上壁是饱和蒸汽，下壁是饱和水，水的热导率比蒸汽的大，汽包下壁的蓄热量很快传给水，使汽包下壁温度接近于压力下降后的饱和水温度。而与蒸汽接触的上壁由于管壁对蒸汽的放热系数较小，传热效果较差而使温度下降较慢，因而造成了上、下壁温差扩大。因此停炉过程中应做到：

（1）降压速度不要过快，控制汽包壁温差在 40℃ 以内。

（2）停炉过程中，给水温度不得低于 140℃。

（3）停炉时为防止汽包壁温差过大，锅炉熄火前将水进至略高于汽包正常水位，熄火后不必进水。

（4）为防止锅炉急剧冷却，熄火后 6～8h 内应关闭各孔门，保持密闭，此后可根据汽包壁温差不大于 40℃ 的条件，开启烟道挡板、引风挡板，进行自然通风冷却。18h 后方可启动引风机进行通风。

12. 停炉时对原煤仓煤位和粉仓粉位有什么规定？为什么要这样规定？

答：（1）凡停炉备用或检修时间超过 7 天，需将原煤仓的煤烧尽。

（2）凡停炉备用或检修时间超过 3 天时，需将煤粉仓中的煤粉用尽。停炉时间在 3 天以内时，煤粉仓粉位也应尽量降低，并仔细做好煤粉仓的密封工作，严格监视煤粉仓的温度。

以上规定主要是为了防止原煤结块和煤粉的结块或长时间沉积引起煤粉自燃和爆炸。

13. 停炉后为什么煤粉仓温度有时会上升？

答：煤粉在积存的过程中，由于粉仓不严密或吸潮阀关不严，以及煤粉管漏入空气的氧化作用会缓慢地放出热量等原因，而粉仓内散热条件又差，燃料温度也会逐渐上升，直至上升到其燃点。因此停炉后必须监视粉仓温度，一旦发现粉仓温度有上升趋势，应及时采取措施。

14. 锅炉的停运方法有哪些？

答：单元机组的正常停运，对于汽包锅炉可分为定参数停运和滑参数停运两种方式；对于直流锅炉可分为投运启动分离器停运和不投启动分离器停运两种方式。

15. 直流锅炉采用投入启动分离器的方法时如何停运？

答：（1）定压降负荷。在该阶段过热器压力维持不变，锅炉本体的压力随着负荷的降低而逐步降低。锅炉通过逐步减少燃料和给水量，以及关小调气阀进行降负荷至100MW。

（2）过热器降压。在过热器降压过程中要采用包墙管出口至启动分离器的蒸汽管路对分离器本体进行暖管。

（3）投入启动分离器。

（4）发电机解列和汽轮机停机。投入启动分离器后，逐渐减少燃料降负荷，当机组负荷减到很小值时，可将发电机解列，然后停运汽轮机。

（5）熄火停炉。

16. 直流锅炉采用不投启动分离器的方法时如何停运？

答：在直流锅炉不具备投运启动分离器的条件时，可采用不投分离器的停运方式。采用该方式时，首先按正常减负荷操作减少燃料、风量、给水量定压将机组负荷减至100MW，并将锅炉各自动装置切至手操位置。根据运行工况的需要，保留一台制粉系统或停用所有制粉设备改为全烧油运行。开启高压旁路及低压旁路，使机组负荷降至10~15MW，按"紧急停炉"或"MFT"按钮，切断进入锅炉的所有燃料，使锅炉熄火。

17. 停炉后如何保证汽包安全？

答：为了保证停炉后汽包的安全，应注意以下几点：

（1）停炉降压速度不应太快，尽量保持汽包高水位。这样可以减少汽包温差。

（2）对母管制系统，停炉后应及时关闭主汽阀，否则蒸汽返回汽包，会造成汽包温差扩大。

（3）注意冷却应缓慢，特别是对胀接管口的锅炉。在汽压较高时就开启排汽阀急剧排汽或放出锅水，会造成胀口松动或拔管事故。对于高压或高压锅炉，在冷却过程中应保持汽包壁上下温差不超过40℃。

（4）不应用排水放水来冷却汽包，停炉后补入给水对汽包冷却有重大影响，因此要尽量避免放水，以减少放水，防止汽包受到急剧的冷却。

18. **锅炉熄灭后，为什么风机需继续通风 5min 后才能停止运行？**

答：因为在停炉熄灭过程中，由于炉膛温度下降，燃烧不稳，使未完全燃烧的可燃物增多，这些可燃物滞留在炉膛和烟道后，在炉内余热的加热下，将会产生再燃烧事故。因此锅炉熄火后，风机要继续通风一段时间，以将炉内可燃物抽走，但通风时间不宜过长，否则由于大量冷空气直接进入炉内，会使炉膛、烟道及各受热面急剧冷却收缩，造成损坏。所以锅炉熄火后，风机继续通风 5min，然后关闭烟风挡板，使炉膛及烟道处于密闭状态。此后还要继续监视烟气温度，以防未抽尽的可燃物重新燃烧。

19. **锅炉停运后，回转式空气预热器什么时候可以停运？**

答：因为锅炉停运后，炉内烟气温度仍很高，如果回转式空气预热器停止，则回转式预热器烟气侧温度较高，空气侧温度较低，会造成转子受热面或风罩变形，从而使预热器卡死，难以重新启动，甚至过负荷而损坏。所以锅炉停运后，回转式空气预热器继续运行，经自然冷却至预热器入口烟气温度降至 80℃ 以下时停运。

20. **停运的锅炉为什么要进行保护？**

答：锅炉停炉放水后，炉管金属内表面受潮而附着一薄层水膜或者某些部位的存水无法放净，外界空气进入水汽系统后，空气中的氧便溶解在水膜或积水中，使承压部件受到腐蚀。因此，在锅炉停运期间，必须进行保护。

21. **锅炉停运后防腐的目的是什么？**

答：锅炉停运后的主要问题是腐蚀，因而必须采取适当的保养措施，否则锅炉受热面金属将发生较快的腐蚀，使锅炉设备的安全和寿命受到影响。

22. **锅炉停运后发生腐蚀的主要原因是什么？**

答：锅炉停运后发生腐蚀的主要原因是氧化腐蚀（此外，还有二氧化碳腐蚀等）。氧的来源：①溶解在水中的氧；②从外界漏入锅炉的空气中所含有的氧。所以减少水中和外界漏入的氧，或者减少氧与受热面金属的接触机会，就能减轻腐蚀。

23. **锅炉停运后防腐的方法有哪些？**

答：（1）干燥保护法。其具体做法有以下几种：
1）充氮或充气相缓蚀剂保护。
2）烘干法。
3）干燥剂法。

（2）湿保护法。具体有以下几种方法：

1）二甲基酮肟法。二甲基酮肟既可作为锅炉给水的除氧剂和酸洗后金属的钝化剂，又可作为锅炉停用期间的保护剂。

2）联氨法。将用除氧剂联氨配成的保护性水液充满炉内。

3）氨液法。氨液法是基于在含氨量很大的水中（800～1000mg/L），钢铁不会腐蚀的性能。当药溶液浓度大于400mg/L、pH＞10.5时，对金属的保护期可超过100天。

4）保持给水压力法。在炉内充满除氧合格的给水。

5）保持蒸汽压力法。对停运的锅炉汽压降到0.5MPa时重新点火，升压至2～3MPa，最好用电厂低压蒸汽加热，汽压保持在0.5MPa以上。

6）碱液法。采用加碱液的方法，使锅炉中充满pH值达到10以上。

7）磷酸三钠和亚硝酸钠混合溶液保护法，可以在金属表面形成保护膜，从而防止金属的腐蚀。

24. **如何选择锅炉停运后的保养方法？**

答：（1）对大型的超高压锅炉和直流锅炉，由于过热器系统较复杂，汽水系统内的水不宜放尽，所以大多采用充氮法和保持蒸汽压力法。

（2）对短期停运的锅炉，采用保养法时能满足在短时间内启动的要求，应采用给水压力法和蒸汽压力法。对长时间停运和封存的锅炉应用干燥剂法、联氨法、液氨法。

（3）注意环境温度。在冬季应预想到锅炉内存水和溶液是否会冰结。

（4）考虑现场的设备条件。

25. **锅炉防冻应重点考虑什么部位？为什么？如何防冻？**

答：锅炉最易冻坏的部位是水冷壁下联箱定期排污管至一次阀前的一段管道，以及各联箱至疏水一次阀前的管道和压力表管。

原因：因为这些管线细，管内的水较少，热容量小，当气温低于0℃时，会首先冻结。

防冻措施：为防止冬季冻坏上述管道和阀门，应将所有疏放水阀门开启，把锅水和仪表管路内的存水全部放掉，并防止有死角积水的存在。

26. **什么是锅炉的干燥保护法？**

答：干燥保护法就是让锅炉金属表面经常保持干燥，或使金属表面与空气隔绝，以达到防止金属腐蚀的目的。

27. **什么是锅炉的烘干保护法？**

答：此方法是指锅炉停止运行后，当锅炉汽压降至0.5MPa时对锅炉进行放水（也称热炉放水），当水放尽后利用锅炉的余热或利用点火设备在炉内点微火，或将部分外源热量引入炉膛中，将炉内金属表面烘干。此方法适用于锅炉检修期间的保护。

28. **什么是锅炉的干燥剂保护法？**

答：干燥剂保护法是采用吸湿能力很强的干燥剂，使锅炉汽水系统中保持干燥，防止金属腐蚀。其方法为：锅炉停运后，当锅炉水温降至 100～120℃时，将锅炉各部分的水彻底放空，并利用余热或点火设备点微火烘烤，将金属表面烘干，清除掉沉积在锅炉汽水系统中的水垢和水渣，然后在锅内放入干燥剂并将锅炉上的阀门全部关闭，以防外界空气进入。

29. **常用的干燥剂有哪些？**

答：常用的干燥剂有无水氯化钙（粒径为 10～15mm）、生石灰或硅胶（硅胶应先经120～140℃干燥）。其用量可根据锅炉容量进行计算，无水氯化钙为 1～2kg/m³，生石灰为2～3 kg/m³，硅胶为 1～2 kg/m³。

30. **什么是锅炉的充氮或充气相缓蚀剂保护法？**

答：这种保护方法是向锅炉内充入氮气或气相缓蚀剂，将氧从锅炉水容积中驱赶出来，使金属表面保持干燥和与空气隔绝，从而达到防止金属腐蚀的目的。

31. **什么是锅炉的湿保护法？**

答：这种方法是用具有保护性的水溶液充满锅炉，借此杜绝空气中的氧进入炉内，达到防止金属腐蚀的目的。

32. **长期停用的锅炉常用的保护方法有哪些？**

答：长期停用的锅炉常用的保护方法有联胺防腐、氨液防腐、碱液防腐、磷酸三钠与亚硝酸混合溶液防腐、干燥剂防腐、充氮防腐、充氨防腐。

33. **短期停用的锅炉常用的保护方法有哪些？**

答：短期停用的锅炉常用的保护方法有保持给水压力法、保持蒸汽压力法、热炉放水法或利用余热烘干法。

第七节　锅炉的事故及处理

1. **什么是锅炉事故？**

答：锅炉在运行中不论任何设备发生故障损坏或异常，并导致锅炉停止运行或出力下降，甚至造成人身伤亡的，均称为锅炉事故。

2. 发生锅炉事故的原因有哪些?

答:发生锅炉事故的原因很多,大致可分为人为责任和设备原因两类:

(1) 人为责任。运行人员的疏忽大意、技术不熟练,以及对异常运行的判断或处理错误等;不执行有关运行规程,违章作业。

(2) 设备原因。设计不合理,制造、安装存在缺陷,设备老化,设备缺陷,设备维护不当,不定期检修或检修质量差等。

3. 锅炉事故处理有哪些原则?

答:锅炉运行中,随时都可能发生事故。当事故发生进行处理时,应掌握以下原则:

(1) 沉着冷静、判断正确并迅速处理。

(2) 尽快消除故障根源,隔绝故障点,防止事故扩大。

(3) 在确保人身安全和设备不受损坏的前提下,尽可能恢复锅炉正常运行,不使事故扩大。

(4) 发挥正常运行设备的正常出力,尽量减少对用户的损失。

(5) 达到紧急停运规定时严格执行紧急停运规定。

4. 锅炉遇有哪些情况时应紧急停炉?

答:(1) 汽包水位低于极限值。

(2) 汽包水位高于极限值。

(3) 锅炉所有水位计损坏时。

(4) 主给水、蒸汽管道发生爆破,无法切换,威胁到设备或人身安全时。

(5) 主蒸汽压力超过安全阀动作压力,而安全阀不动作,向空排汽无法打开时。

(6) 再热蒸汽中断。

(7) 锅炉灭火时。

(8) 锅炉房发生火警,直接影响到锅炉的安全运行时。

5. 锅炉发生满水时有什么现象?

答:(1) 所有水位计指示均超过正常值,给水流量不正常地大于蒸汽流量,过热汽温下降,蒸汽电导度增大。

(2) 水位高一、二、三值报警信号相继发出,超过最高值时水位保护动作,停止锅炉机组运行。

(3) 严重满水致使蒸汽带水时汽温将急剧下降。蒸汽管道发生水冲击,自法兰截门处向外冒白汽。

6. 造成锅炉满水有什么原因?

答:(1) 给水自动装置失灵。调节阀或变速给水泵的调节机构故障使给水流量增大。

（2）当水位计汽侧连通管或阀门向外泄漏时，水位计指示偏高；当水位计水侧连通管堵塞时，水位计指示逐渐升高。

（3）当水位计水侧连通或阀门向外泄漏时，水位计指示偏低，这时会造成自动装置或人为增加给水量。

（4）锅炉负荷增加过快，例如：在锅炉启、停和外界负荷增加时，未能严格控制负荷增加速度，而大幅度增加炉内燃料量，使水冷壁内汽水混合物的温升很快，体积迅速膨胀而使水位上升，以致造成满水。

（5）由于汽轮机调节汽阀突然开大或锅炉安全阀动作，造成锅炉汽压突然下降，出现虚假水位，再加给水流量受压差增大影响，迅速大量增加，此时如果调整控制不及时会造成满水。

（6）运行人员对水位监视不够、控制不当、误判断或误操作造成锅炉满水。

7. **发生锅炉满水时应如何处理？**

答：（1）锅炉正常运行中应严密监视各水位计指示的准确性，出现偏差时应检查各水位计有无泄漏或管道堵塞，必要时可冲洗水位计。

（2）当汽包水位不正常上升时，应对照有关表计指示值（如水位计、蒸汽流量、给水流量、给水压力、给水泵的转速、调节阀的位置）判明水位上升原因，调整水位，恢复正常运行。

（3）当汽包水位超过高一值时，可采取下列手段控制水位上升：如果是给水自动失灵，应立即解列给水自动，手操关小调节阀或降低给水泵的转速。

（4）如果是增加负荷过快，应适当减慢加负荷速度或停止增加负荷。但不要突然减少锅炉负荷，这样会造成水位先降后升的现象。

（5）如果是给水调节阀卡涩，应关小电动给水阀，减少给水量。

（6）如果是汽轮机调节汽阀突然大开或安全阀动作，则应适当减少锅炉负荷，但不宜大量减少给水流量，以防调节汽阀突然关回或安全阀回座给水流量不足造成锅炉水位低事故。

（7）采取上述措施无效时，水位继续上升时，应立即打开事故放水阀进行紧急放水。汽包水位达高二值时，事故放水阀应自动打开。同时可关闭电动给水阀控制水位上升。

（8）若汽包水位高三值且超过规定延时时间后，水位高保护动作，应自动停止锅炉运行，同时关闭汽轮机自动主汽阀，防止汽轮机进水。若保护拒动，应手动 MFT，汽轮机自动主汽阀联动关闭，并打开蒸汽管道疏水。

（9）停炉后继续放水至锅炉汽包正常水位，待查明原因，确认无异常后，恢复锅炉机组运行。

8. **锅炉严重满水时为什么要紧急停炉？**

答：锅炉严重满水时，其水位计已上升到极限，此时汽包的蒸汽清洗装置已被水淹没。另外，减少了汽水在汽包内的分离空间，造成蒸汽大量带水，蒸汽品质恶化，蒸汽含盐量增加。若部分蒸汽流经过热器，会造成管壁结垢，影响传热，最终导致管壁超温烧坏。若已带水的蒸汽进入汽轮机，会导致汽轮机轴向推力增加，损坏推力瓦。同时，还会使汽轮机叶片承受很大的冲击力，严重时会使汽轮机叶片折断。一般高温高压锅炉的蒸汽在主汽管的流速是 40m/s 左右，若锅炉满水，在极短的时间带水的蒸汽即进入汽轮机，严重威胁机组安全。所以，锅炉严重满水时应紧急停炉。

9. 锅炉缺水有什么原因及现象？

答： 造成锅炉缺水的原因与锅炉满水大致相同，如水位自动调整装置故障、水位计不准、给水压力过低、给水泵调速机构故障或跳闸、省煤器或水冷壁管的爆破，以及汽轮机甩负荷或安全阀动作后回座都可能使锅炉缺水。

锅炉缺水的现象与锅炉满水现象相反，如水位低一、二、三值报警信号相继发出，给水流量不正常地小于蒸汽流量。严重缺水时，蒸汽温度会上升。

10. 锅炉发生缺水时应如何处理？

答： 锅炉缺水同满水的处理方法相同，即综合各参数变化，判明缺水原因，调整水位恢复正常值。

（1）汽包水位低一值时，除了采取与处理满水相同方法外，还应停止锅炉排污，如果是给水泵故障，应立即切换或启动备用给水泵。

（2）汽包水位低二值时，保护装置会自动停止锅炉的排污。此时可根据给水泵供给的最大流量迅速降低锅炉的负荷并保持稳定。因省煤器或水冷壁泄漏造成锅炉缺水时，在增大给水量保持水位的同时，还应监视汽包壁温差的变化。当供水量已增至最大，仍不能满足锅炉需要或汽包壁温差超过允许值时，应停止锅炉运行。

（3）汽包水位降至低三值并超过延时后，保护装置会自动停止锅炉运行。若保护拒动作应手动 MFT。

（4）停炉后汽包水位仍有可能会继续下降，此时应该用"叫水法"判明缺水程度，若严重缺水则严禁向锅炉上水。

11. 锅炉严重缺水时为什么要紧急停炉？

答： 因为锅炉水位计的零位一般均在汽包中心线下 150～200mm 处，从零位到极限水位时，汽包内储水少。易在下降管口形成旋涡漏斗，大量汽水混合物会进入下降管，造成下降管内汽水密度减小、运动压头减少，破坏正常的水循环，造成个别水冷壁管发生循环停滞，若不紧急停炉会使水冷壁过热，严重时会引起水冷壁大面积爆破，造成被迫停炉的严重后果。

12. 发生汽水共腾的原因是什么？有哪些主要现象？如何进行处理？

答： 发生汽水共腾的原因是：锅水含盐量过高，在汽包表面出现大量泡沫，形成泡沫层。加以锅水黏度增大汽泡从水中逸出的阻力增大,引起水位急剧膨胀。锅炉负荷越大,形成的泡沫层越厚。故汽水共腾多发在高负荷运行或超出力运行时。

发生汽水共腾的现象与锅炉满水有一定的相似之处。另外,汽水共腾还有两个特征:①水位计的水位急剧波动,水位计指示模糊不清;②锅水及饱和蒸汽的含盐量明显增大,即锅水及饱和蒸汽的电导度明显上升。

在判断为发生了汽水共腾后,处理时首先要降低锅炉负荷;其次,要开连续排污阀,并开启事故放水阀;同时加强给水,以改善锅水品质,并注意保持汽包水位。经上述处理后,待汽水共腾的现象消失,并且汽水品质合格后方可恢复负荷。

13. **简述锅炉灭火的原因、现象及处理方法。**

答:现象:

(1)炉膛负压摆动大,瞬时负压到最大;一、二次风压明显降低;火焰监视器看不到火。

(2)锅炉灭火保护动作时,灭火信号报警。油燃烧器自动切除,磨煤机、一次风机跳闸。

(3)水位瞬时下降,汽温、汽压、主蒸汽流量和机组负荷急剧下降。

(4)氧量指示剧增。

原因:

(1)锅炉负荷过低,燃烧调整不当。

(2)煤质突变,挥发分过低。

(3)燃油中大量带水或燃油中断。

(4)给煤机故障,煤斗断煤或给粉机下粉不均匀。

(5)锅炉保护动作。

(6)运行中辅机故障或电源中断。

(7)一次风压变化大或一次风管堵。

(8)二次风压控制系统失灵,操作不当等造成炉膛负压、氧量过大。

(9)炉管爆破。

(10)吹灰除焦时间过长,炉温太低或塌灰掉焦,使炉内扰动过大。

处理方法:

(1)当锅炉灭火时,保护应动作自动停炉。如保护未动作,则应手动紧急停炉,以防止灭火放炮事故发生。

(2)严禁采用退出保护,关小风门,继续给粉,投油爆燃的方法恢复。灭火后必须经过充分通风吹扫后,方可重新点火。

(3)将自动全部切为手动控制。关严各减温水阀,防止汽温下降过快。

(4)停炉后查明灭火原因。消除故障后,对锅炉进行全面检查,确认具备启动条件后,方可根据上级命令准备恢复。

14. **锅炉灭火时，炉膛负压为什么急剧增大？**

答：锅炉灭火时，炉膛负压骤增是由于燃烧反应停止，烟气冷却体积收缩而引起的。因为煤粉燃烧后，生成的烟气体积比送风量增加好多，因此，引风机出力比送风机大，一旦锅炉灭火，炉膛温度下降，原来膨胀的烟气也会冷却收缩，此时送、引风机还是原来的出力运行，则必然会产生负压急剧增大的现象。

15. **锅炉运行中炉膛负压波动大的原因是什么？**

答：（1）引风机或送风机调节挡板摆动。调节挡板有时会在原位做小幅度摆动，相当于忽开忽关，影响风量忽大忽小，从而引起炉膛负压的不稳定。

（2）燃料供应的不稳定。由于给粉机的原因或管道的原因，使进入炉膛的燃料量发生波动，燃烧产生的烟气量也相应波动，从而引起负压波动。

（3）燃烧不稳。运行过程中，由于燃料质量的变化或其他原因，使炉内燃烧时强时弱，从而引起负压波动。

（4）吹灰、掉焦的影响。吹灰时突然有大量的蒸汽或空气喷入炉内，从而使负压波动；因此要求吹灰时，应预先适当提高炉膛负压。炉膛的大块结渣突然掉下时，由于冲击作用使炉内气体产生冲击波，炉内烟气压力会有较大的波动，严重时可能造成灭火。

（5）调节不当。负荷变化时，需对燃料量，引、送风量做相应的调整，如果调节不当，都会引起炉膛负压波动。

16. **什么是锅炉灭火放炮？**

答：灭火放炮是指当锅炉灭火后，由于未及时切断燃料或强制关小引风，造成在炉膛中积存的可燃物（煤粉或油）浓度过大，遇明火时瞬间着火燃烧爆炸，从而使烟气侧压力突然升高的现象。

17. **锅炉发生爆燃的条件是什么？**

答：锅炉发生爆燃有三个条件：有燃料和助燃空气的积存；燃料和空气的混合物达到了爆燃的极限；有足够的着火热源。

18. **简述锅炉发生爆炸的原因及危害。**

答：锅炉灭火后，往往由于没有及时发现或错误处理，继续往炉内供应燃料，而造成炉膛爆燃。当风粉混合物中的煤粉浓度达到 $0.3\sim0.6kg/m^3$ 时，在高温的炉膛内使风粉混合物的温度逐渐升高，氧化速度不断加速，当煤粉的温度达到着火点后，煤粉会在 $1/100\sim$ $1/60s$ 内突然燃烧而形成爆燃，使烟气的压力猛增至 $0.22\sim0.25MPa$。爆炸所产生的冲击波以 $200kN/m^2$ 的巨大力量，以 $3000m/s$ 的极高的速度向炉膛周围进行猛烈冲击，将会造成炉墙、钢架及受热面的严重损坏。

19. **锅炉发生炉膛爆炸时有什么现象？**

答：（1）炉膛负压大幅度摆动，而后向正方向到最大。

（2）一、二次风压不正常升高。

（3）火焰监视器不正常的闪烁。

（4）炉膛压力保护动作。

（5）炉膛内发出沉闷的响声，从看火孔及不严密处向外喷烟火。

（6）汽包水位、蒸汽压力不正常地大幅度变化。

（7）炉膛爆炸造成水冷壁管子损坏时，炉膛向外喷、冒蒸汽，汽包水位和蒸汽压力下降快。

20. **发生炉膛爆炸后应如何处理？**

答：（1）立即停止锅炉运行，切断向锅炉供给一切燃料。

（2）保持引风机运行，排除炉膛内残余的可燃物或水蒸气。

（3）检查锅炉设备，如未遭损坏及无残留可燃物，在炉膛进行通风吹扫后重新点火，恢复锅炉运行。如检查锅炉设备如已遭损坏，不能恢复锅炉运行，应停炉检修后方可重新启动。

21. **防止锅炉爆燃有什么措施？**

答：为有效防止锅炉炉膛爆炸事故，现在锅炉机组设置有锅炉炉膛压力保护装置，能在火焰监视失灵的情况下，或炉膛爆炸致使烟气压力超过设计允许值时自动停炉，切断一切燃料，保证锅炉设备在异常情况下的安全。除此之外，还应要求运行人员做好以下工作：

（1）锅炉启、停，低负荷运行及煤种变化时，加强对运行工况和运行参数的监视。

（2）注意燃烧和风煤配比的调整。

（3）定期切换和试验燃油设备和点火装置，有缺陷的燃油设备禁止使用。

（4）燃烧不稳时宜提前投油助燃，如燃烧恶化已出现明显灭火迹象时，禁止投油。

（5）锅炉灭火保护、炉膛压力保护因故不能投运时，要采取有效措施，启动前不能投运应尽快修复。

（6）待具备保护功能后，再点火启动。

（7）锅炉灭火后，应以充足的风量和足够的时间进行通风吹扫，然后点火。

22. **什么是锅炉受热面事故？**

答：锅炉受热面事故是指因水冷壁、过热器、再热器管及省煤器管子（又称"四管"）的泄漏或爆破，而被迫停运的事故。

23. **受热面损坏的现象有哪些?**

答:(1)受热面泄漏时,炉膛或烟道内有泄漏声,烟气温度降低、两侧烟温差增大,排烟温度降低。

(2)省煤器泄漏时,在下部灰斗中可看到湿灰和湿蒸汽,泄漏严重时炉膛负压指示变正,引风机出力增加,给水流量不正常地大于蒸汽流量。

(3)过热器或再热器管泄漏时,局部管子可能超温。

(4)过(再)热器、省煤器管爆破时,从烟道不严密处向外冒蒸汽和渗水,可听到明显的响声,蒸汽压力下降,蒸汽温度不稳定。

(5)再热器管爆破时,汽轮机中压缸进汽压力下降。

(6)水冷壁爆破时,炉膛内发出强烈响声,燃烧不稳甚至发生灭火,从炉门向外冒烟、火或水蒸气,汽包水位明显下降,大量增加给水也难以维持,汽压、汽温下降很快。

24. **造成锅炉爆管的原因有哪些?**

答:水冷壁、过热器、再热器、省煤器的管子在承受压力的条件下的破损,均称为爆管。发生爆管的主要原因是:

(1)点火、停炉操作程序不当,使管子受热或冷却不均匀,产生较大的热应力。

(2)运行过程中,汽压、汽温超限,或热偏差过大,使管子蠕胀速度加快。

(3)运行调节不当,火焰偏斜、受热面局部结渣,发生尾部烟道再燃烧等,都会使局部管子过热。

(4)负荷变动率过大,引起汽压突变、造成水循环不正常,使管子过热或出现交变应力而疲劳损坏。

(5)飞灰磨损是导致省煤器爆管的主要原因。燃烧器出口气流偏斜,出现"飞边""贴壁"现象,使水冷壁磨损,是引起水冷壁爆管的原因之一。

(6)管壁腐蚀或管内积盐。当锅水含氧量较高或水速过低,会引起省煤器管内壁点状腐蚀而爆管。锅水品质不合格,饱和蒸汽带水,造成过热器管内积盐,导致管壁过热爆管。高温腐蚀也是引起过热器和水冷壁爆管的原因之一。

(7)制造、安装、检修质量不良。例如,管材或管子钢号用错,管子焊口质量不合格,弯头处管壁减薄严重,管内异物使通流面积减小或堵塞。检修时对以蠕胀超限的管子漏检,已经磨薄的管子未发现等。

25. **受热面损坏应如何处理?**

答:受热面损坏的处理原则可概括为:

(1)受热面发生泄漏,如适当增加补水量能保持正常水位时,应降低负荷,待高峰后停炉处理。

(2)如泄漏严重,大量增加给水量也难以维持汽包水位,汽包壁温差超过允许值或汽温大幅度降低时,应紧急停炉。

（3）水冷壁爆破，汽包水位难以维持，或燃烧恶化发生锅炉灭火时，应紧急停炉。

（4）锅炉停运后，应保留一台引风机运行，排出炉膛和烟道内的烟气和水蒸气。

26. 运行中如何判断锅炉受热面损坏？

答：（1）通过仪表分析。根据给水流量、主蒸汽流量、炉膛及烟道各段烟气温度、各段汽温、金属壁温、省煤器水温和空气预热器风温、炉膛负压、引风量等变化，以及减温水量的变化综合分析。

（2）就地巡回检查。泄漏处有不正常的响声，有时有汽或水向外冒。省煤器泄漏时，放灰管处有灰水流出，放灰管温度上升。泄漏处局部负压变正。

（3）炉膛内发生泄漏时，燃烧不稳，甚至会发生灭火。

（4）烟囱烟气变白，烟气量增多。

27. 如何预防水冷壁管损坏？

答：（1）保证给水和锅水水质合格，减少水冷壁管内的结垢和腐蚀。

（2）防止水冷壁管外部磨损。燃烧器附近容易被煤粉气流冲刷的管子可加装防磨管。调整好燃烧，使火焰均匀充满炉膛，不偏斜。

（3）防止水循环故障。避免锅炉长时间低负荷运行。在正常运行时汽压、水位、负荷变化幅度不可过快。

（4）启、停过程中严格控制升降负荷速度。注意调整燃烧，防止发生水循环停滞、倒流或破坏。定期排污不可过大，并控制排污时间。

（5）保证安装制造检修质量，尤其是焊接质量。

（6）锅炉启动过程中严格进行水冷壁膨胀监视和检查。发现膨胀受阻或不均匀时，应立即停止升压。待完全消除后，方可继续升压启动。

28. 什么是厂用电？

答：厂用电是指发电厂的自用电源系统，包括各转动机械的动力电源、照明电源、操作电源、热控和仪表用的交、直流电源。按其电压等级又分为6、0.4kV和220V几个系统。为保证在故障情况下的正常供电，还按用电设备的对称分设有左右两侧系统和保安备用电源等。

29. 锅炉厂用电中断如何处理？

答：锅炉厂用电中断一半，未造成锅炉灭火时，应根据单侧引、送风机所能维持的负荷，迅速调整好燃烧，及时投油助燃，控制好参数，保持运行稳定。如厂用电源全部中断或锅炉已灭火，则按锅炉灭火处理。待厂用电源恢复后再重新点火带负荷。厂用电中断事故期间回转式空气预热器失电后应投入盘车装置，保持其转动。

30. 锅炉热控仪表电源中断如何处理？

答：锅炉热控仪表电源中断应将各自动切换至手动控制。如锅炉已灭火，按锅炉灭火处理。如锅炉尚未灭火应停止一切操作调整，应尽量保持机组负荷稳定。同时可通过监视就地水位计，参照汽轮机侧有关参数，分析锅炉运行状况。联系有关人员迅速恢复电源。若长时间不能恢复（一般不超过5min）时或已失去全部控制手段，应紧急停炉。

31. 锅炉点火前为什么要进行吹扫？

答：锅炉点火前吹扫的目的是清扫积聚在炉膛及烟道内残余的燃料和可燃气体，防止炉膛点火时发生爆燃。

32. 锅炉烟道再燃烧有什么现象？

答：（1）炉膛和烟道负压剧烈变化，烟气含氧量减小。

（2）再燃烧处的烟气温度及排烟温度不正常地升高。

（3）烟囱冒黑烟。

（4）引风机或烟道不严密处向外冒火星或烟气，严重时防爆门动作。

（5）若预热器处发生再燃烧，其外壳发红，电流指示摆动。

33. 发生烟道再燃烧的原因是什么？

答：发生烟道再燃烧的原因是未燃尽的可燃物大量沉积或黏附在烟道或受热面上，当烟道不严密处有空气漏入时，使其得到足够的氧气达到着火条件而复燃，引起再燃烧。造成大量可燃物未燃尽而沉积在烟道或受热面上的原因有：燃烧调整不当或燃用低挥发分的煤种时，配风不合适或风量过小，燃烧不完全。锅炉启、停频繁或长时间低负荷运行，由于炉温低，燃烧工况差造成未燃尽的煤粉过多。制粉系统异常，致使煤粉过粗或三次风带粉过多。油枪雾化不良漏油严重、喷嘴脱落造成烟气中未燃尽的可燃物增多。锅炉灭火后未及时停止供给燃料及点火前未充分通风吹扫。

34. 发生烟道再燃烧应如何处理？

答：烟气温度不正常地升高时，应查明原因。进行燃烧调整或在再燃烧区域进行蒸汽吹灰，及时消除再燃烧根源。排烟温度或工质温度达到停炉条件时，立即停炉。停炉后停止全部引、送风机，关闭所有烟气挡板。停炉后，保持少量进水以冷却省煤器，保持回转式空气预热器的运行。禁止打开引、送风机的挡板、烟道的看火孔及人孔门，以隔绝空气。投入灭火装置或用蒸汽吹灰装置灭火。确认烟道内无火源后，启动引、送风机，逐渐开大挡板保持较大的负压，进行烟道的吹扫。检查烟道及内部设备是否损坏。

35. 造成高压加热器停运的原因有哪些？

答： 高压加热器水管破裂或爆破时，加热器汽侧水位升高保护动作。高压加热器保护误动。高压加热器发生严重缺陷时，人为紧停。高压加热器的汽水管道阀门爆破而大量泄漏，导致停运。

36. 高压加热器停运后会对机组产生哪些影响？

答： 高压加热器突然停运时，由于汽轮机的抽汽量减少，机组负荷会突然增加，尤其在满负荷时极有可能造成机组过负荷。汽轮机高压缸排汽量增加，锅炉再热器进、出口压力升高，满负荷运行时处理不及时，会造成再热器安全阀动作或低压旁路阀打开。在直流锅炉中，工质在受热面内一次完成预热、蒸发及过热三个阶段，其分界点不是固定的，而是随工况的变化而改变。当给水温度降低时，由于预热段的延长和蒸发段的后移，使得过热段缩短，最后造成主蒸汽温度下降，这与汽包锅炉在锅炉给水温度降低后蒸汽温度升高是截然相反的。

37. 试述煤粉管堵塞、烧红、火嘴结焦、爆燃的原因？

答： 煤粉管堵塞、烧红、火嘴结焦、爆燃等现象，都与一次风在炉内着火点距离火嘴太近，甚至在一次风喷口内着火有关。其原因为：

（1）煤质变化。煤的挥发分增大时，会使煤粉着火提前。如果煤的结焦性较强，煤粉在燃烧器出口处烧结，使燃烧器出口局部堵塞，引起一次风管内煤粉积聚着火。

（2）炉内火焰中心偏斜。火焰中心偏斜，使炉内某一侧烟气温度偏高，从而加剧该处一次风管内煤粉着火的可能性。

（3）一次风速太低，使部分煤粉在一次风管内沉积下来。受热后着火。一次风管内着火，管子被烧红，具备发生爆燃的热源时，如继续送粉就有可能发生爆燃。

（4）燃烧器投入前或停运后，未吹扫一次风管，使一次风管内积存煤粉。

38. 磨煤机煤进口着火时，为什么必须先开灭火蒸汽阀和关闭再循环风门后再停排粉机？

答： 当磨煤机煤进口着火时，已具备发生爆炸的热源，若再有风量扰动，并通过再循环风送入细粉，煤粉就有可能在磨煤机煤进口处发生爆炸，因此在处理磨煤机进口着火时，应特别注意按一定程序操作。

当发生磨煤机煤进口着火时，应先开灭火蒸汽阀，目的是扑灭红火，润湿煤粒，使系统内充满水蒸气，以减少发生爆炸的可能。同时关闭再循环风门，目的是不使细粉送入已着火的磨煤机进口，并避免引起风量的扰动。最后才停排粉机是因为如果先停排粉机及关闭其他风门，会使制粉系统发生较大风量的扰动，使煤粉浓度发生变化，而容易引起磨煤机进口处的煤粉发生爆炸。

39. 锅炉严重缺水时为何禁止向锅炉上水？

答：因为当锅炉发生严重缺水事故后，此时已无法判断缺水达到了什么程度，有可能水冷壁管已部分干烧或过热，此时如果强行上水，温度很高的汽包和水冷壁管被温度较低的给水急剧冷却，不仅会产生巨大的热应力，还有可能造成管子或焊口大面积损坏，甚至发生爆管事故。所以，当锅炉发生严重缺水事故时，应立即紧急停止锅炉运行，然后才可用"叫水法"判明缺水程度，再决定是否可以上水。

第八节 锅炉检修后的验收与试验

1. 工作票签发人应具备哪些条件？

答：工作票应由车间主任、副主任签发，或由车间主任提出，经发电厂主管生产的领导人批准的车间专业工程师、技术员签发。必要时也可由车间主任提出，经厂有关部门考核、主管生产的领导人批准的正、副班长签发本班组管辖的设备系统，且同其他班组工作无关的工作票，但公用系统、主机组及某些重要辅机的检修除外。工作票签发人还必须具备下列条件：

（1）熟悉设备系统及设备性能。

（2）熟悉安全工作规程、检修规程和运行规程的有关部分。

（3）掌握人员安全技术条件。

（4）了解检修工艺和质量标准。

2. 工作票签发人应对哪些事项负责？

答：（1）检修工作是否必要和可能。

（2）工作票上所填写的内容与措施是否正确和完善。

（3）定期或不定期检查安全情况。

3. 工作票负责人应对哪些事项负责？

答：（1）正确和安全地组织工作。

（2）对工作人员给以必要的指导。

（3）随时检查工作人员在工作过程中是否遵守安全规程和执行安全措施。

4. 工作票许可人应对哪些事项负责？

答：工作票许可人一般由运行班长，或有能力正确执行和检查安全措施的主要值班人员担任。工作许可人应对下列事项负责：

（1）检修设备与运行设备确已隔断。

（2）安全措施已全部正确实施。

（3）对工作票负责人具体说明哪修设备有压力、高温和有爆炸的危险。

5. 工作票填写的主要内容有哪些？

答：明确的检修项目；准确的开工、竣工时间及检修人员数；要求运行人员必须采取的安全措施，例如：设备的停运、系统的解列、必须要开启或关闭的截门、转动机械电源的切断等；要求检修人员为自身防护必须采取的措施，但要注明要检修人员自理；禁火区域的检修工作必须单独或另行填写动火工作票，并指定熟悉设备系统、防火要求，懂得消防知识的人员进行监护。

6. 出现哪些情况工作票应填写补充措施？

答：由于运行方式或设备缺陷需要扩大隔断范围的措施；运行方面需要采取的保障检修现场人身安全和设备运行安全的措施；补充工作票签发人提出的安全措施；提示检修人员的安全注意事项。

7. 检修后的锅炉验收分为哪几个阶段？

答：检修后的锅炉验收分为分段验收、分步试运行、总验收和整体试运行三个阶段。

8. 锅炉检修后分段验收包括哪些内容？

答：在锅炉检修过程中，应组织有关技术人员对已检修完毕的设备进行检查验收，包括下列设备：

（1）锅炉本体受热面。水冷壁、过热器、再热器、减温器、省煤器、空气预热器、锅水循环泵以及与其相连的管道阀门。

（2）汽包及内部汽水分离装置和外部汽水分离器。

（3）锅炉构架、炉墙、护板及其各类支吊设备、膨胀指示装置。

（4）锅炉范围内的风道、烟道及风门、挡板和防爆装置。

（5）回转机械。各类用途的风机及电动机。

（6）制粉设备。磨煤机、排粉机、给煤机、给粉机、一次风机、密封风机、煤粉分离设备及管道、风门挡板等；除渣、除尘、吹灰、排污设备及装置。

（7）监视测量仪表、报警与灯光显示装置。

9. 分步试运行一般有哪些项目？

答：（1）由运行、检修、生产技术部门人员共同参加，检验设备的可靠性。

（2）检查检修项目的完成情况，设备检修质量，技术资料和有关数据的记录、登记、归档情况。

　　（3）质量检验。转动机械试运行、水压试验、漏风试验。

　　（4）设备调试。安全阀的检验和整定。

　　（5）性能试验。辅机连锁试验和保护装置的试验和整定。

10. **锅炉大修后冷态启动的重点检查内容有哪些？**

　　答： 锅炉大修后冷态启动的重点检查内容有：核对设备、系统的变动或改造情况；设备标志、安全装置、保护装置、照明、通信设备是否完善齐全；转动机械、执行机构、转动机构的动作是否灵活和正确，炉本体、风烟道、制粉系统、汽水系统有无泄漏。

11. **锅炉检修后进行热态验收的目的是什么？**

　　答： 锅炉启动带额定负荷经过 24h 运行之后，进行热态验收的目的是通过检查下列项目是否达到设计水平，来检验检修质量和技术改造项目是否达到预期效果：

　　（1）额定工况运行的连续性。

　　（2）锅炉各运行参数（如汽压、汽温、水位、各金属壁温及烟气温度）是否满足设计要求。

　　（3）经济性能的反应，如排烟温度、飞灰可燃物、锅炉效率等。

　　（4）炉膛燃烧的稳定性和可调性能。

　　（5）制粉设备、通风设备的出力和经济性能。

　　（6）转动机械的可靠性和连续性。

　　（7）自动调节装置、保护装置的可靠性。

12. **大修后的锅炉冷态动力场试验包括哪些测试内容？**

　　答： 大修后的锅炉冷态动力场试验包括一次风速标定、二次风速标定、三次风速标定、调平，炉膛速度场及假想切圆直径测定，炉膛出口速度场测定等。

13. **进行炉内冷态空气动力场试验有哪几种观察方法？**

　　答： 进行炉内冷态空气动力场试验有飘带法、纸屑法、火花法、测量法及摄像法等观察方法。

14. **锅炉大、小修后运行人员验收的重点是什么？**

　　答： 检查设备部件动作是否灵活，设备有无泄漏；标志、指示信号、自动装置、保护装置、表计、照明等是否正确齐全；核对设备系统的变更情况；检查现场卫生情况。

15. 锅炉转动机械试验合格的标准是什么？

答：锅炉转动机械试验合格的标准是：轴承和转动部分无异常声音，无摩擦声音和撞击。轴承工作温度正常，一般滑动轴承不高于70℃，滚动轴承不高于80℃。振动在规定范围内，无漏油漏水现象。采用强制油循环润滑时其油压、油量、油位、油温应符合要求。

16. 转动机械试运行前应进行哪些检查？

答：试运行设备确已检修完毕，工作票已结束或有手续完备的试运行工作联络单。转动机械周围无妨碍转动部分运转的杂物，场地干净，照明充足。地脚螺栓和连接螺栓紧固无松动，保护罩和安全围栏完好。稀油润滑的轴承油位计完整不漏油，最高或最低油位线标志清晰，润滑油品质符合要求。用润滑脂润滑的轴承其装油量符合标准：1500r/min以下转动机械其装油量不多于轴承室的2/3；1500r/min以上的转动机械不多于1/2。电动机的冷却风机试转良好，冷却风道无堵塞。电动机接线良好，轴承和冷却器的冷却水量充足。转动机械事故按钮完好，有防止误动作的保险罩和明显的设备名称标示牌。

17. 转动机械试运行有哪些注意事项？

答：电动机应先单独试转，检查其转动方向是否正确和验证事故按钮的可靠性，其后再带机械试运行。大型转机第一次启动后，达到全速即用事故按钮停机，然后观察轴承和转动部分是否有摩擦、撞击或其他异常。

转动机械试运行连续时间：新安装不少于8h，检修后不少于2h。试运行期间要随时检查机械的轴承温度和振动情况，还应用听针检查轴承内部有无异常。试运行期间的操作均由运行人员根据检修人员的要求进行。检修人员只负责试运行设备的维护和消缺工作，不进行具体的操作。

18. 在哪些情况下锅炉须做超压水压试验？

答：遇有下列情况之一时，锅炉应进行超压水压试验：

（1）新装和迁移的锅炉投运时。

（2）停用一年以上的锅炉恢复运行时。

（3）锅炉严重超压达1.25倍工作压力及以上时。

（4）锅炉改造、受压元件经重大修理或更换后，如水冷壁更换管数在50%以上，过热器、再热器、省煤器等部件成组全部拆更换，汽包进行重大修理时。

（5）锅炉严重缺水后受热面大面积变形时。

（6）根据运行情况，对设备安全可靠性有怀疑时。

19. 高压汽水系统水压试验的范围一般包括哪些设备？

答：高压汽水系统水压试验的范围包括锅炉主给水截止阀至过热器出口主汽阀范围内的省

煤器，汽包、锅水循环泵、水冷壁、过热器、减温器及联箱，以及汽水管道阀门。与其相关的空气阀、疏水阀、放水阀（一次阀全开、二次阀全关）和锅水取样阀也同时进行水压试验。

20. 低压汽水系统水压试验的范围一般包括哪些设备？

答： 低压汽水系统水压试验的范围包括再热器入口导汽管堵板至再热器出口堵板范围内的再热器，减温器、联箱和汽水管道、截止阀，以及相关的空气阀、疏水阀、放水阀、锅水取样和仪表取样阀。

21. 进行水压试验前应做哪些准备工作？

答： 检查与锅炉水压试验有关的汽水系统、炉膛和烟道确已无人工作；试验前压力表应校验准确，汽包、再热器出口、给水管道必须更换精度等级在 0.5 级以上的标准压力表，而且同一试验系统不少于两块；试验压力：汽包锅炉以汽包处的压力为准，再热器以进口处压力为准，直流锅炉以过热器出口压力为准。控制室监视压力应考虑高度产生的误差；锅炉上水温度应执行制造厂家的规定，如无厂家的规定，一般控制在 $30\sim70^{\circ}C$ 为宜，且水温与汽包壁的温差不超过 $50^{\circ}C$。水温过低，金属材料有可能在试验时发生脆性破裂，且在一定的空气温度下易产生管壁外壁凝结现象，影响检查质量。水温过高，在上水过程中易使各部件受热面受热不均而受到额外应力，当达到试验压力后由于温度的逐渐下降促使水体积缩小而不能保证压力稳定，会影响试验的稳定性；上水时间同锅炉启动前上水的时间相同；上满水时应排除锅炉内的空气，否则在水压试验过程中由于空气有很大的压缩性，压力变化迟滞也影响试验的准确性；水压试验时环境温度应不低于 $5^{\circ}C$，否则应做好防冻措施；水压试验时必须有快速泄压的措施和手段，防止超压。

22. 简述高压汽水系统的水压试验过程。

答： 高压汽水系统水压试验的升压由调整给水泵的转速实现，应保持给水压力始终略高于锅炉压力，控制升压速度不超过 $0.3\sim0.5MPa/min$。当锅炉压力升至工作压力的 10% 时，暂时停止进行升压进行设备的全面检查，如没有渗漏可继续升压。如果在较高压力下发现轻微渗漏，可继续升压到工作压力。如渗漏严重，则停止升压进行处理。当压力升至工作压力的 80% 时停止升压，检查进水阀的严密性。达到工作压力，关闭上水阀，停止给水泵，记录 $5min$ 内压力下降值。然后启动给水泵稍开上水阀保持工作压力，进行设备的全面检查。超压试验应该在工作压力试验合格后进行。超压试验前应解列安全阀和水位计。从工作压力上升至超压试验压力值的过程，升压速度以不超过 $0.1MPa/min$ 为限。超压试验保持 $5min$ 后降至工作压力，然后进行设备的全面检查。检查期间若压力下降过多，为方便寻找漏点可升压至工作压力。试验完毕降压速度要缓慢，应小于 $0.3\sim0.5MPa/min$。

23. 简述低压汽水系统的水压试验过程。

答： 低压汽水系统水压试验前，汽轮机高压缸排汽导管和中压缸进汽导管要加装堵板，以隔绝和封闭系统。由再热器入口事故减温水进行上水和升压，以免损坏设备。当压力升至1MPa时暂时停止升压，进行设备的全面检查。无问题后继续升至工作压力并保持5min，记录压力下降值。设备全面检查在工作压力下进行。

24. 为什么必须进行安全阀的整定和试验工作？

答：安全阀是锅炉的重要保护设备，检修后为保证其动作准确和可靠，必须在热态下对机械动作、电动、手动动作、电动自动动作做精确的整定和校验工作。

25. 安全阀整定前应做好哪些准备工作？

答：按安全阀的编排和组合核实工作安全阀和控制安全阀。

电动控制装置必须校验和调试正确，连同电气回路经过试验能良好动作，电磁部分带电情况正确，杠杆动作要求灵活。

盘形弹簧式安全阀的活塞室和空气系统进行严密性试验，保证无堵塞、卡涩和泄漏情况。

安全阀整定压力以脉冲量接出地点或安全阀安装地点压力为准。整定前在该地点加装或更换经校验合格精度等级在0.5级以上的标准压力表。安全阀整定地点与控制室之间设置专用电话，同时配备无线对讲机，以保证及时可靠的通信联络。锅炉对空排气阀或过热汽疏水阀经启、闭试验要灵活好用，以保证紧急情况下可快速泄压。

26. 安全阀整定与校验有哪些注意事项？

答：（1）单元机组锅炉安全阀的整定最好在整机启动前单独点火升压进行，以防止汽轮机出现超温或超压现象。同时安全阀频繁动作也会影响机组的安全和负荷的稳定。

（2）安全阀整定的顺序是按动作压力先高后低的次序进行：先整定汽包工作安全阀，再整定汽包控制安全阀，最后整定过热器出口的工作、控制安全阀。

（3）安全阀整定过程中，压力控制用增、减燃烧强度来实现。压力接近起座值时要减慢升压速度，达到起座压力后要保持稳定，便于操作和起座压力的准确。必要时，也可用过热器疏水、向空排汽阀、再热器的一级旁路阀调整和控制压力。

（4）安全阀机械部分整定时，电气回路不要投入，以免回路失灵，使安全阀不能正常动作。

（5）整定期间，要经常对照控制室和整定地点的压力指示值，核对误差，并加强燃烧和汽包水位的调整，防止超压和出现缺水、满水事故。

27. 安全阀的定值是如何规定的？

答：安全阀的起座压力、回座压力的整定值均要以DL 612—1996《锅炉监察规程》的规定为准：

（1）安全阀的起座压力见表 4-1。

表 4-1 安全阀的起座压力

安 装 位 置			起座压力
汽包锅炉的汽包或过热器	汽包锅炉工作压力 $p<5.88MPa$	控制安全阀	1.04 倍工作压力
		工作安全阀	1.06 倍工作压力
	汽包锅炉工作压力 $p>5.88MPa$	控制安全阀	1.05 倍工作压力
		工作安全阀	1.08 倍工作压力
直流锅炉的过热器出口		控制安全阀	1.08 倍工作压力
		工作安全阀	1.10 倍工作压力
再热器			1.10 倍工作压力
启动分离器			1.10 倍工作压力

（2）安全阀的回座压差，一般为起座压力的 4%～7%，最大不超过起座压力的 10%。

28. 如何整定重锤式安全阀？

答：重锤式安全阀多数是主安全阀的脉冲阀，当压力达到起座压力且压力保持稳定后，向阀体方向缓慢地移动重锤位置，使其在蒸汽压力作用下起跳。脉冲阀动作后 10～15s，主安全阀起座。汽压下降后安全阀应能自行回座。主安全阀与脉冲阀之间的脉冲管疏水阀，在根据要求动作的灵敏度调好开度之后加封，防止误动作后影响安全阀的正常工作。

29. 如何整定弹簧式安全阀？

答：弹簧式安全阀的整定，是用旋紧或旋松螺母以改变弹簧的紧力来进行整定的。当压力达到起座压力且保持稳定后，缓慢放松螺母使其起座。整定后的起座压力误差在 0.05MPa 范围内为合格。

30. 锅炉辅机为什么要装设连锁保护？

答：当运行中的两台引风机或两台送风机同时跳闸后，锅炉将熄火，如果不立即停止燃料供应，将发生炉膛爆炸或设备损坏事故。因此锅炉辅机必须装设有连锁。当送、引风机故障跳闸时，能自动停止给粉机、给煤机等设备。

31. 一般情况下辅机连锁试验的步骤应如何进行？

答：连锁试验应先局部后整体分阶段进行，即先进行制粉和给粉电源连锁试验，再进行总连锁试验，最后做事故按钮停止辅机试验，以便能发现和判明问题及产生的原因。

32. 进行辅机连锁试验有哪些注意事项？

答： 试验时，应监视跳闸设备灯光显示正确，光字牌显示要与辅机对应，事故报警装置应发出声响。试验过程中要做好记录，以免遗漏。若发现不正常现象，应随时查找原因，消除异常后重新试验，直至合格。

33. 简述制粉连锁试验的步骤。

答： 闭合某一侧制粉设备连锁开关。依次启动排粉机、磨煤机、给煤机、各分门置于正常工作位置，停止给粉机后，磨煤机和给煤机应相应跳闸、热风门关闭，冷风门开启、对应的三次风的冷风门开启。单独停止给煤机或磨煤机时则不连跳磨煤机或排粉机。若磨煤机出口混合物温度超过规定值，热风门应自动关闭，冷风门应自动开启。磨煤机润滑油压低于0.1MPa时，备用油泵自动投入运行，润滑油压低至0.05MPa时，磨煤机应跳闸。一侧制粉设备连锁试验完毕，再进行另一侧连锁试验。

34. 简述给粉电源连锁试验步骤。

答： 闭合给粉电源连锁开关。闭合工作电源开关，工作侧带电正常，备用侧应不带电。停止工作电源，备用电源应联动。闭合工作电源开关（假想故障已消除，切回正常方式），备用电源应能自动停止。备用侧带电时，断开其开关，工作电源不应联动带电。

35. 如何进行辅机总连锁试验？

答： 闭合总连锁、给粉电源连锁和制粉连锁开关；闭合各辅机开关，各分门置于正常工作位置；交替断开两送风机中任一风机开关时，该风机入口风门自动关闭，对其他辅机无影响；断开两台送风机或唯一运行的单侧送风机开关时，风机入口风门则闭锁不关闭，所有排粉机跳闸、磨煤机跳闸、给煤机跳闸、给粉电源跳闸；交替断开两引风机任一开关时，该风机出口风门自动关闭，对其他辅机无影响；断开两引风机或唯一运行的单侧引风机开关时，风机出口风门则闭锁不关闭，所有辅机和给粉电源全部跳闸。

36. 制粉系统的连锁顺序是怎样布置的？

答： 制粉系统连锁的顺序是：排粉机—磨煤机—给煤机—冷、热风门。当制粉系统连锁投入，停运排粉机时，则磨煤机、给粉机相继停运，热风门自动关闭，冷风门开启；磨煤机停运时，不能连动排粉机，而给煤机及冷、热风门相继动作；当给煤机停运时，则热风门关闭，冷风门开启。另外，当磨煤机出口气粉混合物温度过高报警时，冷、热风门也会联动，热风门自动关闭，冷风门自动开启。

37. 设置锅炉保护装置的目的是什么？

答： 设置锅炉保护装置的目的是保证机组在某些异常运行状态下的安全运行，防止发生事故或扩大事故，避免设备和人身受到损害，减少事故造成的损失，延长设备使用寿命。

38. 锅炉点火前为什么要进行吹扫？

答： 锅炉点火前吹扫的目的是清扫积聚在炉膛烟道及管道内没有燃烧的残余燃料和可燃气体，防止炉膛点火时发生爆燃。

39. 锅炉吹扫的条件一般分为哪两部分？

答： 锅炉吹扫的条件分为两部分：第一部分是锅炉停炉后必须中断燃料和通风设备可正常工作及具备条件重新启动等内容。条件成立用"Y"表示，不成立用"N"表示。任一条件不具备或是清扫中被破坏，即清扫不能进行或立即被中断。第二部分是保证风量充足和炉膛通风管道畅通的条件。两个条件应同时具备，否则清扫不能进行或者中断，重新开始清扫后计时。

40. 为什么要安装锅炉灭火保护装置？

答： 锅炉运行时，由于锅炉负荷过低、燃料质量下降、风量突增或突减及操作不当等原因，都容易造成锅炉灭火。灭火不仅有甩负荷、炉膛"放炮"的危险，对直流锅炉还有高压水冲入汽轮机的危险。锅炉由灭火到"放炮"往往只经历几十秒，甚至只有十几秒，在这极短的时间内，运行人员要做出正确的判断并及时处理是相当困难的，因此锅炉燃烧系统必须装设可靠的灭火保护装置。

41. 锅炉灭火保护装置有哪些功能？

答：（1）炉膛火焰监视。
（2）炉膛压力监视及保护。
（3）灭火保护。
（4）炉膛吹扫。
（5）声光报警信号。
（6）跳闸原因显示及打印输出。

42. 遇有哪些情况时，锅炉主燃料跳闸保护动作？

答： 遇有下列情况之一时，主燃料跳闸保护动作，停止锅炉运行，停止制粉系统及给粉机，关闭燃油阀门。
（1）失去角火焰。在 15s 内炉膛全部燃烧器有 1/2 的火焰消失。
（2）失去全部火焰。炉膛内煤粉火焰或助燃火焰全部消失。
（3）失去全部燃料。燃煤和助燃（油、气）系统同时或相继发生中断故障。

43. 遇有哪些情况时，锅炉油燃料跳闸保护动作？

答：遇有下列情况之一时，油燃料跳闸保护动作，快速关闭燃油速断阀，停止向炉膛供给燃油。

(1) 炉膛燃油火焰全部消失。

(2) 燃油压力低于允许值。

(3) 燃油温度低于允许值。

(4) 燃油支路油阀全部关闭。

(5) 主燃料保护动作。

44. 现代大容量锅炉常设的主机保护有哪些？

答：现代大容量锅炉常设的主机保护有汽包锅炉水位高、低保护；直流锅炉断水保护；锅炉主蒸汽压力高保护；汽温高保护；炉膛压力（正压、负压）保护及锅炉灭火保护等。

45. 锅炉汽包水位保护的功能及作用是什么？

答：发电机组在运行中，锅炉汽包水位过高或过低对汽轮机和锅炉的安全运行极为不利，严重的水位事故还会导致设备损坏。水位高、低保护分设三值，水位达一值时，信号报警，提示值班员进行预防性的调整和处理，恢复水位至正常范围。一、二值相继出现时，保护装置会自动输出信号给某些装置和设备，强行控制水位的发展趋势。例如，水位高时，开启事故放水阀；水位低时，开启备用给水阀，停止锅炉排污。二、三值同时出现，即认为水位达到极限，保护动作，实施紧急停炉并自行完成停炉操作。为防止安全阀动作时或机组甩负荷时，引起的虚假水位而造成保护误动作，保护装置设置了闭锁环节。当出现安全阀动作或甩负荷时，将水位保护立即闭锁，经一定的延时或安全阀回座，虚假水位现象消失后，自动解列闭锁。

46. 直流锅炉为什么要设置断水保护？

答：直流锅炉由于没有汽包这一储存和调节水量的中间环节，当运行中发生断水故障时，因缺水或水量不足，短时间就可能导致受热面严重超温而危及设备。为确保设备安全，在给水流量小于额定流量的 30% 时，即认为是断水，此时断水保护动作，自动紧急停炉。

47. 设置锅炉炉膛压力保护的目的是什么？

答：锅炉炉膛在燃烧事故发生时造成的破坏现象有两种。一种是炉膛内可燃混合物发生爆炸力超过炉膛结构强度而造成的向外爆炸事故；另一种是平衡通风的锅炉，由于炉膛负压过大，使炉壁内、外气体压差剧增，超过结构强度而造成的内压坏事故。炉膛压力保护的作用就是在这两种情况下防止设备损坏。

48. 锅炉漏风试验的目的和方法是什么？

答：漏风试验的目的是在冷态下检查炉膛、冷（热）风系统及烟气系统的严密性，同时找出漏风处并消漏，以提高锅炉经济运行性能。漏风试验的方法一般有正压法和负压法两种。

49. 如何进行正压法漏风试验？

答：正压法漏风试验是保持炉膛和烟道微正压状态来检查是否漏风。平衡通风锅炉是将引风机入口挡板和炉膛、烟道各炉门全部关闭，在送风机入口撒入白粉或施放烟幕，启动送风机，保持炉膛正压 50～100Pa。当白粉或烟雾被送入炉膛和烟道后，就会从缝隙和不严密处漏出，留下痕迹。试验后寻找痕迹，进行堵漏处理。微正压的锅炉做漏风试验时，使用压缩空气向炉膛充压，试验压力为 5kPa，10min 内风压下降小于 500Pa 即算合格。

50. 如何进行负压法漏风试验？

答：负压法漏风试验是保持炉膛和烟道负压状态，以检查其是否漏风。试验时，启动引风机，开启挡板，保持炉膛负压 150～200Pa，然后用蜡烛或火把靠近各接缝或可能漏风处，若不严密，则烛光或烟火会被负压吸向该处，检查人员做好标记，待试验结束后堵漏。除此以外，还可用手试探或耳听响声寻找漏风处。

51. 锅炉化学清洗的目的是什么？

答：对于新安装的锅炉，主要是清除在制造、安装过程中生成的氧化物、焊渣和防护涂覆的油脂及其他残留物；对于运行以后的锅炉，主要是清除在运行中生成的水垢和金属腐蚀物。

52. 什么是锅炉的化学清洗？

答：化学清洗是指在碱洗、酸洗及钝化等几个工艺过程中，使用某些化学药品溶液来清除掉锅炉汽水系统中的各种沉积物质，并在金属表面形成良好的防腐保护膜，提高锅炉安全和经济性能。

53. 运行锅炉进行化学清洗有什么规定？

答：运行以后的锅炉清洗主要是以结垢量和运行年限综合考虑的。结垢量应以最易结垢和腐蚀区域的管子为主来进行割管取样检查，如炉膛中心处燃烧器附近管子的热负荷最大，冷灰斗弯管处和焊口附近易沉渣和结垢。测定向火面 180° 内垢物沉积量达到极限值时，应考虑尽快在近期大修中进行清洗。

54. 锅炉化学清洗的范围是如何规定的?

答: 对于新安装的锅炉,因设备沾污较普遍,除了锅炉本体汽水系统外,还应当对凝结水泵至锅炉省煤器前的全部炉前水系统管道进行清洗;对于运行以后的汽包锅炉,一般只清洗锅炉本体的汽水系统;对于直流锅炉,只清洗锅炉本体和高压加热器汽水系统。

55. 化学清洗一般有哪两种方法?流动清洗又分为哪几种方式?

答: 化学清洗一般有浸泡和流动清洗两种方法。其中,流动清洗又分为循环清洗、开路清洗和 EDTA 络合剂低压自然循环清洗三种方式。

56. 循环清洗方式有什么特点?

答: 循环清洗方式适用于各类炉型,常用药品为盐酸。若清洗管材中有奥氏体钢或渗氮钢,可使用柠檬酸,但废液处理较麻烦。

57. 开路清洗方式有什么特点?

答: 开路清洗方式适用于直流锅炉,常用药品为氢氟酸。该方式的特点是系统简单,容垢速度快,清洗时间短。氢氟酸还用于奥氏体钢材的清洗。

58. EDTA 络合剂低压自然循环清洗方式的特点是什么?

答: EDTA 络合剂低压自然循环清洗方式的最大特点是不必等大修时安装大量临时管道进行清洗,而可利用加药或排污管直接将清洗液打入锅炉,在低压自然循环中清洗。这种方法具有清洗工序简化、节省时间及不受金属材质和锅炉结构的限制的优点;但是不能除去硅垢,工艺要求严格,效果不稳定。

59. 化学清洗前应做哪些准备工作?

答: 根据锅炉结构、材质,决定清洗方式、循环回路的划分、系统的连接方式及无关系统的隔绝;根据清洗范围的水容积和表面积、金属质量及系统沿程阻力等,决定清洗设备的流量和储量、临时系统的通流面积和布置、安装及废液的处理和排放。割管取样测定锈蚀量、附着物和垢积量后,决定药液的浓度、温度、清洗流速及清洗时间等工艺条件。必要时,还可做小型试验来测定不同温度和流速下的除垢时间及药液对金属材质的腐蚀程度。根据与清洗溶液接触的材质,按要求选择加工试片,并进行编号和记录其表面尺寸和质量,以备清洗之后的检查对比、评估清洗效果。

60. 化学清洗一般有哪些步骤?

答: 化学清洗一般有水冲洗、碱洗、水顶碱冲洗、酸洗、漂洗及钝化处理六个步骤。

61. 水冲洗的目的是什么？

答：化学药品清洗前进行大水量冲洗，其目的是除去管子内部的锈蚀物和其他杂质及运行生成的部分沉积物；同时可借此检查系统的严密性和回路的畅通情况，特别是并联立式布置的管排，若有气塞现象，会影响清洗质量。再者，不参加酸洗部分不能充满保护液时，会出现较严重腐蚀。水冲洗时，流速保持 5m/s 以上。

62. 碱洗的作用和方法是什么？

答：碱洗的作用是除去设备内部的油垢和湿润金属表面，同时对三氧化硅、水垢等物有一定的松动和去除作用。新安装的锅炉因其设备涂有防锈剂或油脂，应在酸洗前碱洗进行预处理。运行以后锅炉如垢内无油，一般不进行碱洗。

碱洗的方法是在系统循环时投入加热蒸汽，达到 60~70℃ 时加入碱液。水循环温度高于 80℃ 且碱液浓度符合要求时，调整系统流量，继续循环 8~10h 后，停止加热，停止循环泵，放出系统中的碱洗液。

63. 酸洗的作用和方法是什么？

答：酸洗的作用是将金属表面的沉积物从不溶性转为可溶性的盐类或络合物，溶解在清洗液中，而后在废液排放时排掉。

酸洗的方法是酸洗系统保持循环，投入加热蒸汽，待水温达到 40℃ 时，加入缓蚀剂，循环至铁离子不再增加时结束。采用柠檬酸时，应用氨调整 pH 值在 3.5~4.0 范围内，酸洗液温度保持在 90℃ 左右，循环至铁离子饱和时结束酸洗。

64. 漂洗的作用和方法是什么？

答：漂洗的作用是利用柠檬酸络和铁离子的能力，除去酸液和残留在系统内的铁离子，以及冲洗在金属表面可能产生的二次锈蚀。

酸洗结束后，应使用连续进水继续循环的方法将酸全部置换完，直到排水 pH 值为 5 左右时，直接加浓度为 0.15%~0.4% 的柠檬酸，加氨调 pH 值到 3.5~4.0，漂洗液温度保持 60~70℃，循环清洗 1~3h。

65. 钝化处理的目的是什么？目前大容量锅炉一般采用什么钝化方法？

答：钝化处理的目的是使洗净的金属表面生成防腐的保护膜，防止清洗后的腐蚀，也为运行后生成更坚实的磁性氧化铁保护膜打好基础。

目前大容量锅炉一般采用以下两种钝化方法：

（1）亚硝酸钠钝化。用 1.5%~2% 亚硝酸钠溶液加氨水调 pH 值为 10~10.5，在 60~90℃ 钝化 3~4h，然后将废液排出。

（2）联氨钝化。用浓度为 300～500mg/L 的联氨及 0.05％～0.1％的氨溶液，在 90℃左右循环钝化 12h 后结束。

◆66. 化学清洗合格的质量标准是什么？

答： 被清洗的金属表面应清洁，无残留的氧化铁皮和焊渣，无二次浮锈，无点蚀和镀铜现象。被清洗的金属表面形成完整的保护膜，经亚硝酸钠钝化生成的保护膜呈钢灰色或银灰色。经联氨钝化生成的保护膜呈棕红色或棕褐色。

腐蚀指示片平均腐蚀速度应小于 $10g/(m^2 \cdot h)$。固定设备上的阀门不应受到腐蚀和损伤。

第五章

电 除 尘 器

第一节　电除尘器的工作过程

1. 低压自动控制系统一般包括哪些装置?

答: 低压自动控制系统包括阴、阳极程序振打控制装置, 灰斗料位监测及卸灰自动控制装置, 绝缘子加热恒温自动控制装置, 安全连锁控制装置, 高压安全接地开关控制装置, 绝缘子室低温监视与显示报警装置, 变压器油温保护装置, 进、出口烟箱温度巡测装置, 综合报警装置, 粉尘浓度检测装置, 以及微机闭环控制装置等。

2. 低压控制柜内的主要器件有哪些?

答: 低压控制柜内的主要器件有低压操作器件、调压晶闸管、一次取样元件、电压自动调整器及阻容保护元件。

3. 什么是电晕放电?

答: 电晕放电是指当极间电压升高到某一临界值时, 电晕极处的高电场强度将其附近气体局部击穿, 而在电晕极周围出现淡蓝色的辉光并伴有"咝咝"的响声的现象。

4. 什么是火花放电?

答: 在产生电晕放电后, 继续升高极间电压, 当达到某一数值时, 两极间将产生一个接一个的、瞬时的、通过整个间隙的火花闪络和劈啪声, 这种现象就叫火花放电。

5. 什么是电弧放电?

答: 在产生火花放电后, 继续升高极间电压, 就会使气体间隙强烈击穿, 出现持续放电, 爆发出强光和强烈的爆裂声, 并伴有高温, 强光将贯穿阴极和阳极之间的整个间隙, 其电流密度很大, 但电压降很小, 这种现象就叫电弧放电。

6. 荷电粉尘在电场中是如何运动的?

答: 处于收尘极和电晕极之间的荷电粉尘, 受四种力的作用, 其运动服从牛顿定律。这

277

四种力是尘粒的重力、电场作用在荷电尘粒上的静电力、惯性力及尘粒运动时的介质阻力。其中，重力可忽略不计。荷电尘粒在电场力的作用下向收尘极运动时，电场力和介质阻力将很快达到平衡，并向收尘极做等向运动，此时惯性力也可忽略。

7. 什么是扩散荷电？

答：离子无规则的热运动使得离子通过气体而扩散，扩散时能与气体中所含的尘粒相碰撞而荷电，这就是扩散荷电。

8. 荷电尘粒的捕集与哪些因素有关？

答：荷电尘粒的捕集与尘粒的比电阻、介电常数和密度；气流速度、湿度和温度；电场的伏安特性及收尘极的表面状态等有关。

9. 什么是电场荷电？

答：电场荷电是指离子在外电场作用下沿电力线有秩序地运动，与尘粒碰撞并使其荷电。

10. 电场中运动的荷电尘粒会受到哪些力的作用？

答：尘粒的重力、电场作用在荷电尘粒上的静电力、惯性力及尘粒运动时的介质阻力。

11. 什么是电晕封闭和反电晕？

答：电晕封闭是指当电晕线附近负粒子的浓度高到一定值时，将抑制电晕的发生，使电晕电流大大降低，甚至会趋于零的放电现象。

反电晕是指沉积在收尘极表面的高比电阻粉尘层内部的局部放电现象。

12. 什么是比电阻和阻尼电阻？

答：比电阻是指加在粉尘层两端的电场强度与感应电流密度的比率。

阻尼电阻是指为消除整流变压器次级端产生的高频振荡，保护整流变压器或高压电缆不被击穿而设置的电阻。

13. 分离烟气中的含尘颗粒在电除尘器中经历了哪四个物理过程？

答：（1）气体的电离。

（2）悬浮尘粒的荷电。

（3）荷电尘粒向电极运动。

（4）荷电尘粒在电场中被捕集。

14. 什么是偏励磁、晶闸管开路、气体报警、输出开路、输出短路及输出欠压？

答：偏励磁是指在一段时间内连续出现一次电流的一个半波大于某一设定值，而一次电压和一次电流值为零，使整流变压器单向励磁，从而引起发热。

晶闸管开路是指当晶闸管的导通角增大到一定值时，晶闸管不导通，使一次电压和一次电流始终为零。

气体报警是指当高压整流变压器内部发生匝间、相间或单相接地短路故障时，短路电弧使变压器油分解出部分瓦斯气体，瓦斯气体驱动气体继电器动作，发出轻瓦斯或重瓦斯报警信号。

输出开路是指在一定时间内，由于某种原因使得高压供电设备的二次电压超过额定值，二次电流等于零。

输出短路是指在一定时间内，由于某种原因使得高压供电设备的二次电压接近于零，二次电流大于或等于额定值。

输出欠压指在一定时间内，由于某种原因使得高压供电设备的二次电压低于某一设定值（一般为 25kV）。

15. 电除尘器中的电场是由哪两部分组成的？

答：电除尘器中的电场是由外加电压作用面形成的电场和由离子和荷电尘粒的空间电荷形成的电场两部分组成的。

16. 电除尘器供电控制系统由哪几部分组成？中央控制器的作用是什么？

答：电除尘器供电控制系统由中央控制器、高压供电设备、低压控制设备及各种检测设备组成。

中央控制器的主要作用是集中监控管理、智能闭环控制和远程通信。

17. 高压供电设备由哪几部分组成？其作用是什么？

答：高压供电设备由高压控制柜（包括电压自动调整器）、高压整流变压器、电抗器、高压隔离开关及阻尼电阻等组成。其作用是适应和自动跟踪电除尘器电场烟尘条件的变化，向电场施加所需的高电压，提供所需的电晕电流，达到利于粉尘荷电和捕集的目的。

18. 什么是电晕线肥大？它产生的原因有哪些？它对电除尘器的运行有哪些影响？

答：电晕线肥大是指电晕线上沉积较多的粉尘，使电晕线变粗，从而导致电晕放电效果降低的现象。

产生原因：①粉尘因静电作用而产生附着力；②电除尘器的温度低于露点，产生了具有黏附力的液体（水或硫酸）；③黏附性较强的粉尘。

对电除尘器运行的影响：使电晕放电的效果降低，粉尘荷电受到一定的影响，使电除尘器效率降低。

19. 粉尘荷电量与哪些因素有关？

答：在电除尘器的电场中，粉尘的荷电量与粉尘的粒径、电场强度及停留时间等因素有关。

20. 反电晕是如何产生的？

答：当高比电阻粉尘到达阳极而形成粉尘层时，所带电荷不易释放，在阳极粉尘层面上形成一个残余的负离子层。它屏蔽了部分通向电晕极的电力线，削弱了电晕极附近的场强，而提高了阳极板附近的场强，从而造成电晕区电离减弱，电晕电流下降。随着阳极表面积灰厚度的增加，由于残余电荷分布不均匀，因此使阳极局部粉尘层的电流密度与比电阻的乘积超过粉尘层的绝缘强度而击穿，这样就产生了反电晕。

21. 电晕是如何形成的？

答：电子受电场力作用迅速向阳极移动，正离子则向阴极运动并撞击阴极，使阴极释放出二次电子，因此在电晕区内就产生放电条件，这样就形成了电晕。

22. 电晕封闭是如何产生的？

答：当烟气中粉尘浓度高到一定程度时，电场中空间电荷主要由荷电后的粉尘粒子组成。这些粒子的移动速度慢，在电场空间中的滞留时间长，可产生较大的削弱作用，并使电晕电流大大降低甚至到零。

23. 荷电尘粒是如何被捕集的？

答：荷电的尘粒在电场中受到静电力、紊流扩散力和惯性漂移力的共同作用。在这些力的综合作用下，尘粒以一定的平均速度向收尘极板驱进。当尘粒到达收尘极板表面后，就释放电荷并被捕集。

24. 什么是气流旁路？简述气流旁路的发生原因及预防措施。

答：气流旁路是指电除尘器内的气流不通过收尘区，而是从收尘极板的顶部、底部及极板左、右最外边与壳体内壁形成的通道中通过。

发生气流旁路的原因主要是由于气流通过电除尘器时产生压力降，气流分离在某些情况下则是由于抽吸作用所致。

防止气流旁路的一般措施是采用常见的阻流板，迫使旁路气流通过收尘区；将收尘区分成几个串联的电场；使进入电除尘器和从电除尘器出来的气流保持良好的状态。

◤ 第二节　　电除尘器的经济运行与调整

1. **"电晕线放电性能好"包含哪三层意思？**

答：（1）起晕电压低。在相同条件下，起晕电压越低，就意味着单位时间内的有效电晕功率越大，除尘效率越高。电晕线越大，其起晕电压就越低。

（2）伏安特性好。在相同的外加电压下，电流越大，粉尘荷电的强度和概率越大，除尘效率越高。

（3）对烟气条件变化的适应性强。对烟气流速、含尘浓度及比电阻等适应性强。

2. **为什么阳极振打时间比阴极的短？**

答：原因有两方面：一是阳极收尘速度快，积灰比阴极多；二是阴极清灰效果差，振打时易产生二次飞扬。

3. **为什么极板振打周期不能太长也不能太短？**

答：若振打周期短、频率高，则易产生粉尘二次飞扬；若振打周期太长，粉尘将大量沉积在阳极板和阴极线上，容易产生反电晕。

4. **在锅炉启动初期的投油或煤油混烧阶段，电除尘器为什么不能投电场？**

答：在锅炉启动初期的烧油或煤油混烧阶段，烟气中含有大量的黏性粒子，如果此时投入电场运行，它们将大量黏附在阳极板和阴极线上，很难通过振打清除，而且这些黏性粒子还具有腐蚀性。

5. **对电除尘器性能有影响的运行因素有哪些？**

答：（1）气流分布。
（2）本体漏风。
（3）粉尘的二次飞扬。
（4）气流旁路。
（5）电晕线肥大。

（6）阴、阳极膨胀不均匀。

6. 如何调整运行参数以保证除尘器效率？

答：如果锅炉负荷较高、煤质较差、灰分较大，一电场闪络频繁，应适当调低供电参数，将二、三、四电场尽量保持高参数运行。当锅炉负荷不高、煤质较好、灰分较低时，电场有相应的裕度，可采用低供电参数来节电；或在确保一、四电场投运的情况下，停止二、三电场运行。采取周期振打、卸灰，同时加强冲灰、输灰系统的检查，这样就不会因堵灰而使电场停运。

7. 什么是间隙供电控制方式？

答：间隙供电控制方式是指通过控制系统的工作，使输出的高压直流电出现间隙性变化，即电场内两电极间的电压是间隙性的，相当于脉冲式。

8. 什么是脉冲供电控制方式？

答：脉冲供电控制方式是指通过对电压给定环节的有效控制，使输出的高压波形发生间隙性变化，以克服反电晕。

9. 什么是火花积分值控制方式？

答：火花积分值控制方式是指通过控制发生一定火花放电时的电压，使输出电压达到最佳状态。

10. 什么是火花频率自动跟踪控制方式？

答：火花频率自动跟踪控制方式是指整定一个最大火花放电频率，即通过测得的火花放电频率来调节输出电压，以达到最佳状态。

11. 什么是输出功率自动调节控制运行方式？

答：以最后一个电场的运行参数为反馈指令，更替不同的运行方式，随时保证排出浓度和相应的输出功率，以达到高效节能的目的，这种运行方式即为输出功率自动调节控制运行方式。

12. 气流分布不均匀对电除尘器的性能有哪些不良影响？

答：（1）在气流速度不同的区域内所捕集的粉尘量不一样。
（2）局部气流速度高的地方会出现冲刷现象，将收尘极板上和灰斗内的粉尘再次大量扬起。

（3）电除尘器进口的含尘浓度就不均匀，导致电除尘器内某些部位堆积过多的粉尘。

（4）如果通道内气流显著紊乱，则在振打清灰时粉尘容易被带走。

13. 除尘器绝缘瓷件部位为什么要装加热器？

答：为保持绝缘强度，在电除尘器的本体上装有许多绝缘瓷件。这些瓷件不论装在大梁内，还是装在振打系统中，如果其周围的温度过低，就会在表面形成冷凝水汽，使绝缘瓷件的绝缘下降。当电除尘器送电时，便容易在绝缘套管瓷件的表面产生沿面放电，使工作电压升不上去，以致形成故障，使电除尘器无法工作。另外，在启动和停止状态下，烟箱内的温差较大，瓷件热胀冷缩不能及时适应，易造成开裂、损坏，这样就需对瓷件部位进行加热和保温。因此，在绝缘瓷件部位要装加热器。

14. 阴、阳极膨胀不均匀对电除尘器的运行有哪些影响？

答：阴、阳极膨胀不均匀时，阴极线和阳极板弯曲变形，使局部异极间距变小，两极放电距离变小，二次电压升不高或升高后跳闸，影响除尘效率。

15. 高压供电装置提供的供电运行方式有哪些？

答：（1）最佳工作点探测运行方式。

（2）间歇供电运行方式。

（3）简易脉冲供电运行方式。

（4）火花率整定控制运行方式。

（5）普通火花跟踪运行方式。

（6）闪络频率自动控制运行方式。

16. 防止粉尘二次飞扬的措施有哪些？

答：为防止和克服粉尘二次飞扬损失，可采取以下措施：

（1）电除尘器内保持良好状态，并使气流均匀分布。

（2）使设计出的收尘电极具有充分的空气动力学屏蔽性能。

（3）采用足够数量的高压分组电场，并将几个分组电场串联。

（4）对高压分组电场进行轮流、均衡的振打。

（5）严格防止灰斗中的气有环流现象和漏风。

17. 哪些因素对除尘效率有影响？

答：（1）烟气性质。主要包括烟气温度、压力、成分、湿度、流速及含尘浓度。

（2）粉尘特性。比电阻过高或过低，都不适合电除尘器对粉尘的捕集。

（3）运行因素。主要包括气流分布、漏风、二次飞扬、气流旁路、电晕线肥大及阴、阳极膨胀不均匀。

（4）除灰系统。主要包括灰斗堵灰或排灰不畅及引风机调节。

18. 反电晕对除尘器的运行有什么影响？

答：发生反电晕后，粉尘粒子的荷电将大受影响。电晕电流下降，负空间电荷也少，使粒子荷不上电。而正、负离子由于反电晕会再次复合为中性，使尘粒难以荷电，除尘效率大大降低。

19. 造成二次飞扬的原因有哪些？

答：（1）高比电阻粉尘的反电晕会产生二次飞扬。

（2）气流速度过快。

（3）气流分布不均。

（4）振打频率过快，使粉尘从收尘极板上落下时呈粉末状而被烟气重新带走。

（5）除尘器本体漏风或灰斗出现旁路气流，带走粉尘而产生二次飞扬。

20. 造成气流分布不均的原因有哪些？

答：（1）由锅炉引起的分布不均。

（2）烟道中由摩擦引起的紊流。

（3）烟道弯头曲率半径小，气流转弯时因内侧速度大大减小而形成扰动。

（4）粉尘在烟道中沉积过多，使气流严重紊乱。

（5）进口烟箱扩散太快，使中心流速高，从而引起气流分布不均。

（6）本体漏风。

21. 高压整流变压器偏励磁的现象有哪些？

答：（1）一次电压降低，一次电流偏大，二次电流、电压降低。

（2）一、二次电流上升不成比例。

（3）高压整流变压器出现异常声音，发热严重。

（4）晶闸管导通角指示很大。

▶ 第三节　电除尘器检修后的验收与试运行

1. 电晕线断裂的原因有哪些？

答：（1）局部应力集中。

（2）安装质量不好。

（3）放电拉弧。

（4）烟气腐蚀。

（5）疲劳断损。

2. **收尘极、电晕极及其振打装置的检查验收包括哪些内容？**

答：收尘极、电晕极及其振打装置的检查验收内容包括：

（1）收尘极、电晕极系统的所有螺栓及螺母，应按图纸要求拧紧并做止转焊接。

（2）电晕极安装符合设计要求，阴极线松紧程度适中。

（3）收尘极板排上部的定位悬挂与导向结构良好，其下部与灰斗阻流板的间隙满足热膨胀要求，板排下端在限位槽钢中应无卡涩，以保证振打速度的传递。

（4）振打轴中心线的水平误差不超过±1.5mm，同轴度在相邻两轴承座之间应小于1mm，全长不超过3mm。

（5）振打机构要转动灵活、方向正确，各锤头打击位置和错位角符合设计要求，无卡涩现象，减速机油位正常。

（6）阳极板和阴极线上应无焊条、金属异物及石棉绳等杂物。

3. **电除尘器检修后本体部分的检查验收有哪些项目？**

答：（1）本体在填补保温层前进行严密性验收。

（2）根据安装记录抽查同极间距和异极间距，最小放电距离符合要求。

（3）检查电场内部各零部件，尤其是阳极板和阴极线框架有无尖角、毛刺，一经发现，予以消除。

（4）检查验收收尘极、电晕极及其振打装置。

（5）检查验收电晕极大框架。

（6）检查验收槽形极板。

（7）检查验收导流板、气流分布板及阻流板。

（8）检查验收灰斗及卸灰、输灰设备系统部分。

（9）人孔门开关灵活、严密不漏。

（10）电除尘器本体内无杂物，出、入口风门挡板应操作灵活、开度指示正确。

（11）料位计应符合制造厂设计要求，且灵敏、正确。

（12）检查验收绝缘子室应干燥、清洁，绝缘子完好无损，电加热元件或热风吹扫系统及其挡板截门等齐备，电气接线正确。

（13）电除尘器外表整齐，保温及防锈护板符合要求，顶部护板整齐，防雨及雨水排泄设施良好。

（14）所有楼梯、平台及栏杆等应牢固、可靠，照明齐全、完好。

（15）各设备、系统的安全标志齐全、清晰。

4. 电除尘器检修后电气部分的检查验收有哪些项目？

答： （1）所有电气设备必须严格符合部颁有关规定及《电业安全工作规程（发电厂及变电所部分）》。高、低压电气设备接地装置应符合《电力设备接地设计技术规程》的要求，并按制造厂的说明书认真验收检查。

（2）电除尘器本体接地电阻不超过 4Ω，并逐一检查电除尘器高压隔离刀闸接地端、高压硅整流变压器与电抗器的外壳、控制柜外壳、低压配电装置外壳及各电动机外壳等必须可靠接地，且高压整流变压器及其控制柜外壳应单独接地。

（3）高压隔离开关操作灵活、位置正确。

（4）检查高压隔离开关、电晕极悬吊瓷支柱、振打绝缘瓷转轴、高压硅整流变压器及其套管等高压电气设备部件的绝缘及耐压记录，高压硅整流变压器的低压绕组及低压瓷套管的绝缘电阻一般应不小 300MΩ，高压绕组、硅整流元件、高压瓷套管的绝缘电阻一般应不小于 1000MΩ，电场的绝缘油耐压试验一般应小于 40kV/2.5cm。

（5）检查高压电缆绝缘电阻、直流耐压试验及泄漏电流测试记录，应均符合部颁《电气设备预防性试验规程》的规定，且接头无渗漏油。

（6）高压硅整流变压器外观检查。

（7）电测量指示仪表按《电测量指示仪表检验规程》的规定进行校验、检查及记录，并要求用红色标志标出设备的额定值位置。

（8）检查控制柜接线正确无误。

（9）低压配电装置（包括所有开关、隔离开关、电源熔断器及操作熔断器等）齐全、完好，接线及定值正确。

（10）各电动机均已接线，地线牢固接好，各安全罩完整装好。

（11）所有仪表、电源开关、保护装置、调节装置、温度巡测装置、报警信号及指示灯等应完整、齐全且正常。

5. 合理的收尘极板应具备哪些条件？

答： （1）具有较好的电气性能，极板面上电场强度和电流密度分布均匀，火花电压高。

（2）集尘效果好，能有效地防止二次飞扬。

（3）振打性能好，清灰效果显著。

（4）具有较高的机械强度，刚度好，不易变形。

（5）加工、制作容易，金属耗量少，每块极板均不允许有焊缝。

6. 电除尘设备检修后应达到什么标准？

答： （1）检修质量达到规定的质量标准。

（2）消除设备缺陷。

（3）空载升压合格，且符合规定值。

（4）消除泄漏现象。

（5）安全保护装置和主要自动装置动作可靠，主要仪表、信号及标志正确。

（6）保温层完整，设备现场整洁。

（7）检修技术记录正确、齐全。

7. 电除尘器投入时应具备哪些条件？

答：（1）烟气温度低于 160℃，最高不超过 200℃。

（2）烟气负压小于或等于 −3920Pa。

（3）烟气中易燃气体的含量必须低于危险程度，一氧化碳含量小于 1.8%。

（4）烟气含尘量不大于 $52g/m^3$。

（5）烟气尘粒比电阻在 160℃时应小于 $3.27 \times 10^{12} \Omega \cdot cm^2$。

（6）接地电阻小于 1Ω。

（7）高压供电装置应在锅炉停止燃油后投入。

8. 为什么电除尘器本体接地电阻不得大于 1Ω？

答：电除尘器本体外壳、阳极板及整流变压器输出正极都是接地的。闪络时，高频电流使电除尘器壳体电位提高，接地电阻越大，此电位越高，这将危及控制回路和人身安全。当接地电阻小于 1Ω 时，壳体电位值将会处于安全范围内。

9. 为什么要在电除尘器进气烟箱处装设气流均布装置？

答：把气体引入电除尘器，通常都是从具有小断面的通风管过流到大断面的工作室，所以，如果不采取必要的措施，将会造成气体沿电场断面分布不均匀，影响除尘效率；而且速度分布越不均匀，电除尘器的净化率就越低。为促进气流分布均匀，在进气烟箱的入口处最好装设气流导向板，同时在箱内应设置气流均布板。

10. 整流变压器常规大修后的验收内容有哪几个方面？

答：（1）实际检修项目是否按计划全部完成，检修质量是否合格。

（2）了解和审查有关的试验结果、报告的原始数据。

（3）整理大修原始记录资料，特别应注意结论性数据的审查。

（4）检修质量评价。

（5）澄清遗留问题，并记入台账以备查。

（6）对于非标准的技术改造项目，应按照事先制订的施工方案、技术要求及规定进行验收。

（7）现场清理干净，符合方明生产的要求。

（8）根据检查验收结果，确定结束工作票。

第六章

锅炉除灰系统

第一节　水力除灰系统

1. **什么是水力除灰系统?**

答：水利除灰是以水为介质输送灰渣的，其系统由排渣、冲灰、碎渣、输送等设备及管道、附件等组成，主要设备有捞渣机、碎渣机、渣浆泵、箱式冲灰器、冲灰泵、灰浆泵、轴封泵、浓缩机、容积泵及搅拌器等。

2. **水力除灰系统分为哪两部分?**

答：水力除灰系统分为锅炉除渣系统和除灰系统两部分。锅炉除渣系统的范围为从排渣设备、排灰设备至灰渣输送设备之前一段，包括灰渣沟、灰渣池、管道上的阀门及冲灰渣供水系统等；除灰系统的范围则为从灰的输送设备至贮灰场或灰渣综合利用场所一段，包括管道上的阀门、检查孔、伸缩节等附件及灰渣泵房、灰坝、灰场排水设施等。

3. **水力除灰系统的分类?**

答：水力除灰系统按其所输送的灰渣不同，可以分为灰渣混除和灰渣分除两种。灰渣混除是指将除尘器分离下来的飞灰和炉膛排出的炉渣，在灰渣输送设备之前混合在一起，然后排到灰场；灰渣分除则是指将除尘器捕集的飞灰和炉渣分别用单独系统输送至灰场。

4. **高浓度输灰系统有哪几种?**

答：高浓度输灰系统有两种：浓缩池（机）高浓度输灰系统和搅拌桶（机）高浓度输灰系统。

5. **按排渣方式的不同，锅炉分为哪几种形式?**

答：按排渣方式不同，锅炉分为固态排渣炉和液态排渣炉两种。

6. **固态排渣炉的除渣分为哪两种?**

答：按除渣方式的不同，可分为连续除渣和定期除渣两种。

7. 什么是连续除渣系统？

答：连续除渣系统一般采用刮渣机。渣从炉膛中通过导渣槽落入充满水的刮渣机的上部，并因冷却而粒化。通过连接在连续运行的平行链条上的刮板，渣被运到倾斜部分并脱水，然后通过水力输送至渣池，或用皮带输送机、卡车等送至灰场。

8. 什么是定期除渣系统？

答：定期除渣系统是指借助于炉膛下部的水浸式渣斗，使炉渣熄火脆裂，再用碎渣机将粗渣粉碎，定期用喷射泵或重型离心泵将其送入脱水槽或渣池（渣场）。

9. 锅炉除灰系统如何分类？

答：除灰系统按除灰方式分为水力除灰系统和气力除灰系统两种。

10. 什么是水力除灰系统？

答：水力除灰系统是指将除尘器分离出来的飞灰，通过水力除灰设备输送至贮灰场的系统。

11. 什么是低浓度输灰系统？

答：低浓度输灰系统以灰浆泵为主要输送设备，是一种输送灰水比例为 1：（10～20）的灰浆的系统。其流程为：进入箱式冲灰器的飞灰，经过冲灰水搅拌制成灰水比例为 1：（10～20）的灰浆，再经过箱式冲灰器的出口排入灰沟，然后进入灰浆池，最后用灰浆泵把灰浆排向灰场。

12. 低浓度输灰系统的优缺点有哪些？

答：此系统的优点是运行比较安全，操作、维护简单，且输送过程中灰不会扬散。其缺点是冲灰水的消耗量大，大量灰水的排放易造成环境污染，输灰管结垢严重，灰浆泵输送距离有限，以及灰场选址受到限制。

13. 什么是高浓度输灰系统？

答：高浓度输灰系统是采用搅拌筒（机）或浓缩池（机）制成灰水比例为 1：（1.5～4）的灰浆，以油隔离泵、水隔离泵、柱塞泵或灰浆泵为主要输送设备的输灰系统。

14. 什么是浓缩池（机）的高浓度输灰系统？

答：此系统是在低浓度输灰系统的基础上发展起来的。低浓度灰浆由灰浆泵打入浓缩池（机）制成高浓度灰浆，用油隔离泵、水隔离泵或柱塞泵输送至灰场。此系统维护简单，运行相对稳定，灰水在浓缩池内有充分的时间处理。为了减少灰水排放量，可重复利用回水，同时也能减少除灰用水，对环境污染较轻。但浓缩池（机）设备投资大；输灰管道结垢严重时，会直接影响到除灰系统的运行；浓缩机发生故障时，必须及时停止向浓缩池供浆。

15. 什么是搅拌筒（机）高浓度输灰系统？

答：搅拌筒输灰系统是指除尘器灰斗的飞灰分别或集中进入搅拌筒，加水并经过搅拌机搅拌直接制成高浓度灰浆后，用灰浆泵、油隔离泵、水隔离泵或柱塞泵经输灰管排向灰场。此系统比浓缩池（机）投资少，正常工况下操作简单，运行较稳定；但在异常情况下，需随时调整搅拌筒的进水量和进灰量，故灰水比例难以保持稳定，运行经济性和稳定性较差。

16. 高浓度输灰系统有什么优缺点？

答：高浓度输灰系统能远距离、大高差地输送，为灰场选址扩大了范围，具有耗水小、耗能少的特点，还可减轻环境污染，是一种理想的除灰方式。其缺点是油隔离泵、水隔离泵运行时间短，一般连续运行 500h 左右，需经常停运检修；但柱塞泵能连续运行 1000h 左右，较前两种泵稳定，已被许多电厂采用。

17. 什么是灰渣混除系统？

答：灰渣混除就是通过机械或水力先将炉渣送入灰池，再与除尘器除灰系统来的细灰一起输送至灰场的方式。此种系统运行较稳定，输灰管不结垢，但磨损较严重。当系统加用浓缩池设备时，柱塞泵的阀箱会受到严重影响，每输送 1t 渣需要消耗 10～25t 水，且除尘器细灰耗水量也很大，因此运行很不经济。灰渣与水混合后，灰渣所含灰分发生变化，不利于灰渣综合利用。

18. 离心泵启动后不上水的原因有哪些？如何处理？

答：原因：①吸水管路不严，有空气漏入；②泵内未灌满水，有空气存在；③水封管堵塞；④入口水位太低；⑤电动机反转；⑥出口或入口管路堵塞；⑦出、入口阀未开，或阀柄掉下；⑧电动机转速不够；⑨叶轮槽道有异物堵塞或磨损严重。

处理：①检查吸水管路，消除漏点；②开启排气阀，重新注水；③检查清理水封管；④提高入口水位，加长吸水管；⑤检查电源电压和频率；⑥改变电动机接线；⑦检查、清理叶轮及出入口；⑧开启出、入口阀，或更换损坏的阀门。

19. 运行中离心泵电流减小的原因有哪些？

答：①转速降低；②空气漏入吸水管或泵内；③吸水管路阻力增加；④叶轮堵塞；⑤叶轮损坏和密封环磨损；⑥进口堵塞；⑦吸水管插入吸水池的深度不够。

20. 如何处理运行中离心泵电流减小？

答：①检查电动机及电源；②检查管路及填料箱的严密性，消除泄漏；③检查管路及入口阀，消除影响；④检查、清理叶轮；⑤更换已损坏的部件；⑥清理入口；⑦降低吸水管端头。

21. 电动机过热的原因有哪些？如何处理？

答：原因：①转速高于额定转速；②水泵流量大于额定流量；③电动机或水泵发生机械摩擦或卡住；④三相电动机缺相，或三相电流不平衡。

处理：①检查电动机或电流；②关小出水阀门；③检查并找出摩擦和卡住的部位，然后进行修整；④更换熔丝，或检修电动机。

22. 填料发热的原因有哪些？如何处理？

答：原因：①填料压得过紧，或四周紧度不均匀；②轴和填料环及压盖的径向间隙太小；③密封水中断或不足。

处理：①放松填料压盖，调整四周间隙；②调整径向间隙；③检查密封水管，增大密封水压和水量。

23. 离心泵主要由哪些部件组成？各部件的作用分别是什么？

答：离心泵主要由转子（包括叶轮、轴、轴套和联轴器等）、轴承、泵壳、密封装置、轴向推力平衡装置、机架及管道附件等组成。

叶轮是通过对液体做功来提高液体能量的部件。它由前盖板、后盖板、叶片及轮毂组成。轴是传递扭矩的主要零件，其材料一般是碳钢（35号或45号钢）。轴套的作用是对叶轮定位，保护主轴，防止填料或液体中的杂质对轴产生磨损。导叶也称导向叶轮，其作用是将叶轮出口处的高速液体收集起来，并将部分动能转变成压力能，再将液体引向一级叶轮（或压出室）。压出室是指叶轮出口处或叶轮出口处与压出管法兰接头之间的一段空间。压出室的作用是以最小的阻力损失汇集从叶轮中甩出来的液体，然后将它们引向压出管道。密封环的作用一方面可减少叶轮与泵壳之间的间隙，使间隙精确，泄漏减少；另一方面当磨损时，可只调换密封环。在泵壳与转轴之间存在着一定的间隙，为了防止泄漏也需要进行密封，这种密封简称轴封。

24. 离心水泵发生振动并有噪声的原因有哪些？如何处理？

答：原因：①水泵与电动机转子中心不正或联轴器接合不良，水泵转子不平衡；②叶轮局部堵塞；③泵轴弯曲或转动部分卡住，轴衬损坏；④入口管和出口管固定装置松动；⑤安装不合理，发生汽蚀；⑥地脚螺栓松动，或基础不牢。

处理：①调整中心及叶轮；②清洗叶轮；③更换轴、轴衬，消除卡涩部位；④拧紧固定装置；⑤停用水泵，采取措施以减小安装高度；⑥拧紧地脚螺栓，加固修理基础。

25. 运行中离心泵压头降低的原因有哪些？如何处理？

答：原因：①转速降低；②水中含有空气；③出口管路损坏；④叶轮和密封损坏。

处理：①检查电动机和电源；②检查入口管路和填料箱的严密性，开启排气阀以放掉空气；③关小出口阀，检查出口管路；④检修叶轮，更换磨损件。

26. 管路发生水击的原因有哪些？如何处理？

答：原因：水泵或管路中存有空气。
处理：放出空气，消除积聚的空气。

27. 柱塞泵压力降低的原因和现象有哪些？如何处理？

答：原因：①管道吸入空气或吸入阻力太大；②出入口阀箱被杂物卡住或阀簧断裂；③皮带打滑。

现象：①电流小、压力低；②阀箱、管道振动大，噪声大；③出、入口压力表摆动。

处理：①检查各连接处是否严密；②查出原因后，切换备用泵运行，并检修阀箱；③张紧皮带。

28. 柱塞泵压力表指针摆动大或不动，噪声和振动大的原因有哪些？如何处理？

答：原因：①入口空气室连接密封漏气、损坏；②出口空气室充气压力不足；③压力表损坏或堵塞。

处理：①检查空气室连接处，管道法兰是否漏气，如有损坏应停泵处理；②启动空气压缩机向空气室补气；③检查压力表。

29. 柱塞泵传动箱内有异声的原因有哪些？如何处理？

答：原因：①润滑油位低，或润滑不良；②十字头销松动，或配合间隙过大；③齿轮啮合不好或损坏；④偏心轮两端轴衬压盖螺母松动。

处理：①油位低时应加油，油质不好应换油；②某些部位松动时，应停泵处理；③如有异常损坏，应停泵处理，紧急情况下按事故按钮紧停。

30. 柱塞泵阀箱内有异声的原因有哪些？如何处理？

答：原因：①入口管吸入空气；②阀箱内阀体、阀簧损坏，或簧力不足；③阀箱内有异物卡住。

处理：①检查入口连接处及入口空气室密封情况，发现问题应及时处理；②弹簧及阀体各部分损坏时，应停泵处理；③停泵排出杂物。

31. 柱塞泵柱塞密封漏灰浆的原因有哪些？如何处理？

答：原因：①柱塞或密封磨损；②单向阀磨损或卡死。

处理：检查并消除问题，或更换部件。

32. 柱塞泵盘车困难的原因有哪些？如何处理？

答：原因：①柱塞密封圈过紧；②连杆轴衬拧得过紧；③柱塞、挺杆、十字头或连杆有偏斜。

处理：①放松柱塞密封圈和压盖；②检查并调整配合间隙。

33. 柱塞泵跳闸的原因和现象有哪些？如何处理？

答：原因：①电气故障或电源中断；②机械部分损坏，造成卡死；③操作不当；④继电器误动作。

现象：①电流回零，红灯熄灭，绿灯亮，事故报警响；②泵停止运行，出口压力表指示降低。

处理：①立即拉回开关；②启动备用泵运行；③停泵后将阀门关闭，防止漏灰而造成堵塞；④及时联系，检查跳闸原因并记录；⑤当电源短时不能恢复，且无备用泵时，停止灰浆泵进浆；⑥待故障消除后，按正常启动恢复运行，开下浆阀后冲洗阀，打清水 20min 后输送灰浆。

34. 停运故障柱塞泵时的注意事项有哪些？

答：①对于尚能维持运行的缺陷，停泵前一定要打清水冲洗管路，时间不少于 2h；②停泵后，各阀门应关闭；③紧急停泵，待故障消除后，应启动该泵冲管 40min，或用高压冲洗泵进行冲洗；④当停泵后需切换管道运行时，应将原输灰管道冲洗干净；⑤启动高压冲洗泵冲洗管路时，应注意各备用柱塞泵和运行柱塞泵的出口压力，防止超压。

35. 柱塞泵对吸入管有哪些要求?

答：柱塞泵的吸入管应尽可能的直和短，必须拐弯时应采用较大弯曲半径，并用钢筋混凝土支墩固定。吸入管直径应不小于泵的吸入口径。吸入管路上应配置吸入室空气罐，同时配置泄压阀和截止阀。吸入压力应保证有 0.02~0.1MPa 的正压。

36. 什么是虹吸现象?

答：虹吸是指在液体表面上气体压力的作用下，液体通过高于进口液面的管道而流向低处的现象。

37. 搅拌桶运行中的维护事项有哪些?

答：（1）定时检查搅拌桶电动机及机械部分，轴承温升正常。
（2）叶轮翻动力中足够大，轴承内部无异常声响。
（3）溢流管畅通，来清水量与下灰量匹配，灰浆浓度正常，搅拌桶内无积灰。

38. 油隔离泵启动不了的现象和原因有哪些? 如何处理?

答：现象：①启动后泵不转，保护动作；②皮带倒转，电动机声音异常。
原因：①停泵前未冲洗，Z 形管积灰；②出、入口阀关不严；③电气部分接触不良；④减速箱或皮带轮处有异物卡住。
处理：①检查皮带轮和减速箱，取出异物；②检查控制箱，消除缺陷；③打开出、入口阀箱，冲通 Z 形管。

39. 油隔离泵活塞缸串油的现象和原因有哪些? 如何处理?

答：现象：①油水分离缸油位上升和下降；②油盅油位上升；③加油阀、排气阀返油，上油箱油位上升；④活塞缸端盖漏油；⑤活塞杆向外拉油。
原因：①运行时间长，活塞密封圈磨损；②加油阀、排气阀关不严；③活塞杆密封圈磨损；④活塞套损坏、裂缝及脱皮等；⑤活塞杆压盖松或损坏。
处理：①上紧活塞杆压兰或活塞缸端盖；②更换活塞及活塞缸套或活塞杆；③更换活塞密封圈或活塞杆密封圈。

40. 油隔离泵动力端有异常响声的现象和原因有哪些? 如何处理?

答：现象：①孔板处溅油，有撞击声；②泵体振动大；③下油孔无油滴出。
原因：①润滑油不足，油质太脏；②十字头销松动，或间隙过大；③曲柄轴承压螺圈板松动；④活塞杆顶销螺圈松动。

处理：①更换新油阀，加足油量；②调整间隙，拧紧螺圈；③拆开动力端箱上盖，进行检查。

41. 油隔离泵振动大及油水分离缸体温度高的现象和原因有哪些？如何处理？

答：现象：①出、入口压力表指针摆动幅度大；②活塞缸内工作声音清脆，振动大；③出、入口阀箱内有明显窜水声。

原因：①吸入条件不好，阻力大；②出、入口阀卡住；③吸入空气聚集在分离缸内。

处理：①及时排出油水分离缸内气体；②停泵，打开出、入口阀箱，取出杂物或更换阀芯。

42. 水隔离泵控制系统不切换或切换不正常的现象有哪些？如何处理？

答：现象：①液压平板闸阀不动作；②信号灯长明。

处理：①检查继电器是否有动作；②检查液压闸阀或大罐信号装置；③观察液压闸阀是否动作；④观察电磁铁是否动作；⑤检查液压系统油压；⑥查明原因，及时处理。

43. 水隔离泵液压油泵跳闸的现象有哪些？如何处理？

答：现象：①液压油泵跳闸；②熔丝熔断，控制回路二次电源中断。

处理：①检查厂用电是否中断；②更换熔丝，重新启动油泵；③手动试验各液压平板闸阀，观察电磁阀是否短路烧毁，如被烧毁，应更换电磁铁。

44. 水隔离泵排浆单向阀损坏的现象有哪些？如何处理？

答：现象：①清水母管压力波动大；②排浆单向阀阀体内有异常声音；③灰场排浆压力不稳、浓度不均匀；④回水混浆严重。

处理：①停止喂料泵运行；②打开各罐液压进水阀，利用高压清水冲洗罐体及排浆单向阀；③冲洗完毕后，开启外管线冲洗阀，关闭水隔离泵切换阀；④通知检修人员进行处理。

45. 水隔离泵喂料单向阀损坏的现象有哪些？如何处理？

答：现象：①喂料泵电流异常，且波动较大；②喂料泵声音忽大忽小，且电动机温度升高；③喂料泵振动增大；④浮球上升速度减慢，甚至喂不满。

处理：①立即停止喂料泵运行，利用喂料泵冲洗阀来冲洗喂料管路及其单向阀；②冲洗干净后，停止水隔离泵运行，并通知检修人员进行处理。

46. 水隔离泵液压回水阀关不严的现象有哪些？如何处理？

答：现象：①该罐浮球下降速度减慢；②该罐排浆时，清水压力下降许多；③该罐排浆时，液压回水阀发出的节流声较大。

处理：停泵，通知检修人员进行处理。

47. 水隔离泵液压油泵及其管路振动大的现象和原因有哪些？如何处理？

答：现象：油泵发出异声，管路振动大。

原因：油泵与电动机安装不同心，联轴器松动，油泵故障。

处理：通知检修，停泵处理。

48. 水隔离泵溢流阀故障的现象和原因有哪些？如何处理？

答：现象：油压不起，液压平板闸阀不动作，调整溢流阀无效。

原因：溢流阀故障。

处理：联系检修人员进行处理。

49. 高压清洗泵传动部件过热或产生摩擦的原因有哪些？

答：（1）润滑油量不足。

（2）连杆、连杆小套、十字头及十字头小套有磨损，或间隙过大。

（3）轴承压盖间隙调整不当。

（4）轴承精度过低。

▶ 第二节　气力除灰系统

1. 气力除灰系统通常由哪几部分组成？

答：气力除灰系统通常由供料装置、输料管、空气动力源、气粉分离装置、储灰库及自动控制系统等组成。

2. 负压气力除灰系统主要有哪些设备？

答：在负压气力除灰系统中，常采用的除灰设备主要有负压风机、气化风机、灰料排送阀、滑板隔离阀、旋风除尘器、布袋式收尘器及锁气器等。

3. 负压气力除灰系统的缺点是什么？

答：（1）输送距离短，输送能力有限。

（2）投资较大。

（3）要求系统的密封性好。

（4）系统磨损严重。

（5）运行操作、维护工作量大。

4. **气力除灰系统中的料位计有哪几种？**

答：常用的料位计有水银泡触点式、音叉式、电感式、负压式、光电式及辐射式等几种。

5. **气力除灰系统风机按作用可分为哪几种？各有什么作用？**

答：气力除灰系统风机按作用共分四种：

（1）输送风机。作用是将飞灰通过管道输送到灰库。

（2）控制风机。它是所有气动阀门的动力源。

（3）气化风机。作用是将压缩空气送到灰库的气化槽板，使灰呈流化状态，以便于卸灰。

（4）反吹风机。作用是清除布袋过滤器的积灰。

6. **负压风机有什么作用？**

答：在气力除灰系统中，负压风机的主要作用是为飞灰输送提供负压，充当输送母管的动力源，使输送母管保证一定的真空度。负压风机又称真空泵，输送母管的负压是由负压风机不断抽取母管中的空气产生真空而形成的。一般所需要的最佳真空为 60800Pa，排气量约 $50m^3/min$。

7. **正压气力除灰系统有哪些优缺点？**

答：该系统的优点是运行比较平稳，运行工作量小、维护费用及系统投资比较低。缺点是仓泵料位计不可靠，库顶脉冲反吹布袋除尘器故障较多，仓泵较难布置。

8. **简述罗茨风机的工作原理。**

答：罗茨风机是一种容积式负压风机。风机内部两个平行轴上的双凸轮转子做反向旋转，使气体从风机一侧排向另一侧，这样在入口端就形成了真空。风机的出力取决于其结构和工作转速。

9. **简述罗茨风机的性能特点。**

答：罗茨风机的性能特点是强制送风，压力变化时，流量变化较小；不需要对气缸进行润滑，输送介质不含油；机体振动小，机械效率高，结构简单，使用寿命长。

10. 气化风机的作用和工作原理是什么?

答: 气化风机可向输送中的干灰提供气化风,使干灰保持流动状态,而且气化风有加热作用,使干灰不致结块,保证灰管畅通。

气化风机是旋转叶片式的轴流风机,转子呈螺杆状,同步齿轮使转子的旋转保持同步,压缩空气可以连续排出,主转子和副转子在箱体内啮合而产生压缩,转子、箱体和轴承箱不互相接触,因此压缩室内无润滑油,这就保证了排出的空气干净、无油,避免了灰黏附油脂而结块。

11. 布袋式收尘器的工作原理是什么?

答: 含尘气流上升时与布袋外壁相碰撞,粉尘被布袋过滤,气流则通过布袋经出口排出。在布袋顶部有吹扫喷嘴,吹扫喷嘴向布袋内部脉冲、连续地吹扫,吹扫冲击波撞击布袋骨架,阻止含尘气体进入,并保证布袋膨胀,这样积灰就被清除并落入灰库。

12. 布袋式除尘器的优缺点有哪些?

答: 布袋式除尘器的优点为:
(1) 除尘效率高。
(2) 适应性强。
(3) 使用灵活。
(4) 结构简单。
(5) 工作稳定。
布袋式除尘器的缺点为:
(1) 应用范围主要受到滤料的耐温、耐腐蚀性能的局限。
(2) 不宜用于黏结性强及吸湿性强的粉尘。
(3) 若处理风量较大,则占地面积大。

13. 旋风除尘器的作用是什么?

答: 旋风除尘器的作用主要是把含尘气流中的粉尘捕捉出来,靠粉尘的自身重力使其落入灰库。

14. 滑板隔离阀的作用是什么?

答: 滑板隔离阀主要用于飞灰管道某一管段的隔离,并使飞灰按工作指令输送。

15. 锁气器在气力除灰系统中起什么作用?

答: 锁气器位于二、三级除尘器与灰库之间。它起两个作用:①将负压系统内的真空和大气压下的灰库隔离；②将二、三级除尘器收集到的干灰排入灰库。

16. 简述正压系统除灰系统中仓泵的工作过程。

答：先打开透气阀和进料阀进行装料，料满后关闭进料阀和透气阀，打开缸体进风口，压缩空气将缸体内的粉尘带走。如此循环往复，就可以将粉尘输送出去。这种操作可用程序控制，也可就地操作。

17. 仓泵有哪几种形式？

答：按输出形式，可分为脉冲式、上引式、下引式及流态式；按布置方式，可分为单仓式和双仓式。单仓布置的仓泵，每台可单独进料或数台同时进料，但每条除灰管只能供一台仓泵进料；双仓布置的仓泵，进、出料是相互交替进行的。

18. 气力除灰系统常见的类型有哪几种？

答：气力除灰系统常见的类型有负压气力除灰系统、正压气力除灰系统、微正压气力除灰系统及空气斜槽式除灰系统等，还有的采用了负压集中、正压除灰系统。

19. 简述负压气力除灰系统的特点。

答：负压输送的运行特点是在负压作用下，灰、气混合在管道内以飞灰的形式输送。电除尘器的每个灰斗下都装设一个物料输送阀将灰送入输送管道，当管道系统产生真空后，物料输送阀按程序打开。对一确定的输送阀，直到飞灰输送完真空下降时才自动关闭，而下一个物料输送阀开启。负压系统通常有一些分支管道，每一个分支管包括一系列受灰点，自动控制的分离滑阀将各分支分开，使各自独立运行，在支管端部设进气止回阀提供补充的输送空气。在灰库顶部，旋风分离器作为第一级分离装置，布袋除尘器则作第二次捕集。负压系统比较干净，在除尘器灰斗下所需设备的空间很小，投资较低。但负压系统的出力和输送距离有限。一般输送能力为 40t/h，输送距离小于 200m，输送浓度为 20％左右。

20. 简述微正压气力除灰系统的特点。

答：微正压是指输送空气的压力小于或等于 0.2MPa。微正压系统的出力及输送距离比负压系统有所提高，一般出力可达到 80t/h，输送距离大约为 500m，灰库所需的气灰分离设备较少。但微正压系统的受料装置比较大，每个灰斗下需要较大的设备空间，初始投资较大。

21. 简述正压气力除灰系统的特点。

答：正压系统的关键设备是仓泵。这种系统具有结构简单、出力较大、运行可靠、运动部件少及输送距离远等特点。另外，它常与水力除灰系统并联，当仓泵或所属系统故障时，可切换至水力除灰系统。正压气力除灰系统的输送压力为 0.2～0.8MPa，压缩空气一般由多台并联的活塞式空气压缩机供给。

22. 简述空气斜槽式除灰系统的特点。

答：此种系统的结构、原理简单，是一种经济、实用的气力除灰设备。它具有磨损小、易维护、能耗低、出力大、运行可靠、无噪声、易于改变输送方向及多点卸料等特点；但空气斜槽对潮气敏感，必须采用一定的加热措施。

23. 负压除灰系统投入前应检查哪些内容？

答：（1）确认电除尘器灰斗出口插板、闸板开启，水力除灰电动三通阀关闭，法兰严密不漏风。

（2）开启灰斗气化装置手动阀和布袋锁气器气化装置手动阀。

（3）开启负压气源手动阀，确认气源压力在规定范围，各管道无漏气。

（4）确认负压风机入口挡板在关闭位置，出口手动阀开启，检查油位、油质合格，电动机绝缘良好，接地线紧固，盘车灵活。

（5）检查布袋除尘器防护罩良好。

（6）开启通往灰库气化箱的手动阀，灰库人孔门应严密关闭。

（7）检查程序控制器电源、设备操作电源及模拟盘显示正常，输灰开关、物料输送阀位置正确，其他热工、电气信号正确。

（8）开关"气力"位置且合到位。

（9）其他辅助设备投运正常。

24. 简述负压除灰系统的启动过程。

答：（1）将控制盘上的开关置于"手动"位置，隔离挡板开关置于"手动"位置，连锁开关至于断开位置。

（2）打开负压风机入口挡板阀，按下程序启动按钮，旋风除尘器、布袋除尘器程序运行。

（3）开启一个分支管的分离滑阀，选择一个系统运行，启动负压风机。

（4）监视真空记录仪当达到一定值后，开启该支路上的一个物料输送阀，当真空达到规定的关闭值时，关闭该物料输送阀清管 1～2min，再开启下一个物料输送阀。重复这一过程，输送该支路中各个灰斗的灰。

（5）待最后一个灰斗输送完毕后，关闭该物料输送阀，清管 1～2min，开启真空破坏阀，停运负压风机。此时，不要立即切断布袋脉冲气源和一、二级除尘器程序，应对布袋进行一段时间的脉冲振打，以清除余灰。

25. 在负压气力除灰系统运行中，应重点检查哪些内容？

答：（1）物料输送阀、补气阀声音正常，无漏灰现象，阀门开、关灵活无卡涩。

（2）分离滑环开、关灵活无卡涩。

（3）管道尾端单向止回阀声音正常，无冒灰。

（4）管路真空表上真空度在规定范围。

（5）鼓风机压力表、温度表指示正常。

（6）布袋、布袋除尘脉冲电磁阀动作正常，程序控制阀门无卡涩。

（7）负压风机油位、油质、油压、温度及进、出口温差正常，转速不超过规定值，转向正确，无异声。

26. 仓泵启动前应进行哪些检查？

答：（1）仓泵缸体完整，内部无杂物，人孔门盖紧。

（2）各阀门完好、动作到位、灵活，且无其他异常情况。

（3）各吹堵阀在关闭位置，吹堵总阀在开启状态。

（4）控制气源阀门在开启位置，压力合适。

（5）控制盘上的进料阀、透气阀、进气阀开关灵活且在关闭位置。

（6）检验各连锁动作正常。

27. 简述仓泵的启动过程。

答：（1）控制盘送电。

（2）开关打至"手动"位置，启动空气压缩机。

（3）当空气压缩机压力达规定值时，检查吹堵阀管无泄漏和堵塞，切换阀门，对输灰管吹扫 1min，再对仓泵空吹两次，且每次应超过 1min。

（4）开启进料阀、透气阀，依次启动给料机、绞龙及锁气器，投入连锁。

（5）开启除灰闸板阀，检查下灰及输灰情况。

（6）当料位指示发出信号时，开启另一仓进行装灰。当输灰空气压力上升到规定值时，开启进气阀进行输灰。此时，应注意进气管压力、输送管压力及压差变化，防止堵管。

（7）该仓粉尘吹扫完毕（压力降到一定值），关闭进气阀，停止输灰。

（8）开启进料阀、透气阀重新装灰，延时一段时间后，可开启另一仓的进气阀来输灰。

（9）两仓依照上述情况依次输灰，即可连续除灰。

28. 如何停止仓泵运行？

答：（1）启动水力除灰设备，开启水力除灰闸门。

（2）解除连锁，待存粉输完后，可停止各进料阀、透气阀，仓泵停止装灰。

（3）将仓泵存灰吹空后，切换系统阀门，对输灰管吹扫，确认管路畅通后关闭进气阀。

（4）停止空气压缩机运行，泄压、放水。

（5）断开控制盘电源。

29. 负压输灰系统的飞灰收集管堵塞，真空度在设定值之上的原因有哪些？如何处理？

答：原因：输送系统故障或堵塞。

处理：找出堵塞部位，将相应的配管卸下排灰，判断有无湿灰，将程序控制系统转至下一个灰斗继续输灰。

30. 旋风分离器挡板和布袋除尘器挡板发生故障，关闭指令发出后开关不动作的原因有哪些？如何处理？

答：原因：闸板被异物卡住，空气压力不够，气缸或电磁阀安装方向不正确。

处理：排出异物，确认气缸动作是否正常，确认限位开关动作状态是否正常。

31. 布袋除尘器压差大于规定值的原因有哪些？如何处理？

答：原因：布袋堵塞，压差测管堵塞，或吹扫用空气压力不够。

处理：清扫布袋，疏通压差测管，增开气泵以提高压力。

32. 仓泵出灰时，泵内及输灰管压力高于正常值的原因有哪些？如何处理？

答：原因：输灰管堵塞，或阀门未正确动作。

处理：阀门故障时，应停泵检修；输灰管堵塞时，应手动吹扫。

33. 仓满信号长时间未显示，进灰门开启阀位指示灯不亮而拒动信号亮的原因有哪些？如何处理？

答：原因：卸灰机未启动，或仓泵入口堵塞，进灰阀或灰位信号故障。

处理：卸灰机未启动时，可手动启动卸灰机；入口管堵塞时，应疏通入口；进灰门拒动时，应检查进气压力是否正常。

34. 灰斗高灰位的原因有哪些？如何处理？

答：原因：卸灰机故障；下灰管堵塞；仓泵故障，但除灰方式未自动切换；灰斗插板关闭。

处理：检查卸灰机，及时处理缺陷；疏通下灰管；消除仓泵故障；开启灰斗插板。

35. 空气压缩机油气桶的作用是什么？

答：（1）储存空气压缩机所需的润滑油。

（2）使压缩空气流速减小，油滴分离，达到第一阶段除油的作用。

36. 空气压缩机压力维持阀的作用是什么？

答：（1）在启动时优先建立起润滑油所需的循环压力，确保机体的润滑。

（2）降低流过油细分离器的空气流速，既可确保油细分离的效果，又可避免油细分离器因承压太大而受损。

37. 空气压缩机无法全载运行的原因有哪些？

答：（1）压力开关故障。

（2）三相电磁阀故障。

（3）延时继电器故障。

（4）进气阀动作不良。

（5）压力维持阀动作不良。

（6）控制管路泄漏。

38. 空气压缩机电流偏高，跳闸的原因有哪些？

答：（1）电压太低。

（2）排气压力太高。

（3）润滑油规格不符合要求。

（4）油细分离器堵塞（油压高）。

（5）机体故障。

39. 空气压缩机排气温度过高的原因有哪些？

答：（1）润滑油量不足。

（2）冷却水温度过高。

（3）环境温度高，油冷却器堵塞。

（4）润滑油规格不正确。

（5）热控制阀故障。

（6）空气滤清器不清洁。

（7）油过滤器堵塞。

（8）冷却风扇故障。

40. **水冷双螺旋空气压缩机在压缩原理上分为哪几个过程？**

答：水冷双螺旋空气压缩机在压缩原理上可分为以下四个过程：
（1）吸气过程。
（2）封闭与输送过程。
（3）压缩及喷油过程。
（4）排气过程。

41. **简述水冷双螺旋空气压缩机的空气流程。**

答：空气由空气滤清器滤去尘埃后，经进气阀进入主压缩空气室，再经排气止回阀进入油气桶，最后经油细分离器、压力维持阀、后部冷却器和水分离器进入到使用系统中。

42. **油细分离器堵塞或损坏的现象有哪些？**

答：（1）系统空气中所含油分子增加。
（2）油细分离器压差开关超过设定值，指示灯亮。
（3）油压偏高。
（4）电流增大。

43. **水冷双螺旋空气压缩机热控制阀的作用是什么？一般设定的打开温度是多少？**

答：热控制阀的作用是使排气温度维持在压力露点温度以上。油温升高至67℃时开始打开，升高至72℃时全开。

44. **简述低正压气力输灰过程。**

答：由静电除尘器捕捉的飞灰或省煤器的飞灰集中在灰斗中，当灰斗中飞灰达到一定高度而发出信号时，启动输灰程序，入口阀打开，飞灰靠重力落入输灰罐中，达到一定灰量时，入口阀关闭，出口阀打开，由输送空气通过管道将灰送到灰库内。

45. **空气压缩机运行电流低的原因有哪些？**

答：（1）空气消耗量太大。
（2）空气滤清器堵塞。
（3）进气阀动作不良。
（4）气量调节阀调整不当。

46. 空气压缩机无法启动的原因有哪些?

答:(1) 熔断器熔断。
(2) 保护继电器动作。
(3) 启动继电器故障。
(4) 启动按钮接触不良。
(5) 电压太低。
(6) 电动机故障。
(7) 机体故障。
(8) 欠相保护继电器动作。

47. 简述水冷双螺旋空气压缩机的润滑油流程。

答:借助于油气桶内的压力,将润滑油压入油冷却器,再经油过滤器除去杂质后分成两路。一路退到机体下端喷入压缩室,冷却压缩空气;另一路通到机体两端用来润滑轴承组及传动齿轮。然后各部分润滑油再聚集于压缩室底部由排气口排出,与油混合后的压缩空气经排气止回阀重新回到油气桶进行分离。

48. 空气压缩机排气温度低于正常值(70℃)的原因有哪些?

答:(1) 冷却水量太大。
(2) 环境温度低。
(3) 无负荷时间太久。
(4) 排气温度表故障。
(5) 热控制阀故障。

49. 空气压缩机无法空车的原因有哪些?

答:(1) 压力开关失灵。
(2) 进气阀动作不良。
(3) 泄放电磁阀故障(线圈烧损)。
(4) 气量调节膜片破损。
(5) 泄放限流孔太小。

50. 空气压缩机排出气体中含有油分子,润滑油添加周期减短,无负荷时或停机时空气滤清器冒烟的原因有哪些?

答:(1) 润滑油加的太多,油面太高。
(2) 回油管阻流孔堵塞。

（3）排气压力低。

（4）油细分离器破损。

（5）压力维持阀弹簧疲劳。

（6）油停止阀故障。

（7）排气止回阀不严。

（8）重车停机。

（9）电气线路错误，泄放阀未泄放。

51. **空气压缩机的紧急停运条件有哪些？**

答：（1）冷却水中断，气缸失去冷却。

（2）润滑油中断。

（3）气压表损坏，无法监视气压。

（4）油压表损坏，或油压低于最低运行值。

（5）发生剧烈振动。

（6）一、二级缸排气压力大幅度波动。

（7）电动机电流突然增大，超过额定电流值，电气设备着火。

（8）一、二级缸中任一个缸的压力达到安全阀动作设定值而安全阀拒动作。

高 级 工

第三篇

第七章

锅炉运行技术

第一节　燃烧计算与燃烧器运行

1.　煤的元素分析有哪些成分？如何表征各成分的含量？

答：煤的元素分析成分有碳（C）、氢（H）、氧（O）、氮（N）、硫（S）、灰分（A）和水分（M）。由于煤中水分和灰分随外界条件而变，其他成分的含量也随之改变，因而在表征煤中各成分的含量时，采用了四个基准，即收到基、空气干燥基、干燥基和干燥无灰基。

（1）收到基是以进入锅炉实际收到的炉前煤的成分之和作为100%的基准，即

$$C_{ar} + H_{ar} + O_{ar} + N_{ar} + S_{ar} + M_{ar} + A_{ar} = 100\% \tag{7-1}$$

（2）空气干燥基是以在实验室经过自然干燥，去掉外在水分的煤的成分之和作为100%的基准，即

$$C_{ad} + H_{ad} + O_{ad} + N_{ad} + S_{ad} + M_{ad} + A_{ad} = 100\% \tag{7-2}$$

（3）干燥基是以去掉全部水分的煤的成分之和作为100%的基准，即

$$C_d + H_d + O_d + N_d + S_d + A_d = 100\% \tag{7-3}$$

（4）干燥无灰基是以去掉全部水分和灰分的煤的成分之和作为100%的基准，即

$$C_{daf} + H_{daf} + O_{daf} + N_{daf} + S_{daf} = 100\% \tag{7-4}$$

2.　什么是理论空气量、过量空气系数、理论烟气量及实际烟气量？

答：1kg收到基燃料完全燃烧时所需要的空气量称为理论空气量。

锅炉运行中，为减少不完全燃烧，实际送入炉内的空气量总是要比理论燃烧空气量多一些，则实际供给的空气量与理论空气量的比值称为过量空气系数。

当过量空气系数等于1时，燃料完全燃烧所生成的烟气量称为理论烟气量。

在锅炉实际燃烧过程中，为了有利于完全燃烧，送入炉内的空气量应大于理论需要量，这部分过量的空气不参与燃烧化学反应而直接进入烟气当中，并带入一部分水蒸气，则理论烟气量、过量空气量和过量空气所带入的水蒸气量之和称为实际烟气量。

3.　什么是锅炉的漏风系数？

答：在负压运行的锅炉中，从炉膛和烟道不严密处可以漏入外界的冷空气，则烟道各段内漏入的冷空气量与理论空气量之比即为该段烟道的漏风系数。

4. **什么是旋转射流？如何描述旋转射流？**

答： 旋流燃烧器出口气流是围绕燃烧器的轴线旋转的，称为旋转射流。

旋流燃烧器出口任何一点的旋转射流均可用轴向速度 ω、切向速度 τ、径向速度 u 和该点的静压 p 来描述，图7-1所示为旋转射流各流动参数变化曲线。

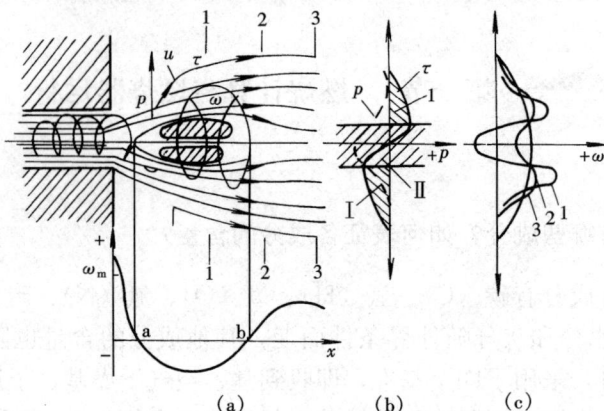

图7-1　旋转射流各流动参数变化曲线
(a) 射流轴心速度；(b) 切向速度和压力；(c) 在横截面1、2、3上的轴向流动速度

5. **什么是旋转射流的旋转强度？**

答： 旋转射流的旋转强度 n 可表示为旋转气流对旋流燃烧器轴线的切向旋转动量矩 M 与轴向动量矩 P 和定性尺寸 L 乘积的比值，即

$$n = M/(LP) \tag{7-5}$$

其中，轴向动量取决于质量和轴向速度，切向旋转动量矩取决于质量、切向速度和旋转半径，定性尺寸选为 $\dfrac{\sqrt{d^2-d_0^2}}{4}$（$d$ 和 d_0 分别表示旋流装置出口环形通道的外径和内径）。

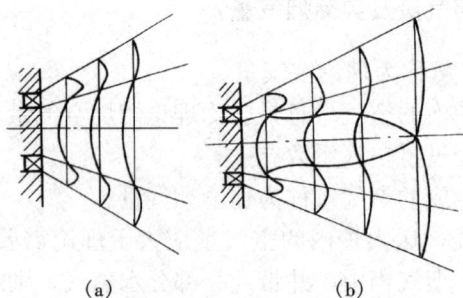

图7-2　旋转射流的流动状态
(a) 开放式旋转射流；(b) 封闭式旋转射流

6. **旋转射流可以分为哪几种状态？**

答： 旋转射流可分为两种状态，即封闭式旋转射流和开放式旋转射流，如图7-2所示。当旋流燃烧器的出口气流旋转强度不很大时，燃烧器出口处的中心回流区在周围介质的作用下呈封闭状态，回流区内为负压，即为封闭式旋转射流。当旋流燃烧器出口气流旋转强度大到一定程度时，旋转射流的外边界负压大于中心负压，出口气流在内、外压差的作用下向四周散开，中心回流区不再是封闭状态，即为开放式旋转射流。

7. **如何对旋流燃烧器进行调节？**

答： 对于运行中的旋流燃烧器，主要是调节其出口气流的中心回流量、气流的射程和气流出口的扩展角。

（1）在蜗壳式旋流燃烧器中，可通过调整安装在旋流器入口的舌形挡板来进行气流调节。当舌形挡板关小时，旋流器入口截面减小，旋转强度增大，回流量、气流射程和扩展角也都随之发生变化。

（2）在切向叶片式旋流燃烧器中，可通过调节切向叶片的角度来改变旋转强度。

（3）在轴向叶片式旋流燃烧器中，可通过调节轴向叶轮在燃烧器轴向的位置来改变燃烧器的旋转强度。当轴向叶轮全部推入燃烧器时，气流全部经过轴向旋流叶片，旋转强度最大。随着轴向叶轮的拉出，旋流燃烧器的回流量、气流射程和扩展角也将发生变化。

8. **什么是自由射流及自由射流的射程？**

答： 所谓自由射流，就是指气流从一个喷口射入相当大的对气流毫无约束的空间，该空间充满着物理性质一定的，且基本上是静止的气体。图 7-3 所示为紊流自由射流。

当射流沿轴向流动到某一截面，该截面内最大轴向速度 ω_m 降低到某一剩余速度时，该

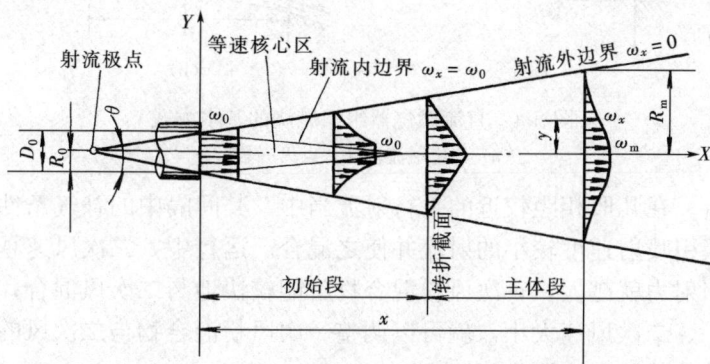

图 7-3　紊流自由射流

截面与喷口之间的距离称为自由射流的射程。

9. **直流燃烧器有哪几种配风方式？**

答： 直流燃烧器的配风方式分为以下三种：

（1）均等配风方式。此方式一般为一、二次风间隔布置。一、二次风的间距相对较近，每个一次风喷口的上、下都设有二次风喷口。此方式适用于挥发分含量较大的烟煤。

（2）分级配风方式。此方式将一次风喷口相对集中地布置在一起，以设法提高着火区域的煤粉浓度。此方式适用于挥发分含量较低的贫煤和无烟煤。

（3）特殊配风方式。这是一种将二次风放在一次风喷口内作为夹心风中和周界风送入的方式。

10. 如何根据煤种来确定直流燃烧器的一、二次风速及喷口平均间隔？

答：直流燃烧器的运行，不仅要求单组燃烧器燃烧工况正常，而且要求四角布置的燃烧器配合适当，才能获得较好的运行效果。直流燃烧器一、二次风速及喷口平均间隔的常见范围见表 7-1。

表 7-1 直流燃烧器一、二次风速及喷口平均间隔的常见范围

煤　　种	无烟煤、贫煤	烟煤、褐煤
一次风速（m/s）	20～26	20～35
二次风速（m/s）	45～55	40～60
喷口平均间隔（mm）	0.3～0.9 倍喷口平均宽度	<0.3 倍喷口平均宽度

11. 直流燃烧器组织燃烧的基本方式是什么？

答：直流燃烧器组织燃烧的基本方式有两种，如图 7-4 所示。

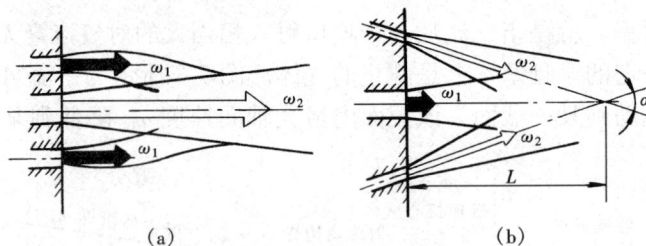

图 7-4　直流燃烧器组织燃烧的基本方式
(a) 集束射流；(b) 点火三角形

（1）集束射流。在几股相距较近的平行射流当中，其间隔中的补气条件较差，利用喷射速度较大的射流吸引喷射速度较小的射流并使之混合。运行中，二次风速越高，一次风速越低，则二次风的引射力就越大，一次风粉混合物就能较快地与二次风混合；反之，则混合较慢。所以，调整一、二次风速大小，就可以调整一次风粉混合物与二次风的混合时间，也即调整了一次风粉混合物的点火段长度。

（2）点火三角形。当燃烧器设计的一、二次风喷口采用较大的间距时，两股对称的二次风以夹角 α、速度 ω_2 在距喷口 L 处相交，而一次风以水平方向的速度 ω_1 自喷口喷出，则一次风粉混合物喷出后的着火过程应在 L 段内完成，也就是在 L/ω_1 的时间内完成。所以，在运行中调节一次风速 ω_1 的大小，也就是调节着火时间的长短。对于直流燃烧器二次风速的调整，除考虑单组燃烧器的燃烧组织和保证燃烧器的足够射程之外，还应考虑上二次风的压火作用和下二次风的托粉作用。当锅炉运行参数稳定时，保持较高的上二次风速，可以维持正常的火焰中心和较好的煤粉燃尽度；下二次风速应根据运行的实际情况进行调整，过高的下二次风对燃烧是不利的。

12. 简述预燃室燃烧器的基本结构。

答：早期典型的预燃室燃烧器主要由一次风口、二次风口和预燃室三部分组成。预燃室

是一个有限空间的绝热筒，根据燃用煤种的不同，筒内衬有耐火涂料、耐火砖或直接由钢板卷制而成。一次风粉混合物由预燃室的根部通过轴向夹角为 20°～35°的叶片旋转射入预燃室。二次风布置在距一次风出口较大间距的预燃室出口部分，以带有 15°～20°的压缩角旋转或直流射入预燃室（也有的是切向进入预燃室的）。一、二次风在预热室内混合后喷入炉膛。图 7-5 所示为预热室燃烧器。

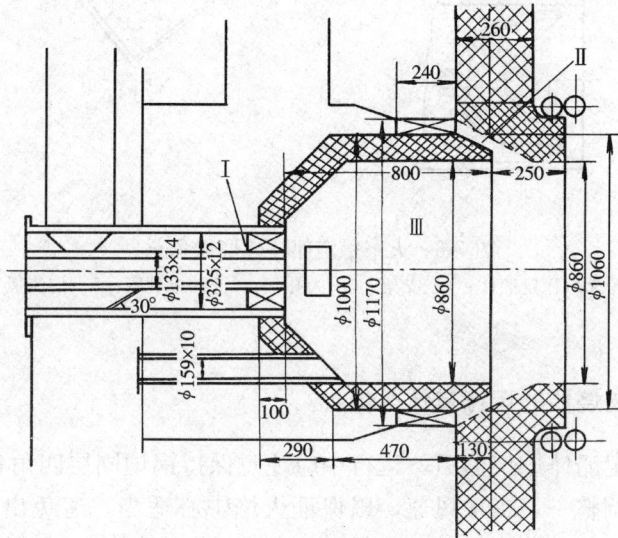

图 7-5　预燃室燃烧器

13. 预燃室燃烧器的工作原理是什么？

答：预燃室燃烧器的工作原理是在一个有限的绝热空间里，依靠一次风粉混合气流的旋转形成强烈的回流，采用较小的点火热量点燃煤粉，并使其在绝热筒内稳定燃烧。稳燃后的高温火焰在预燃室出口补给燃烧所需的空气量，然后喷入炉膛。回流区还可以依靠一次风粉混合物通过绕流钝体形成，也可以依靠设计在筒壁的高速蒸汽与一次风喷口的速度差形成。

14. 火焰稳定船体燃烧器的工作原理是什么？

答：图 7-6 所示为火焰稳定船体燃烧器的示意。火焰稳定船体燃烧器是在直流燃烧器的一次风口内加装一只形同船体的火焰稳燃装置。一次风粉混合物通过船体稳燃装置之后，形成一个小的回流区，回流区的一半在一次风口内，另一半伸向炉内，然后向外扩展，整个出口的风粉混合物的射流呈现为一束腰形状。在束腰后的外缘区域，建立起一个具有高温度、高煤粉浓度和较高氧浓度的所谓"三高区"。高温度有利于将煤粉很快地加热到着火温度；高煤粉浓度可以降低燃料所需要的着火热；高氧气浓度便于满足燃料燃烧的需要。加之一次气流与周围介质的紊流热交换，使一次风粉混合物在燃烧器出口有一个较好的着火条件。所以说，这个"三高区"成为一次风粉出口着火的稳定热源，保证了煤粉的稳定燃烧。

313

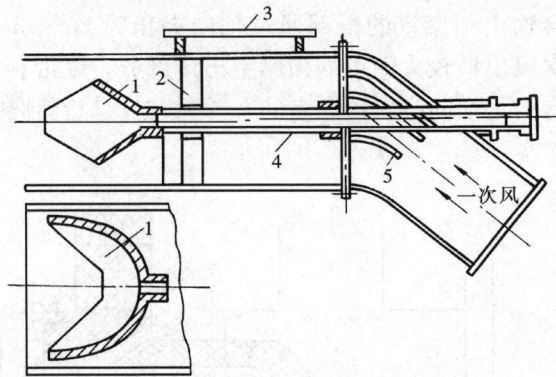

图 7-6　火焰稳定船体燃烧器示意
1—火焰稳定船体；2—支架；3—人孔门；4—油枪套管；5—均流板

15. **火焰稳定船体燃烧器的运行有什么特点？**

答：加装火焰稳定船体燃烧器后，运行中应注意保持锅炉同层四角各一次风喷口煤粉分配的均匀程度，合理调整一、二次风速，以保证火焰中心适当，避免出现燃烧器区域结渣，影响过热汽温等问题。在负荷调节时，应尽量使用火焰稳定船体燃烧器，以更好地发挥其稳燃作用。

对于改装了火焰稳定船体燃烧器的锅炉，由于一次风口内加装了火焰稳定船，可能造成一次风管内的阻力特性发生变化，有可能使燃烧系统某些运行监视参数发生变化，启动和运行时应予以注意。船体材料应有足够的耐磨强度。船体一旦磨穿，其稳燃效果相应下降，将造成四角燃烧工况偏差，运行中也应予以注意。

16. **浓淡分离燃烧器的工作原理是什么？**

答：浓淡分离燃烧器是利用一定的结构形式将一次风粉混合气流分离成浓相和淡相两股含粉浓度不同的气流，再通过喷口送入炉膛进行燃烧的稳燃装置。由于浓相气流的煤粉浓度高，对煤粉着火有以下几个有利条件：

（1）它使煤粉的着火热量减少。

（2）可以加速着火前煤粉的化学反应速度，促使煤粉着火。

（3）增加了火焰黑度和辐射吸热量，加速着火和提高火焰传播速度。

对于浓淡煤粉分离燃烧器，由于浓相气流着火提前和稳定，也为淡相气流的着火提供了稳定的热源，使整个燃烧器的燃烧稳定性提高。但是浓相气流的煤粉浓度并不是越高越好，当煤粉浓度过高时，会造成燃烧中氧气过少，影响挥发分的燃烧和燃尽，使得煤粉颗粒温度的提高受到影响，火焰的传播速度降低，火焰拉长，对整个燃烧器的燃烧工况带来不利影响，因而对不同的煤种应选取适宜的浓度值。

17. 浓淡分离煤粉燃烧器浓缩煤粉的分离方式有哪几种？

答： 如图 7-7 所示。

（1）煤粉旋风分离浓缩。利用旋风子使一次风粉气流在旋转离心力作用下进行浓缩，如图 7-7(a) 所示。淡相经过旋风子上部的抽气管送入炉膛，浓相从旋风子下部经燃烧器喷入炉膛。

（2）管道弯头分离浓缩。利用弯头使煤粉分离的浓淡分离燃烧器，如图 7-7(b) 所示。一次风粉通过弯头时受离心力的作用进行浓缩，使管道上部为浓相、下部为淡相，然后把浓相和淡相根据设计要求通过上、下喷口或左、右喷口喷入炉膛。

（3）百叶窗锥形轴向分离浓缩。利用百叶窗分离器进行分离的浓淡形煤粉燃烧器，如图 7-7(c) 所示。当一次风粉气流经过百叶窗分离器时，由于煤粉的惯性较大，不易改变直线流动方向，气流从百叶窗小孔中流出，浓相煤粉气流从分离器后引出喷入炉膛。

（4）旋流叶片分离浓缩。带有旋流叶片的浓淡分离煤粉燃烧器如图 7-7(d) 所示。一次风粉气流通过旋流叶片使气流旋转，在离心力作用下使煤粉气流分离成浓相和淡相，浓相从管道四周引出，淡相从管道中心引出。

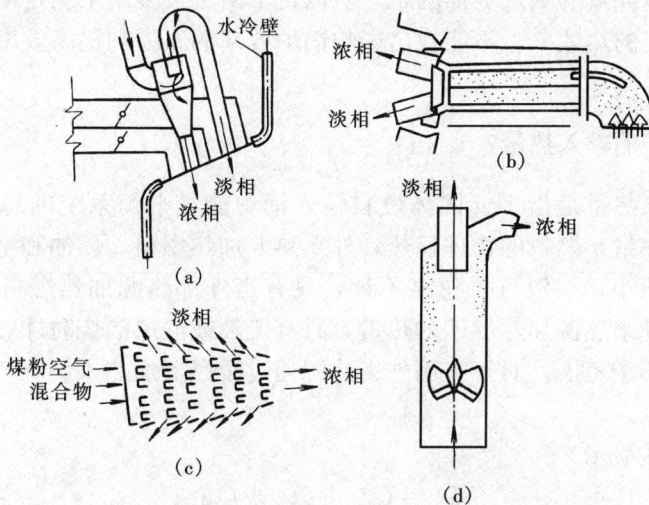

图 7-7　煤粉浓缩的几种方式

（a）煤粉旋风分离浓缩；（b）管道弯头分离浓缩；
（c）百叶窗锥形轴向分离浓缩；（d）旋流叶片分离浓缩

18. 浓淡分离煤粉燃烧器的运行中有哪些注意事项？

答： 运行中，应尽量调平同层浓淡燃烧器的下粉量，保证其热负荷均匀。四角布置的浓淡分离煤粉燃烧器的一次风量应平衡合理。锅炉在低负荷运行时，为稳定燃烧，不可停用浓淡分离煤粉燃烧器和减少它们的给粉量，使之尽量在满负荷下运行，以保证浓相的煤粉浓度。改变锅炉负荷时：①应调整未经改造的燃烧器的给粉量，这样可使浓淡分离煤粉燃烧器成为锅炉燃烧的稳燃源。②应适当调整燃烧器的上、下二次风量和风速，避免煤粉后期燃烧不完全和煤粉离析，以保证锅炉的经济性。

第二节 锅炉的效率与经济运行

1. 什么是锅炉的正平衡效率？采用正平衡法有什么特点？

答： 锅炉的正平衡效率是指锅炉的输出热量与输入热量的比值的百分数，即

$$\eta = \frac{Q_1}{Q_2} \times 100\% \tag{7-6}$$

式中 Q_1——锅炉的输出热量，kJ/kg；

Q_2——锅炉的输入热量，kJ/kg。

采用正平衡法求取锅炉效率，只要知道锅炉的输入热量和输出热量就可以计算。由式（7-6）可知，计算正平衡热效率比较简单，对于大容量锅炉只要能够比较准确地计算出锅炉单位时间内的燃料消耗量，就可以求取锅炉的正平衡热效率。正平衡法要求锅炉在比较长的时间内保持稳定的运行工况，即保持试验期间锅炉压力负荷一定，试验要求燃烧状态和汽包水位相同，这在锅炉运行中是比较难以完全做到的。另外，对于大型燃煤锅炉，尤其是储仓式制粉系统，燃煤消耗量的测量更加困难，所以正平衡法大多用来确定小型锅炉的效率，而且只能求出锅炉机组的热效率，不能找出影响锅炉效率的原因和提高效率的途径。

2. 如何计算锅炉的输入热量？

答： 锅炉的输入热量是指 1kg 固体燃料输入锅炉能量平衡系统的总热量。其中包括燃料的收到基低位发热量，燃料的物理显热，外来热源加热燃料、燃油和空气的热量。由于燃料的物理显热数值很小，一般可以忽略不计，只有当外部热源加热燃料或燃料水分相当大时，才需要计入。外来热源加热燃油的热量，只有燃油或油煤混烧时才可能出现，燃煤锅炉在正常运行时可以不予考虑。对于有用外来热源通过暖风器加热入炉空气的大容量锅炉，则应计入外来热源热量。

输入热量用下式表示

$$Q_r = Q_{net}^{ar} + Q_{wx} + Q_{wl} \tag{7-7}$$

式中 Q_{net}^{ar}——收到基燃料低位发热量，kJ/kg；

Q_{wx}——燃料的物理显热，kJ/kg；

Q_{wl}——加热燃料、空气和雾化重油的外来热量，kJ/kg。

3. 如何计算锅炉的输出热量？

答： 锅炉输出热量是相对于 1kg 的固体燃料燃烧后，工质在锅炉中所吸收的总热量和排污水，以及其他外用蒸汽所消耗的热量的总和，也就是锅炉供出蒸汽的总热量与给水和返回锅炉蒸汽总热量之差，即

$$Q_1 = \frac{1}{B} \left[D_{gr}''(h_{gr}'' - h_{gs}) + D_{zr}(h_{zr}'' - h_{zr}') + D_{zj}(h_{zr}'' - h_{zj}) + D_{bq}(h_{bq} - h_{gs}) + D_{pw}(h_{bs} - h_{gs}) \right]$$

$$\tag{7-8}$$

式中　B——锅炉燃料消耗量，kg/h；

D''_{gr}——锅炉出口蒸汽流量，kg/h；

h''_{gr}——锅炉出口主蒸汽焓，kJ/kg；

h_{gs}——锅炉给水焓，kJ/kg；

D_{zr}——锅炉入口再热蒸汽流量，kg/h；

h''_{zr}、h'_{zr}——锅炉再热器出口、入口再热蒸汽焓，kJ/kg；

D_{zj}——再热蒸汽减温水流量，kg/h；

h_{zj}——再热蒸汽减温水焓，kJ/kg；

D_{bq}——饱和蒸汽抽出量，kg/h；

D_{pw}——锅炉排污量，kg/h；

h_{bq}、h_{bs}——饱和蒸汽、饱和水焓，kJ/kg。

4. 什么是锅炉机组的净效率？

答：锅炉机组的净效率是指在锅炉热效率的基础上，扣除自用汽、水的热能和自身各种用电设备的自用电量之后的热效率值。

锅炉机组净效率可用下式计算

$$\eta_j = \eta - \Delta\eta \tag{7-9}$$

$$\Delta\eta = \frac{D_{zs}(h_{zs} - h_{gs}) + D_{zq}(h_{zq} - h_{gs}) + 29\,310b\sum P}{BQ_r} \tag{7-10}$$

式中　$\Delta\eta$——自用汽水及自用电能折算的热量占总输入热量的百分数，%；

D_{zs}、D_{zq}——自用水、汽流量，kg/h；

h_{zs}、h_{zq}——自用水、汽焓，kJ/kg；

h_{gs}——给水焓，kJ/kg；

b——电厂标准煤耗率，kg/(kW·h)；

$\sum P$——锅炉机组自用电耗量，kW·h/h。

5. 什么是锅炉的反平衡热效率？

答：锅炉的反平衡热效率一般是指锅炉的输入热量和各项热损失之间的热平衡关系。对于固体燃料而言，一般都以 1kg 燃料为基础进行计算，其热平衡关系式为

$$Q_r = Q_1 + Q_2 + Q_3 + Q_4 + Q_5 + Q_6 \tag{7-11}$$

设 $q_1 = \dfrac{Q_1}{Q_r} \times 100\%$，$q_2 = \dfrac{Q_2}{Q_r} \times 100\%$，…

如果各项热量均按照锅炉热量的百分率表示，则锅炉反平衡热效率可写成

$$\eta = q_1 = 100 - (q_2 + q_3 + q_4 + q_5 + q_6) \tag{7-12}$$

式中　Q_r——每千克燃料的输入热量，kJ/kg；

Q_1——每千克燃料的输出热量，kJ/kg；

Q_2——每千克燃料的排烟损失热量，kJ/kg；

Q_3——每千克燃料的可燃气体未完全燃烧损失热量，kJ/kg；

Q_4——每千克燃料的固体未完全燃烧损失热量，kJ/kg；

Q_5——每千克燃料的锅炉散热热量，kJ/kg；

Q_6——每千克燃料的灰渣物理损失热量，kJ/kg；

q_1——输出热量，%；

q_2——排烟热损失，%；

q_3——可燃气体未完全燃烧热损失，%；

q_4——固体未完全燃烧热损失，%；

q_5——锅炉散热损失，%；

q_6——灰渣物理热损失，%。

6. **锅炉主要有哪几项损失？**

答：锅炉损失主要有排烟热损失、可燃气体未完全燃烧热损失、固体未完全燃烧热损失、散热损失、灰渣物理热损失。

7. **什么是排烟热损失？降低排烟热损失的途径是什么？**

答：排烟热损失为锅炉末级空气预热器后排出的热烟气带走的物理热量占输入热量的百分率，即

$$q_2 = \frac{Q_2}{Q_r} \times 100\%$$
(7-13)

它包括干烟气带走的热量和烟气中水蒸气的显热，该项损失也是锅炉的主要热损失。

降低排烟热损失的途径有：

（1）防止受热面结渣和积灰。由于熔渣和灰的传热系数很小，锅炉受热面结渣和积灰，会增加受热面的热阻，这就使工质的吸热量大幅度减少而各段烟气温度升高，从而使排烟温度升高，因而在运行中，需合理调整风、粉配比，以及风速和风率，减少结渣的可能；同时，还要定期对受热面吹灰，也可减轻和防止积灰、结焦，从而保持排烟温度的正常。

（2）合理运用煤粉燃烧器。大容量锅炉的燃烧器沿炉膛高度布置多层，不同燃烧器的组合使炉膛的火焰中心高度有所不同，当火焰中心较高时，炉膛出口的烟气温度及排烟温度也会相应升高，因此，在保证锅炉各运行参数正常的前提下，一般应尽可能投用下层燃烧器。

（3）控制送风机入口空气温度。当送风机入口空气温度高于设计值时，可提高炉内理论燃烧温度水平及燃烧的经济性，但也使炉内烟气温度上升，导致排烟温度升高，随着送风机入口空气温度的升高，其在空气预热器内的吸热量相应减少，而烟气的放热量也相应减少，排烟温度随之升高。所以运行中应分析入炉空气温度升高与排烟温度升高对锅炉热经济性的影响，设法进行调整控制。

（4）注意给水温度的影响。锅炉给水温度降低会使省煤器传热温差增大，省煤器吸热量将增加，在燃料量不变时排烟温度会降低。但是，如果保持锅炉蒸发量不变，就需增加燃料量，使锅炉各部烟气温度回升。这样，排烟温度同时受给水温度下降和燃料量增加两方面的

影响。一般情况下，如果保持锅炉负荷不变，排烟温度将会降低。但利用降低给水温度来降低排烟温度的方法并不可取，因为降低排烟温度虽然有可能使锅炉效率提高，但由于汽轮机抽汽量减少，电厂的热经济性将会降低。

（5）避免入炉风量过大。锅炉烟气量的大小，主要取决于炉内过量空气系数及锅炉的漏风量，在满足燃烧正常的条件下，应尽量减小过量空气系数。过大的过量空气系数，既不利于锅炉燃烧，也会增加排烟量而使锅炉效率降低。

（6）注意制粉系统运行的影响。应尽量减少三次风量，保证合格的煤粉细度。对于中间储仓式制粉系统，由于其三次风布置在燃烧的最上层，三次风温度较低，且含有煤粉，三次风的喷入会推迟燃烧，并使火焰中心提高，从而提高排烟温度，因此应注意减少三次风；同时，应合理调整制粉系统，保持合格的煤粉细度，提高分离效率，尽量减少三次风的含粉量，有利于保持炉内正常的火焰中心而不使其抬高。

8. **什么是可燃气体未完全燃烧热损失？如何确定该项损失？**

答： 可燃气体未完全燃烧热损失是指烟气中未燃尽的气体可燃物随烟气排走而损失的热量，也称化学不完全燃烧损失，可用排烟中的未完全燃烧产物的含量来确定，按式（7-14）计算

$$q_3 = \frac{1}{Q_r} V_{gr}(126.36 CO + 358.19 CH_4 + 107.98 H_2 + 590.79 C_m H_n) \times 100\% \quad (7\text{-}14)$$

式中　CO、CH_4、H_2、$C_m H_n$——一氧化碳、甲烷、氢气及碳氢化合物占干烟气的容积百分率；

　　　　　　　Q_r——输入热量，kJ/kg；

　　　　　　　V_{gr}——每千克燃料燃烧生产的干烟气体积，m^3/kg。

9. **什么是固体未完全燃烧热损失？如何减小该项损失？如何计算？**

答： 燃料的固体颗粒未能在炉内完全燃烧而被排出造成的热损失，称为固体未完全燃烧热损失，也称机械不完全燃烧热损失。因为该损失的大小主要取决于飞灰和灰渣中的含碳量，所以可通过合理调整煤粉细度，控制适量的过量空气系数及合理的燃烧调整，以降低飞灰及灰渣中的含碳量，从而减小该项损失。目前，国内大型发电锅炉均采用煤粉悬浮燃烧方式，其固体未完全燃烧热损失可用式（7-15）进行计算

$$q_4 = q_4^{lz} + q_4^{fh} + q_4^{cj} + q_4^{sz} \quad (7\text{-}15)$$

式中　q_4^{lz}——炉渣中的固体未完全燃烧热损失，%；

　　　q_4^{fh}——飞灰中的固体未完全燃烧热损失，%；

　　　q_4^{cj}——沉降灰的固体未完全燃烧热损失，%；

　　　q_4^{sz}——中速磨煤机排出石子煤的热损失，%。

10. **如何减小排污热损失？**

答： （1）保证锅炉的给水品质。锅炉给水品质高，在锅炉设计的锅水浓缩倍率下，排污

率将减小。

（2）提高汽水分离装置的安装和检修质量，提高汽水分离效果，在较高的锅水浓度下获得较好的蒸汽品质，从而减少排污率。

（3）运行中保持锅炉负荷、水位、汽压等参数稳定，使锅炉汽水分离装置在正常情况下运行。

锅炉疏水一般在锅炉启停和异常情况下进行，及时合理地开启和关闭疏水可以减少热量损失。疏水阀、排污阀都可能出现泄漏，在锅炉运行中应认真检查其泄漏，及时处理，以免造成不必要的热量损失。

11. **散热损失是如何形成的？如何计算？其大小与什么因素有关？**

答： 锅炉工作时，炉墙、金属结构及锅炉机组范围内的烟风道、汽水管道和联箱等外表面温度高于周围环境温度，通过自然对流和辐射向周围散热，从而形成散热损失。其大小主要取决于锅炉散热表面积的大小、水冷壁的敷设程度、管道的保温及周围环境情况等。此外，还与锅炉机组的热负荷有关。

锅炉在额定负荷下的散热损失，可按照式（7-16）计算

$$q_5^e = 5.82(D^e)^{-0.378} \tag{7-16}$$

当锅炉机组偏离额定蒸发量运行时，散热损失可按式（7-17）计算

$$q_5 = q_5^e \frac{D^e}{D} \tag{7-17}$$

式中　q_5^e ——额定蒸发量下的散热损失，%；

　　　D^e ——锅炉额定蒸发量，t/h；

　　　D ——计算效率使用的锅炉蒸发量，t/h。

12. **灰渣物理热损失是如何形成的？如何计算？**

答： 从锅炉排出的灰与炉渣都具有一定的温度，由此带来的热损失形成了灰渣物理热损失。灰渣物理热损失包括炉渣、飞灰和沉降灰排出锅炉设备时所带走的热损失，可按式（7-18）计算

$$q_6 = \frac{A_{ar}}{100Q_r}\left[\frac{a_{lz}(t_{lz}-t_0)c_{lz}}{100-c_{lz}^c} + \frac{a_{fh}(\theta_{py}-t_0)c_{fh}}{100-c_{fh}^c} + \frac{a_{cj}(t_{cj}-t_0)}{100-c_{cj}^c}\right] \tag{7-18}$$

式中　t_{lz} ——炉渣温度，固态排渣煤粉炉取 800℃，液态排渣煤粉炉取 $t_{lz}=FT+100℃$（FT 为灰的熔化温度）；

　　　t_{cj} ——烟道排出的沉降灰温度，可取沉静灰部位的烟气温度，℃；

　　　c_{lz} ——炉渣比热容，为 0.84kJ/(kg·℃)；

　　c_{fh}、c_{cj} ——飞灰、沉降灰比热容，kJ/(kg·℃)。

13. **锅炉实际燃料消耗量如何计算？**

答： 当用反平衡方法求得锅炉效率后，可用式（7-19）计算锅炉实际燃料消耗量

$$B = \frac{Q_{gl}}{Q_r \eta} \times 100 \hspace{3cm} (7\text{-}19)$$

式中　Q_{gl} ——锅炉总输出热量，kJ/h；

　　　　η ——锅炉效率，%；

　　　　Q_r ——锅炉输入热量，kJ/kg。

14. 与锅炉热效率有关的经济性指标有哪些？

答：与锅炉热效率有关的经济性指标有排烟温度、烟气氧量值、一氧化碳值、飞灰可燃物含量及炉渣可燃物含量等。

15. 进行过量空气系数调整的意义及方法是什么？

答：锅炉的过量空气系数增大，燃烧生成的烟气体积增大，排烟热损失 q_2 增大，空气过多还会降低炉膛温度而影响稳定燃烧；过量空气系数过小，会增加可燃气体未完全燃烧热损失 q_3 和固体未完全燃烧热损失 q_4。合理调整过量空气系数，对锅炉燃烧的经济性有很大益处。在燃烧器结构一定、燃烧工况正常及锅炉具有较好经济性的情况下，应该选用较小的过量空气系数，这样既有利于锅炉的热经济性，又可以减小排烟中 NO_x 等有害气体的排放量，减轻大气环境污染。

调整过量空气系数的方法通常是考虑总风量或二次风量，且应注意不使一次风量过小，并有足够的一次风管流速。在不同的锅炉用风工况下，采用热效率试验方法，求出排烟热损失 q_2、可燃气体未完全燃烧热损失 q_3 和固体未完全燃烧热损失 q_4。过量空气系数增大，q_2 损失增大；过量空气系数减小，$q_3 + q_4$ 损失增大。当有一个适宜值使 $q_2 + q_3 + q_4$ 最小，也就是锅炉效率最高时，就找到了过量空气系数的最佳值。运行使用的过量空气系数选在最佳值附近某一范围内即可，因为它的微小变化对锅炉效率的影响并不显著。

16. 合理调整煤粉细度有什么意义？

答：从理论上讲，煤粉细度越细，燃烧后的可燃物越少，有利于提高燃烧经济性。但煤粉越细，受热面越容易粘灰，影响其传热效率，而且制粉系统电耗升高。但如果煤粉过细，碳颗粒大，则很难完全燃烧，飞灰可燃物含量会大大提高。所以对煤粉细度进行调整，选择合理的煤粉细度值对锅炉运行的经济性有很大意义。

17. 进行锅炉燃烧调整有什么意义？

答：锅炉燃烧调整是保证锅炉经济运行不可缺少的方法。燃烧工况的好坏，在很大程度上影响锅炉设备运行的安全性和经济性。运行人员通过燃烧调整，可以保证锅炉达到额定参数，燃料燃烧完全，对环境污染较小。同时能使锅炉在一定出力下达到最佳的风煤配比，并在最经济状态下运行，以获得较好的锅炉热效率。燃烧调整还可以使火焰中心、炉膛温度场及受热面的热负荷分布均匀合理，以保证锅炉的水动力工况及汽温分布正常，在锅炉设计保证的高、低负荷范围内不出现燃烧不稳、结焦及设备烧损等异常情况，从而保证锅炉的安全运行。

18. 燃烧调整的主要内容有哪些？

答：（1）一次风粉均匀性调整。

（2）燃烧器出口风速及风率调整。

（3）燃烧器负荷分配与投停方式调整。

（4）煤粉细度调整。

（5）过量空气系数调整。

（6）燃烧最佳运行方式的确定。

19. 为什么要进行一次风粉均匀性调整？

答：锅炉炉膛一次风粉均匀性对燃烧工况起着重要的作用。大容量锅炉的燃烧器的数量较多，单台燃烧器的热功率也较大，若能把所有燃烧器的风粉都能调整均匀，则可创造炉内较好的燃烧条件。如果各台燃烧器之间的风粉处于相差悬殊的状态时，在缺风或者缺煤的不正常状况下燃烧，会使燃烧效果不佳，严重时还会导致燃烧不稳定，燃烧不完全，热损失增加，锅炉效率降低。所以，不论是新装锅炉还是检修后的锅炉，有条件时都应进行风粉均匀性的调整。

20. 合理调整燃烧器出口风速的意义是什么？

答：燃烧器出口风速是否适当，对燃料的顺利着火和燃尽很重要，一次风速的大小决定了煤粉的着火条件，二次风速的大小直接影响煤粉和气流的混合扰动及燃尽，三次风速的高低对炉膛火焰燃烧也有直接的影响。因此，合理调整一、二、三次风速可以提高锅炉的安全运行水平。

燃烧器出口断面尺寸和气流速度决定了一、二、三次风率。一次风率大，气粉混合物达到着火温度所需的热量就多，燃烧器出口着火段就长，这对挥发分含量高的燃料比较有利。一次风率小，燃烧器出口着火段可以缩短，对挥发分含量低的燃料有利，而挥发分含量高的燃料有可能烧损燃烧器。

21. 判断燃烧器出口风速及风率是否合理的标准是什么？

答：首先要保证燃烧器燃烧的稳定性和安全性。既要保证着火稳定，又要保证锅炉要求的出力参数；其次要比较其经济指标，主要是比较排烟热损失 q_2 和固体未完全燃烧热损失 q_4 数值，根据热损失和锅炉效率变化曲线来确定合理的风速和风率值。

22. 进行燃烧器负荷分配调整的意义和原则是什么？

答： 锅炉运行时，常因火焰偏斜、炉膛结渣、烟气侧热偏差过大、汽温偏高偏低及提高热经济性等问题，需要调整各燃烧器的负荷分配，以达到炉内温度分布合理的目的。

负荷分配的调整原则为：

（1）对前后墙布置的蜗壳式圆形燃烧器，可以单台进行调整，一般应对保持中间负荷较大，两侧负荷较小。

（2）对于四角布置的直流式燃烧器，一般应对角两台同时调整或调整单层四台燃烧器的热负荷。

（3）炉内火焰分布不合理造成燃烧工况异常，需要进行燃烧器负荷分配调整时，应根据锅炉所配用的不同的制粉系统及燃烧器布置方式灵活考虑。

23. 如何进行燃烧器投停方式的调整？

答： 当锅炉负荷发生变动时，尤其当锅炉由于调峰需要负荷变动较大时，为保证合理的一、二次风速，只进行单台燃烧器的风粉调整不能满足负荷变化的需要，则应通过投停燃烧器方式进行负荷调整，其投停燃烧器的原则为：

（1）停用燃烧器的前提是保证锅炉在额定参数下运行正常和炉内燃烧稳定，其次才考虑锅炉燃烧经济性。

（2）低负荷时，一般汽温要偏低，当投下层燃烧器时，应注意调整汽温。高汽温时，应投下层停上层，并应考虑有利于煤粉燃尽。

（3）四角燃烧器应对角停用或整层停用，并定时切换。

（4）旋流燃烧器单台停用或整层停用时应考虑火焰充满度及水冷壁、过热器的受热均匀性。

第三节　锅炉的水动力故障与防止措施

1. 自然循环锅炉的水循环故障有哪些内容？

答： 自然循环锅炉的水循环故障有循环停滞、循环倒流、下降管带汽、水平管的汽水分层及大容量高参数锅炉的脉动、沸腾换热恶化或循环倍率过低等。

2. 什么是循环停滞？

答： 自然循环锅炉中，由于炉内火焰分布不均匀及各上升管结构特性的不同，吸热量也各不相同，受热较弱的水冷壁管中，当其重位压头等于或接近回路中共同压差时，管中的水几乎不流动，就发生了循环停滞。此时，管中只有所产生的少量汽泡在水中缓慢向上浮动，上升管中的进水量与出汽量相等。

3. 循环停滞有什么危害？

答：发生循环停滞时，由于水冷壁管中循环水速接近或等于零，因此热量传递主要靠导热，即使热负荷较低，由于热量不能及时带走，管壁很可能超温烧坏。另外，还由于水的不断"蒸干"，水中含盐浓度增加，会引起管壁的结盐和腐蚀。当在引入汽包蒸汽空间的上升管中发生循环停滞时，上升管内将产生"自由水位"，水面以上管内为蒸汽，冷却条件恶化，易超温爆管，而汽水分界处由于水位的波动，管壁在交变热应力作用下，易产生疲劳损坏。

4. 什么是循环倒流？

答：当受热较弱的管子发生自上而下的流动时，使上升管变为下降管，这一现象称为循环倒流。

5. 循环倒流有什么危害？

答：倒流管中蒸汽泡向上的流速与倒流水速接近时，汽泡将不能被带走，处于停滞或缓动状态的汽泡逐渐聚集增大，形成汽塞，这段管壁温度将升高或壁温交变，导致超温或疲劳损坏。

6. 为什么会发生循环停滞和循环倒流？

答：产生循环停滞和循环倒流的原因，可用水循环的全特性曲线来说明。所谓全特性曲线是指不仅向上流动而且向下流动过程中的压差和流量的关系。

图 7-8 所示为校验水循环停滞与倒流的全特性曲线。图右侧表示正向流动（即向上流）工况，它反映了循环回路工作点的图解，也表示校验管停滞压差 Y_{tz} 的确定。图左侧是校验管的倒流特性曲线。而倒流特性曲线与正流时上升管的特性曲线绘制方法是基本相同的。计算时，先假定不同的倒流流量，按压差公式求出倒流时的重位压差与流量的关系曲线 $(\Delta p_{zw})_{dl}-G$，然后按同一假定的倒流流量，算出流动阻力与流量的关系曲线 $(\Delta p_{ld})_{dl}-G$。最后将两曲线按流量相同、压差相减的方法叠加起来，得到了 $Y_{dl}-G$ 特性曲线。从倒流特性曲线可以看出，倒流时，随着倒流流量的增加，其倒流压差先是由小到大，后是由大到小，中间有一个压差的最大值 Y_{dl}^{max}。

当回路工作压差为 Y'_s 时，受热最弱管可能在正向点 a 工作，也可能在倒流点 b 或 c 工

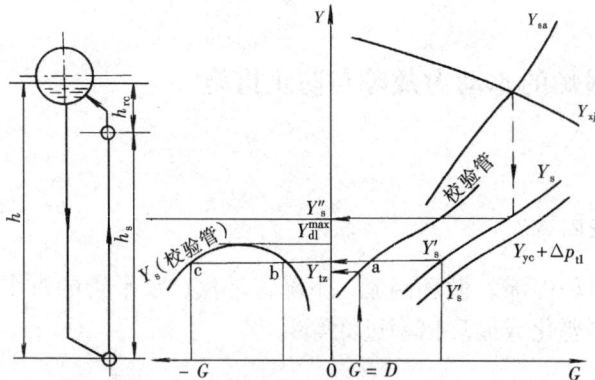

图 7-8　水循环全特性曲线

作。其中 b 点的工作是不稳定的，因为在任何增大水流量的扰动时，将使工作点移至 c 点。当回路的工作压差为 Y''_s 时，它不能同倒流压差线相交，所以只要回路的工作压差 Y_s 大于被校验管的最大倒流压差 Y^{max}_{dl} 时，将不会出现倒流。而回路工作压差 Y_s 小于被校验管的最大倒流压差 Y^{max}_{dl} 时，它将与倒流压差线相交，出现循环倒流。

根据上述分析，不出现循环倒流的条件是

$$\frac{Y_s}{Y^{max}_{dl}} \geqslant 1.05 \qquad (7-20)$$

式中　Y_s——上升管组的回路工作压差，MPa；

Y^{max}_{dl}——校验管汽水混合物倒流时，在不同的倒流速度下压差的最大值。

7. **什么叫汽水分层？**

答：汽水混合物在水平管和微倾斜的管子中流动时，由于汽水密度不同，所以水倾向于在下部流动，汽倾向于在上部流动，当汽水混合物流速过低时，对汽水混合物的扰动作用小于分离作用，汽水会分开并出现一个清晰的分界线，这种现象叫做汽水分层。

8. **发生汽水分层的原因是什么？**

答：汽水分层易发生在水平或倾斜度小且管中汽水混合物流速过低的管子中。汽、水的密度不同，汽倾向在管子上部流动，水则在下部流动。当汽水混合物的流速过低时，对混合物的扰动作用小于分离作用，便产生了汽水分层。

9. **发生汽水分层的危害及防止措施是什么？**

答：出现汽水分层时，管壁上部温度高于下部温度，形成温差热应力；管中水的起伏波动，在汽和水交界处产生温度交变应力；汽侧水膜被破坏，上部管壁温度显著升高，这在热负荷较高的沸腾管中是十分危险的。

防止汽水分层的办法是尽可能避免布置水平或倾斜度小于15°的沸腾管；若必须采用，则要求保证管中汽水混合物具有必需的最小允许流速。

10. **下降管带汽的原因是什么？**

答：(1) 下降管入口自汽化。若下降管入口处的压力低于当时水的饱和压力时，有部分水将自行汽化，生成的汽被带入下降管内。

(2) 下降管进口截面上部形成漩涡斗。水在汽包内沿水平方向有一定的流速，当水进入下降管时，水是垂直向下流动的，由于水流方向发生突变，流速增大，造成管口四周流速分布不均及阻力损失不等，因而造成管口四周压力不平衡，迫使水在进口处产生旋转，形成涡流。因为涡流中心是一个低压区，所以水面形成漏斗。当斗底很深甚至进入下降管时，蒸汽就会由涡流斗中心被吸入下降管。

（3）汽包内锅水带汽。通常汽包水容积中总含有一定的蒸汽，当蒸汽泡的上浮速度小于汽包中水的下降速度时，进入下降管的水就可能携带蒸汽。对于采用集中供水的大直径下降管，尤其在亚临界压力下，水流带汽是难以避免的。

11. 防止下降管带汽的措施有哪些？

答：（1）在大直径下降管入口加装十字挡板或格栅。
（2）提高给水欠焓，并将欠焓的给水引至下降管入口内或附近。
（3）防止下降管受热，规定汽水混合物与下降管入口的距离。
（4）下降管从汽包最底部引出。
（5）运行中维持汽包正常水位，防止水位过低。

12. 什么是直流锅炉的水动力特性？

答：直流锅炉的水动力特性是指在一定热负荷下，强制流动的蒸发受热面中工质流量与流动压降之间的关系。此关系用函数式 $\Delta p = f(G)$ 来表示。水动力特性可能是稳定的，也可能是不稳定的，当流量与流动压降为单值函数关系时，为稳定状态；而为多值函数关系时，水动力特性是不稳定的，如图 7-9 所示。

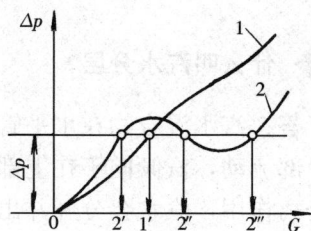

图 7-9　水动力稳定和水动力不稳定特性曲线

1—水动力稳定；2—水动力不稳定

13. 直流锅炉产生水动力不稳定的原因是什么？

答：直流锅炉产生水动力不稳定的原因是蒸汽和水两者之间密度不同。锅炉压力越高，汽、水密度差越小，水动力特性越稳定；反之，则水动力特性越不稳定。

14. 什么是流体的脉动现象？

答：在直流锅炉蒸发受热面中，并联工作的管圈间有一种不稳定的水动力现象，流量发生周期性的波动，即所谓脉动现象。脉动现象有全炉脉动、管屏（管带）间脉动和管间（同屏各管间）脉动三种。

15. 造成流体脉动的原因是什么？

答：流体脉动是由于蒸发受热面管中局部压力增大引起的，当受热面管圈由于受到较大的热负荷而使产汽量剧增，局部压力升高引起出口蒸汽量剧增和进水量骤减，过了一段时间后，该部分形成抽空现象，造成出口蒸汽量剧减而进水量剧增。由于管子金属的蓄热释放给工质，又重新产生较多的蒸汽，这样重复进行，形成周期性的流量变化，即流体脉动现象。

16. **防止流体脉动的措施有哪些？**

答：（1）保持稳定燃烧工况和炉内温度场分布均匀。

（2）应保持蒸发受热面具有较高的工作压力。

（3）启动时，应保持足够的启动流量和一定的启动压力。

（4）设计上，应注意保证管圈进口工质有足够的质量流速，加热区段采用较小直径的管子以提高该段的流动阻力，使局部压力升高对进口工质流量的影响减少。

17. **什么是蒸发管中的热偏差？它是如何造成的？**

答：锅炉蒸发受热面是由并联管子组成的，其中个别管圈内工质焓增与整个管组平均焓增之比称为热偏差。热偏差是由于吸热不均匀和流量不均匀造成的。

（1）吸热不均匀。吸热不均匀与燃烧器的布置、投运方式和燃料种类有关。炉膛温度分布不均匀就会造成炉膛各水冷壁的热负荷不均匀。一般，当燃料种类相同时，液态排渣炉比固态排渣炉的热负荷不均匀性要大；燃油炉比燃煤炉的热负荷不均匀性要大；垂直管屏热偏差比水平围绕管屏热偏差大。

直流锅炉吸热不均匀特性与自然循环锅炉吸热不均匀特性不同。自然循环锅炉有补偿特性，能起着减小热偏差的作用，而直流锅炉的蒸发受热面中，对于吸热量较多的管子，由于管内产生的蒸汽量多，比体积较大，使阻力增大，因而该管的流量会减小；相反，受热弱的管子的流量却增加。所以，直流锅炉蒸发受热面吸热不均匀不但会引起热偏差，而且还通过对流量不均匀的影响扩大了热偏差。

（2）流量不均匀。蒸发受热面并联各管的流动阻力不同和分配联箱沿长度的压力变化，以及各管子之间的重位压头的不同均可引起流量不均匀。

1）流动阻力对热偏差的影响。由于管子的结构、质量、长度、管径、粗糙度和弯曲度不同，其流动阻力也不一样，在压差相同的条件下，阻力的大小，将引起流量的不均匀。

2）重位压头对热偏差的影响。在垂直上升管屏中，由于管屏高度相对较大，当并联各管受热不均匀时，密度就差得多，因而要考虑重位压头的影响。当个别管子热负荷偏高时，该管流量降低。但由于管中工质密度减小，重位压头降低，会促使流量增大。因此，重位压头有助于减小热偏差。

18. **什么是低循环倍率锅炉？**

答：低循环倍率锅炉是在直流锅炉和强制循环锅炉的工作原理基础上发展形成的，应用于亚临界压力。低倍率循环锅炉在全负荷范围内，在蒸发受热面中均有工质再循环。在额定负荷时的循环倍率小于或等于2，由于循环倍率较低，称为低倍率循环锅炉。

19. **水冷壁的循环倍率与循环系统的循环倍率有何不同？**

答：在低循环倍率锅炉中，有两种循环倍率的概念不应混淆，第一类为水冷壁的循环倍率

K_{sb}，它的定义是进入水冷壁的循环水量与其产汽量的比值。第二种为循环系统的循环倍率，即锅炉循环倍率 K，它的定义是进入水冷壁的循环水量与分离器出口的湿蒸汽流量的比值。

由于分离器出口湿度的存在，锅炉的循环倍率与水冷壁的循环倍率是不相同的，而且 $K < K_{sb}$，只有当分离器出口湿度等于零，它们的数值才相同。因此在进行循环系统水力计算及计算循环水欠焓时，应用 K 值，而在计算各个水冷壁本身回路的循环流量时，应用 K_{sb} 值。

20. **低倍率循环锅炉的优点有哪些？**

答：亚临界压力低循环倍率锅炉比一般亚临界压力其他锅炉优越之处在于：

（1）在低循环倍率锅炉中，当负荷 D 变化时，由于锅水循环泵的特性，水冷壁管中工质流量变化不大，因此，质量流速变化也小，蒸发受热面可采用较粗管径的一次上升垂直管屏水冷壁，不需要用很小管径的水冷壁管来保证必需的质量流速。由于水冷壁管中循环流量与锅炉负荷变化关系不大，因此在负荷降低时循环倍率增加，流动比较稳定，管壁也得到很好冷却。

（2）在汽水系统中装设锅水循环泵，压头为 $0.39 \sim 0.78\text{MPa}$，因此使循环回路中的运动压头比自然循环锅炉增加 $0.29 \sim 0.68\text{MPa}$。由于工质强制循环，与自然循环锅炉相比水冷壁布置形式比较自由，可采用外径为 $32 \sim 38\text{mm}$ 的管子，使管壁减薄，下降管系统可简化，也使整个水冷壁系统质量减轻。

（3）因锅水循环泵产生的压头高，循环倍率低，循环水量少，可用直径小的汽水分离器取代汽包，节省钢材，简化制造工艺。

（4）由于循环倍率大于 1，水冷壁平均出口干度在 0.6 左右，对沸腾换热恶化的影响程度比直流锅炉大为减轻，一般可以不用内螺纹管。

（5）采用垂直上升管屏，循环倍率一般为 $1.3 \sim 1.8$，而且水冷壁阻力不大，因而受热强的管子中工质流量也会相应有所增加，即有自补偿的特性，因此可以不在每根管子中加装节流圈，只需按回路（管屏）装节流圈。

（6）因有再循环系统，可采用小的启动流量，启动系统简化，启动损失小，同时分离器本身也成为调节容器，改善了启动条件，加快启动速度，能适应经常启停及变压运行（又称滑压运行）。

21. **低循环倍率对水循环动力有什么要求？**

答：（1）合理的质量流速。低循环倍率锅炉工作于亚临界压力，循环倍率较低。质量流速是水冷壁蒸发受热面得到可靠冷却的重要保证。质量流速越大，管子金属工作越安全，但同时引起阻力损失增加，锅炉循环泵电耗增大，经济性降低。当流速过低时，水冷壁管可能出现沸腾换热恶化。因此在确定质量流速时，应先考虑工作安全可靠，再考虑经济性。最小质量流速取决于水冷壁管材的允许管壁温度，要求管子的内外壁平均温度应满足强度要求，同时还要求管子外壁温度应低于形成氧化皮的温度。一般选用的额定负荷下水冷壁最小质量流速为 $800\text{kg}/(\text{m}^2 \cdot \text{s})$。

（2）均匀的流量分配。沿炉膛四周各水冷壁管的热负荷各不相同，因此各水冷壁管中的流量应按照各水冷壁管吸热量的大小来分配，从而使各管出口的含汽率接近相等。

（3）水冷壁控制流量用的节流圈的装设：

1）分散式。每根水冷壁管都装有一个节流圈，装在管子进口处。其优点是可根据同一回路中各根管子结构特性和吸热量的不同装设不同孔径的节流圈。因不需留有裕度，故可减少锅水循环泵的容量和耗电量。

2）集中式。一组水冷壁管集中装一个节流圈，装在分配筒至管屏下联箱的供水管入口处。其优点是结构简单，需要节流圈数目大为减少，节约钢材。其缺点是对各根管子的吸热不均、流量不均、质量流速的影响因素应予以考虑并必须留有一定的裕度。

低循环倍率锅炉水冷壁采用一次上升垂直布置，由于水冷壁本身阻力不很大，且水冷壁循环倍率大于1.3，当回路中某根管子吸热量不同时，具有与自然循环锅炉水冷壁相同的自补偿能力，因此采用集中式节流圈较为妥当。

22. **循环倍率的大小对工作稳定性有什么影响？**

答：一个稳定工作的强制流动蒸发受热面，当因外界原因（如负荷突减）引起蒸汽压力上升、蒸汽流量下降时，在一定的热负荷下，压力增加使和蒸发受热面的汽水混合物中饱和水部分的焓增加，同时饱和汽部分的焓降低。由于两者紧密接触强烈扰动，以及在它们之间具有大的热交换表面，它们的状态可以立即得到调整，因此，蒸发受热面中的流动是稳定的。流动中的饱和水量越大（即循环倍率 K_{sb} 大），则发生热交换的程度也越大，与此相反，如循环倍率小于极限值，则由于循环水流量小，将使蒸发受热面中产生不稳定流动。

对亚临界压力低循环倍率锅炉而言，在不考虑金属蓄热量的条件下，水冷壁的极限循环倍率 K_{sb} 约为1.9。如分离器效率为0.85~0.9，则在满负荷时，锅炉的极限循环倍率 K_J 约为1.6。因低循环倍率，锅炉在低负荷时，循环倍率大，工作稳定，蒸发受热面的不稳定工况应在额定负荷范围内考虑。

23. **什么是沸腾换热恶化？**

答：蒸发管管内工质在均匀受热时，沿着管长蒸汽干度逐渐增大，环状水膜逐渐变薄，当水膜被汽流撕破及蒸干时，管壁得不到足够冷却，此时放热系数急剧下降，壁温开始飞升，这种现象称为沸腾换热恶化。

24. **什么是第一类换热恶化？**

答：由于热负荷高，受热管内壁的汽泡生成速度超过了汽泡的脱离速度，汽化核心联成汽膜造成膜态沸腾所致的传热恶化称为第一类换热恶化。

25. **什么是第二类换热恶化？**

答：蒸发管在受热后，由于管内工质被蒸干而造成的换热恶化称为第二类换热恶化。

26. 什么是临界含汽率？其大小与哪些因素有关？

答： 开始产生换热恶化的最小含汽率称为临界含汽率。其大小与质量流速、压力和管径有关。

27. 如何防止沸腾换热恶化？

答：（1）保证一定的质量流速。

（2）使流体在管内产生旋转流动或破坏边界层，具体方法有：①采用内螺纹管；②加装扰流子。

（3）降低受热面的热负荷。

第四节　锅炉的高温金属工况

1. 选用受热面钢材时应考虑哪些因素？

答：（1）钢材的机械性能。受热面管材要具有足够得抗拉、抗压、抗剪、抗弯等强度极限，足够的弹性极限和屈服极限，适当的塑性、硬度和韧性，在高温下有足够的蠕变极限、持久强度和持久塑性。影响受热面管材耐热性的因素有材料成分、金属显微组织、冶炼工艺和热处理工艺、运行中温度的波动引起的热疲劳等。

（2）钢材在高温条件下长期使用的组织结构稳定性。在高温长期应力的作用下，保证组织结构基本稳定，避免受热面金属热强度降低和脆性增大。如果受热面在发生明显蠕变温度下运行，则在考虑钢材耐热性的同时，需要考虑钢材的组织稳定性问题。

（3）钢材热加工、冷加工和焊接等工艺性能。受热面由管材弯管及焊接加工而成，因而要有良好的可加工工艺性。

（4）钢材抗氧化和抗腐蚀性能。锅炉受热面在高温气体和水、水蒸气的长期作用下，会出现氧化和腐蚀问题，使金属强度下降，甚至造成爆破。

（5）钢材的价格。锅炉受热面钢材用量约占锅炉总质量的 30%，而且大部分选用的是优质钢材。所以钢材价格也是受热面钢材选取的重要因素之一。既要符合技术上的要求，经济上也要合理。

2. 过热器、再热器用钢的选择原则是什么？

答： 由于过热器、再热器管内工质为蒸汽，换热能力差，而且处在烟气温度较高的区域，因此受热面金属工作在高温范围。过热器在锅炉内布置在炉膛辐射和烟气对流共同作用的地方，运行时管壁温度高于蒸汽温度几十度；再热器内蒸汽温度与过热器内相同，处于烟气温度较高区域，运行中管壁温度低于过热器，但在机组启动和事故情况下，再热器得不到蒸汽的冷却而使管壁温度很高，因而也需要选用级别较高的钢材。因此可以看出，过热器、再热器用钢的选择主要以金属温度为依据，强度计算时通常以高温持久强度为基础，用蠕变极限来校核。

3. 水冷壁和省煤器管用钢选择的标准是什么？

答： 水冷壁虽处于锅炉温度最高的炉膛区域，但由于管内汽水沸腾换热能力很强，管壁温度与管内工质温度接近，壁温不很高，属于亚高温范围。从温度水平来看，大部分钢材都能承受。但在运行中如果锅水品质不合格造成结垢时，会带来换热减弱和垢下腐蚀问题。如果燃料中含硫量较大，则容易使管外产生硫腐蚀，都会给受热面金属带来损坏。

省煤器附近烟气温度已经下降，管内水侧的换热能力较好，管壁温度与工质温度比较接近，金属温度不高。但波动比较大，由于烟气温度较低，烟气中飞灰变硬，因此管外壁磨损比较厉害。

4. 空气预热器用钢材选择的标准是什么？

答： 空气预热器不属于承压部件，它是利用烟气的热量来加热锅炉送风的换热器，用以达到向燃烧提供热风和降低排烟温度的目的。空气预热器目前使用最多的有管式和回转式两种。由于压力和温度都不高，使用普通碳钢的薄壁管和波纹板即可。在锅炉各受热面中，空气预热器的钢材用量最大。在空气预热器的低温段，排烟温度已降到150℃左右，而冷风侧温度很低，容易造成空气预热器低温腐蚀和堵灰，所以要求低温段钢材有较强的抗腐蚀能力。

5. 受热面常用钢种有哪些？性能如何？

答： 受热面主要采用优质碳素钢、低合金热强钢及高合金奥氏体不锈耐热钢。

（1）优质碳素钢。锅炉所使用的优质碳素钢中最普遍的是 20 号钢。普遍用在锅炉水冷壁、省煤器和低温过热器等部位，要求长期使用的受热面管子最高壁温不超过 500℃，而联箱和蒸汽管道的最高壁温不超过 450℃。20 号钢具有较好的塑性和韧性，可进行拉拔、冲压和弯管等冷加工，而且热加工性能也很好。同时具有良好的可焊性，对焊接方法无特殊要求。一般来说，焊接前可以不预热，焊接后不进行热处理。

（2）低合金热强钢。

1）12CrMo。热处理后的组织是珠光体加块铁素体，在 480～540℃下具有良好的热强性和组织稳定性，综合能力较好，主要用于壁温不超过 510℃的导管、联箱和壁温不超过 540℃的受热面管子。

2）15MnV。热处理后属珠光体加铁素体，具有良好的综合性能，在 520℃下具备较好的抗氧化能力。但持久塑性较差，断面收缩率低，用于代替 12CrMo 和 15CrMo 钢。

3）15CrMo。热处理后组织为铁素体、贝氏体和马氏体，冷加工性能和焊接性能良好，无石墨化倾向，由于钢中铬含量比 12CrMo 增加了近 1 倍，碳含量也有所增加，因而强度增强，相应韧性降低。在 550℃下具有较高的热强性和抗氧化性，主要用于壁温不超过 510℃

的导管、联箱和壁温不超过 550℃ 的受热面管子。

4）12MnMoV。金相组织基本上为铁素体加碳化物，经正火和回火处理后，具有良好的综合机械性能和抗氧化能力，主要用于壁温不超过 520℃ 的导管、联箱和壁温不超过 560℃ 的受热面管子。

5）12Cr2Mo。相当于德国的 10CrMo910 钢，正火后的组织为贝氏体加少量马氏体和铁素体，冷加工性能较好，焊接时需要焊前预热和焊后热处理，主要用于壁温不超过 540℃ 的导管、联箱和壁温不超过 580℃ 的受热面管子。

6）12Cr1MoV。金相组织为珠光体，具有较高的热强性、持久塑性和抗氧化性能。工艺性能和焊接性能较好，但对热处理规范比较敏感，长期在高温下运行后会出现珠光体球化及合金元素向碳化物转移使热强性下降的现象，主要用于壁温不超过 540℃ 的导管、联箱和壁温不超过 580℃ 的受热面管子。

7）12MoVWBSiXt。属于无铬多元素低合金贝氏体钢，具有较高的热强性和抗氧化性，综合机械性能和工艺性能良好，组织稳定，用于代替 12Cr1MoV 钢，主要用于壁温不超过 580℃ 的过热器和再热器管子。

8）12Cr2MoWVB。正火和回火后组织为贝氏体，具有良好的综合机械性能，工艺性能和很高的持久强度，抗氧化性能良好，组织稳定，可用于代替高合金奥氏体钢，主要用于壁温不超过 620℃ 的过热器和再热器管子。

9）13Cr3MoVSiTiB。金相组织为贝氏体，综合性能良好，在 600~620℃ 有较高的热强性，由于含铬量比 12Cr2MoWVB 高，抗氧化性能增强但持久强度下降，无热脆现象，组织稳定，焊接性能良好，工艺性能稍差，主要用于壁温不超过 620℃ 的过热器和壁温不超过 650℃ 的再热器管子。

（3）高合金奥氏体不锈耐热钢。高合金奥式体不锈耐热钢有较高的热强性和抗氧化性，采用后可提高设计蒸汽压力和管壁温度，但也存在价格昂贵，应力腐蚀敏感和异种钢焊接问题。

1）1Cr19Ni9。具有良好的热强性和工艺性能，最高抗氧化温度不高于 704℃，主要用于壁温不超过 650℃ 的再热器和过热器管子。

2）1Cr19Ni11Nb。由于镍含量比 1Cr19Ni9 高，又含有 Nb+Ta 元素，因而热强性和耐晶间腐蚀性能有所改善，最高抗氧化温度不高于 704℃，主要用于壁温不超过 650℃ 的再热器和过热器管子。

6. 锅筒用钢有什么要求？

答：锅筒（汽包）是锅炉设备中最重要的部件，虽然不直接受热，在锅炉各高温部件中温度不算最高，但由于体积庞大、壁厚，一旦出现问题难以修复。锅筒金属温度与工质饱和温度基本相等。另外，在锅炉启动和停炉时，上下壁温差会带来较大的热应力，有可能在各管孔周围形成应力集中。因此，锅筒一般采用优质钢材制造，要求有较高的室温和中温强度，有良好的塑性、韧性储备和较小的缺口敏感性，具备良好的焊接性能，时效敏感性低，在冷加工后仍保持足够的冲击性能，而且冲击韧性随时间延续下降不多。锅筒用钢有优质碳素钢和普通低合金钢两类，均属于珠光体钢。

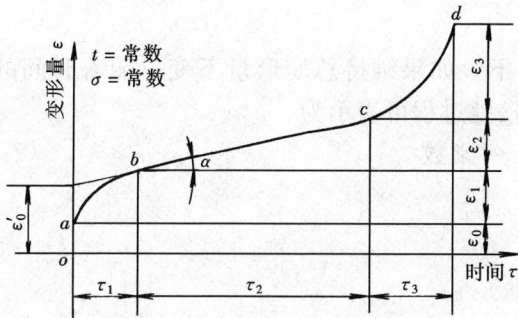

图 7-10　典型的蠕变曲线

oa—瞬时变形阶段；ab—蠕变减速阶段；bc—蠕变等速阶段；
cd—蠕变加速阶段；d—断裂点

7. **什么是蠕变？**

答： 钢在高温条件下受外力作用时，即使应力低于金属在该温度下的屈服点，但长期作用下会发生连续缓慢的变形，称为金属的蠕变。

在恒定温度和拉应力下，金属首先在应力作用下马上出现瞬时变形，包括弹性变形和塑性变形，随时间的加长，接着逐渐经历蠕变减速、等速和加速三个阶段。典型的蠕变曲线见图 7-10。

8. **什么是蠕变极限？如何规定？**

答： 为表征金属在高温下抵抗蠕变的能力，必须把强度、蠕变变形和时间结合起来，通常工程上用条件蠕变极限来衡量，即金属在一定温度下引起规定蠕变速度的应力，或于规定时间内产生规定塑性变形量的应力。火力发电厂中高温金属部件蠕变极限的具体规定为：

（1）在一定温度下，能使钢材产生 1×10^{-7} mm/（mm·h）（或 1×10^{-5}%/h）的等速阶段蠕变速度的应力，称为该温度下 1×10^{-7} mm/（mm·h）（或 1×10^{-5}%/h）的蠕变极限。

（2）在一定温度下，能使钢材在 10^5 h 工作时间内发生 1% 总蠕变变形量的应力，称为该温度下 10^5 h 变形 1% 的蠕变极限。

9. **什么是蠕变断裂？**

答： 在蠕变过程中，金属晶粒之间不断重新排列，导致晶粒之间出现微裂纹并沿晶界发展，形成晶间断裂，最终导致金属部件脆性断裂，称为蠕变断裂。

10. **什么是持久强度？如何规定？**

答： 由于蠕变和常温塑性变形机理不同，其断裂的塑性值比常温时小。常用持久强度来反映金属在高温和应力下断裂时的强度，即用给定温度下经一定时间破坏时所能承受的应力。

火力发电厂高温金属部件持久强度的具体规定为：在给定温度下，使钢材在 10^5 h 工作时间内发生破坏的应力，称为该温度下 10^5 h 的持久强度。另外，根据持久强度试验试样断裂后测定的延伸率和断面收缩率可以确定金属的持久塑性，反映其承受蠕变变形的能力。如果持久塑性较高，则不易发生脆性破坏。

11. **什么是应力松弛？**

答：应力松弛是指金属在高温和应力作用下，如果维持总变形量不变，随着时间的延续，应力逐渐降低的现象。当温度为常数时，松弛过程可表示为

$$\varepsilon_0 = \varepsilon_P + \varepsilon_e = 常数 \tag{7-21}$$

式中　ε_0——松弛过程开始时的总变形；

　　　ε_P——塑性变形；

　　　ε_e——弹性变形。

12. **松弛与蠕变有什么联系和区别？**

答：松弛与蠕变有差别也有联系，蠕变是在恒定应力下塑性变形随时间增长的持续增加过程，而松弛是在总变形一定的条件下随时间增长的应力减小过程。当应力等于零时就不再发生松弛。从根本上说，两者是一致的，应力松弛可以看做是随塑性变形的增加而应力不断减小的蠕变过程。在火力发电厂设备中，处于松弛条件下工作的有螺栓等紧固件及弹簧等。

13. **什么是珠光体球化？**

答：珠光体热强钢的金相组织为珠光体加铁素体，在使用之初珠光体中的铁素体和渗碳体是呈薄片状相间分布的，由于高温和长期应力的作用，原子扩散能力增加，片状渗碳体逐步趋向球化并且积聚加大，渗碳体表面积与体积的比值不断减小，表面能下降，使金属热强性降低，此过程称为珠光体球化。由于晶界上原子扩散能力比晶内强，因此球化首先从晶界开始，如图 7-11 所示。通常依据球化的组织状态和相应力学性能来区分珠光体球化程度，由于不同钢种初始状态不同，其评级标准也不相同，对已产生珠光体球化的材料，可以通过热处理恢复其原有的组织和力学性能。

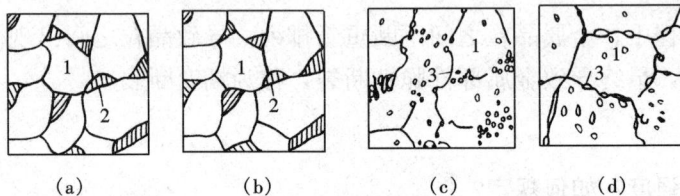

(a)　　　　(b)　　　　(c)　　　　(d)

图 7-11　球光体球化过程示意图

(a) 原始组织；(b) 球光体分散；(c) 成球；(d) 球化组织

1—铁素体；2—片状珠光体；3—球状碳化物

14. **什么是石墨化？**

答：钢在高温下长期运行，由于原子活动能力增加，渗碳体会分解出游离碳，以石墨方式析出并不断增大，从而形成石墨夹杂现象，称为石墨化，如图 7-12 所示。

15. 石墨化有什么危害，不同元素的加入，对其有什么影响？

答： 钢发生石墨化游离石墨析出后，割断了基体的连续性，产生应力集中，使钢脆性增大，强度和塑性降低，组织结构发生危险变化。一般只有碳钢和 0.5%Mo 等珠光体热强钢在高温下长期运行过程中会出现石墨化现象。钢中加入铬、钒、铌、钛等元素能有效阻止石墨化过程的进行，加入镍、硅、铅则会促进石墨化进程。

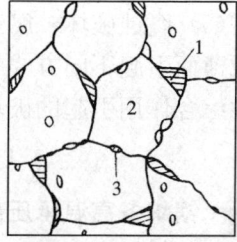

图 7-12　钢的石墨化示意
1—石墨；2—铁素体；
3—已球化的渗碳体

16. 什么是合金元素的重新分配？其影响因素有哪些？

答： 钢在高温长期应力的作用下，除球化和石墨化外，还会出现合金元素的重新分配的现象。这一现象包括：①固溶体和碳化物中合金元素成分的变化；②同时发生的碳化物结构类型、数量和分布形成的变化。合金元素的转移使钢的固溶强化和沉淀强化作用降低，造成钢的热强性下降。

以下因素会加速合金元素的重新分配过程：

（1）钢的原始组织不稳定，碳化物在基体中呈不均匀分布。

（2）运行温度增高，合金元素原子活动能力增加。

（3）运行中部件承受的应力增加。

17. 锅炉高温承压部件的失效分析包括哪些内容？

答： 锅炉高温承压部件的失效分析包括现场调查、残骸分析、试验鉴定和综合分析几个方面。

18. 锅炉承压受热面部件的金属失效方式有哪些？

答：（1）塑性破坏。指由于壁厚不够或超温、超压的作用，材料的应力达到或接近其工作温度下的抗拉强度，使部件发生较大范围的显著塑性变形直到破裂。塑性破坏是锅炉承压受热面破坏的主要方式，也称为强度的基本问题，破坏后一般管壁都有明显伸长，不发生碎裂，断口呈暗灰色纤维状，无金属光泽，断口不齐平与主应力方向呈 45°夹角。

（2）蠕变破坏。承压受热面部件在发生蠕变的温度下长期运行时，逐步发生不断累积的塑性变形，当变形超量或发生破裂时，部件失效，蠕变破裂和材料的高温持久强度有直接联系。

（3）脆性破坏。部件在较低应力状态下发生突然的断裂破坏，取决于材料的韧性，破坏后无明显伸长变形，裂口齐平呈金属光泽且与主应力方向垂直，有指向裂口的辐射状裂纹。

（4）疲劳破坏。承压受热面部件在多次加载、卸载或脉动荷载的作用下，会产生疲劳微裂纹，最后导致破裂。疲劳破裂中应力循环的次数比承压的时间更重要，有低周疲劳破坏和高周疲劳破坏两种情况。

（5）腐蚀破坏。腐蚀破坏主要为金属表面的均匀腐蚀和点状腐蚀，造成承压部件有效壁厚减薄而引起不同方式的破坏。另外，也存在应力与腐蚀综合作用引起的破坏和交变荷载与腐蚀综合作用引起的破坏。

19. 锅炉各高温承压部件可能产生的损坏现象有哪些？

答：锅炉各高温承压部件可能产生的损坏现象。见表7-2。

表 7-2 锅炉各高温承压部件可能产生的损坏现象

部件名称	可能产生的损坏现象
锅筒	热疲劳、应变失效、苛性脆化、低周疲劳
水冷壁	短时过热、应变失效、垢下腐蚀、氢损坏、硫腐蚀
过热器管子和联箱	短时过热、长期蠕变破裂、高温氧化、钒腐蚀、氢腐蚀、球化、石墨化、碳化物沿晶界析出、热脆性
省煤器	磨损、氧腐蚀、硫腐蚀、热疲劳

锅炉部件失效特征与失效原因见表7-3。

表 7-3 锅炉部件失效特征与失效原因

损坏特征	损坏原因
破口大且边缘锐利	短时过热
破口处壁厚无明显变化	材料缺陷
破口处管子周长明显增加	短时过热
破口处管子周长增加不多	长期过热蠕变、材料缺陷
大量纵向裂纹且有氧化皮	长期过热、错用材料
脆性破裂	热脆性、石墨化、苛性脆化
晶间断裂	长期过热蠕变、蒸汽腐蚀、氢损坏、苛性脆化
穿晶断裂	热疲劳、缺陷破裂、短时过热、应力过高
珠光体球化	长期过热
珠光体消失	蒸汽腐蚀、氢损坏
表面脱碳	蒸汽腐蚀、氢损坏、高温氧化
析出石墨	石墨化
晶粒长大	过热
冲击韧性明显下降	石墨化、热脆性、苛性脆化

20. 锅炉受热面超温运行有什么危害？

答：在电厂运行过程中，锅炉事故，特别是承压部件中水冷壁、过热器、再热器和省煤器的爆漏事故在全厂事故及非计划停运中占有较大比例，是影响机组安全稳定运行的主要原因之一。从技术分类角度来看，"四管"爆漏中由于磨损造成的约占30%，焊接质量30%，金属过热约占15%，腐蚀约占10%，其他15%。受热面金属超温是运行中造成爆管的主要原因之一。对锅炉内受热面高温部件，目前设计运行时间一般为 10^5 h，其温度水平是选择钢号的主要考虑指标。在相同工作应力下，其工作温度越高，则设计运行时间越短。正由于温度高低对金属蠕变状况影响很大，为保证设备安全运行，要特别注意防止运行中防止超温。

21. 受热面短期过热爆管的特征是什么？

答：锅炉受热面内部工质短时间内换热状况严重恶化时，壁温急剧上升，使钢材的强度大幅度下降，会在短时间内造成金属过热引起爆破。由于短时过热爆破是沿一点破裂而相继张开，所以破口常呈喇叭形撕裂状，断面锐利，减薄较多，损坏时伴随较大的塑性变形，破口处管子胀粗很多，有时在爆破情况下高压工质作用力会使管子明显弯曲。尽管爆破前壁温很高，但在这一温度下短时就产生了破坏，因此管子外壁还没有产生氧化皮。同时，爆破后金属从高温下迅速冷却，破口处金相组织为淬硬组织或加部分铁素体。

22. 受热面长期过热爆管的特征是什么？

答：锅炉受热面管子由于热偏差、水动力偏差或积垢、堵塞、错用材料等原因，管内工质换热较差，金属长期处于幅度不很大的超温状态下运行，会造成长期过热蠕变直至爆破。长期过热爆破之前，管子由于蠕变变形而胀粗，但破口周长增加不如短期过热爆管大，由于长期在高温下运行，破口内外壁有一层疏松氧化皮，组织上碳化物明显呈球状，合金元素由固溶体向碳化物转变。管壁过热程度较大时，较短时间内即发生蠕变破裂，破口也呈喇叭形，但断面粗糙；过热程度较小时，要经过较长时间才产生蠕变破裂，于内外壁形成许多纵向平行裂纹，有些裂纹可能穿透管壁，但破口不明显张开。

23. 运行中造成受热面超温的原因有哪些？如何预防？

答：运行中造成受热面超温的原因有：

（1）设计上，如果存在锅炉炉膛高度偏低、火焰中心偏后、受热面偏大、受热面选材裕度不够、水动力工况差、蒸汽质量流量偏低和受热面结构不合理等因素，都会造成受热面普遍超温或存在较大的热偏差局部超温。

（2）在制造、安装和检修中如果出现诸如管内异物堵塞、屏式联箱隔板倒等缺陷，会造成工质流动不畅、短路、断路等情况，引起受热面超温。

（3）运行中如果出现燃烧控制不当、火焰后移、炉膛出口烟气温度高或炉内热负荷偏差大、风量不足、燃烧不完全引起烟道二次燃烧、减温水投停不当等情况，也会造成受热面超温。

（4）给水品质不良。会引起受热面管内结垢，影响传热，以及形成电化学腐蚀，造成受热面在运行中超温。

预防受热面超温的措施有：

（1）检修方面。应对受热面进行蠕胀、变形和磨损等情况的定期检查，对受热面重点部位设立固定监视段，给予长期连续监督检查，摸清规律。对长期存在过热问题的受热面，应加装热工温度测点进行监督控制。应定期进行割管检查，对高温过热器、再热器管子做金相组织检查，对炉膛热负荷最高区域水冷壁管内结垢、腐蚀情况进行检查，在大修前最后一次小修时检查水冷壁向火侧垢量或锅炉运行年限达到规定值时，应在大修中进行锅炉酸洗。对锅炉受热面管子，在碳钢和低合金钢管壁厚减薄大于 30% 或计算剩余寿命小于一个大修期，碳钢管外径胀粗超过 3.5%、合金钢管外径超过 2.5%，石墨化达到或超过四级，高温过热器表面氧化皮超过 0.6mm，且晶界氧化裂纹深度超过 3～5 晶粒时，都应进行更换。

（2）运行方面。严格按照运行规程规定操作。锅炉启停时严格按启停曲线进行，控制锅炉参数和受热面管壁温度在允许范围内，并严密监视及时调整。同时注意汽包、各联箱和水冷壁膨胀是否正常。运行人员应认真监盘和巡检，当受热面发生爆漏时，应及时采取有效的措施，查明泄漏部位，对可能危及人身安全或带来设备损坏的严重爆漏情况，应紧急停炉。要提高自动投入率，完善热工仪表，灭火保护应投入闭环运行，并执行定期校验制度。严密监视锅炉蒸汽参数、蒸发量和水位，防止超温超压、满水或缺水事故发生。应及时了解入炉煤煤质情况，做好锅炉燃烧调整，防止气流偏斜。控制好煤粉细度，合理用风，防止结焦，减少热偏差，防止锅炉尾部再燃烧。加强吹灰和吹灰器管理，防止受热面严重积灰，同时也要注意防止吹灰器故障吹损受热面管子。注意受热面管壁温度的监视，在运行中尽量避免超温，保证锅炉给水品质及蒸汽品质正常。燃用煤种不应与设计煤种偏差过大，从根本上避免因燃用灰分大、热值低的煤给锅炉制粉系统和受热面带来严重的磨损或积灰加重，同时使锅炉运行工况偏离正常范围，造成受热面频繁泄漏的后果。

▶ 第五节　受热面的结渣、积灰、磨损及腐蚀

1. 受热面上的结渣积灰按不同区域分为哪几种形式？

答：受热面上的结渣积灰按不同区域可分为熔渣、高温黏结灰、松灰和低温黏结灰等不同形式。

2. 结渣积灰有什么危害？

答：受热面上形成结渣、积灰后，会使换热热阻加大，对流烟道的阻力增加，部分区域引起受热面腐蚀，影响到锅炉出力及运行经济技术指标和安全性，特别对于大容量的塔式炉，掉渣塌灰严重时会引起炉膛灭火或受热面损坏，导致事故发生。

3. 熔渣形成的原因是什么？

答： 熔渣主要出现在炉膛内辐射区域的受热面上，如水冷壁、凝渣管和屏式过热器等。在该区域内，炉膛内温度最高，煤中的灰颗粒大部分处于熔化或软化状态，当碰到受热面后就会被冷却凝固黏结在壁面上，长期聚积后形成结渣。

4. 影响结渣的因素有哪些？

答： （1）灰的组成成分。灰的成分对结渣特性的影响，可用结渣指数 R_{JZ} 表示

$$R_{JZ} = (Fe_2O_3 + CaO + MgO + Na_2O + K_2O)S_d / (SiO_2 + Al_2O_3 + TiO_2) \qquad (7-22)$$

式中　　Fe_2O_3 等——燃料灰分中各成分的质量份额；

　　　　S_d——燃料干燥基硫分。

结渣程度见表 7-4。

表 7-4　　　　　　　　　　　　　结　渣　程　度

R_{JZ}	结渣程度	R_{JZ}	结渣程度
<0.6	弱结渣性	2.0~2.6	强结渣性
0.6~2.0	一般结渣性	>2.6	严重结渣性

（2）炉膛结构。炉膛容积热负荷设计偏高，卫燃带敷设过多，炉膛高度不够，水冷壁面积偏小，都会造成炉膛温度过高，引起炉膛结渣，或造成煤粉粒子在炉内停留时间太短，燃烧不完全，在炉膛出口不能降到应有温度水平，造成炉膛出口结渣。

（3）炉内空气动力工况。火焰中心偏斜，火焰刷墙或切圆直径偏大等工况，都易造成结渣，燃烧器喷口尺寸设计不当，运行风速偏小或耐热性差，致使烧损变形，出口气流受到影响，会使燃烧高温区结渣加剧。另外，风粉管路配风不均匀使部分燃烧器缺风运行，部分燃烧器风量过大，影响炉内工况，引起结渣。

（4）其他运行工况。炉膛漏风加大，热风温度不够或煤粉过粗，使火焰中心上移，造成炉膛出口结渣，或高压加热器停运，锅炉超负荷等，也容易产生结渣。

5. 结渣对锅炉运行有哪些影响？

答： （1）对锅炉经济运行的影响。受热面结渣后，黏结层热阻很大，受热面传热能力下降，炉内吸热减少，导致烟气温度升高，锅炉排烟损失加大。与此同时，会引起汽温升高，运行中为保持额定参数，不得不加大减温水量，甚至被迫降低出力。而且，炉膛出口温度升高引起炉膛出口结渣后，增加了烟气侧阻力，也会造成锅炉运行经济性的降低。

（2）对锅炉安全性的影响。水冷壁结渣后，水冷壁传热能力下降，同时使结渣和不结渣的部分受热不均匀，可能引起水冷壁爆管事故。

炉内结渣后，炉膛出口烟气温度上升引起过热汽温升高，而且过热器、再热器的结渣会加大热偏差，导致高温过热器、高温再热器超温爆管。

锅炉结渣严重以致大渣块突然落下时，有可能造成灭火，甚至砸坏水冷壁管，造成恶性事故。对于大容量塔式炉，结渣和积灰的影响更明显，即不发生严重事故，平时一般的塌灰也会造成运行中负压波动大，燃烧稳定性下降。

6. 防止和减轻结渣的措施有哪些？

答：（1）掌握燃料的变化，做好煤质分析，采取相应措施。如果长期存在结渣问题，可以在运行中对各种不同的煤种进行混配燃烧，摸索较为合理的不同煤种混配比例。如果结渣现象十分严重，应考虑更换煤种或加酥渣剂，以减轻结渣的危害。

（2）运行中要组织好炉内燃烧工况，使炉内气流基本均匀，火焰不直接贴壁冲刷受热面。另外，要保持合理的风量并保证每只燃烧器配风均匀，以保持炉内燃烧均匀。为防止火焰中心上升造成炉膛出口结渣，要尽可能堵塞漏风，保证一、二次风温，保持煤粉细度。

（3）重视设备维护与改造，避免管内结垢，防止炉内局部热负荷过高。另外，根据运行中结渣的具体情况，可在燃烧器结构设计和燃烧器改造方面做一些工作，烧坏变形的燃烧器应及时修复或更换。而且必须要加强吹灰管理，保证吹灰器，特别是水冷壁吹灰器的正常投运。

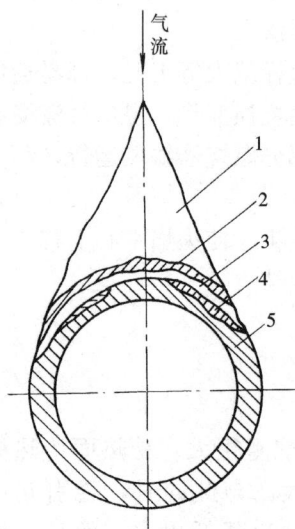

图7-13 高温黏结灰积结示意
1—飞灰沉积；2—暗红结积层；
3—白色升华物质层；4—黑色腐蚀产物；5—管壁

7. 高温黏结灰是怎样形成的？

答：高温黏结灰多发生在屏式过热器、高温过热器和高温再热器区域。在这一范围内，对流换热成为主要换热形式，烟气温度虽开始低于灰的变形温度，但灰中碱土金属的氧化物在这一区域仍会升华，遇到相对较冷的受热面管簇即产生冷凝，并与烟气中的氧化物相互起化学作用形成各种硫酸盐，而沉积的硫酸盐由于熔点较低，在一定温度范围内呈液态，会黏结大量飞灰，积灰最终被烧结成较为坚实的积灰层，并不断增加，如图7-13所示。

8. 高温黏结灰的危害有哪些？

答：由于高温黏结灰是较为坚硬的灰，难以去除，对受热面影响较大，首先是影响受热面换热能力，造成汽温偏低，排烟温度升高；其次带来受热面的热偏差和流量偏差，严重时造成受热面爆管，同时，由于高温黏结灰的存在，会引起受热面的高温腐蚀，造成管壁减薄，危及设备安全。

9. **什么是结灰指数？**

答：结灰指数表征受热面形成高温黏结的难易程度，用式（7-23）表示，即

$$R_{Jh} = (Fe_2O_3 + CaO + MgO + Na_2O + K_2O)Na_2O/(SiO_2 + Al_2O_3 + TiO_2) \quad (7-23)$$

Fe_2O_3 等为燃料灰分中各成分的质量份额，结灰指数越高，越容易形成高温黏结灰。

10. **受热面结构对积灰有什么影响？**

答：由于受热面结构特性决定了烟气的流动工况，因而对积灰有很大影响。对于错列布置的管束，其迎风面受到冲刷，背风面也较容易受到烟气及灰粒的冲刷作用，结灰比较轻，对于顺利布置的管束，背风面不易受到冲刷，从第二排起管子迎风面也受不到正面冲刷，所以积灰较多。

如果减小错列管束的纵向节距，则背风面冲刷更为强烈，可使积灰减轻，对于顺列管束，如果减小纵向节距，相邻管子的积灰容易搭结在一起，会加重积灰。如果受热面选用小径管，管子背风面的旋涡区减小，烟气及灰粒的冲刷作用也增强，可减轻积灰。

11. **如何减轻受热面积灰？**

答：（1）采用合适的吹灰器并在锅炉各受热面恰当布置，在运行中应定期吹灰。

（2）锅炉设计时受热面上应保证一定的烟气流速，在额定负荷下烟气流速一般不小于 8～10m/s，对有升华物质的燃料应更高一些。同时，要防止烟道内气流严重偏斜，造成换热偏差和局部积灰加剧。

（3）对于可能产生积灰的受热面，如果不处于可能出现高、低温黏结灰的区域，则在设计上应尽可能采用小管径管束，错列布置，适当密排，以减轻积灰。

12. **什么叫低温黏结灰？**

答：低温黏结灰是指空气预热器冷段形成的硬化结灰。

13. **低温黏结灰是怎样形成的？**

答：锅炉在燃用高硫分、高水分、高灰分的燃料时，低温黏结灰的情况较为严重。燃料中的硫分在燃烧后，大部分形成 SO_2 进入烟气中，而一部分 SO_2 又会再氧化生成 SO_3。烟气中 SO_3 的来源有三个途径：①SO_2 被分子氧所氧化；②在火焰中 SO_2 被原子氧所氧化；③SO_2 的催化氧化。SO_3 和烟气中的水蒸气结合形成硫酸蒸汽。由于空气预热器处的排烟温度及冷风入口温度都较低，以致管壁温度偏低，当管壁温度低于硫酸蒸汽的露点时，硫酸蒸汽就会凝结在壁面上，黏结烟气中的灰分后形成低温黏结灰。

14. **低温黏结灰的危害及防范措施是什么?**

答：低温黏结灰的形成可造成受热面的堵灰、腐蚀和漏风，对于管式空气预热器，低温黏结灰常把管堵塞甚至堵死，清理非常困难，还会造成热风温度的下降，烟气阻力增大，炉膛负压难以维持，对锅炉安全运行影响很大。同时，低温黏结灰还带来金属管壁的严重腐蚀，使空气预热器造成漏风，热风走短路进入烟道而引风出力增大，直接影响了机组的安全性和经济性。要减轻和防止低温黏结灰的形成，应采取以下措施：

（1）对燃料进行严格控制，减少硫化物的含量。

（2）进行燃烧控制，在高温区减少氧的供应，低温区保持受热面的清洁，减少二氧化硫向三氧化硫的转变。

（3）使用炉内脱硫装置。通常使用的是炉内喷钙的方法，来减少烟气中二氧化硫的产生，进而减少三氧化硫的生成，这样除了防止低温黏结灰的产生外，还具有积极的环保意义。

（4）采用暖风器或热风再循环，提高空气预热器的管壁温度，从而防止低温腐蚀的产生。

（5）采用抗腐蚀材料，即使形成低温黏结灰，也可减轻受热面的腐蚀程度，从而保证运行的安全性和经济性。

15. **飞灰对受热面磨损的机理是什么?**

答：燃煤锅炉的烟气中含有大量的飞灰，灰颗粒有一定的动能，当烟气冲刷受热面时，灰颗粒与管壁发生撞击或磨损，使受热面受到磨损。灰颗粒与受热面表面的冲击分为两个方向，即垂直冲击和切向冲击，两者综合起作用造成管壁磨损。灰粒垂直冲击受热面时，受热面表面受冲击力的作用会出现微小凹坑，当冲击力超过其强度极限或频繁冲击后，表面薄层会出现破坏脱落现象，形成冲击磨损；当灰粒斜向冲击表面时，除垂直冲击磨损外，切向冲击力会起刮削作用，造成切削磨损。

16. **影响受热面磨损的因素有哪些?**

答：（1）烟气速度。磨损量与烟气速度的三次方成正比，因而控制烟气速度是减轻磨损最有效的措施。但要同时考虑传热和防止积灰的要求，如果受热面存在较大间隔，局部阻力小，烟气走短路形成烟气走廊，在此区域内烟气速度较高，容易造成局部严重磨损，应特别注意预防。

（2）飞灰浓度与灰粒撞击率。磨损量与飞灰浓度成正比，飞灰浓度大，灰颗粒撞击受热面的次数多，磨损加剧。同时，磨损量也与灰粒撞击率成正比，如果飞灰颗粒大，密度大，烟气流速高，黏性小，受热面管子尺寸小，则灰粒撞击率会增大。

（3）飞灰物理化学特性。较大较硬的灰颗粒造成的磨损也较重。与过热器、再热器等高温对流受热面相比，省煤器区的烟气温度较低，灰粒变硬，磨损问题也更为严重。

（4）受热面结构与布置。当烟气横向冲刷受热面管束时，错列管束受到的磨损比顺列管束要严重，当烟气纵向冲刷受热面管束时，灰粒沿管子轴向运动，冲击壁面的程度降低，磨损较轻。

（5）燃烧工况。运行中如果煤粉制备不良，燃烧组织不好时，飞灰含碳量增加，灰粒变得较硬，会加剧磨损。如果风量过大或漏风量大都会增加磨损。另外，如果烟道出现局部结灰现象，则烟气偏向另一侧并且速度增高，会加快另一侧磨损。

17. 减轻受热面磨损的方法有哪些？

答：（1）控制烟气流速，组织好合理的燃烧工况。特别要注意防止烟气走廊出现，如管间距离要均衡，管子与墙壁之间要尽量用护板阻断。运行中应加强堵漏风的工作，降低漏风系数以降低烟气速度，可起到减轻磨损的作用。

（2）降低飞灰浓度，并通过煤粉细度的控制来保证飞灰细度。

（3）受热面采用新型结构和防磨装置。省煤器是对流受热面中磨损最为严重的部件，在管束前几排及弯头部分应加装防磨板，而省煤器如采用鳍片式、膜式结构也可有效减轻磨损。

（4）提高部件表面层硬度或使用高锰钢，耐磨铸铁等耐磨金属和其他耐磨材料。

18. 受热面烟气侧的腐蚀有几种类型？

答：（1）水冷壁管的硫腐蚀。水冷壁上如果产生结渣，在周围处于还原性气氛和一定温度条件下，会产生较为严重的水冷壁管外壁腐蚀，腐蚀部位多在热负荷较高、管壁温度较高的区域，如燃烧器附近、液态排渣炉炉膛等。燃煤锅炉水冷壁上结渣产生的腐蚀有两种类型，即硫酸盐型和硫化物型腐蚀，两种腐蚀常常是同时发生的，其中更为普遍的是硫酸盐型腐蚀。在燃用高硫煤的锅炉中，这一问题更应引起重视。

（2）过热器管的高温硫腐蚀。过热器高温硫腐蚀是由于液态的高温黏结灰造成的，主要由管壁上积结的复合硫酸盐产生，高温下（550～710℃）形成的液态复合硫酸盐对管壁金属具有腐蚀作用，特别在650～700℃时较为严重。

（3）空气预热器的低温硫腐蚀。空气预热器的低温硫腐蚀与低温黏结灰的主要产生机理是一致的，结灰同时带来堵灰与腐蚀问题，应统一采取措施予以解决。

19. 受热面工质侧的腐蚀类型有哪几种？

答：（1）垢下腐蚀。垢下腐蚀多发生在水冷壁向火侧内壁，运行中应根据割管检查垢量的情况，按规程规定进行锅炉酸洗。

（2）氧腐蚀。当锅炉给水溶氧长期不合格时，会对受热面造成氧腐蚀，破坏形式为点状或针状深坑。

（3）蒸汽腐蚀。蒸汽腐蚀多发生在过热器壁温偏高、温度变化大和水冷壁汽水停滞、循环不畅的部位。

20. **氧腐蚀的机理是什么？**

答： 当锅炉给水溶氧长期不合格时，会对受热面造成氧腐蚀，破坏形式为点状或针状深坑。锅炉给水中的氧在电化学腐蚀过程中对阴极起去极化作用，因而加快了电化学腐蚀，而且温度越高，氧腐蚀越严重。

在以下情况下可能产生氧腐蚀：

（1）除氧器运行不正常。如蒸汽调节不及时、负荷变动过大、间断性向除氧器内大量补水等。运行中当给水中含氧量不大时，氧腐蚀首先发生在省煤器的进口端，随着含氧量的增加，氧腐蚀可能在省煤器的中后部出现，甚至包括锅炉下降管。

（2）锅炉停炉期间未做好防腐工作。锅炉停炉如没有采取适当的保护措施，空气就会进入受热面内部，使整个汽水系统发生氧腐蚀，特别是积水难以放尽的部位。

21. **什么是受热面的应力腐蚀？**

答： 应力腐蚀是金属材料在应力和腐蚀介质共同作用下产生的腐蚀，这种腐蚀可能在低荷载、低腐蚀介质作用下产生，往往没有变形征兆，进展较快。

22. **应力腐蚀分哪些情况？**

答： 应力腐蚀的典型情况有：

（1）苛性脆化。锅炉在浓碱和拉应力联合作用下，金属本身不变形，但遭到腐蚀产生裂纹，发生脆性断裂破坏。苛性脆化常发生在锅炉铆孔等部位、焊口附近、底部高热负荷区等。为防止苛性脆化，应降低锅炉各部分所承受的拉应力，消除锅水侵蚀性和防止锅水局部浓缩。

（2）奥氏体钢应力腐蚀破裂。奥氏体钢在应力作用下，遇到含 Cl^-、OH^- 等离子的侵蚀介质的作用，会产生腐蚀裂纹。为防止应力腐蚀开裂，应尽可能消除钢材内的应力，同时在锅炉化学清洗或水压试验时避免含有氯化物、氢氧化物和硫化物的水进入或残留在过热器、再热器管子内。

（3）交变应力腐蚀。它是在变动温度应力和腐蚀介质同时作用下的腐蚀现象，其中交变温度应力容易使金属表面的保护膜遭到破坏，促使腐蚀的发展。为减小交变应力腐蚀作用，运行中应避免负荷、温度频繁、大幅度变动，同时降低介质的腐蚀作用。

23. **烟气走廊是如何形成的？有什么危害？**

答： 烟气走廊的形成是由于受热面上存在较大的间隔，局部阻力小，烟气走短路而形成烟气走廊。在此区域内烟气速度较高，由于受热面磨损量与烟气速度的三次应成正比，因而会造成局部的严重磨损。

第六节　锅炉的寿命管理

1. **什么是锅炉部件的寿命？**

答：在设计工况下预期能运行的时间称为锅炉部件的寿命。锅炉寿命实际上应该是最低安全使用期限，也就是制造厂所保证的使用寿命。通常锅炉设备的寿命是 30 年。

2. **什么是寿命损耗？**

答：任何设备或部件在运行中都会产生一些材质的恶化损伤，逐渐达到不能保证强度而必须退役或报废，即随着运行年限的延长，其安全使用期限减少，这就是寿命损耗。

3. **造成锅炉部件寿命损耗的因素有哪些？**

答：造成锅炉部件寿命损耗的因素主要是疲劳、蠕变、腐蚀和磨损。

4. **什么是疲劳损伤？**

答：疲劳损伤是指由于部件长期受交变荷载作用而造成材质的损伤。

5. **什么是蠕变损伤？**

答：蠕变损伤是指由于部件持续在高温和应力的共同作用下而造成的材质损伤。

6. **什么是腐蚀和磨损损伤？**

答：腐蚀和磨损损伤是指由于部件长期接触腐蚀性介质或含尘气流使有效壁厚减薄而造成的老化损伤。

7. **锅炉寿命管理的主要对象是什么？**

答：锅炉寿命管理的主要对象是它的承压部件，即通常称为锅炉本体的部分，且常监测的是不和烟气直接接触的炉外部件，如汽包、联箱、主蒸汽管道等。

8. **锅炉寿命管理的目的是什么？**

答：锅炉寿命管理的目的是在安全、经济运行的基础上保证锅炉的使用寿命，同时以科学的态度经过慎重的研究，探讨延长其寿命的可能性。

9. 锅炉寿命管理的内容是什么？

答：（1）按锅炉制造厂给出的操作规程进行操作，运行人员要建立起寿命损耗的概念，以保证其在使用期限中的安全。

（2）装置关键部件的寿命监测系统对多种运行工况和参数利用计算机进行在线实时监测并对寿命损耗进行统计，使运行管理人员了解设计寿命的剩余约值。

（3）拟定检修计划，根据寿命损耗情况，确定应重点检查的部件和内容，并建立技术档案。

（4）在运行超过一定期限后，进行无损耗探伤，以进一步验证材质是否处于完好状态。

（5）在确认设备已处于接近寿命终结时，需进行破坏性试验，研究是否要对运行参数进行限制或将设备报废、更换。

10. 什么是锅炉部件的强度？

答：锅炉部件的强度是指在一定的材料和形状结构的条件下，部件承受外荷载而不失效的能力。对锅炉承压部件而言，外荷载中最重要的是压力和温度。

11. 什么是内压应力？

答：内压应力（一次应力）是由外荷载引起并且始终与外荷载相平衡的应力。它是承压部件强度必须保证的条件。我国强度计算标准中规定内压应力用中径公式（7-24）计算，即

$$\sigma_{\mathrm{P}} = \frac{pD_{\mathrm{m}}}{2s} \qquad\qquad (7\text{-}24)$$

$$D_{\mathrm{m}} = \frac{1}{2}(D_{\mathrm{n}} + D_{\mathrm{w}})$$

式中　σ_{P}——内压应力；

　　　s——圆筒壁厚；

　　　p——内压；

　　　D_{m}——圆筒壁的平均直径；

D_{n}、D_{w}——圆筒壁的内径和外径。

12. 什么是热应力？

答：热应力（二次应力）是由于温度作用，元件各部分的变形不同，其衔接处为满足位移连续条件而形成的应力，它又分为内外壁温差热应力和上下壁温差热应力。在锅炉部件中，热应力主要是内外壁温差热应力和上下壁温差热应力两种，主要发生在汽包处。它们不同于管道整体均温膨胀受限时产生的热应力。

13. 锅炉寿命评估为什么以炉外承压部件为主要对象？

答：（1）这类部件属厚壁元件，消耗金属材料多，价格昂贵，且地位重要，影响面大，它们损坏后难以修复，更换工作量大，其破坏的后果十分严重，故必须给予充分重视。

（2）这类部件多设在炉外，易于进行监测。

（3）这类部件受到的随机影响较小，人们对其寿命损耗的规律认识较充分，故较易估算。

14. 调峰及变负荷运行对机组寿命有什么影响？

答：调峰机组由于不断启、停及变化负荷，会出现不稳定热工况和金属材质的疲劳损伤。

（1）不稳定热工况。在稳定工况下运行时，锅炉炉外厚壁承压部件的内外壁温差及由此产生的热应力是很小的，但是在不稳定热工况下，由于金属壁的吸热使部件的内外壁温差大大增加，在一定的材质和壁厚的条件下，其速度取决于介质温度变化的速度。温度变化越剧烈则造成的内外壁温差就越大，内外壁温差热应力也越大。

（2）疲劳损伤。材料在承受多次重复交变应力的作用下，发生破坏称为疲劳破坏，锅炉承压部件因负荷变化而造成的疲劳多属低周疲劳，发生部位多在受最大应力的应力集中处，该处应力值常处于屈服极限，故又属应变疲劳。锅炉的冷态启停和热态启停及低负荷运行，其寿命损耗不一样。冷态启停一次应力变化幅度最大，其寿命损耗也最大，热态启停则相对较小，滑参数到低负荷运行则更小一些。

15. 什么是寿命评估的三级管理法？

答：三级管理法也称为三个阶段管理法——常规肉眼检查、无损检验和破坏性检验。第一阶段炉外部件主要是常规的疲劳寿命损耗和蠕变寿命损耗测算。根据运行历史可以进行离线计算，也可以用微机在线监测。炉内部件则依靠在大修期间，实行肉眼观察为主的检查。根据测算和检查的结果，估计最可能出现的破坏机制，以运行史和企业经验为基础，对照当前和预计的机组运行模式做出剩余寿命的估计，并确定何时进行二级评估。

一般在寿命损耗达到一定百分数时，有的国家规定在寿命损耗达 50％或 60％时，要进行二级评估。此时应进行详细的无损检测，如超声波、磁粉探伤等，并进行简单的应力分析。根据检验和分析结果，估计剩余寿命及进行三级评估的时间。

三级评估的时间可以在总寿命损耗达到 100％时进行。由于这一阶段材料已有了较大的损伤，再继续运行已无安全保证，需要进行破坏性取样，以进行各种力学特性试验、金相组织检查以及断裂力学分析。

16. 如何表征疲劳损伤和蠕变损伤？

答：通常用破断时经历的应力循环次数作为疲劳寿命的定量标识，并用经历次数与破断时应力循环次数的百分比表示疲劳损伤。当温度和应力一定时，某种钢材的破断时间是一定的，这个时间实际就是它在相应条件下的蠕变寿命，而蠕变寿命损耗用在某种温度和应力下实际运行时间与该条件下破断时间的比值来表示。

第七节　机炉协调控制

1. 单元机组自动控制的特点是什么？

答：（1）机组有较高的自动化程度，可控性好。

（2）具有良好的负荷适应性，有较大的负荷调节范围。

（3）在汽轮机或部分辅机故障的情况下能实现限负荷稳定运行，或停机不停炉运行方式，故障恢复后又能快速升负荷至电网要求值。

（4）能按照负荷的要求进行锅炉燃烧优化调整，降低锅炉热惯性对负荷的影响，实现单元机组经济运行。

（5）单元机组可采用变压运行方式以减小节流损失，保证机组压力与负荷相适应，提高运行经济性。

2. 单元机组负荷自动调节方式有哪几种类型？

答：单元机组的负荷自动调节方式一般分为炉跟踪、机跟踪和限负荷运行三种方式。炉跟踪方式为汽轮机根据电网要求调整机组出力，锅炉根据汽轮机负荷的变化，相应调节主蒸汽压力，保证主蒸汽压力在规定范围内。机跟踪方式是锅炉根据电网要求调整机组出力，汽轮机通过改变调节汽阀开度来保证主蒸汽压力在规定范围内。限负荷运行方式是当机组某一辅机出现故障时，根据故障的范围和性质限制机组出力在某一规定值运行，然后锅炉和汽轮机调整各自参数为对应负荷下参数值。

3. 单元机组自动控制有哪几种类型？

答：单元机组自动控制主要有三种类型，即分散型控制、集中控制及集散型控制。

4. 什么是分散型控制系统？

答：分布在生产现场的各主辅设备，均设置有各自的模拟控制装置或程序控制装置，通过运行人员的经验和设备的运行状况进行设备和系统的协调管理和控制，这种控制系统称为分散型控制系统。

5. 什么是集中型控制系统？

答：集中型控制系统是由一台大型计算机来完成各主辅系统的模拟和程序控制并能完成发电设备的主辅机的巡回检测和数据处理，机组各部分的控制管理协调也由计算机来承担。

运行人员只要在操作键盘上操作设备的开关按钮或预置设定值，整个机组的启停及运行调整和事故处理等全部由计算机来完成，但是计算机发生故障，不能满足上述指标时，运行人员则无法承担所有的操作与管理。

6. 什么是集散型控制系统？

答：集散型控制系统是在克服分散型控制系统和集中型控制系统不足的基础上发展起来的。集散型控制系统分三级，即综合命令级、功能控制级和执行级。综合命令级的作用是以上位机去协调控制下位各级的功能控制。下位各功能控制级有许多并行的子回路，可根据发电设备特点分成各个独立的功能控制回路，分别由微机进行控制管理，这一级可以独立工作，也可与上位机联系。执行级是最低一级，作用是控制就地执行机构。

7. 什么叫锅炉跟踪控制方式？其原理是什么？

答：锅炉跟踪控制方式是一种锅炉跟踪汽轮机的方式，即汽轮机调节负荷大小，锅炉调节主蒸汽压力大小，使主蒸汽压力与负荷相适应，其原理如图7-14所示。

当电网要求负荷改变时，汽轮机首先按电网负荷的要求，通过功率调节器控制主汽阀的开度以调节进入汽轮机的蒸汽量，使汽轮发电机的输出功率与电网负荷要求相适应，而锅炉只在主蒸汽压力和流量发生变化后由汽压调节器根据主蒸汽压力的偏差来调整进入锅炉的燃料量，保证主蒸汽

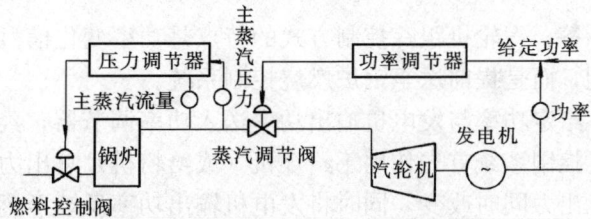

图7-14　锅炉跟踪汽轮机的负荷调节方式

压力偏差最小，使主蒸汽压力、主蒸汽流量与负荷相适应，并保持稳定。在改变燃料量的同时，空气量、给水量、减温水量等，也根据需要做相应调整，以保证锅炉各参数在规定值范围内并保持锅炉效率最高。通过锅炉适应性调整，使主蒸汽压力恢复给定值，从而保持锅炉的能量平衡。

8. 锅炉跟踪方式的特点及适用范围是什么？

答：锅炉跟踪方式是按照负荷指令的变化，利用锅炉的蓄热量，使机组实际负荷迅速跟随负荷指令的变化。在锅炉主蒸汽压力的允许波动范围内，快速达到负荷指令要求是完全可能的，对系统的频率调整也是有利的。这种方式能较好地满足电网对负荷的要求，但是在发生很大的负荷变化时，由于锅炉燃烧迟延时间大，对主蒸汽压力的调节不可避免地有滞后现象。因此在锅炉开始跟踪时，主蒸汽压力变化就会很大，锅炉的运行与调节就会不稳定。

依据"锅炉跟踪控制方式"负荷适应性好，但稳定性差的特点，这种控制方式适用于参加电网调频调峰，负荷变化不至于太大的单元机组。

9. 什么是汽轮机跟踪控制方式？

答：汽轮机跟踪控制方式实际上是一种汽轮机跟随锅炉的控制方式，又称汽轮机跟随的负荷控制方式，其原理如图 7-15 所示。

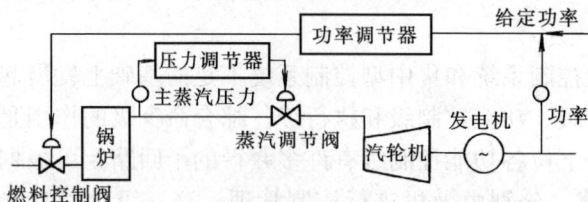

图 7-15　汽轮机跟随锅炉的负荷调节方式

当电网对负荷的需求改变时，首先通过功率调节器的改变进入锅炉的燃料量，并相应对给水量、送风量、减温水量等做适应性调整，随着燃料量输入的增加或减少，主蒸汽压力开始变化，变化方向与燃料量的改变方向相同，为了保持汽轮机主汽阀前压力在规定值范围内，通过主蒸汽压力调节器改变汽轮机调节汽阀的开度，从而改变进入汽轮机的蒸汽流量，即改变了汽轮机和发电机的输出功率，使输出功率与负荷要求趋于一致，达到了调节发电机输出功率满足电网负荷要求的目的。

10. 汽轮机跟踪控制方式有什么特点？

答：汽轮机跟踪控制方式的特点是功率变化信号经主控制器处理后不是送至汽轮机调节汽阀，而是提前送至锅炉燃烧控制系统。

给定功率与发电机输出功率送入功率调节器，经处理计算后作用于锅炉燃烧控制系统，燃烧控制系统首先作用于给煤机（或给粉机）总出力控制器，使运行的所有给煤机（或给粉机）出力同时改变，同时将发电机输出功率反馈至燃烧控制系统。另外，燃烧控制系统信号还要送至给水量、送风量等其他相关各分系统中。

锅炉燃烧率改变后，主蒸汽压力将发生相应的变化，汽轮机汽压调节器接受主蒸汽压力变化信号经计算机处理计算后，作用于汽轮机调节汽阀，以保持汽压在规定值范围内。保证汽压值有两种情况，采用滑压运行方式时，除保证主蒸汽压力不变外，还要保证压力与负荷相对应；采用定压运行方式时，只要保持主蒸汽压力为原来值即可。汽轮机跟踪控制方式由锅炉调节负荷，由汽轮机调整汽压，主蒸汽压力波动较小，但负荷适应性差。

11. 什么是协调控制方式？其原理是什么？

答：协调控制方式是当外界负荷发生变化时，机组的实际输出功率与给定功率及压力给定值与实际主蒸汽压力值的偏差信号，通过协调主控制器同时作用于锅炉主控制器和汽轮机主控制器，使之分别进行负荷调节，其原理图如图 7-16 所示。

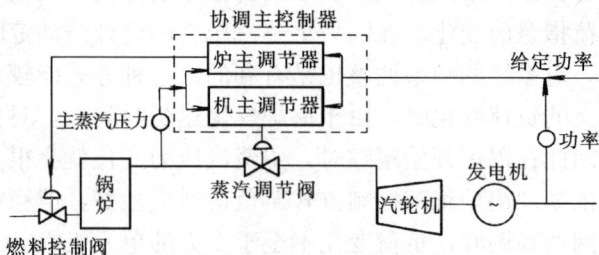

图 7-16　机炉协调负荷调节方式

12. **协调控制方式有什么特点?**

答:该方式的特点是:锅炉给水、燃烧、空气量、汽轮机蒸汽流量、主蒸汽压力同时进行调节,机炉同时参与功率调节和压力调节,在锅炉允许的压力变化范围内利用了锅炉部分蓄热量适应汽轮机需要,另外,锅炉能迅速改变燃料量,既能保证有良好的负荷跟踪性能,又能保证锅炉运行的稳定。

当单元机组正常运行又要参加电网调频时,应采用机炉联合的协调控制方式。

13. **单元机组的运行控制方式有哪些形式? 各适用于什么情况?**

答:(1) 协调控制方式。当单元机组运行情况良好,机组带变动负荷或基本负荷,可以采用协调控制方式。这时的机组可以参加电网调频,接受自动负荷指令和值班员手动负荷指令。

(2) 汽轮机跟踪,输出功率可调控制方式。此种方式只有值班人员的手动指令能控制机组功率。机组输出功率可调、锅炉及汽轮机的自动调节系统均应投入,但控制系统不接受中调所指令和频率偏差信号指令,只接受值班员手动指令。

(3) 锅炉跟踪,机组输出功率可调的控制方式。此方式是锅炉自动维持汽压稳定的运行方式。此时,锅炉运行正常,自动调节全部投入,汽轮机运行正常,但自动调节不一定全部投运。此种方式负荷适应较快,负荷只能由值班员手动给定。

(4) 汽轮机跟踪,输出功率不可调的运行方式。此种方式为汽轮机工作正常、锅炉工作不正常,机组出力受到限制时的控制方式。在这种控制方式下,机组只能维持本身的实际输出功率,而不能接受任何外部要求负荷改变的指令。

(5) 锅炉跟踪,机组输出功率不可调的控制方式。此种运行方式为锅炉运行正常,而汽轮机局部发生异常,使机组输出功率受到限制时的控制方式。在这种方式下调节的主要任务是维持汽轮机的稳定运行,机组的输出功率只能维持实际所能输出的最大功率,不能接受外界任何负荷调整指令。

(6) 燃料手动控制方式。此种方式为锅炉和汽轮机主控制器均处于手动状态,机组在启动或停止过程中的控制方式。机前压力由运行人员在操作器上手动保持,锅炉燃烧调节投自动,但它处于运行人员的手动控制状态。

14. **机炉协调控制方式的选择原则是什么?**

答:机炉协调控制方式可以根据机组当前的运行状况和机组的异常情况随时进行选择和切换。

当机组运行正常,机组带变动负荷或基本负荷,需参加电网调频或接受中央调度指令时,应采用协调控制方式。

当机组运行尚不稳定,不参加电网调频或汽轮机和锅炉局部控制系统发生故障时,可根据需要采用锅炉跟踪运行方式或汽轮机跟踪运行方式。其中,如果要求机组负荷相对比较稳定,不要求负荷频繁波动,可采用汽轮机跟踪控制方式。

当要求负荷能快速适应电网要求时,可采用锅炉跟踪控制方式。

单元机组在启动初期，旁路站一般均投入运行，参加主蒸汽压力调节。此时，可采用煤、油手动控制方式，即由锅炉调整主蒸汽压力，汽轮机调整机组出力。

不论采用锅炉跟踪控制方式还是汽轮机跟踪控制方式或协调控制方式，当机组辅机故障时，将自动切换至限负荷调节状态，机组将根据辅机故障的情况带某一中间负荷维持运行，直至辅机故障排除为止。

15. 机炉协调控制方式投运注意事项有哪些？

答：机炉协调控制方式投运必须慎重，应逐步根据现场实际情况投运。调整监视失误或盲目投运都可能造成机组参数和负荷的波动，甚至引起机组跳闸事故，具体应注意以下几点：

（1）协调控制方式应根据电网要求、机组形式和机组当时的运行工况进行投运。

（2）投运时应本着由低级到高级逐步投运的方式进行，并且每投一级均要进行一段时间的稳定和对调节特性的考验，以免由于设备故障或调节系统故障导致参数大幅度波动或超限。

（3）协调控制投运应以机组安全经济运行为基础，设备系统故障或经济性下降时，应及时解除。

（4）协调控制方式投运后，要密切监视协调控制主控制器和各自动调节系统的运行工况，发现调节失灵或自动跟踪不良应立即解列，特别是在自动装置刚投运和变工况时。

（5）主要辅机故障运行或跳闸时，应根据故障的严重程度和范围解列部分自动装置，切换为手动调节，待故障解除后再逐步投入。

（6）在协调控制方式下应特别注意监视主蒸汽压力、汽轮机前压力偏差、发电机负荷的变化情况，当主蒸汽压力变化幅度较大或发电机负荷大幅度变化时，应立即解列自动。

（7）应监视各部温度及各辅助设备的出力情况，对于直吹式制粉系统应特别注意运行中的磨煤机出力分配和各自磨煤机的出力大小，以防止由于磨煤机出力分配不当而引起磨煤机跳闸和磨煤机跳闸后负荷大幅度波动或部分运行磨煤机超出力运行的问题。

（8）事故情况下要特别注意机炉之间的配合，要统筹兼顾全面考虑，以防事故扩大和损坏设备。

第八节　新机组的试运行

1. 新建机组试运前的准备工作有哪些？

答：（1）生产准备工作主要包括以下内容：

1）建立运行班组，配备运行人员。

2）编制运行规程和系统图册，制定各项运行管理制度，准备安全用具等。

3）进行上岗前安全和技术知识培训。

4）调查和了解同类型机组运行情况，必要时组织现场实习。

（2）成立试运行组织，调配试运行力量：

1）选派得力人员参加启动机构。

2) 调配有经验的技术人员和运行骨干，成立一支高素质的试运行队伍。

3) 认真讨论制定试运行措施，在调试人员指导下，认真完成试运行任务，防止发生误操作。

（3）参与新机组调试方案及措施的评审、编制工作。

（4）认真准备各种资料，为验收交接做准备：

1) 工程质量检查记录。

2) 设备和系统试验记录。

3) 设备、材料、备品、专用工具清单。

4) 有关图纸、资料和技术文件清单。

5) 其他有关资料。

2. 锅炉冷态调试工作有哪些内容？

答：（1）锅炉辅机的分部试运行。

（2）阀门及挡板试验。

（3）漏风试验。

（4）锅炉水压试验。

（5）锅炉的化学清洗。

3. 锅炉热态调试工作有哪些内容？

答：（1）吹管；

（2）蒸汽严密性试验；

（3）安全阀调整；

（4）整套机组试运行。

4. 锅炉辅机分部试运行前应进行的检查项目有哪些？

答：（1）检查机械内部及连接系统（如烟、风、煤、煤粉管道、炉膛等）内部不得有杂物及工作人员。

（2）地脚螺栓和连接螺栓不得有松动现象。

（3）裸露的转动部分应有保护罩或围栏。

（4）轴承冷却器的冷却水量充足，回水管畅通。

（5）按设备技术文件的规定检查轴承润滑油量，无特殊规定时，一般可按如下要求办理：采用润滑脂的滚动轴承装油量，对低速机械一般不多于整个轴承室容积的 2/3，对于 1500r/min 以上的机械不宜多于 1/2。

5. 锅炉辅机分部试运行应达到的要求是什么？

答：（1）轴承及转动部分无异常状态。

（2）轴承工作温度稳定，一般滑动轴承不高于 65℃，滚动轴承不高于 80℃。

（3）振动一般不超过 0.10mm。

（4）无漏油、漏水和漏风等现象。

（5）采用循环油系统润滑时，其油压、注油量应符合规定。

6. 阀门和挡板检查及试验的内容有哪些？

答：（1）检查阀门、挡板在介质流动方向上有无装反。

（2）阀门与挡板的位置是否便于操作、检修。

（3）操作机构与安全机构及附件是否完整；开关方向及全关、全开位置是否有正规明确的标志且完全正确。

（4）集控室盘上操作时，就地阀门、挡板编号是否对应，传动是否正确，开关是否灵活，全开、全关位是否与盘上信号一致。

（5）启动给水泵上水及放水时，根据温度及过水声音检查阀门的严密性。

7. 漏风试验的目的是什么？

答：漏风试验的目的是要检查燃烧室、制粉系统、风烟系统的严密性，通过试验找出漏风处并予以消除。漏风会造成锅炉出力下降，影响安全、经济运行，要尽可能地将漏风减少在允许范围之内。

8. 漏风试验前应具备的条件及方法是什么？

答：漏风试验前应具备的条件及方法是：

（1）引、送风机分部试运合格，烟风道安装结束，尚未保温。

（2）所有风门挡板检查合格。

（3）燃烧室看火门、人孔门齐备，可关闭。

（4）本体炉墙已封闭、冷灰斗水封工作完毕，可建立密封，燃烧室负压表已装好可用。

（5）烟、风系统及空气预热器工作完毕，内部检查合格，并封闭人孔门。

（6）试验方法。一般采用白粉法或烟幕法。试验时，先将引风机入口挡板关严，启动送风机，用风机挡板控制燃烧室维持 50～100Pa 正压。在送风机入口加入白粉或烟幕弹，然后在炉墙接缝等处仔细检查，凡有白粉或烟幕熏染之处，表明是漏风点，应认真堵漏处理。重点检查炉顶与前、侧墙接缝处，炉顶穿墙管四周，膨胀间隙伸缩缝，过热器后负压烟道等部位。

9. 锅炉水压试验的目的是什么？水压试验有哪几种？

答：锅炉水压试验的目的是在冷态下检验各承压部件的严密性和强度。

水压试验分为工作压力试验和超压试验两种。一般在承压部件检修后，如更换或检修部分阀门、锅炉管子、联箱等，以及锅炉的中、小修后都要进行工作压力试验。而新安装的锅炉、大修后的锅炉及大面积更换受热面的锅炉，都应进行工作压力 1.25 倍的超压试验。

10. 水压试验的压力有什么规定？

答：应按照国家劳动总局颁发的《蒸汽锅炉安全监察规程》及设备文件的规定进行水压试验，如无规定，其试验压力应符合下列要求：

（1）汽包锅炉为汽包工作压力的 1.25 倍。

（2）直流锅炉为过热器出口联箱工作压力的 1.25 倍，且不小于省煤器进口联箱工作压力的 1.1 倍。

（3）再热器为进口联箱工作压力的 1.5 倍。

11. 水压试验的合格标准是什么？

答：超压水压试验或工作压力试验的合格标准是：

（1）在试验压力下，压力保持 5min 没有下降。

（2）在工作压力下进行全面检查，检查期间压力保持不变，所有焊缝不应有任何渗漏。

（3）在检验中，没有发现破裂、漏水、残余变形及异常现象。

12. 锅炉水压试验的范围是什么？

答：原则上应包括受热面系统的全部承压部件，也就是从给水进口到蒸汽出口堵板为止的汽水管道、阀件等在内。有关的排水管、仪表管、放空气管、取样管等应打开第一道阀门，关闭第二道阀门，让第二道阀门至锅炉之间处于水压范围内。锅炉上的水位表、安全阀不参加超压水压试验。中间再热锅炉的一次汽系统和二次汽系统，因试验压力不同所以要分开做水压试验。二次汽系统从再热器入口联箱至再热器出口蒸汽管道的堵板为止。其余与一次汽同。

13. 锅炉水压试验前应进行哪些检查和准备？

答：（1）检查承压部件安装工作是否真正全部完成。

（2）检查承压部件组合及安装时所用的一些临时设施已全部割除并清理干净。

（3）检查所有图纸规定的热胀部件并记录其间隔尺寸。对容易影响热胀位移的地方，应采取补救措施。汽包、联箱、水冷壁的膨胀指示器是否已全部装好，且在上水前调好零位。

（4）所有合金部件的光谱复查、所有焊口取样、焊缝热处理已全部完成。

（5）临时上水、升压、排汽等系统是否已装好可用。水压试验系统中应有的水位计、压力表和有关阀门等附件是否已装齐全。

（6）备好水压所用的水源。水压试验的水质和进水温度应按设备技术文件规定，无规定时采用适量添加氨或联胺的软化水或除盐水。

（7）水压试验的水温一般不应超过 80℃，对合金钢受压元件，水压试验的水温应符合设备技术文件及蒸汽锅炉监察规程规定。

（8）锅炉水压试验时环境温度一般应在 5℃以上，否则应有可靠的防冻措施。

◆ 14. 锅炉水压试验的程序是怎样的？

答：（1）静压冲洗。锅炉上满水后，应利用静压冲洗放水阀及水冷壁下部放水阀，进行静压冲洗。

（2）试验前检查。组织人员对水压范围内的系统和设备进行全面检查，开启全部空气阀，关闭全部放水阀，投入所有压力表。全面记录上水前各膨胀指示器的数值。

（3）上水。启动给水泵向锅炉缓慢上水，指派专人在空气阀处守候，如空气阀不排气应停止上水，查明原因。上水速度要根据水温和金属温差大小加以掌握。当空气阀见水后逐步关闭。上满水后全面记录膨胀指示。

（4）升压。检查系统无泄漏后，方可开始升压。升压速度应缓慢，每分钟不超过 0.2～0.3MPa。当达到试验压力的 10% 时，应进行初步检查，如无泄漏继续升压。

（5）超压水压试验。超压水压试验前，要再次检查所有水位计、安全阀确已隔离，不应参加超压水压试验。从工作压力下升压做超压试验时，升压速度不应超过 0.1MPa/min，当压力升至试验压力后，立即停止升压，并在此压力下停留 5min，观察压力下降情况。随后立即缓慢降至工作压力，维持压力不变，进行检查。

（6）降压。检查工作结束后，开始缓慢降压。降压速度应小于升压速度，待压力降至 0后，打开所有空气阀、放水阀，将水放尽。

◆ 15. 锅炉进行化学清洗的目的是什么？

答：锅炉在制造、运输与安装过程中，其受热面联箱、连接管及汽包等部件内壁，难免要产生和沾积一些附着物，如腐蚀产生的氧化铁、焊渣、外界进入的硅化物等。这些杂质的存在，将对锅炉、汽轮机的运行带来很大危害，如促使金属腐蚀、传热变差、汽轮机叶片结垢和减少汽轮机通流面积等，所以新锅炉在正式投产之前，应进行化学清洗，把受热面内壁的铁锈、灰垢、油污等杂物彻底清除。

◆ 16. 化学清洗的种类有哪些？

答：锅炉化学清洗分为碱洗和酸洗两种。碱洗的作用主要是去除锅内油垢，湿润金属表面。同时，对二氧化硅、水垢等附着物也有一定的松动去除作用。酸洗的主要作用是清除锅炉内氧化铁、铜与污垢等附着物，也有清除二氧化硅、水垢等附着物的作用。

◆ 17. 对化学清洗的一般规定是什么？

答：（1）直流锅炉和工作压力在表压为 9.807MPa 及以上的汽包锅炉，其蒸发受热面必须进行化学清洗。表压在 9.807MPa 以下的汽包锅炉可以不进行酸洗而只进行碱煮炉。

（2）过热器、再热器如进行化学清洗，必须有可靠的防"气塞"、防悬浮物在蛇形管中沉积的措施。

为了得到较好的清洗效果，对大型超高压锅炉，在酸洗之前常先进行碱洗，以清除受热面内壁的油垢及脏物。否则，酸洗液就不能很好地与氧化铁皮作用并将其除掉。酸洗之后再进行软化清洗、钝化和保护。

18. 化学清洗的一般程序是什么？

答：（1）系统试验、清水冲洗。

（2）碱洗。

（3）水顶碱冲洗。

（4）酸洗。

（5）清水顶酸冲洗及漂洗。

（6）钝化处理。

（7）废液处理及排放。

19. 酸洗过程中对金属可能产生哪些腐蚀？

答：锅炉在酸洗过程中，金属被腐蚀的原因主要有三方面：

（1）酸液对金属的腐蚀。

（2）清洗溶液中的氧化性离子，对金属也会发生腐蚀作用。

（3）酸洗后金属表面十分活化，在排除废酸液的过程中，由于氧的极化作用，很容易使新金属表面上出现黄色新锈，引起再腐蚀。

20. 化学清洗的质量要求是什么？

答：化学清洗结束后，应检查汽包、水冷壁下联箱内部、监视管段和腐蚀指示片，要求达到下列标准：

（1）内表面清洁，无残留的氧化铁皮和焊渣。

（2）内表面无二次浮锈，并形成保护膜。

（3）腐蚀率小于 10g/（$m^2 \cdot h$）。

21. 化学清洗的注意事项有哪些？

答：（1）化学清洗工作必须在化学专业人员指导下，按照已批准的化学清洗方案及措施进行。

（2）化学清洗前必须落实制水能力，要能连续供应足够数量的合格的除盐水、软化水等。

（3）要有可靠的汽源和加热装置，满足化学清洗工艺要求。

（4）系统必须经水压试验合格，试验压力应为所用清洗泵的最高压力。

（5）与参加化学清洗的设备，系统相连而又不参加化学清洗的部分应予以可靠的隔绝。

（6）化学清洗必须考虑废液排放的综合处理，处理后的废液中有害物的浓度和排放地点，应执行《工业"三废"排放试行标准》。

（7）注意材质为奥氏体钢的管箱，不得采用盐酸清洗。

（8）化学清洗结束至锅炉启动的时间不应超过30天，如超过30天应按规定采取保护措施。

（9）化学清洗所用药品均属有毒、易燃、易爆、有腐蚀的物品；应考虑人身防护用品，及正确的堵漏措施；设立急救站有医护人员值班。

22. 锅炉热态调试的主要内容有哪些？

答：热态调试阶段中包含的内容有吹管、蒸汽严密性试验与安全阀调整、整套机组试运行等。

23. 锅炉吹管的目的是什么？

答：锅炉范围内的给水、减温水、减压旁路系统、过热器、再热器及其管道和其他低压蒸汽系统等，由于结构及布置等方面的原因，一般不宜进行化学清洗。因此，新装锅炉在正式投入供水与供汽之前，要用物理方法，清除积留在上述管路系统内的残留杂物，如砂子、泥灰、铁屑、焊渣、氧化铁皮等。如让这些杂物遗留在受热面管道系统中，则当锅炉投入运行后，将对过热器、再热器及汽轮机叶片等造成很大的危害。因此，管道吹扫是锅炉正式投入运行前必不可少的一项工作，管道吹扫质量的好坏直接影响锅炉、汽轮机的安全经济运行。

一般情况下，吹管采用的是本炉产生的蒸汽。吹管时，不仅完成调试工作项目，而且还起到初步掌握设备运行特性和考验设备的作用。吹管时，由于只是炉单独运行，不致因设备问题或操作不当危及汽轮机安全。

24. 吹管的方法有哪几种？

答：吹管可分为稳压法和降压法两种，一般来说，直流锅炉采用稳定法，汽包炉则两种吹管方法都可采用。

25. 如何选择吹管的参数和时间？

答：吹管流量一般为额定蒸发量的$50\%\sim60\%$。吹管时，中、低压锅炉的吹管压力在工作压力的75%以上时开始，高压锅炉可在$4\sim6$MPa时进行。吹管的蒸汽温度要接近额定值，比额定值低$30\sim50$℃。每次吹管时间不少于$20\sim30$min。吹洗后停炉冷却至少8h，然后继续吹管。

26. 什么是稳压法？有什么优缺点？

答：稳压法即在吹管时尽量保持锅炉蒸汽压力、温度、流量稳定。它的优点是：

（1）对蓄热能力小、温度升降速度受到限制的直流锅炉，为确保水动力稳定，水冷壁必须保持相当的启动压力和流量。

（2）新炉启动，必须在高负荷下全面检查输煤、制粉和燃烧系统。燃煤炉的稳压吹洗过程，是提前发现设备缺陷、运行人员熟悉设备性能和操作练兵而对汽轮机不产生危害的极好机会。

（3）吹洗时各部参数变化小，操作相对稳定、缓慢，容易操作，不致因汽包压力、水位剧烈变化而将水进入过热器，恶化蒸汽品质。

缺点是：

（1）吹管时间长，需要投入燃料多，操作时间长。

（2）耗水量较多，常因储备吹管用水量，而延长吹管进程。

（3）由于投入燃料多，对中间再热锅炉吹洗主汽管时，再热器前烟气温度可能超过干烧允许温度，因而需要专门考虑保护再热器的措施，或者要考虑一、二次汽串烧的吹管方式。

27. 什么是降压法吹管？有什么优缺点？

答：降压法是指利用锅炉工质、金属及炉墙的蓄热，使之短时释放出来并提高吹洗流量的方法。它的优点是：

（1）吹洗时间短，每次控制阀全开 1～3min，投入燃料少，燃烧室热负荷不高，再热器不需要保护。

（2）每次吹管耗水量少，储水、补水不会发生困难。

（3）吹洗次数多，各处参数变化大，温降速度大，有利于焊渣、氧化物脱落，改善吹管效果。

（4）操作简单，吹洗时可稳定燃烧或熄火，仅通过开关控制阀即可保持水位。

（5）采用熄火吹洗时，可防止降压过大，引起水循环故障和水位异常的危害性。

缺点是：

（1）吹洗时各参数变化大，压降速度大，虚假水位严重，采用不熄火吹洗时水位不易控制。

（2）需要有快速开关的控制阀。

（3）压降速度过大，下降管容易汽化，影响水循环安全。

28. 中间再热机组一般如何进行吹管？

答：中间再热机组锅炉的吹管一般有分段吹洗和一、二次汽串联吹洗两种方法。

（1）分段吹洗。把过热器、主汽管、再热器冷段管、再热器、再热器热段的全部蒸汽流程分成 2～3 段。每段吹洗时，前一段已经吹洗合格并与前一段串联。在吹扫段末尾设置靶板。

（2）一、二次汽串联吹洗。蒸汽由一次蒸汽系统通过后连续进入二次汽系统。但应注意：①进入再热器前必须进行减温减压；②一次汽出口和二次汽入口必须设置铁渣捕捉器。

29. **吹管合格的质量标准是什么?**

答：(1) 按吹管设计流程和吹管参数吹扫，满足汽压、汽温、流量及吹扫时间要求。

(2) 过热器、再热器及其管道各段吹管系数大于1。

(3) 在被吹洗管道末端的临时排汽管内装设靶板，在保证吹管系数前提下，连续两次更换靶板检查，靶板上的冲击斑痕迹小于1mm，且肉眼可见不多于10点时为合格。

30. **什么是吹管系数?**

答：吹管系数＝［(吹管蒸汽流量)^2×吹管时蒸汽比体积］/［(额定负荷蒸汽流量)^2×额定负荷时蒸汽比体积］。要得到良好的吹管效果，必须保证被吹洗系统各处的吹管系数不小于1。

31. **蒸汽严密性试验的目的是什么?**

答：蒸汽严密性试验也叫做全压试验，其目的是在热态下对锅炉的严密性进行检查，以发现一些冷态试验中无法暴露的问题。

32. **蒸汽严密性试验的检查项目有哪些?**

答：进行蒸汽严密性试验时，应对下列部分的严密性进行外部检查：

(1) 检查锅炉的焊口、胀口、人孔门、手孔门、法兰盘和垫料等处的严密性。

(2) 锅炉附件和全部汽水阀门的严密性。

(3) 汽包、联箱、各受热面部件和锅炉范围内的汽水管路的膨胀情况，以及其支座、吊杆、吊架及弹簧的受力、移位和伸缩情况是否正常，是否有妨碍膨胀之处。

33. **安全阀动作压力整定值是如何规定的?**

答：安全阀动作压力的整定数值，应按照《电力工业锅炉监察规程》的规定执行。锅炉各安全阀动作压力的调整及检验应符合设备技术文件的规定。无规定时，按照以下规定进行：

(1) 汽包锅炉。控制安全阀：1.05倍工作压力；工作安全阀：1.08倍工作压力。

(2) 省煤器安全阀及再热器安全阀。1.1倍装设地点工作压力。

(3) 直流锅炉。控制安全阀：1.08倍工作压力；工作安全阀：1.1倍工作压力。

34. **安全阀的调整方法有哪两种? 各有什么优缺点?**

答：安全阀的调整可在不带负荷情况下进行，也可在带负荷情况下进行。

(1) 不带负荷调整安全阀。此法的优点是运行操作方便，不影响电网负荷，处理意外情况时比较有利；缺点是锅炉的蓄热和蓄水量小，安全阀动作时锅炉水位波动较大。此外，由于汽轮机处于停运状态，故要严防蒸汽进入汽轮机。

（2）带负荷（2万～3万 kW）调整安全阀。此法的优点是锅炉水位波动较小，汽压升降调整手段稍灵活；缺点是并入电网后处理事故困难，锅炉向汽轮机供汽时对参数要求较严。

35. 整套设备启动试运行应具备的条件有哪些？

答：（1）土建和生产设施应按设计完工并进行验收；场地平整，道路畅通，平台栏杆和沟盖板齐全。

（2）整套试运行前，对投入设备和系统及与有关的辅助设备配套的分部进行试运行和调整试验合格，热工、电气的所有保护装置、热工仪表、远方操作、灯光音响信号、事故按钮及连锁装置已分别试验合格，安全运行所必需的自动及程控装置应具备投入条件。

（3）数据采集和控制用计算机（包括事故追忆装置）输入、输出点接线经校对准确，系统准确度符合设计要求，变送器定值整定完毕。

（4）照明（包括事故照明）、通信联络、防寒、采暖、通风及消防设施均已安装、验收完结，卸煤、输煤、除灰、燃油及涉及新机投产的电网线路完工并验收。

36. 机组整套启动试运行应满足哪些要求？

答：（1）锅炉机组整套启动升压，向汽轮机供汽冲转；进行汽轮机、电气试验，并网及带负荷；投入制粉系统、初步进行调试；进行燃烧初调整，各种保护投入；进行自动调节装置和控制系统投入和切换试验、厂用电切换试验、机组启动试验、负荷摆动试验、甩负荷试验及真空严密性试验。在该试运行期间，允许机组启、停以进行调整和处理缺陷。

（2）机组负荷达到并保持铭牌出力后，燃煤锅炉要达到断油、投高压加热器、投电除尘器、连续 168h（300MW 以下机组为 72h）满负荷运行，且汽水品质合格、自动装置投入，调节品质达到设计要求，机组正常运行。

（3）对单机容量在 300MW 及以上机组，整套启动调试程序及内容还有以下要求。

1）除上述试验项目外，视主、辅机性能和自动控制装置功能，还应增加处理事故的功能试验项目。

2）要求在启动带负荷后的 25％、50％负荷点上进行磨煤机及燃烧初调整试验、锅炉洗硅，在 75％、100％负荷点上进行制粉系统或磨煤机调整试验、燃烧调整试验，并进行 MFT 动作试验。

3）在完成所有调试工作后，要进行 168h 带负荷连续运行，主机和辅机均应连续运行，合格后移交生产单位。

37. 在新机组试运行的过程中，制粉系统及燃烧初调整试验有哪些内容？

答：（1）保证各运行参数在正常范围内。

（2）调整煤粉细度，保证在规定范围内。

（3）进行一次风管风量分配均匀性试验，调整给粉均匀性。

（4）调整各燃烧器的一、二次风量，维持合理的过量空气系数，测定出维持一次风管内最低输粉风速的最小风量和相对应的静压、动压值。

（5）进行撤油枪的试验。

（6）进行投入灭火保护的试验。

（7）进行投入吹灰器的试验。

38. **什么是新机组的试生产阶段？**

答：单机容量为 200MW 及以上机组，移交生产后的 6 个月为试生产阶段。试生产阶段仍属基本建设阶段，但由生产单位负责机组的运行和维护。

39. **试生产阶段的燃烧调整试验包括哪些项目？**

答：（1）调整过量空气系数、一次风率、二次风率、风速及风煤配比，使煤粉燃烧良好，不在炉壁附近产生还原性气体，并避免火焰偏斜直接冲刷炉壁。

（2）确定不同负荷下的最佳过量空气系数。

（3）断油后的最低负荷试验。

（4）确定经济煤粉细度。

（5）确定不同负荷下制粉系统及燃烧器投运方式。

（6）对燃烧高硫或易结渣煤的锅炉，要测量燃烧器区域的贴壁烟气成分，避免缺氧燃烧造成的高温腐蚀或严重结渣。

（7）确定摆动式燃烧器允许摆动范围。

（8）吹灰器及吹灰压力的整定试验。

（9）制粉系统调整试验。

（10）过热器、再热器温度特性和热偏差试验。

（11）针对锅炉存在的问题，安排有关调整试验，使锅炉达到设计要求。

（12）按合同要求完成机组各项性能考核试验。

▶ 第九节　锅炉的热力试验

1. **锅炉现场热力试验的任务是什么？**

答：锅炉现场热力试验的任务是确定锅炉机组运行的热力性能，如锅炉效率、蒸汽量、热损失等，以了解锅炉机组的运行特性和结构缺陷。

2. **锅炉现场热力试验分哪几个级别？**

答：锅炉现场热力试验分为以下三个级别：

（1）第一级试验（即保证性能验收试验）。其目的主要是看制造厂的供货保证是否达到要求，需要验收和鉴定的内容有锅炉蒸发量、效率、蒸汽参数及蒸汽品质、锅炉辅机的运行参数等。在试验过程中，必须求出运行负荷范围内的各项热损失、炉膛的风平衡和受热面的总吸热量等数据。

（2）第二级试验［即运行（热平衡）试验］。其目的是在额定蒸汽参数下测定锅炉机组的标准运行特性。凡新投产的锅炉按设计功率试运行结束、锅炉改装之后，以及由于燃料品种变化或参数偏离额定值的情况下，均需进行此类试验。

（3）第三级试验（即运行工况调整和校正试验）。其目的是调整锅炉的运行工况，并求出其某些单项指标值，确定最合理的过量空气系数、煤粉细度、空气沿燃烧器的分配及在辅机设备不同编组方式下的最大负荷等。

3. 热力试验工作的一般程序是什么？

答：（1）确立试验项目。

（2）落实试验负责人和试验单位。

（3）编写试验大纲。

（4）加工、安装试验测点。

（5）准备试验仪表、器具及试验材料。

（6）建立试验组织，确定试验方案，并对人员进行培训。

（7）预备性试验及辅助试验。

（8）按试验大纲及商定的项目进行试验。

（9）收集采集的样品和试验数据。

（10）整理数据，编写报告。

4. 锅炉试验大纲一般包括哪些内容？

答：（1）试验题目（形式如"某电厂某号锅炉某试验大纲"）。

（2）试验目的与任务。

（3）试验工况及内容。

（4）测试项目及测点选择。

（5）试验方法及步骤。

（6）试验的技术要求、稳定时间及参数允许波动范围。

（7）现场应具备的试验条件。

（8）工作进度安排及分工。

（9）安全措施。

（10）试验组织及测试人员。

（11）要准备的仪器、试验材料等。

5. 空气动力场试验的目的是什么？

答：煤粉锅炉炉膛运行的可靠性和经济性，在很大程度上取决于燃烧器及炉膛内的空气动力工况，即空气（包括携带的燃料）和燃烧产物的运动情况。为了判断炉膛空气动力工况是否良好，简单易行的方法是在冷炉状态下进行通风示踪观测，即冷态空气动力场试验。

6. 良好的炉膛空气动力工况表现在哪些方面？

答：良好的炉膛空气动力工况表现在以下三个方面：

（1）有足够的热烟气从燃烧中心区回流至一次风粉混合物射流根部，使燃料喷入炉膛后能迅速受热着火，且保持稳定的着火前沿。

（2）燃料和空气分布适宜，燃料着火后能得到充分的空气供应，并达到均匀的扩散混合，以利迅速燃尽。

（3）炉膛内应有良好的火焰充满度，并形成适中的燃烧中心。这就要求炉膛内气流无偏斜，不冲刷炉墙，避免停滞区和无益的涡流区，且各燃烧器射流也不应发生剧烈的干扰和冲撞。

7. 空气动力场试验的方法是什么？

答：进行冷态空气动力场试验时，在冷炉状态下启动引风机、送风机，反复调整、测量，使燃烧器喷口达到试验要求的计算风速。此时，炉膛和燃烧器喷口区域的速度场将与热态工况基本相似。在此条件下，可用火花法、飘带法、纸屑法及测量法进行观测。使用火花法便于摄影或摄像，可得到清晰、直观的效果。

8. 空气动力场试验中的观测内容有哪些？

答：空气动力场试验中的观测内容如下：

（1）旋流燃烧器。

1）射流形式是开式气流还是闭式气流。

2）射流扩散角、回流区的大小。

3）射流的旋转情况及出口气流的均匀性。

4）一、二次风的混合特性。

5）调节部件对上述射流的影响。

（2）四角布置的直流燃烧器。

1）射流的射程及沿轴线速度衰减情况。

2）四角射流形成的切圆大小和位置。

3）射流偏离燃烧器的几何中心线的情况。

（3）燃烧室气流。

1）火焰或气流在炉内的充满度。

2）观察炉内气流动态，是否有冲刷管壁、贴壁和偏斜等现象。

3）各种气流相互干扰情况。

9. **冷态空气动力场试验应遵循什么原则？**

答：锅炉冷态空气动力场试验应遵守以下原则：

（1）在燃烧室及燃烧器各风口断面上，应使气流运动状态进入自模化区，即气流的雷诺数要达到临界值。此时，空间各点速度场分布将不再随雷诺数的改变而改变。

（2）保持入口边界条件相似。冷态空气动力场试验时，让燃烧器喷出的冷态气流在炉内保持一、二、三次风动量比和实际燃烧的热态工况下一、二、三次风动量比相等。

（3）冷态试验时，通过燃烧器各次风口进入炉膛的总风量应不使引风机或送风机过负荷。

（4）应满足几何相似的原则，试验时增设的火花及测风装置不可过多占用或遮挡燃烧器喷口面积。

10. **热效率试验中如有外部热源时，应如何处理？**

答：如在试验中投入暖风器，且是外部热源加热，此时的燃料输入热量应加上这部分外来的附加热量。

11. **在热效率试验中，如何对燃料采样？**

答：原煤应从运动中的原煤流中采样。采样的有效时间应与锅炉试验工况时间相对应。在整个采样期间，应均匀间隔采取样品。采样开始时间和结束时间应视燃料从采样点送至燃烧室所需时间而适当提前。采集到的煤样应立即密封保存。试验结束后，应尽快将全部样品缩制成几个平行煤样，缩制后要密封保存。

煤粉的采样原则同原煤采样，从给粉机下粉管中插入一小取样落粉管，其中所取粉样能代表炉前煤。

12. **热效率试验中的基准温度如何选取？**

答：以送风机入口风温为基准温度，在锅炉能量平衡中，它是为各项热量和热损失的一个能量起算点。测量时，应避免其他热源（如暖风器等）的影响。

13. **在热效率试验中，如何对飞灰、炉渣采样？**

答：在整个试验期间，飞灰、炉渣采样应在相等的时间间隔下进行，以保证样品具有代表性，且每次取样量应相同，最后应加以混合缩制。灰、渣缩制成两份各 0.5kg 的样品。对于高等级的验收试验，飞灰采样一般应选在垂直尾部烟道中合适的位置，采用网格法进行多点等速采样。炉渣采样时，可根据炉底结构和排渣方式的不同从渣流中连续取样，或定期从渣槽内掏取。

14. 热效率试验的注意事项有哪些？

答：（1）锅炉热效率试验应在设备处于正常情况下进行。

（2）所有参与试验的仪表、仪器（包括表盘上主要的表计）都应工作正常，并事先进行过校验。

（3）试验期间，不应进行干扰试验的任何操作，如排污、吹灰、打焦等。

（4）热效率试验的持续时间为 4h。

（5）试验期间运行参数的波动范围：

1）蒸发量 D：$\pm 3\%$（当 $D < 220 t/h$ 时，为 $\pm 6\%$）；

2）蒸汽压力 p：$\pm 2\%$（当 $p < 9.5 MPa$ 时，为 $\pm 4\%$）；

3）蒸汽温度 t：$-10 \sim +5℃$。

（6）测量的时间间隔。

1）表盘记录主要参数（蒸汽温度、压力流量）：15min；

2）排烟温度、烟气分析、送风温度：15min；

3）其他次要参数：30min；

4）煤粉采样：每工况不少于 2 次；

5）飞灰、灰渣采样：每工况不少于 2~3 次。

（7）试验工况由开始至结束时，锅炉燃烧工况、燃料量（包括粉仓粉位）、主蒸汽流量、再热蒸汽流量、给水流量、汽包水位、直流锅炉中间点温度、过量空气系数及制粉系统运行方式等应尽可能保持一致和稳定。

（8）试验过程中或整理试验结果时，如发现观测数据有严重异常，则应考虑试验工况的取舍，或某段时间的部分舍弃。

15. 制粉系统的试验目的是什么？

答：制粉系统试验的目的是为了确定制粉出力和单位耗电量，调整煤粉细度，以及确定制粉系统各种最有利的运行方式和参数。

16. 在中间储仓式制粉系统（钢球磨）中要进行哪些试验？

答：（1）最佳钢球装载量试验。

（2）钢球磨煤机存煤量试验。

（3）磨煤机最佳通风量试验。

（4）最佳煤粉细度调整试验。

（5）粗粉分离器试验。

17. 制粉系统试验中的测量项目有哪些?

答:制粉系统试验中的测量项目有:
(1)磨煤机出力。
(2)原煤及煤粉试样采集。
(3)煤粉通道各处温度及负压。
(4)磨煤机通风量。
(5)电动机电流。
(6)制粉系统耗电量。

18. 如何确定最佳钢球装载量?

答:磨煤机最佳钢球装载量试验的目的是求得最经济运行的钢球装载量数值。对应于一定型号的磨煤机和一定煤种,存在着一个最佳钢球装载量。最佳钢球装载量可以这样确定:在设计通风量下,保持锅炉燃烧所需的最佳煤粉细度,逐次改变钢球装载量,同时测量磨煤机出力、磨煤机电流、磨煤机及制粉系统单位电耗。增加钢球装载量时,磨煤机出力增加,制粉系统单位电耗下降。但当钢球装载量增加到一定程度后,制粉系统单位电耗反而增大。当制粉系统单位电耗为最小时,所对应的钢球装载量即为最佳钢球装载量。

19. 如何确定钢球磨煤机最佳存煤量?

答:在维持钢球装载量、系统通风量及煤粉细度不变的情况下,逐次增、减给煤量,以改变磨煤机存煤量。测量磨煤机出、入口压差,它反映了磨煤机内存煤量的多少。不同的压差代表不同的存煤量,并对应不同的磨煤机出力及不同的制粉系统单位电耗。当压差为某值时,制粉系统单位电耗为最低,而磨煤机出力又最高时,则此压差对应的磨煤机存煤量即为最佳存煤量。

20. 如何确定最佳煤粉细度?

答:根据保证锅炉燃烧效率和满足节省制粉系统消耗的要求,若在某一煤粉细度下,锅炉机械未完全燃烧热损失和制粉系统耗电率、金属磨损消耗的总值最小,则这一细度即为最佳煤粉细度。

21. 进行最佳煤粉细度试验应满足的技术条件是什么?

答:(1)在锅炉的经济负荷(75%~80%额定负荷)下试验。
(2)选用长期燃用的有代表性的煤种。
(3)锅炉机组及制粉系统设备正常。
(4)在合理范围内确定几种煤粉细度,并逐一进行稳定工况下的热效率及制粉系统试验。

22. 如何测定制粉出力?

答：测定制粉出力有以下两种方法：

（1）测量给煤出力。

（2）在粗粉分离器出口进行等速采样，并测量气流速度，由此计算出制粉出力。

23. 如何测定分离器回粉量?

答：在分离器下、锁气器以上1～1.5m处，装一静压测点，用U形管液位来显示粉位。测定时，掀起锁气器重臂，把内部煤粉放空，然后瞬时压下锁气器并使之处于密封位置，开始记录积粉时间。当U形压力计内压差消失时，表明煤粉已积满至静压测点，记录下积粉时间，而且还应事先查明并测定积粉容积和煤粉自然堆积密度，从而计算出堆积煤粉的质量，最终确定分离器回粉量。

24. 风机试验的目的是什么?

答：风机试验的目的是获得风机在冷态及热态下的调节特性、烟风道阻力特性及单位耗电，判断该风机的适用性能，确定风机的经济运行方式，并为风机改造设计提供依据。

25. 风机试验的种类有哪些?

答：引风机和送风机的试验可分为全特性试验（冷态）和运行特性试验（热态）。全特性试验是在锅炉冷态时风机单独运行或并列运行条件下进行的，其目的是要获得全特性曲线；运行试验是校验风机在工作条件下的运行情况，也就是在运行的锅炉机组上进行的试验，以获得风机特性曲线和烟风道总阻力曲线。

26. 风机全特性试验的测量项目有哪些?

答：风机全特性试验的测量项目见表7-5。

表 7-5 风机全特性试验的测量项目

序号	测量项目	测试方法
1	风机吸入侧负压	U形管压力计或倾斜式压力计
2	风机压力侧风压	U形管压力计或倾斜式压力计
3	大气压力	大气压力表
4	风机进、出口输送介质温度	热偶、热电阻或水银温度计
5	输送介质流量	测速管或带差压计的节流装置
6	风机转速	转速表
7	风机电动机轴端功率	0.2或0.5级双功率表测量系统
8	电流、电压	0.2或0.5级电流表、电压表

27. 风机运行试验的基本测量项目有哪些？

答： 在风机运行试验中，除需进行表 7-5 所列项目外，还需增加以下项目（见表 7-6）。

表 7-6   风机运行试验的基本测量项目

序号	测量项目	试验方法
1	新蒸汽和再热蒸汽流量	表盘记录
2	过热蒸汽压力及再热器进、出口压力	表盘记录
3	过热蒸汽温度及再热器进、出口温度	表盘记录
4	给水温度	表盘记录
5	排烟温度	热电偶网格测量
6	再循环空气温度	测量
7	送风机后空气温度（有再循环时）	测量
8	排烟及引风机处烟气成分	网格采样、奥氏仪、CO测定管或氢量计
9	燃料及大渣、飞灰采样	定时间间隔采样
10	燃料工业分析、元素分析	化验室煤分析
11	大渣、飞灰中可燃物含量	
12	再热器减温水量及其焓值	表盘记录、查表

28. 安装风机风量测点时应注意什么？

答：（1）对于送风机，应在风机吸入侧直管段上装测速管，或装在出口压力管段上，但必须在进入空气预热器之前。

（2）对于引风机，由于在其吸入侧往往没有令人满意的速度场区段，而难以选择装设测速管的位置，因而不得不在较短的吸入管上测量烟气的流量，或在引风机的压力侧扩压管上，甚至在通向烟囱的砖砌烟道上测量烟气流量。这时，截面上的测点数应当比推荐的增加1倍，以便得到足够精确、可靠的数据。

29. 安装风机静压测点时应注意什么？

答：（1）在风机入口，静压测点应尽可能布置在导向装置前 $1\sim1.5m$ 处。当导向装置前装有密封挡板时，应将静压测点放在挡板之前或挡板与导向装置之间。在这种情况下，不允许使用密封挡板进行节流，否则会导致被测压力失真。

（2）在风机出口，静压测点应布置在压力侧扩压管出口截面上。当速度场严重偏斜时，静压测点要移到别的位置：对于送风机，应当移到空气预热器前的风箱上；对于引风机，则移到水平烟道初始段。

（3）在锅炉的每侧进口风箱或出力扩压管上，测取静压应不少于两点。在圆形烟道中，应装设互成 $90°$ 的四个测点。

第八章

电 除 尘 器

> ## 第一节 电除尘器的设计、安装、验收及试运行

1. 简述电除尘器冷态调试的顺序。

答：先投入加热、振打、卸灰、输灰及温度检测等低压控制设备，待各设备调试运行正常后，再投入高压硅整流设备，逐个电场进行升压调试。

2. 粉尘的比电阻对电除尘器的性能有哪些影响？

答：在板式电除尘器中，高比电阻粉尘使电晕电流受到限制，因而影响粉尘粒子的荷电量、荷电率和电场强度，导致除尘效率下降；另外，高比电阻粉尘的黏附力增大，要清除极板上的粉尘，需加大振打力，这将使二次飞扬增大，也会导致除尘效率降低。低比电阻粉尘容易因静电感应而获得正电荷，使沉积在极板上的粉尘重新排斥回电场空间；而高比电阻粉尘易产生反电晕，都不利于除尘效率的提高。因此，中比电阻粉尘较适合电除尘器。

3. 设计一台电除尘器需要哪些资料？

答：（1）煤、灰及锅炉排烟的烟气资料。包括煤质的全分析和工业分析，灰的成分、温度和湿度，酸露点温度，以及烟气量和烟气含尘浓度等。

（2）系统及工况资料。包括炉形、容量、耗煤量、空气预热器形式及系统漏风选值等。

（3）气象资料。包括海拔与气压、环境温度、风载、雪载、地震烈度及安装现场位置限定等。

（4）对电除尘器要求的保证效率、允许漏风率及阻力等。

4. 电晕线的线距大小对电除尘器工作有什么影响？

答：电晕线之间的距离对电流的大小会有一定的影响。当线距太短时，电晕线会由于电屏蔽作用使导线的单位电流值降低，甚至可以降到零；但线距也不宜过大，否则将使电除尘器内电晕线根数过少，使空间的电流密度降低，从而影响除尘效率。因此，电晕线距应适当，最佳线距一般取 0.6～0.65 倍通道宽度。

5. 电除尘器供电控制设备调试前的检查项目有哪些？

答：（1）用2500V绝缘电阻表测量高压网络，其绝缘电阻应在1000MΩ以上。

（2）检查高压隔离开关应操作灵活、准确到位。

（3）检查整流变压器外壳接地是否可靠，测量接地网的接地电阻值应小于20Ω。

（4）检查电加热器温控继电器是否按制造厂提供的数值进行了整定。

（5）检查整流变压器保护装置、安全装置、油温及气体跳闸报警装置等应安装完好。

（6）检查电气安装的一、二次系统接线应与设计图纸相符。

（7）整流变压器在低压进线端设有抽头调整输出电压，其接线应按制造厂规定。

（8）检查电气控制板上报警装置应动作正确、解除可靠。

（9）检查进、出口烟道风门开启情况，手动和电动应灵活、可靠。

（10）检查各人孔门、保温箱门确已关上且封闭严密，确认所有的人都已离开电场和其他高压危险区域。

6. 在安装电除尘器时，除了遵照一般机械设备的安装要求外，还应特别注意些什么？

答：在安装电除尘器时，除遵循一般机械设备的安装要求外，还应注意以下三点：

（1）要有良好的密闭性。电除尘器密闭性能不好，是造成除尘器漏风的主要原因，尤其是电除尘器处于大负压下工作时，将严重影响电除尘器的性能（除尘效率显著降低）和使用寿命。为了保证密闭性，壳体的所有焊接均应采用连续焊缝，且应采用煤油渗透法检查其气密性。

（2）除去所有飞边、毛刺。电除尘器要在安装、焊接过程中产生的飞边、毛刺，往往是使运行电压不能升高的原因，所以，电场内的焊缝均需用手提式砂轮打光。

（3）两极（收尘电极与电晕电极）的极间距离必须严格保证。两极间距的精确度直接关系到除尘器的工作电压，为此，安装过程中必须仔细调整。对规格在40m²以下的电除尘器，其同极间距偏差的绝对值应小于5mm；对大于40m²的电除尘器，其偏差的绝对值应小于10mm。

7. 电除尘器安装后调试的内容有哪些？

答：（1）气流分布装置。

（2）启动两极振打装置，使其运转8h，检查装置运转是否正常，要特别注意振打轴的转向及电动机是否发热，测定收尘极的振打周期并做好记录，停机后检查各锤头在相应的砧子上，其轴向偏差不大于2mm，竖直方向偏差不大于5mm，检查各连接螺栓是否松动并用点焊固定。

（3）接通保温箱内电加热器，检查温升速度及温度控制范围是否满足设计要求，然后适当调节恒温控制器。

（4）启动除尘器下部排灰装置和锁风装置，使其运转4h，检查运转是否正常及电动机是否发热。

（5）每个电场至少测定三排收尘极极板面上若干点的振动加速度值（测定点数由用户与安装单位商定），用以检查极板的连接情况，若振动加速度过小，则应对极板与撞击杆的连接进行加固。

（6）关闭各检查门，对除尘器通以气体，测定其进、出口气体量。

（7）接通高压硅整流器，向电场送电。检查高压电缆头是否放电，逐步升高电压，记下其伏安特性，电场的伏安特性需达到设计要求，否则应检查其原因并进行调整。电场空载试压时，往往有较大的电流，在电压升至击穿电压前，其电流常达到额定值，为此，可临时将两台硅整流器并联送电。除尘器的电场应能升压至 65kV 而不发生击穿，否则应进行适当调整。

8. **设计一台电除尘器需要有哪些数据？**

答：（1）需净化的烟气量，通常是指工作状况下的含尘烟气量。

（2）烟气温度。

（3）烟气湿度，通常用烟气的露点值表示。

（4）烟气成分，即各种气体分子的体积百分数。

（5）烟气含尘浓度，一般以单位体积烟气所含粉尘量表示。

（6）烟尘的性质，包括粉尘的颗粒分布、化学组成、容量、自然休止角及比电阻等。

（7）电除尘器出口烟气允许含尘浓度。

（8）电除尘器工作时平体承受的压力（正压或负压）。

（9）燃煤的含硫量（用于发电厂锅炉尾部的电除尘器）和煤粉的组成（用于煤粉制备的电除尘器）。

（10）电除尘器的风载、雪载及地震荷载。

（11）电除尘器安装处的高度。

（12）车间平面图。

9. **电除尘器总体设计包括哪些内容？**

答：电除尘器总体设计的内容包括确定各主要部件的结构形式，计算所需的收尘极面积，选定电场数，根据确定的参数计算除尘器断面、通道数和电场长度，计算除尘器各部分尺寸并画出除尘器的外形图，计算供电装置所需的电流、电压值，选定供电装置的型号、容量，计算各支座的荷载并画出荷载图，以及提供电气设计所需资料。

➤ 第二节　电除尘器的试验

1. **除尘器投运前的试验包括哪些内容？**

答：试验内容包括电场内气流均匀性试验、振打加速度选测、高压供电系统耐压试验、高压整流装置自动调整与保护装置试验及冷态下空载特性试验等。

2. 电除尘器的性能试验包括哪些主要内容？

答：（1）气流均匀性试验。

（2）收尘极、放电极振打特性试验。

（3）电晕放电伏安特性试验。

（4）除尘效率特性试验。

3. 电除尘器气流均匀性试验包括哪些内容？

答：电除尘器的气流均匀性试验一般包括两部分内容，即各台（或各室）电除尘器气量分配的均匀性和每台电除尘器各电场内气流分布的均匀性。

4. 电除尘器冷态伏安特性试验的步骤是什么？

答：合上被测电场的高压隔离开关，投入电场，操作选择开关置于"手动"位置，使电流、电压缓慢上升。当二次侧电压每上升 5kV 时，记录与此相对应的二次电流、一次电压和一次电流值。当一次电场开始闪络或电流、电压达到最大额定输出值时，手动把电压缓慢降下来，并记录二次击穿电压值。

5. 粉尘理化特性测定包括哪些内容？

答：粉尘理化特性测定包括粉尘化学成分的分析、粉尘密度的测定、粉尘粒度分布的测定及粉尘比电阻的测定等内容。

6. 通常一个完整的电除尘器试验过程包括哪几部分？

答：完整的试验包括计划、准备、测定、样品分析、计算和总结六部分内容。

附表 A 饱和水与饱和蒸汽的热力性质表（按压力排列）

压 力	温 度	比 体 积		比 焓		汽化潜热	比 熵	
		液 体	蒸 汽	液 体	蒸 汽		液 体	蒸 汽
p	t	v'	v''	h'	h''	r	s'	s''
MPa	℃	m³/kg	m³/kg	kJ/kg	kJ/kg	kJ/kg	kJ/ (kg·K)	kJ/ (kg·K)
0.0010	6.982	0.0010001	129.208	29.33	2513.8	2484.5	0.1060	8.9756
0.0020	17.511	0.0010012	67.006	73.45	2533.2	2459.8	0.2606	8.7236
0.0030	24.098	0.0010027	45.668	101.00	2545.2	2444.2	0.3543	8.5776
0.0040	28.981	0.0010040	34.803	121.41	2554.1	2432.7	0.4224	8.4747
0.0050	32.900	0.0010052	28.196	137.77	2561.2	2423.4	0.4762	8.3952
0.0060	36.180	0.0010064	23.742	151.50	2567.1	2415.6	0.5209	8.3305
0.0070	39.020	0.0010074	20.532	163.38	2572.2	2408.8	0.5591	8.2760
0.0080	41.530	0.0010084	18.106	173.87	2576.7	2402.8	0.5926	8.2289
0.0090	43.790	0.0010094	16.206	183.28	2580.8	2397.5	0.6224	8.1875
0.010	45.830	0.0010102	14.676	191.84	2584.4	2392.6	0.6493	8.1505
0.015	54.000	0.0010140	10.025	225.98	2598.9	2372.9	0.7549	8.0089
0.020	60.090	0.0010172	7.6515	251.46	2609.6	2358.1	0.8321	7.9092
0.025	64.990	0.0010199	6.2060	271.99	2618.1	2346.1	0.8932	7.8321
0.030	69.120	0.0010223	5.2308	289.31	2625.3	2336.0	0.9441	7.7695
0.040	75.890	0.0010265	3.9949	317.65	2636.8	2319.2	1.0261	7.6711
0.050	81.350	0.0010301	3.2415	340.57	2645.0	2305.4	1.0912	7.5951
0.060	85.950	0.0010333	2.7329	359.93	2653.6	2293.7	1.1454	7.5332
0.070	89.960	0.0010361	2.3658	376.77	2660.2	2283.4	1.1921	7.4811
0.080	93.510	0.0010387	2.0879	391.72	2666.0	2274.3	1.2330	7.4360
0.090	96.710	0.0010412	1.8701	405.21	2671.1	2265.9	1.2696	7.3963
0.10	99.630	0.0010434	1.6946	417.51	2675.7	2258.2	1.3027	7.3608
0.12	104.810	0.0010476	1.4289	439.36	2683.8	2244.4	1.3609	7.2996
0.14	109.320	0.0010513	1.2370	458.42	2690.8	2232.4	1.4109	7.2480
0.16	113.320	0.0010547	1.0917	475.38	2696.8	2221.4	1.4550	7.2032
0.18	116.930	0.0010579	0.97775	490.70	2702.1	2211.4	1.4944	7.1638
0.20	120.230	0.0010608	0.88592	504.7	2706.9	2202.2	1.5301	7.1286
0.25	127.430	0.0010675	0.71881	535.4	2717.2	2181.8	1.6072	7.0540
0.30	133.540	0.0010735	0.60586	561.4	2725.5	2164.1	1.6717	6.9930
0.35	138.880	0.0010789	0.52425	584.3	2732.5	2148.1	1.7273	6.9414
0.40	143.620	0.0010839	0.46242	604.7	2738.5	2133.8	1.7764	6.8966
0.45	147.920	0.0010885	0.41392	623.2	2743.8	2120.6	1.8204	6.8570
0.50	151.850	0.0010928	0.37481	640.1	2748.5	2108.4	1.8604	6.8515
0.60	158.840	0.0011009	0.31556	670.4	2756.4	2086.0	1.9308	6.7598
0.70	164.960	0.0011082	0.27274	697.1	2762.9	2065.8	1.9918	6.7074
0.80	170.420	0.0011150	0.24030	720.9	2768.4	2047.5	2.0457	6.6618
0.90	175.360	0.0011213	0.21484	742.6	2773.0	2030.4	2.0941	6.6212

压　力	温　度	比体积		比　焓		汽化潜热	比　熵	
		液　体	蒸　汽	液　体	蒸　汽		液　体	蒸　汽
p	t	v'	v''	h'	h''	r	s'	s''
MPa	℃	m³/kg	m³/kg	kJ/kg	kJ/kg	kJ/kg	kJ/ (kg · K)	kJ/ (kg · K)
1.00	179.880	0.0011274	0.19430	762.6	2777.0	2014.4	2.1382	6.5847
1.10	184.060	0.0011331	0.17739	781.1	2780.4	1999.3	2.1786	6.5515
1.20	187.960	0.0011386	0.16320	798.4	2783.4	1985.0	2.2160	6.5210
1.30	191.600	0.0011438	0.15112	814.7	2786.0	1971.3	2.2509	6.4927
1.40	195.040	0.0011489	0.14072	830.1	2788.4	1958.3	2.2836	6.4665
1.50	198.280	0.0011538	0.13165	844.7	2790.4	1945.7	2.3144	6.4418
1.60	201.370	0.0011586	0.12368	858.6	2792.2	1933.6	2.3436	6.4187
1.70	204.300	0.0011633	0.11661	871.8	2793.8	1922.0	2.3712	6.3967
1.80	207.100	0.0011678	0.11031	884.6	2795.1	1910.5	2.3976	6.3759
1.90	209.790	0.0011722	0.10464	896.8	2796.4	1899.6	2.4227	6.3561
2.00	212.370	0.0011766	0.09953	908.6	2797.4	1888.8	2.4468	6.3373
2.20	217.240	0.0011850	0.09064	930.9	2799.1	1868.2	2.4922	6.3018
2.40	221.780	0.0011932	0.08319	951.9	2800.4	1848.5	2.5343	6.2691
2.60	226.030	0.0012011	0.07685	971.7	2801.2	1829.5	2.5736	6.2386
2.80	230.040	0.0012088	0.07138	990.5	2801.7	1811.2	2.6106	6.2101
3.00	233.840	0.0012163	0.06662	1008.4	2801.9	1793.5	2.6455	6.1832
3.50	242.540	0.0012345	0.05702	1049.8	2801.3	1751.5	2.7253	6.1218
4.00	250.330	0.0012521	0.04974	1087.5	2799.4	1711.9	2.7967	6.0670
5.00	263.920	0.0012858	0.03941	1154.6	2792.8	1638.2	2.9209	5.9712
6.00	275.560	0.0013187	0.03241	1213.9	2783.3	1569.4	3.0277	5.8878
7.00	285.800	0.0013514	0.02734	1267.7	2771.4	1503.7	3.1225	5.8126
8.00	294.980	0.0013843	0.02349	1317.5	2757.5	1440.0	3.2083	5.7430
9.00	303.310	0.0014179	0.02046	1364.2	2741.8	1377.6	3.2875	5.6773
10.0	310.960	0.0014526	0.01800	1408.6	2724.4	1315.8	3.3616	5.6143
11.0	318.040	0.0014887	0.01597	1451.2	2705.4	1254.2	3.4316	5.5531
12.0	324.640	0.0015267	0.01425	1492.6	2684.8	1192.2	3.4986	5.4930
13.0	330.810	0.0015670	0.01277	1533.0	2662.4	1129.4	3.5633	5.4333
14.0	336.630	0.0016104	0.01149	1572.8	2638.3	1065.5	3.6262	5.3737
15.0	342.120	0.0016580	0.01035	1612.2	2611.6	999.4	3.6877	5.3122
16.0	347.320	0.0017101	0.009330	1651.5	2582.7	931.2	3.7486	5.2496
17.0	352.260	0.0017690	0.008401	1691.6	2550.8	859.2	3.8103	5.1841
18.0	356.960	0.0018380	0.007534	1733.4	2514.4	781.0	3.8739	5.1135
19.0	361.440	0.0019231	0.006700	1778.2	2470.1	691.9	3.9417	5.0321
20.0	365.710	0.002038	0.005873	1828.8	2413.8	585.0	4.0181	4.9338
21.0	369.790	0.002218	0.005006	1892.2	2340.2	448.0	4.1137	4.8106
22.0	373.680	0.002675	0.003757	2007.7	2192.5	184.8	4.2891	4.5748

注　临界参数：

p_c＝22.115MPa；

v_c＝0.003147m³/kg；

t_c＝374.12℃；

h_c＝2095.2kJ/kg；

s_c＝4.4237kJ/ (kg · K)。

附表 B 饱和水与饱和蒸汽的热力性质表（按温度排列）

温度	压力	比体积		比焓		汽化潜热	比熵	
		液体	蒸汽	液体	蒸汽		液体	蒸汽
t	p	v'	v''	h'	h''	r	s'	s''
℃	MPa	m³/kg	m³/kg	kJ/kg	kJ/kg	kJ/kg	kJ/(kg·K)	kJ/(kg·K)
0	0.0006108	0.0010002	206.321	−0.04	2501.0	2501.0	−0.0002	9.1565
0.01	0.0006112	0.00100022	206.175	0.000614	2501.0	2501.0	0.0000	9.1562
1	0.0006566	0.0010001	192.611	4.17	2502.8	2498.6	0.0152	9.1298
2	0.0007054	0.0010001	179.935	8.39	2504.7	2496.3	0.0306	9.1035
3	0.0007575	0.0010000	168.165	12.60	2506.5	2493.9	0.0459	9.0773
4	0.0008129	0.0010000	157.267	16.80	2508.3	2491.5	0.0611	9.0514
5	0.0008718	0.0010000	147.167	21.01	2510.2	2489.2	0.0762	9.0258
6	0.0009346	0.0010000	137.768	25.21	2512.0	2486.8	0.0913	9.0003
7	0.0010012	0.0010001	129.061	29.41	2513.9	2484.5	0.1063	8.9751
8	0.0010721	0.0010001	120.952	33.60	2515.7	2482.1	0.1213	8.9501
9	0.0011473	0.0010002	113.423	37.80	2517.5	2479.7	0.1362	8.9254
10	0.0012271	0.0010003	106.419	41.99	2519.4	2477.4	0.1510	8.9009
11	0.0013118	0.0010003	99.896	46.19	2521.2	2475.0	0.1658	8.8766
12	0.0014015	0.0010004	93.828	50.38	2523.0	2472.6	0.1805	8.8525
13	0.0014967	0.0010006	88.165	54.57	2524.9	2470.2	0.1952	8.8286
14	0.0015974	0.0010007	82.893	58.75	2526.7	2467.0	0.2098	8.8050
15	0.0017041	0.0010008	77.970	62.94	2528.6	2465.7	0.2243	8.7815
16	0.0018170	0.0010010	73.376	67.13	2530.4	2463.3	0.2388	8.7583
17	0.0019364	0.0010012	69.087	71.31	2532.2	2460.9	0.2533	8.7353
18	0.0020626	0.0010013	65.080	75.50	2534.0	2458.5	0.2677	8.7125
19	0.0021960	0.0010015	61.334	79.68	2535.9	2456.2	0.2820	8.6898
20	0.0023368	0.0010017	57.833	83.86	2537.7	2453.8	0.2963	8.6674
22	0.0026424	0.0010022	51.488	92.22	2541.4	2449.2	0.3247	8.6232
24	0.0029824	0.0010026	45.923	100.59	2545.0	2444.4	0.3530	8.5797
26	0.0033600	0.0010032	41.031	108.95	2543.6	2439.6	0.3810	8.5370
28	0.0037785	0.0010037	36.726	117.31	2552.3	2435.0	0.4088	8.4950
30	0.0042417	0.0010043	32.929	125.66	2555.9	2430.2	0.4365	8.4537
35	0.0056217	0.0010060	25.246	146.56	2565.0	2413.4	0.5049	8.3536
40	0.0073749	0.0010078	19.548	167.45	2574.0	2406.5	0.5721	8.2576
45	0.0095817	0.0010099	15.278	188.35	2582.9	2394.5	0.6383	8.1655
50	0.012335	0.0010121	12.048	209.26	2591.8	2382.5	0.7035	8.0771
55	0.015740	0.0010145	9.5812	230.17	2600.7	2370.5	0.7677	7.9922
60	0.019919	0.0010171	7.6807	251.09	2609.5	2358.4	0.8310	7.9106
65	0.025008	0.0010199	6.2042	272.02	2618.2	2346.2	0.8933	7.8320
70	0.031161	0.0010228	5.0479	292.97	2626.8	2333.8	0.9548	7.7565
75	0.038548	0.0010259	4.1356	313.94	2635.3	2321.4	1.0154	7.6837
80	0.047359	0.0010292	3.4104	334.92	2643.8	2208.9	1.0752	7.6135
85	0.057803	0.0010326	2.8300	355.92	2652.1	2296.2	1.1343	7.5459
90	0.070108	0.0010361	2.3624	376.94	2660.3	2283.4	1.1925	7.4805
95	0.084525	0.0010398	1.9832	397.99	2668.4	2270.4	1.2500	7.417
100	0.101325	0.0010437	1.6738	419.06	2676.3	2257.2	1.3069	7.3564

温 度	压 力	比体积		比 焓		汽化潜热	比 熵	
		液 体	蒸 汽	液 体	蒸 汽		液 体	蒸 汽
t	p	v'	v''	h'	h''	r	s'	s''
℃	MPa	m³/kg	m³/kg	kJ/kg	kJ/kg	kJ/kg	kJ/(kg·K)	kJ/(kg·K)
110	0.14326	0.0010519	1.2106	461.32	2691.8	2230.5	1.4185	7.2402
120	0.19854	0.0010606	0.89202	503.7	2706.6	2202.9	1.5276	7.1310
130	0.27012	0.0010700	0.66851	546.3	2720.7	2174.4	1.6344	7.0281
140	0.36136	0.0010801	0.50875	589.1	2734.0	2144.9	1.7390	6.9307
150	0.47597	0.0010908	0.39261	632.2	2746.3	2114.1	1.8416	6.8381
160	0.61804	0.0011012	0.30685	675.5	2757.7	2082.2	1.9425	6.7498
170	0.79202	0.0011145	0.24259	719.1	2768.0	2048.9	2.0416	6.6652
180	1.0027	0.0011275	0.19381	763.1	2777.1	2014.0	2.1393	6.5838
190	1.2552	0.0011415	0.15631	807.5	2784.9	1977.4	2.2356	6.5052
200	1.5551	0.0011565	0.12714	852.4	2791.4	1939.0	2.3307	6.4289
210	1.9079	0.0011726	0.10422	897.8	2796.4	1898.6	2.4247	6.3546
220	2.3201	0.0011900	0.08602	943.3	2799.9	1856.2	2.5178	6.2819
230	2.7979	0.0012087	0.07143	990.7	2801.7	1811.4	2.6102	6.2104
240	3.3480	0.0012291	0.05964	1037.6	2801.6	1764.0	2.7021	6.1397
250	3.9776	0.0012513	0.05002	1085.8	2799.5	1723.7	2.7936	6.0693
260	4.6940	0.0012756	0.04212	1135.0	2795.2	1660.2	2.8850	5.9989
270	5.5051	0.0013025	0.03557	1185.4	2788.3	1602.9	2.9766	5.9278
280	6.4191	0.0013324	0.03010	1237.0	2778.6	1541.6	3.0687	5.8555
290	7.4448	0.0013659	0.02551	1290.3	2765.4	1475.1	3.1616	5.7811
300	8.5917	0.0014041	0.02162	1345.4	2748.4	1403.0	3.2559	5.7038
310	9.8697	0.0014480	0.01829	1402.9	2726.8	1326.9	3.3522	5.6224
320	11.290	0.0014965	0.01544	1463.4	2699.6	1236.2	3.4513	5.5356
330	12.865	0.0015614	0.01296	1527.5	2665.5	1138.0	3.5546	5.4414
340	14.608	0.0016390	0.01078	1596.8	2622.3	1025.5	3.6638	5.3363
350	16.537	0.0017407	0.008822	1672.9	2566.1	893.2	3.7816	5.2149
360	18.674	0.0018930	0.006970	1763.1	2485.7	722.6	3.9189	5.0603
370	21.053	0.002231	0.004958	1896.2	2335.7	439.5	4.1198	4.8031
371	21.306	0.002298	0.004710	1916.5	2310.7	394.2	4.1503	4.7624
372	21.562	0.002392	0.004432	1942.0	2280.1	338.1	4.1891	4.7130
373	21.821	0.002525	0.004090	1974.5	2238.3	263.8	4.2385	4.6467
374	22.084	0.002834	0.003432	2039.2	2150.7	111.5	4.3374	4.5096

注 同附表 A 的注。

附表 C 气体的物性参数表

气体 \ 参数名称	t (℃)	ρ (kg/m³)	c_p [kJ/(kg·℃)]	$\lambda \times 10^2$ [W/(m·℃)]	$a \times 10^2$ (m²/h)	$\mu \times 10^6$ [kg/(m·s)]	$v \times 10^6$ (m²/s)	$\beta \times 10^3$ (K⁻¹)	Pr
空 气 （1.013 × 10^5Pa 时 的干空气）	−50	1.534	1.005	2.06	4.824	14.651	9.55	4.51	0.715
	0	1.2930	1.005	2.43	6.732	17.201	13.30	3.67	0.711
	20	1.2045	1.005	2.57	7.644	18.201	15.11	3.43	0.713
	40	1.1267	1.009	2.71	8.604	19.123	16.97	3.20	0.712
	60	1.0595	1.009	2.85	9.612	20.025	18.90	3.00	0.709
	80	0.9998	1.009	2.99	10.66	20.937	20.94	2.83	0.707
	100	0.9458	1.013	3.14	11.80	21.810	23.06	2.68	0.704
	120	0.8980	1.013	3.28	13.00	22.653	25.23	2.55	0.700
	140	0.8535	1.013	3.43	14.29	23.516	27.55	2.43	0.694
	160	0.8150	1.017	3.58	15.48	24.330	29.85	2.32	0.691
	180	0.7785	1.021	3.72	16.81	25.134	32.29	2.21	0.690
	200	0.7457	1.020	3.86	18.18	25.821	34.63	2.11	0.686
	250	0.6745	1.034	4.21	21.71	27.772	41.17	1.91	0.682
	300	0.6157	1.047	4.54	25.31	29.459	47.85	1.75	0.680
	350	0.5662	1.055	4.85	29.20	31.166	55.05	1.61	0.678
	400	0.5242	1.068	5.16	33.08	32.774	62.53	1.49	0.678
	450	0.4875	1.080	5.43	37.12	34.392	70.54	1.38	0.684
	500	0.4564	1.093	5.70	41.11	35.814	78.48	1.29	0.687
	600	0.4041	1.114	6.21	49.75	38.619	95.57	1.15	0.693
	700	0.3625	1.135	6.68	58.39	41.217	113.7	1.03	0.701
	800	0.3287	1.156	7.06	66.89	43.649	132.8	0.93	0.715
	900	0.3010	1.172	7.41	75.60	45.905	152.5	0.85	0.726
	1000	0.2770	1.185	7.70	84.60	47.925	173.0	0.79	0.738
氢 气 （H_2）	−50	0.1064	13.82	14.07	34.4	7.355	69.1		0.72
	0	0.0869	14.19	16.75	48.6	8.414	96.8		0.72
	50	0.0734	14.40	19.19	65.3	9.385	128		0.71
	100	0.0636	14.49	21.40	84.0	10.277	162		0.69
	150	0.0560	14.49	23.61	105	11.121	199		0.68
	200	0.0502	14.53	25.70	128	11.915	237		0.66
	250	0.0453	14.53	27.56	152	12.651	279		0.66
	300	0.0415	14.57	29.54	178	13.631	321		0.65
氮 气 （N_2）	−50	1.485	1.043	2.000	4.65	14.122	9.5		0.74
	0	1.211	1.043	2.407	6.87	16.671	13.8		0.72
	50	1.023	1.043	2.791	9.42	18.927	18.5		0.71
	100	0.887	1.043	3.128	12.2	21.084	23.8		0.70
	150	0.782	1.047	3.477	15.3	23.046	29.5		0.69
	200	0.699	1.055	3.815	18.6	24.811	35.5		0.69
	250	0.631	1.059	4.129	22.1	26.674	42.3		0.69
	300	0.577	1.072	4.419	25.7	28.341	49.1		0.69
二氧化 碳（CO_2）	−50	2.373	0.766	1.105	2.2	11.28	4.8		0.78
	0	1.912	0.829	1.454	3.3	13.83	7.2		0.78
	50	1.616	0.875	1.830	4.7	16.18	10.0		0.77
	100	1.400	0.921	2.221	6.2	18.34	13.1		0.76
	150	1.235	0.959	2.628	8.0	20.40	16.5		0.74
	200	1.103	0.996	3.059	10.1	22.36	20.3		0.72
	250	0.996	1.030	3.512	12.3	24.22	24.3		0.71
	300	0.911	1.063	3.989	14.8	25.99	28.5		0.69
氧 气 （O_2）	−100	2.192	0.917	1.465	2.7	12.94	5.9		0.80
	−50	1.694	0.917	1.884	4.4	16.18	9.6		0.79
	0	1.382	0.917	2.291	6.5	19.12	13.9		0.77
	50	1.168	0.925	2.687	8.9	21.97	18.8		0.76
	100	1.012	0.934	3.035	11.6	24.61	24.3		0.76

参数名称 气体	t (℃)	ρ (kg/m³)	c_p [kJ/(kg·℃)]	$\lambda \times 10^2$ [W/(m·℃)]	$a \times 10^2$ (m²/h)	$\mu \times 10^6$ [kg/(m·s)]	$v \times 10^6$ (m²/s)	$\beta \times 10^3$ (K⁻¹)	Pr
一氧化碳（CO）	−100	1.920	1.047	1.523	2.7	10.40	5.4		0.72
	−50	1.482	1.043	1.931	4.5	13.24	8.9		0.71
	0	1.210	1.043	2.326	6.6	15.59	12.9		0.70
	50	1.022	1.043	2.721	9.2	18.33	17.9		0.70
	100	0.886	1.047	3.047	11.8	20.69	23.4		0.71
氨（NH₃）	0	0.746	2.144	2.186	4.9	9.32	12.5		0.91
	50	0.626	2.181	2.733	7.2	11.08	17.7		0.89
	100	0.540	2.240	3.326	9.9	13.04	24.1		0.88
	150	0.476	2.324	4.036	13.1	15.00	31.5		0.86
	200	0.425	2.420	4.850	17.0	16.57	39.0		0.83
二氧化硫（SO₂）	0	2.83	0.624	0.837	1.71	11.57	4.08		0.86
	100	2.06	0.674	1.198	3.10	16.28	8.06		0.94
氦（He）	0	0.179	5.192	14.421	55.9	18.53	102		0.66
	100	0.172	5.192	16.631	67.0	22.65	134		0.72
氟里昂—12（CF₂Cl₂）	30	5.02	0.615	0.837	0.98	12.65	2.43		0.89
氟里昂—21（CHFCl₂）	30	4.57	0.586	0.989	1.33	11.57	2.53		0.68

附表 D 油类的物性参数表

参数名称 / 油类	t (℃)	ρ (kg/m³)	c [kJ/(kg·℃)]	λ [W/(m·℃)]	$a \times 10^4$ (m²/h)	$\mu \times 10^4$ [kg/(m·s)]	$v \times 10^6$ (m²/s)	Pr
汽油	9	900	1.800	0.145	3.23			
	50		1.842	0.137	2.40			
柴油	20	908.4	1.838	0.128	3.41	5629	620	8000
	40	895.5	1.909	0.126	3.94	1209	135	1840
	60	882.4	1.980	0.124	4.45	397.2	45	630
	80	870	2.052	0.123	4.92	173.6	20	200
	100	857	2.123	0.122	5.42	92.48	108	162
润滑油	0	899	1.796	0.148	3.22	38442	4280	47100
	40	876	1.955	0.144	3.10	2118	242	2870
	80	852	2.131	0.138	2.90	319.7	37.5	490
	120	829	2.307	0.135	2.70	103	12.4	175
变压器油	20	866	1.892	0.124	2.73	315.8	36.5	481
	40	852	1.993	0.123	2.61	142.2	16.7	230
	60	842	2.093	0.122	2.49	73.16	8.7	126
	80	830	2.198	0.120	2.36	43.15	5.2	79.4
	100	818	2.294	0.119	2.28	30.99	3.8	60.3

附表 E 一般电动机各部允许温度及温升表

电动机各部名称		最高允许温度(℃)	最大允许温升(℃)	测定方法
定子绕组		100	65	
转子绕组	绕线式	100	无标准	
	鼠笼式	无标准	无标准	
定子线圈、转芯		100	65	
滑　环		105	70	
轴　承	滑　动	80	45	温度计法
	滚　动	100	65	温度计法

附表 F 发电厂常用管材钢号及其推荐使用温度表

钢 种	钢 号	推荐使用温度(℃)	允许上限温度(℃)
普通碳素钢	I. A3F	0~200	250
	A3,A3g	−20~300	350
优质碳素钢	10	−20~400	450
	20	−20~450	450
普通低合金钢	16Mn	−40~450	475
	15MnV	−20~450	500
耐热钢	15CrMo	510	540
	12Cr1MoV	540~555	570
	12MoVWBSiRe(无铬 8 号)	540~555	580
	12Cr2MoWVB(钢 102)	540~555	600
	12Cr3MoVSiTiB(Ⅱ11)	540~555	600

附表 G　国产 300MW 机组小指标对供电煤耗率的影响数值表

因　素	变化情况	影响的供电煤耗率(g)
汽轮机效率	1%	8
主蒸汽温度	10℃	3.2
主蒸汽压力	1MP	2.5
再热蒸汽温度	10℃	2.2
真空	1%	3
给水温度	10℃	1.3
端　差	1℃	0.6
高压加热器和蒸汽冷却器组	全停	上升10
低压加热器组	全停	上升11
4 号低压加热器	停用	上升1
3 号低压加热器	停用	上升1.1
2 号低压加热器	停用	上升2.3
1 号低压加热器	停用	上升2.2
蒸汽冷却器	无此装置	上升0.4
汽水损失率	1%	2
管道效率	1%	3.5
锅炉效率	1%	3.8
飞灰可燃物	1%	1.3
排烟温度	10℃	2.1
氧　量	1%	1.6

附表 H 盘根的分类、性能和使用范围

名　称	形　式	按材料构成分类	性能和使用范围
棉盘根	方形、圆形	1. 棉纱编结的棉绳； 2. 油浸棉绳； 3. 橡胶结合编结的棉绳	用于温度≤100℃、压力≤(20～25)MPa 的水、空气和油等介质
麻盘根	方形、圆形	1. 干的或油浸的大麻； 2. 麻绳； 3. 油浸麻绳； 4. 橡胶结合编结的麻绳	用于温度≤100℃、压力≤(16～20)MPa 的水、空气和油等介质
普通石棉盘根	方形及圆形编结或扭制	1. 用润滑油和石墨浸渍过的石棉线； 2. 石棉线夹铜丝编结，用油和石墨浸渍过； 3. 石棉线夹钼丝编结，用油和石墨浸渍过	按石棉号温度分为 250、350、450℃ 三种，分别适用于温度和压力分别为 250℃ 和 4 MPa、350℃ 和 4 MPa、450℃ 和 6MPa 的蒸汽、水、空气及油等介质
高压石棉盘根	方形、扁形	1. 用橡胶结合卷制或编结，带有铝丝的石棉布或石棉线； 2. 石棉线状高压盘根； 3. 细石棉纤维与片状石墨粉的混合物； 4. 用石墨粉处理过的石棉绳环，环间填以片状石棉粉	分别适用于 250℃、4MPa，350℃、4MPa 和 450℃、6MPa 的蒸汽、水、空气及油等介质
石墨盘根		用石墨做成环，并用银色石墨粉填在环间（也可制成散装的）。有的采用掺不锈钢丝以提高使用寿命	用于压力为 14MPa、温度为 540℃ 的蒸汽介质
金属盘根	圆垫	铅箔盘根	用于垫油泵

附表 I 不同软垫片材料的适用范围

垫圈材料	适用介质	最高工作压力 （MPa）	最高工作温度 （℃）	特点
普通橡胶耐热橡胶夹布橡胶块	水 空气 惰性气体	0.59 0.59 0.98	60 120 60	弹性好 耐 热
耐油橡胶	润滑油、燃料油、液压油	0.59	80	耐油
耐酸碱橡胶	低浓度硫酸、盐酸、氢氧化钠	0.59	60	耐酸碱
低压橡胶石棉板	水、空气、惰性气体、蒸汽、煤气	1.57	200	—
中压橡胶石棉板	水、空气、惰性气体、蒸汽、煤气、氯、氨、酸碱溶液	3.92	350	—
高压橡胶石棉板	蒸汽、空气、煤气、惰性气体	9.81	450	—
耐酸石棉板	浓无机酸、有机溶剂、盐溶液	0.59	300	—
耐油橡胶石棉板	油品、溶剂	3.92	350	—
聚氯乙烯板	水、空气、酸碱稀溶液等	0.59	50	—

附表 J   新建发电厂管道漆色规定

管道内工作介质	涂漆颜色		管道内工作介质	涂漆颜色	
	底色	色环		底色	色环
过热蒸汽	银	无	盐水	橙黄	无
饱和蒸汽	银	黄	氯	深绿	白
中间过热蒸汽	银	无	氨	黄	黑
抽汽及背压蒸汽	银	绿	联氨	橙黄	红
凝结水	浅绿	蓝	酸溶液	红	白
化学净水	浅绿	白	碱溶液	黄	蓝
给水	浅绿	无	氢	绿	无
疏水和排水	浅绿	红	空气	天蓝	无
循环水和工业水	黑	无	磷酸三钠溶液	浅绿	红
消防水	橙黄	无	石灰浆	灰	无
油	浅黄	无	过滤水	浅蓝	无
热网水供水	绿	黄	天然气或高炉瓦斯	白	黑
热网水回水	绿	褐	氧气	蓝	红
硫酸亚铁和硫酸铝	褐	无	乙炔	白	红

附表 K 附属机械轴承振动(双振幅)标准

转速 n (r/min)	振幅(mm)		
	优 秀	良 好	合 格
$n \leqslant 1000$	0.05	0.07	0.10
$1000 < n \leqslant 2000$	0.04	0.06	0.08
$2000 < n \leqslant 3000$	0.03	0.04	0.05
$n > 3000$	0.02	0.03	0.04

附表 L　高压加热器管子(包括管口)泄漏根数规定

高压加热器所配机组容量(MW)	管子(包括管口)泄漏根数
≤100	不超过总数的 2%,且不多于 8 根
100~300	不超过总数的 1.5%,且不多于 15 根
>300	不超过总数的 1.2%,且不多于 28 根

注　1. 双列高压加热器按机组容量的 1/2 计算;

　　2. 蒸汽冷却器和疏水冷却器管子(包括管口)泄漏根数不多于 8 根。

附表 M 300MW 级锅炉汽水质量标准

表 M1　　　　　　　　　　锅炉启动时给水质量标准

炉　型	锅炉压力 （MPa）	硬度 （μmol/L）	铁 （μg/L）	溶解氧 （μg/L）	二氧化硅 （μg/L）
汽包锅炉	12.7～18.3	≤5	≤75	≤30	≤80
直流锅炉		≈0	≤50	≤30	≤30

表 M2　　　　　　　　　　机组启动期间蒸汽质量标准

炉　型	锅炉压力 （MPa）	电导率 （经氢粒子交换后,25℃） （μS/cm）	二氧化硅 （μg/kg）	铁 （μg/kg）	铜 （μg/kg）	钠 （μg/kg）
汽包锅炉	12.7～18.3	≤1	≤60	≤50	≤15	≤20
直流锅炉		—	≤30	≤50	≤15	≤20

表 M3　　　　　　　　　　锅炉正常运行时给水质量标准（一）

炉　型	锅炉压力 （MPa）	硬度 （μmol/L）	二氧化硅 （μg/L）	溶解氧 （μg/L）	铁 （μg/L）	铜 （μg/L）	钠 （μg/L）
汽包锅炉	15.7～18.3	≈0	≤20	≤7	≤20	≤5	—
直流锅炉	12.7～18.3	≈0	≤20	≤7	≤10	≤5	≤10

表 M4　　　　　　　　　　锅炉正常运行时给水质量标准（二）

炉　型	锅炉压力 （MPa）	pH （25℃）	电导率（经氢粒子 交换后,25℃） （μS/cm）	联氨 （μg/L）	油 （μg/L）
汽包锅炉	12.7～18.3	8.8～9.3 或 9.0～9.5 （加热器为钢管时）	≤0.3	10～50 或 10～30（挥发性处理时）	≤0.3
直流锅炉			≤0.2	10～30	≤0.3

表 M5　　　　　　　　　　汽包锅炉正常运行时锅水质量标准

锅炉压力	处理方式	总含盐量 （mg/L）	二氧化硅 （mg/L）	氯粒子 （mg/L）	碳酸根 （mg/L）	pH （25℃）
15.7～18.3	磷酸盐处理	≤20	≤0.25	≤1	0.5～3	9～10
	挥发性处理	≤2.0	≤0.2	≤0.5	—	9.0～9.5

表 M6　　　　　　　　　　锅炉正常运行时蒸汽质量标准

炉　型	锅炉压力 （MPa）	铁 （μg/kg）	铜 （μg/kg）	钠 （μg/kg）	二氧化硅 （μg/kg）	电导率 （经氢粒子交换后,25℃） （μS/cm）
汽包锅炉	12.7～18.3	≤20	≤5	≤10	≤20	≤0.13
直流锅炉		≤10	≤5			